中文版

AutoCAD 2022

从入门到精通

|（案例视频版）

邱雷◎编著

U0218085

电子工业出版社
Publishing House of Electronics Industry
北京·BEIJING

内 容 提 要

  AutoCAD 2022 是计算机辅助绘图和设计软件，广泛应用于机械、建筑、室内装饰装潢设计等领域，可以轻松实现各类图形的绘制。本书从零基础开始，以丰富的实例和上机练习操作，系统全面地讲解了 AutoCAD 2022 图形绘制和编辑相关功能及行业设计实战应用。本书内容同时适合 AutoCAD 2018、2019、2020、2021 版本学习与操作。

  全书共分 16 章，安排了 60 个小节知识实例、12 个综合演练和 12 个新手问答、32 个上机实验案例，以及23 个行业应用综合案例，以循序渐进的方式讲解了 AutoCAD 2022 软件的二维绘图、三维建模功能，实际应用中的动画、材质、渲染等高级功能，以及建筑设计、机械设计、室内设计、电气电路设计等常见领域的实战应用。

  本书提供同步学习的素材文件及视频教学文件，同时还赠送丰富的视频教程和电子书。全书内容安排系统全面，语言通俗易懂，实例题材丰富多样，操作步骤清晰准确。本书非常适合从事建筑设计、室内设计、机械设计、电气电路设计、景观设计的人员学习使用，同时也可以作为相关职业院校、计算机培训班的教材或参考书。

图书在版编目（CIP）数据

中文版 AutoCAD 2022 从入门到精通：案例视频版 / 邱雷编著 . —北京：电子工业出版社，2023.3

ISBN 978-7-121-44893-5

Ⅰ . ①中… Ⅱ . ①邱… Ⅲ . ① AutoCAD 软件 Ⅳ . ① TP391.72

中国国家版本馆 CIP 数据核字（2023）第 006417 号

责任编辑：管晓伟
印　　刷：北京虎彩文化传播有限公司
装　　订：北京虎彩文化传播有限公司
出版发行：电子工业出版社
　　　　　北京市海淀区万寿路 173 信箱　　邮编：100036
开　　本：787×1098　1/16　印张：27.25　字数：700 千字
版　　次：2023 年 3 月第 1 版
印　　次：2023 年 11 月第 2 次印刷
定　　价：99.00 元

凡所购买电子工业出版社图书有缺损问题，请向购买书店调换。若书店售缺，请与本社发行部联系，联系及邮购电话：(010) 88254888，88258888。

质量投诉请发邮件至 zlts@phei.com.cn，盗版侵权举报请发邮件至 dbqq@phei.com.cn。

本书咨询联系方式：(010) 88254465，ninghl@phei.com.cn。

前　言

AutoCAD 是美国 Autodesk 公司开发的一款绘图软件，是目前市场上使用率非常高的计算机辅助绘图和设计软件，广泛应用于机械、建筑、室内装饰装潢设计等领域，可以轻松帮助您实现各类图形的绘制。AutoCAD 是计算机辅助设计领域最受欢迎的绘图软件。经过了逐步的完善和更新，Autodesk 公司推出的 AutoCAD 2022 是目前最新版本的软件。学会 AutoCAD，不仅是一项工作技能，也是方便生活的一项特长。

要将 AutoCAD 2022 应用于工作和生活的设计中，就必须熟练掌握 AutoCAD 中各种创建命令和编辑命令的应用方法。所以，我们编写了这本《中文版 AutoCAD 2022 从入门到精通》。读者系统学习本书之后，就能够在工作中游刃有余、从容自若地解决各种图形绘制和编辑的问题。

一、本书的内容介绍

本书系统地讲解了 AutoCAD 2022 中二维图形和三维图形的创建和编辑方法，从初、中级读者的学习角度出发，合理安排知识点，运用简洁流畅的语言，结合丰富实用的练习和实例，全面地介绍 AutoCAD 在图形绘制和编辑中的应用。本书共 16 章，主要知识内容如下。

第 1 章主要介绍 AutoCAD 2022 的相关知识，以及新功能等操作。

第 2 章主要介绍二维图形创建命令等知识。

第 3 章主要介绍图形绘制过程中精确控制命令等知识。

第 4 章~第 8 章主要介绍二维编辑命令、图块与填充、选项板工具、文字与表格、尺寸标注等知识。

第 9 章主要讲解三维入门知识。

第 10 章主要讲解将二维图形创建为三维对象的方法和技巧。

第 11 章主要讲解创建三维实体模型的方法和技巧。

第 12 章主要介绍动画、灯光、材质、渲染设置操作和相关知识。

第 13 章~第 16 章主要讲解 AutoCAD 2022 在各行业领域中的设计案例操作。

读者通过对第 1 章~第 12 章软件功能知识部分内容的学习，可以学到如何使用 AutoCAD 2022 中的各种工具、命令以及功能模块来绘制二维图形和三维模型。

读者通过对第 13 章~第 16 章实战案例内容的学习，可以学到 AutoCAD 2022 软件在多个应用领域中的综合实战技能，并能举一反三，触类旁通相关图形创建编辑与设计问题。

二、本书特点

1. 入门轻松，难易结合

本书从 AutoCAD 2022 的基础知识入手，逐一讲解了图形绘制和编辑中常用的工具、命令及相关功能面板的应用，力求让零基础的读者能轻松入门。根据读者学习新技能的思维习惯，本书注重设计案例的难易程度安排，尽可能将简单的案例放在前面，使读者学习起来更加轻松。

2. 案例丰富，学以致用

为了让读者学以致用，本书在知识点讲解的同时，安排了 60 个小节知识实例、12 个综合演练和12 个新手问答、32 个上机实验案例，以及 23 个行业应用综合案例。另外，为了巩固读者知识应用和操作技能，还在相关章节后面布置了"思考与练习"的内容。这些案例所涉及的行业和应用领域广泛，包括建筑设计、机械设计、室内设计、服装设计、景观装饰设计，以及电气电路设计等常见应用领域，可让读者仿佛置身于真实的工作场景之中，学到真正的实战技能。这些精心策划和内容的设计安排的目的是让读者轻松学会 AutoCAD 2022 的操作方法和技巧。

3. 实用功能，系统全面

本书涵盖了 AutoCAD 2022 几乎所有工具、命令常用的相关功能，对于一些难点和重点知识，都做了非常详细的讲解。本书内容结合了真实的职场案例，精选实用的功能，力求让读者看得懂、学得会、做得出。

4. 技巧提示，及时充电

本书在各章节中穿插设置了"新手注意"或"高手点拨"栏目，以补充、提示相关的应用方法、技能技巧等重点知识内容，帮助读者尽快掌握相关实际操作技能。

5. 教学视频，直观易学

本书配有同步的多媒体教学视频。

三、学习软件版本说明

本书是基于中文版 AutoCAD 2022 软件而编写的。由于 AutoCAD 2022 与 AutoCAD 2021 及其他版本的功能大同小异，因此本书内容同样适于对 AutoCAD 2021 及其他版本的学习。

四、本书配套资源

1. 本书同步学习资料

❶ 素材文件：提供本书所有案例的素材文件，方便读者打开指定的素材文件，然后同步练习操作并进行学习。

❷ 结果文件：提供本书所有案例的最终效果文件，以供读者参考。

❸ 视频文件：提供本书相关案例制作的同步教学视频，读者可以将图书与视频结合起来学习，使学习效果更佳。

❹ PPT 课件：提供本书配套的 PPT 课件，以供老师教学使用。

2. 额外赠送资料

❶ 赠送：390 个 AutoCAD 2022 常用图块集和 600 个 AutoCAD 2022 绘图常用填充图案，以供用户绘图时使用。

❷ 赠送:《电脑日常故障诊断与解决指南》电子书。

❸ 赠送:《电脑新手必会:电脑文件管理与系统管理技巧》电子书。

❹ 赠送:220 分钟共 12 集《新手学电脑办公综合技能》视频教程。

备注: 以上资料都可以通过微信扫描以下二维码,进行免费下载获取。

本书同步学习资料　　　　　额外赠送资料　　　　　本书配套课件

前言

目 录

目录

第1章 AutoCAD 2022 快速入门

AutoCAD 是计算机辅助绘图和设计软件，广泛应用于机械、建筑、室内装饰装潢设计等领域，可以轻松实现各类图形的绘制。本章将介绍 AutoCAD 2022 的一些基本知识和基本操作，帮助读者为后期的学习打下良好的基础。

📑 学完本章后应知应会的内容

- AutoCAD 2022 工作界面
- AutoCAD 2022 新增功能
- AutoCAD 2022 图形文件的管理
- 执行命令的方式
- 设置绘图环境
- 视图控制

1.1 AutoCAD 2022 工作界面

工作界面是 AutoCAD 显示、编辑图形的区域。本节主要介绍 AutoCAD 2022 工作界面的基本构成和参数设置等基本内容。

1.1.1 设置工作界面颜色

AutoCAD 2022 默认的工作界面颜色为"暗"，可以根据需要和习惯，在"选项"对话框中更换工作界面的颜色。

1. 执行方式

打开"选项"对话框有以下几种执行方式。

- 菜单命令：单击"工具"菜单，再单击"选项"命令。
- 命令按钮：单击"应用程序"下拉按钮 A·，再单击"选项"按钮 选项。
- 快捷命令：在命令行输入"选项"命令 OP，按空格键确定。

2. 操作方法

打开"选项"对话框设置工作界面颜色的具体操作方法如下。

Step01：打开 AutoCAD 2022 后，单击"开始"选项卡后的"新图形"按钮 ，如下图所示。

Step02：新建图形文件，输入"选项"命令 OP，按空格键确定，如下图所示。

Step03：打开"选项"对话框，❶在"显示"选项卡中单击"颜色主题"下拉按钮；❷单击"明"选项，如下图所示。

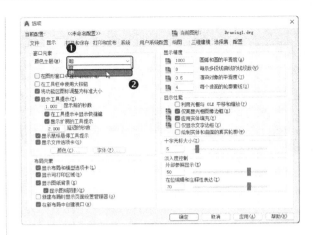

Step04：❶单击"颜色"按钮，打开"图形窗口颜色"对话框；❷单击"颜色"下拉按钮；❸单击"白"选项；❹单击"应用并关闭"按钮，如下图所示。

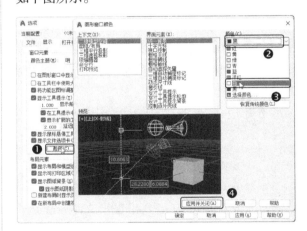

Step05：单击"确定"按钮，如下图所示。

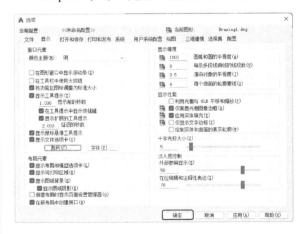

Step06：界面设置效果如下图所示。

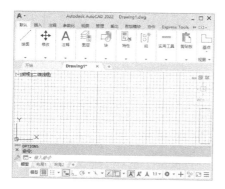

Step07: 单击"栅格"按钮 ⊞，关闭栅格，界面显示效果如下图所示。

1.1.2 "应用程序"下拉按钮

"应用程序"下拉按钮 A· 位于工作界面左上角，是"应用程序菜单"的集合，可进行快速的文件管理、图形发布以及选项设置等操作。通过该按钮可以方便地访问不同的项目，包括命令和文档等内容。具体操作方法如下。

Step01: 单击"应用程序"下拉按钮 A·，打开"应用程序"菜单项列表，如下图所示。

新手注意

在"应用程序"菜单项列表左边灰色区域罗列着管理图形文件的命令，如新建、打开、保存、另存为、输出、发布、打印、图形实用工具、关闭等。根据绘图需要可方便地调用相应的命令。

Step02: 单击"排序方式"下拉按钮 按已排序列表 ▾，可选择最近使用文件的列表排序方式，如下图所示。

新手注意

应用程序列表显示了"最近使用的文档"按钮 和"打开文档"按钮 ，通过图标或小、中、大预览图来显示文档名；光标在文档名上停留时，会显示一个预览图形和与其相关的文档信息，可以更快更清晰地查看最近使用过或者是正在使用的文档情况。

Step03: 单击"打开文档"按钮 ，右侧列表显示当前程序打开的文档列表，如下图所示。

新手注意

应用程序列表右侧，上方显示"查找工具"按钮 ，在其查找域里输入英文或者汉字，软件会把程序里包含有这个英文或者汉字的所有条目以列表方式罗列出来，以方便查找。

1.1.3 标题栏

标题栏位于 AutoCAD 2022 应用程序窗口顶端，可分为 5 个部分，如下图所示。

❶ "应用程序"下拉按钮 **A**▾：单击标题栏左侧的"应用程序"下拉按钮 **A**▾，即展开一个菜单项列表。在此可以方便地访问不同的项目，包括命令和文档等内容。

❷ 自定义快速访问工具栏：存储经常访问的命令。单击自定义快速访问工具栏右侧的下拉按钮 ▾，打开工具按钮选项菜单。在需要显示的命令前单击，当出现 ✔ 时，此命令即会显示；当单击 ✔ 时，则取消显示。

❸ 正在执行的文件：显示当前正在执行的程序版本、文件名称以及文件格式等信息。

❹ 搜索和帮助：包括搜索栏、用户名称、启动网站和链接、帮助等内容。

❺ "窗口控制"按钮 ＿ □ ✕：标题栏的最右侧存放着 3 个按钮，依次为"最小化"按钮 ＿、"恢复窗口大小"按钮 □、"关闭"按钮 ✕，单击其中的某个按钮，即可执行相应的操作。

1.1.4 选项卡

AutoCAD 2022 根据使用类别和需求，将同类命令集合在一个功能面板中，同类功能面板集合在一个选项卡中，通过调整选项卡就可以调整功能面板的显示效果。具体操作方法如下。

Step01：单击选项卡后的下拉按钮 □▾，打开快捷菜单，如下图所示。

Step02：单击"最小化为选项卡"命令，则隐藏功能面板，只显示选项卡，如下图所示。

Step03：选择"循环浏览所有项"，单击"选项卡"按钮 □，即可在菜单选项中循环显示任意一个选项，如下图所示。

1.1.5 功能面板

功能面板位于选项卡下方。功能面板上的每个图形按钮都形象地代表一个命令，只需单击图形按钮，即可执行该命令。例如，使用功能面板上的"圆"图形按钮绘制一个圆的具体操作方法如下。

Step01：在"绘图"面板中单击"圆"图形 ⊙，如下图所示。

Step02：在绘图区单击以指定圆心，拖动鼠标并单击左键即可指定圆的半径，如下图所示。

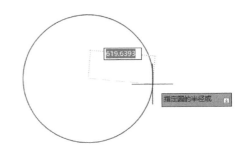

━━ ✦ 高手点拨 •━━

在 AutoCAD 2022 中，每个选项卡中的功能面板都不同；而在某个功能面板的空白处按住左键不放移动鼠标，此功能面板即随着鼠标的移动而变换位置。

1.1.6 图形窗口

图形窗口也称为绘图区，是绘制图形和编辑文字的区域，如下图所示。在绘图区中移动鼠标，十字光标随之移动，这是用来进行绘图定位的。绘图区左下角显示当前坐标系统，指示出当前作图的"X"轴方向和"Y"轴方向。

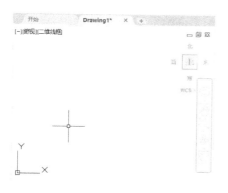

1."开始"选项卡

"开始"选项卡是程序打开时的默认显示界面。在该界面中，会亮显最常见的需求，如下图所示。

在程序操作过程中，要返回"开始"选项卡，只要绘图区单击"开始"选项卡，即可进入"开始"选项卡，如下图所示。

2.绘图区

绘图区在 AutoCAD 2022 中是呈现操作结果

的区域，可以通过隐藏功能面板、工具栏，最大化绘图区。具体操作方法如下。

Step01：单击工作界面右下角状态栏的"全屏显示"按钮，如下图所示。

Step02：可最大化显示绘图区，如下图所示。再次单击"全屏显示"按钮，退出全屏显示。

1.1.7 命令窗口

命令窗口是 AutoCAD 2022 进行交流命令参数的窗口，也称为命令输入与提示窗口。命令窗口分两个区域：命令历史区、命令行，如下图所示。命令历史区显示已经用过的命令；命令行是用户对 AutoCAD 2022 发出命令与参数要求的地方。

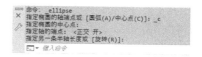

在命令窗口执行一个命令的具体操作方法如下。

Step01：在命令行输入"圆"命令 C，按空格键确定，在绘图区单击指定圆心，如下图所示。

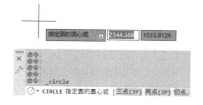

Step02: 输入圆的半径, 如"100", 如下图所示。

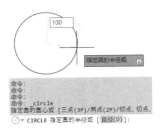

Step03: 按空格键确定, 如下图所示。

高手点拨

在命令窗口中, 左侧区域的"自定义"按钮 可以设置命令输入、历史命令行数等参数, 也可以打开"选项"对话框; 在命令行最左端显示的是"最近使用的命令"按钮, 保存了最近使用的命令。

1.1.8 状态栏

状态栏位于 AutoCAD 2022 工作界面的最下方, 显示绘图时辅助绘图工具的快捷按钮和综合工具区域, 如下图所示。

高手点拨

辅助绘图工具主要用于控制绘图的性能。当辅助绘图工具的按钮呈蓝亮显示时表示开启状态, 呈灰色显示时表示关闭状态。综合工具区域包括模型或图样空间、注释比例、切换工作空间、锁定工具栏、全屏显示等按钮。通过这些按钮可以快速实现绘图空间切换、预览以及工作空间调整等功能。

1.2 AutoCAD 2022 新增功能

AutoCAD 2022 提供了更快、更可靠的全新安装和展开体验, 可以更快地启动和运行。其新增功能也更加清晰、流畅和全面。

1.2.1 "开始"选项卡升级

AutoCAD 2022 增加了"开始"选项卡的新功能, 改进了与 Autodesk Docs 的连接, 因此现在使用"开始"选项卡访问 Autodesk Docs 上的文件时响应更快。具体操作方法如下。

Step01: AutoCAD 2022 成功启动后, 进入"开始"选项卡, 如下图所示。

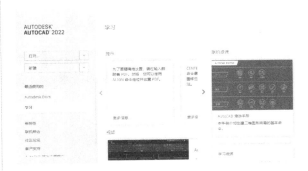

Step02: "开始"选项卡界面亮显常用板块, 如下图所示。

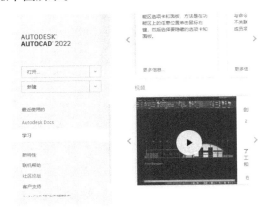

Step03: 在"学习"板块单击"新特性"命令, 如下图所示。

Step04: 打开网页版新功能, 效果如下图所示。

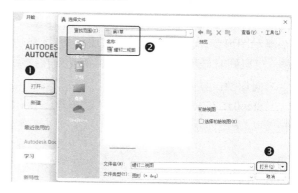

文件 \ 第 1 章 \ 螺钉二视图 .dwg"；❸单击"打开"
按钮，如下图所示。

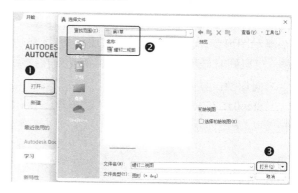

Step02：选择对象，右击，在打开的快捷菜
单中，单击"计数"命令，如下图所示。

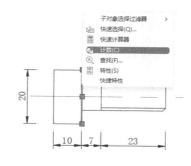

Step03：打开"计数"面板，如下图所示。

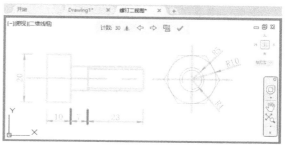

Step04："计数"面板中显示当前文件中的
图形数据，如下图所示。

第 1 章　AutoCAD 2022 快速入门

"开始"选项卡会亮显最常见的需求，具体如下。

（1）继续工作：从上次离开的位置继续工作。

（2）开始新工作：从空白状态、样板内容或已知位
置的现有内容开始新工作。

（3）了解：浏览产品、学习新技能或提高现有技能、
发现产品中的更改内容或接收相关通知。

（4）参与：参与客户社区、提供反馈或者联系客户
帮助或支持。

1.2.2　跟踪功能

AutoCAD 2022 在 Web 和移动应用程序中
创建跟踪，然后将图形发送或共享给协作者，
以便他们可以查看跟踪及其内容。

1.2.3　"计数"面板

AutoCAD 2022 的新功能还包括"计数"面
板。"计数"面板还可以用来显示和管理当前图
形中计数的块。 当处于活动计数中时，"计数"
面板显示在绘图区域的顶部。"计数"面板包含
对象和问题的数量，以及其他用于管理计数的
对象的控件。

"计数"功能不能支持 AutoCAD 2022 中的所有对象
类型。例如，AutoCAD 2022 中的文字、图案填充三维对
象（如实体和网格），OLE 对象，灯光和摄影机非 DWG
参考底图地理数据协调模型点，云属性定义外部参照构
造线（参照线）、射线等对象就不具有"计数"功能。

注：在"计数"面板中，将仅显示模型空间的可见
对象。

具体操作方法如下。

Step01：❶单击"打开"按钮，打开"选择
文件"对话框；❷在"查找范围"中查找"素材

1.2.4　浮动图形窗口

AutoCAD 2022 可以将某个图形文件选项卡拖离 AutoCAD 2022 应用程序窗口，从而创建一个浮动图形窗口。浮动图形窗口的一些优势功能：可以同时显示多个图形文件，而无须在选项卡之间切换。具体操作方法如下。

Step01：在文件名称后单击"新图形"按钮，如下图所示。

Step02：新建图形文件"Drawing2"，将指针光标移到"Drawing2"名称栏上，按住鼠标左键不放，如下图所示。

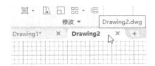

Step03：向下拖动指针光标，即可创建"Drawing2"的浮动图形窗口，如下图所示。

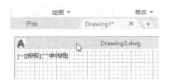

〔高手点拨〕

　　浮动图形窗口可以同时显示多个图形文件，而无须在选项卡之间切换；可以将一个或多个图形文件移动到另一个监视器上。

1.2.5　三维图形技术预览

AutoCAD 2022 包含为本版本开发的全新跨平台三维图形系统的技术预览，以便利用功能强大的现代图形系统和多核 CPU 来为比以前版本更大的图形提供流畅的导航体验。在默认情况下，该技术预览处于禁用状态。当该技术预览启用后，现代图形系统将采用"着色"视觉样式接管视口。现代图形系统最终可能会取代现有三维图形系统。该技术预览的详细信息和功能可能会随时被更改。

1.2.6　修改的命令行选项

在命令窗口中，左侧区域的"自定义"按钮可以设置"自动完成项目"，也可以打开"选项"对话框；在命令行最左端显示的是"最近使用的命令"按钮，保存了最近使用的命令。AutoCAD 2022 可以修改命令行选项。具体操作方法如下。

Step01：❶单击命令窗口左侧的"自定义"按钮；❷在快捷菜单中单击"输入设置"命令；❸打开快捷菜单，如下图所示。

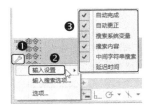

Step02：单击"输入搜索选项"命令，如下图所示。

Step03：打开"输入搜索选项"对话框，如下图所示。

1.2.7　工具集新特征

AutoCAD 2022 某些标准工具集模板已更新。在 AutoCAD Mechanical 2022 中编辑现有工程图中的零件时，系统可能会提示用户更新工具集。

1.2.8 "共享图形"按钮

通过"共享当前图形副本"的链接，可以在 AutoCAD Web 应用程序中查看或编辑包括所有相关的 DWG 外部参照和图像。

该链接的工作方式类似于 AutoCAD 桌面中的 ETRANSMIT，而共享文件包括所有相关从属文件，如外部参照文件和字体文件。任何有该链接的用户都可以在 AutoCAD Web 应用程序中访问该图形。该链接将于其创建后的 7 天之后过期，并可以为收件人选择两个权限级别："仅查看"和"编辑和保存副本"。具体操作方法如下。

Step01: 在自定义快速访问工具栏中单击"共享"按钮 ，如下图所示。

Step02: 打开"共享指向此图形的链接"对话框，如下图所示，根据需要单击相应的按钮即可。

1.3 AutoCAD 2022 图形文件的管理

使用计算机绘图时，为了方便使用、查看和管理文件，必须根据需要新建文件、保存文件、另存为文件等，本节讲解关于文件管理的基本操作。

1.3.1 新建图形文件

在 AutoCAD 2022 中，新建文件是绘图的基础，相当于建立一张空白的纸。

1. 执行方式

在 AutoCAD 2022 中，新建图形文件有以下几种执行方式。

- 菜单命令：在自定义快速访问工具栏中单击下拉按钮 ▼，在下拉菜单中单击"显示菜单栏"命令，再单击"文件"菜单，在出现的快捷菜单里单击"新建"命令。
- 命令按钮：单击"应用程序"下拉按钮 A▼，再单击"新建"命令，在出现的快捷菜单里单击"图形"按钮。
- 快捷按钮：在"开始"选项卡中单击"新建"按钮。
- 快捷命令：在命令行输入"新建"命令 NEW，按空格键确定。
- 快捷键：按下【Ctrl+N】组合键。

2. 操作方法

新建图形文件的具体操作方法如下。

Step01: 在"开始"选项卡中单击"新建"按钮，如下图所示。

Step02: 新建图形文件"Drawing1"，如下图所示。

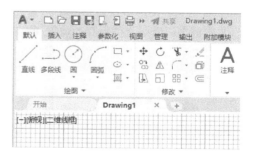

> 🔆 新手注意 ◦
>
> AutoCAD 2022 提供的命令有很多，绘图时最常用的命令只有其中的 20%。在操作时为了效率更高，可以利用快捷键发出命令，完成绘图、修改、保存等操作。

1.3.2 保存图形文件

当文件建立或图形绘制完成以后，就需要对文件进行保存以确定文件名称及存储位置。保存文件可以避免因死机或停电等意外状况而造成文件上的数据丢失。

1. 执行方式

在 AutoCAD 2022 中，保存图形文件有以下几种执行方式。

- 菜单命令：单击"文件"菜单，在出现的快捷菜单里单击"保存"命令。
- 命令按钮：单击"应用程序"下拉按钮 A▾，再单击"保存"命令。
- 快捷按钮：单击自定义快速访问工具栏中的"保存"按钮 📒。
- 快捷命令：在命令行输入"保存"命令"SAVE"，按空格键确定。
- 快捷键：按下【Ctrl+S】组合键。

2. 操作方法

保存图形文件的具体操作方法如下。

Step01：单击自定义快速访问工具栏中的"保存"按钮 📒，如下图所示。

Step02：打开"图形另存为"对话框；❶在"保存于"文本框中设置好文件保存的位置；❷在"文件名"文本框中设置好图形文件名；❸单击"保存"按钮，如下图所示。

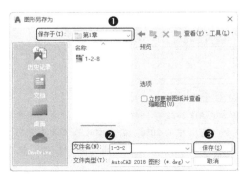

Step03：标题栏显示另存后的图形名称，如下图所示。

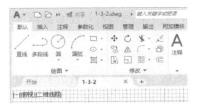

高手点拨

只有图形文件在第一次保存时，才会出现"图形另存为"对话框；文件在继续绘制的过程中需要保存时执行保存命令即保存成功，且不会显示"图形另存为"对话框。

1.3.3 打开图形文件

在实际操作中会经常打开已经存在的图形文件进行编辑和修改。

1. 执行方式

在 AutoCAD 2022 中，打开图形文件有以下几种执行方式。

- 菜单命令：单击"文件"菜单，在出现的快捷菜单里单击"打开"命令。
- 命令按钮：单击"应用程序"下拉按钮 A▾，再单击"打开"命令，在出现的快捷菜单里单击"图形"按钮 📂。
- 快捷按钮：单击自定义快速访问工具栏中的"打开"按钮 📂。
- 快捷命令：在命令行输入"打开"命令"OPEN"，按空格键确定。
- 快捷键：按下【Ctrl+O】组合键。

2. 操作方法

打开图形文件的具体操作方法如下。

Step01：在"开始"选项卡单击"打开"按钮，如下图所示。

Step02：打开"选择文件"对话框，❶选择查找范围；❷选择要打开的图形文件，如"窗帘"；

❸单击"打开"按钮，如下图所示。

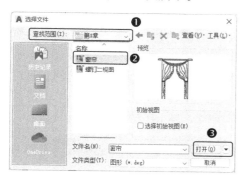

Step03: 打开"窗帘"图形文件，如下图所示。

1.3.4 另存为图形文件

有些保存后的图形文件又被打开进行了修改，但修改前的文件和修改后的文件都必须留下来，此时就可以用"另存为"命令将修改后的文件重新存储。

1. 执行方式

在 AutoCAD 2022 中，另存为图形文件有以下几种执行方式。

- 菜单命令：单击"文件"菜单，在出现的快捷菜单里单击"另存为"命令。
- 命令按钮：单击"应用程序"下拉按钮 A·，再单击"另存为"命令。
- 快捷按钮：单击自定义快速访问工具栏中的"另存为"按钮 🖫 。
- 快捷键：按下【Ctrl+Shift+S】组合键。

2. 操作方法

另存为图形文件的具体操作方法如下。

Step01: 打开图形文件后，单击自定义快速访问工具栏中的"另存为"按钮 🖫，如下图所示。

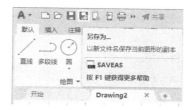

Step02: 打开"图形另存为"对话框，如下图所示。

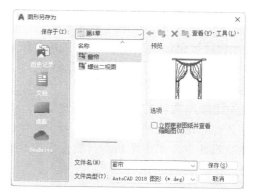

Step03: ❶在"保存于"文本框中设置好图形文件保存的位置；❷在"文件名"文本框中设置好图形文件名；❸单击"保存"按钮，如下图所示。

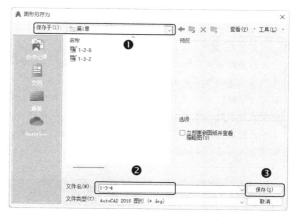

Step04: 将图形文件以新名称重新存储，如下图所示。

1.3.5 关闭图形文件

在实际操作中，当前文件绘制完成并保存

后，就需要关闭当前文件以节省计算机的运算空间。

1. 执行方式

在 AutoCAD 2022 中，关闭图形文件有以下几种执行方式。

- 菜单命令：单击"文件"菜单，在出现的快捷菜单里单击"关闭"命令。
- 命令按钮：单击"应用程序"下拉按钮 A▾，再单击"关闭"命令。
- 快捷按钮：单击标题栏的"关闭"按钮。
- 快捷键：按下【Ctrl+ F4】组合键。

2. 操作方法

关闭图形文件的具体操作方法如下。单击文件名称后的"关闭"按钮，打开"关闭图形文件"对话框，如下图所示，然后单击相应的按钮。

⊛高手点拨·◦⊹

在关闭当前文件时，只有当此文件有改动，并且更改内容后没有保存的情况下才会弹出"AutoCAD 2022"提示对话框。其中，"是"按钮的含义为保存文件（包括当前文件所做的修改），"否"按钮的含义为不保存当前文件并关闭当前文件，"取消"按钮的含义为继续显示当前文件且不关闭当前文件。

1.4 执行命令

AutoCAD 2022 命令的执行主要通过鼠标操作和键盘操作来实现。鼠标操作是通过鼠标单击工具按钮来调用命令；而键盘操作是直接输入语句来调用命令，这也是 AutoCAD 2022 执行命令的特别之处。

1.4.1 命令的执行方式

AutoCAD 2022 交互绘图必须执行必要的命令。有多种 AutoCAD 2022 命令的执行方式。下面以绘制直线为例加以介绍。

1. 使用菜单执行命令

单击自定义快速访问工具栏中的下拉按钮 ▾，便可以通过菜单执行各种命令。具体操作方法如下。

Step01：❶单击自定义快速访问工具栏中的下拉按钮 ▾；❷在打开的菜单中单击"显示菜单栏"命令，如下图所示。

Step02：单击"绘图"菜单，再单击"直线"命令，如下图所示。

Step03：根据命令窗口的提示，在绘图区单击以指定直线的第一个点，如下图所示。

2. 使用命令按钮执行命令

使用命令按钮执行命令是指通过选项卡中各面板的按钮激活相应命令。这种方式适用于 AutoCAD 2022 初学者。具体操作方法如下。

Step01：在绘图面板单击"圆"按钮 ⊘，如下图所示。

Step02: 命令行提示指定圆的圆心，表示命令被激活，如下图所示。

3. 使用快捷命令执行命令

在命令行输入相应的快捷命令并按空格键，即可执行该命令。具体操作方法如下。

Step01: 在命令行输入"多段线"命令 PL，按空格键确定执行该命令；命令行提示指定起点，表示命令被激活，如下图所示。

☀ **新手注意** •

用 AutoCAD 2022 绘图时，程序在执行命令的过程中每一步都需要确认指令，空格键、回车键、鼠标右键都可以确认命令。空格键离左手近方便操作，但在文字编辑状态下不能确认命令；回车键可以确认所有命令，但离左手较远；鼠标右键可以确认所有命令，但速度不够快。可以根据具体情况或习惯选择使用。

1.4.2 "撤销""重复""重做"命令

在认识了 AutoCAD 2022 的工作界面和基础知识之后，这一节主要讲解在绘图过程中最常用的编辑工具命令，如"撤销""重复""重做"等命令。

1. "撤销"命令

在绘图时会经常使用"撤销"命令。"撤销"命令是指放弃已经执行过的命令，一般在绘制的图形出错需要返回时使用。"撤销"命令有以下几种执行方式。

● 菜单命令：单击"编辑"菜单，再单击"放弃"命令，即可返回上一步状态。

● 命令按钮：单击"撤销"按钮 ⟲ 即可撤销上一个操作，返回上一步状态。

● 快捷命令：在命令行输入撤销命令 U，按空格键确定即可撤销上一个操作。

● 快捷键：按下【Ctrl+Z】组合键。

"撤销"命令的具体操作方法如下。

Step01: 在命令行输入多段线命令 PL，按空格键确定；在绘图区单击指定起点并将光标右移，在适当位置单击指定第二点；将光标上移指定下一点，将光标左移指定下一点；将光标下移指定下一点，如下图所示。

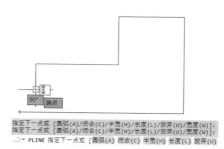

☀ **新手注意** •

在输入数字来确定矩形长度、宽度时，一定要注意中间的"逗号"是英文状态的，而如果输入的是其他状态的"逗号"，则程序不执行命令。矩形不仅可以长度和宽度不等，也可以是长度和宽度相等的正方形。

Step02: 在命令行输入"撤销"命令 U，按空格键确定即可返回上一步状态，如下图所示。

Step03: 再次在命令行输入"撤销"命令 U 并按空格键确定；继续返回到上一步状态。

2. "重做"命令

在 AutoCAD 2022 绘图过程中，常常需要恢复上一个已经放弃的效果，这时就要用到"重做"命令。

"重做"命令的具体操作方法如下。

Step01: 输入"圆"命令 C，按空格键确定，

第1章 AutoCAD 2022 快速入门

依次绘制两个同心圆，如下图所示。

Step02: 单击"撤销"按钮 ⇐ ，上一步绘制的圆即被撤销，如下图所示。

Step03: 单击"重做"按钮 ⇒ ，上一步撤销的圆恢复显示，如下图所示。

3. "重复"命令

"重复"命令是指执行了一个命令后，在没有进行任何其他操作的前提下再次执行该命令时，不需要重新输入该命令，直接按【Enter】键即可重复执行该命令。

> **新手注意**
>
> 在 AutoCAD 2022 中执行命令时，程序默认在没有选中对象的前提下，单击鼠标右键或按【Enter】键或按空格键即可重复执行上一次命令；如果要激活刚执行过的命令，按键盘的方向键内的"向上箭头"键，在命令窗口看到刚执行过的命令后按【Enter】键或空格键即可再次执行该命令；按【Esc】键取消正在执行或正准备执行的命令，或取消选中对象的状态。

1.4.3 "透明"命令

在使用 AutoCAD 2022 绘图的过程中，会经

常使用一种"透明"命令。"透明"命令是在执行某一个命令的过程中，插入并执行的第二个命令。在完成"透明"命令后，要继续原命令的相关操作。在执行"透明"命令的整个过程中，原命令都处于执行状态。透明命令一般是为了修改图形设置或打开辅助绘图工具的命令。

1. 执行方式

在 AutoCAD 2022 中，"透明"命令的执行方式有以下几种。

- 鼠标：使用鼠标中键。
- 菜单命令：在右键快捷菜单中选择相应命令。
- 命令按钮：在状态栏单击需要使用的相应命令按钮。
- 快捷命令：在命令行输入相应的快捷命令，按空格键确定。
- 快捷键：按下【F8】键。

2. 使用鼠标操作

使用鼠标中键执行透明命令的具体操作方法如下。

Step01: 输入"圆"命令 C，按空格键确定，指定圆半径为"1000"，按空格键确定，如下图所示。

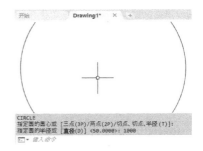

Step02: 按住鼠标中键不放，拖动光标即可查看圆的各部分，如下图所示。

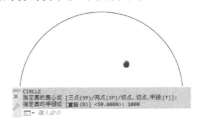

Step03: 释放鼠标中键，退出"透明"命令模式，如下图所示。

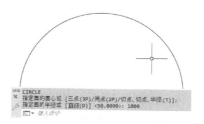

2. 使用快捷键操作

使用快捷键执行"透明"命令主要是为了更精确地绘制图形,如要绘制一条直线。具体操作方法如下。

Step01: 输入"直线"命令 L,按空格键确定;在绘图区单击指定第一个点,移动光标可显示出一条未精准绘制的水平直线,如下图所示。

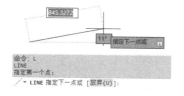

Step02: 按下【F8】键,打开正交模式,可显示一条绘制精准的水平直线,如下图所示。

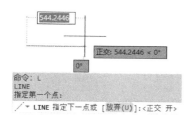

Step03: 单击即可确定绘制的直线,如下图所示。

3. 使用快捷命令操作

这种操作方法的特点是在执行"透明"命令的提示前有一个双折号"≫";完成"透明"命令后,继续执行原命令。具体操作方法如下。

Step01: 使用"绘图"面板中的按钮来绘制一个矩形,如下图所示。

Step02: 输入命令 REC 确认,指定第一个角点后输入 Z 命令并确认,如下图所示。

1.5 设置绘图环境

在使用 AutoCAD 2022 绘图前,可以根据个人习惯对绘图环境进行设置。通常对绘图环境的设置包括图形单位的设置、改变绘图区的颜色、绘图系统的配置和图形显示精度的设置等。

1.5.1 设置图形单位

在 AutoCAD 2022 中,长度、精度、单位都有很多种类供各个行业的用户选择,所以在绘图前一定要根据自己需要对其进行设置。

1. 执行方式

AutoCAD 2022 中设置图形单位有以下几种执行方式。

- 菜单命令:单击"格式"菜单,再单击"单位"命令,打开"图形单位"对话框即可设置图形单位。
- 快捷命令:在命令行输入"图形单位"命令 UN,按空格键确定,打开"图形单位"对话框即可设置图形单位。

2. 选项说明

在"图形单位"对话框中可设置长度、精度、角度的类型和相应值。在"图形单位"对话框中，各设置区及"方向"按钮功能如下。

（1）长度：用于设置长度单位的类型和精度。在"类型"下拉列表中，可以选择当前测量单位的格式；在"精度"下拉列表中，可以选择当前长度单位的精度。

（2）角度：用于控制角度单位类型和精度。在"类型"下拉列表中，可以选择当前角度单位的格式类型；在"精度"下拉列表中，可以选择单位的精度。

（3）"方向"按钮：用于确定角度及方向。单击该按钮打开"方向控制"对话框，可以设置基准角度和角度方向，选择"其他"选项后，"角度"按钮才可用。

3. 操作方法

图形单位的具体设置如下图所示。

> **新手注意**
>
> 在建筑装饰绘图里，一般将长度的类型设置为小数，长度的精度设置为0，角度的类型设置为十进制度数，角度的精度设置为0，默认的单位是毫米（mm）；绘图时，都是按实际尺寸1：1的比例输入数据。

1.5.2 设置图形界限

设置绘图界限主要是指设置当前文件的图幅大小，并控制图幅内栅格的显示或隐藏。

1. 执行方式

在 AutoCAD 2022 中，设置图形界限有以下几种执行方式。

● 菜单命令：单击"格式"菜单，再单击"图形界限"命令，即可设置图形界限。

● 快捷命令：在命令行输入"图形界限"命令 LIMITS，按空格键确定，即可设置图形界限。

2. 操作方法

设置 A4 图形界限的具体操作方法如下。

Step01：输入"图形界限"命令 LIMITS，按空格键确定，用英文小写状态输入"0,0"，按空格键确定，输入图形界限的长度和宽度为"210,297"，如下图所示。

> **新手注意**
>
> 在输入图形界限的长度和宽度时，数字间一定要用英文小写状态的逗号隔开。

Step02：按空格键确定，效果如下图所示。

Step03：单击"栅格"按钮打开栅格，右击"栅格"按钮，单击"网格设置"命令，打开"草图设置"对话框，如下图所示。

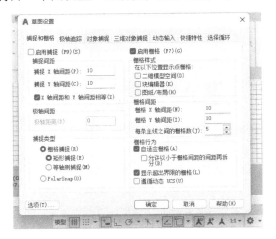

Step04：设置相应的选项，单击"确定"按钮，如下图所示。

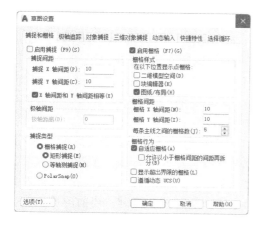

图形界限是 AutoCAD 2022 绘图空间的一个假想的矩形绘图区域,相当于选择的图样大小;图形界限确定了栅格和缩放的显示区域。AutoCAD 2022 默认的图形界限是无穷大的。

Step05:工作界面显示效果如下图所示。

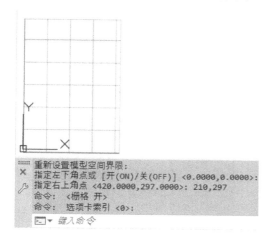

1.6 视图控制

在 AutoCAD 2022 中绘制图形时,有时候要在屏幕上将内容全部显示出来,有时候只显示图形局部以方便对细节调整。不管将图形放大、缩小还是移动,图形的真实尺寸都保持不变。这些最基本的视图转换就是视图控制,都是辅助绘图不可缺少的部分。熟练掌握这些内容能极大提高绘图速度。

1.6.1 平移视图

平移视图是指在视图的显示比例不变的情况下,查看图形中任意部分的细节情况,而不

会更改图形中的对象位置或比例。

1. 执行方式

在 AutoCAD 2022 中,平移视图有以下几种执行方式。

- 快捷命令:在命令行输入"平移"命令 P,按空格键确定。
- 菜单命令:单击菜单栏的"视图"菜单,再单击"平移"命令,然后单击"实时"命令。
- 工具栏:单击"标准"工具栏中的"实时平移"按钮 🖑。
- 功能面板:单击"视图"选项卡"导航"面板中的"平移"按钮 🖑。
- 导航栏:单击导航栏中的"平移"选项。

2. 操作方法

平移查看图形文件的具体操作方法如下。

Step01:打开"素材文件 \ 第 1 章 \1-6-1.dwg";❶单击"视图"选项卡;❷单击"平移"命令按钮 🖑 平移,如下图所示。

Step02:在绘图区按住左键不放并向下移动光标,至对象完整显示时释放左键,完成对图形平移的操作,如下图所示。

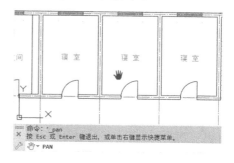

1.6.2 缩放视图

在 Auto CAD 2022 中,对图形进行放大和缩小操作,以便于对图形的查看和修改,类似于相机的缩放功能。在对图形进行缩放后,图形的实际尺寸并没有改变,只是图形在屏幕上的显示发生了变化。在执行缩放命令的过程中,随时都可以按空格键或【Esc】键退出"缩放"命令。

1. 执行方式

在 AutoCAD 2022 中，缩放视图有以下几种执行方式。

- 快捷命令：在命令行输入"缩放"命令 Z，按空格键一次，可缩放一次；按空格键两次，可多次缩放。
- 菜单命令：在菜单栏中单击"视图"→"缩放"→选择需要的缩放命令。
- 功能面板：单击"视图"选项卡"导航"面板中的"范围"下拉菜单中的所需缩放命令。
- 导航栏：单击导航栏中的"范围缩放"下拉菜单中的所需缩放命令。

2. 相关命令含义

在"范围"下拉菜单中有多个命令按钮。各命令按钮含义分别如下。

（1）"范围"按钮：单击此命令按钮后，当前文件中的所有对象会满屏显示在当前屏幕上。

（2）"窗口"按钮：单击此命令按钮后，鼠标指针呈黑色十字，在需要放大对象的左上角单击，并拉出一个框，然后在对象右下角单击，当前屏幕上就只会显示框内的对象。

（3）"上一个"按钮：单击此命令按钮后，执行上一个缩放命令的对象状态会显示在当前屏幕上。

（4）"实时"按钮：单击此命令按钮后，可以实时地放大或者缩小视图。按住左键不放向上移动光标可放大视图；按住左键不放向下移动光标可缩小视图；释放标即退出缩放命令。

（5）"全部"按钮：将当前文件中有的对象全部显示在当前的屏幕上进行观看。双击鼠标中键可实现全图显示。

（6）"动态"按钮：单击此命令按钮后，可动态地缩放视图，屏幕将临时切换到虚拟状态，同时出现三种视图框。其中，"蓝色虚线框"代表图形界限视图框，用于显示图形界限和图形范围中较大的一个；"绿色虚线框"代表当前视图框，也就是在缩放视图之前的窗口区域；"选择视图框"是一个黑色的实线框，有平移和缩放两种功能，缩放功能用于调整缩放区域，平移功能用于定位需要缩放的图形。

（7）"比例"按钮：单击此命令按钮后，根据所指定的比例缩放图形。

（8）"中心"按钮：单击此命令按钮后，相当于以指定的圆心和半径形成的圆形区域为缩放显示范围。

（9）"对象"按钮：单击此命令按钮后，鼠标指针以白色方框显示，在需要放大对象的左上角单击，并拉出一个框，然后在此对象右下角单击，此时按空格键，当前屏幕上就会显示被选择的对象。

（10）"放大"按钮：单击此命令按钮后，程序会将当前文件中的对象按 2 倍进行放大。

（11）"缩小"按钮：单击此命令按钮后，程序会将当前屏幕上的每个对象都显示为原大小的 1/2。

3. 操作方法

在 AutoCAD 2022 中，缩放视图的具体操作方法如下。

Step01：打开"素材文件 \ 第 1 章 \1-6-1. dwg"，输入"缩放"命令 Z，按空格键确定，如下图所示。

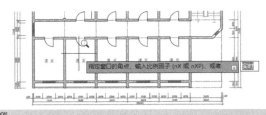

Step02：从"左上方"向"右下方"框选需要缩放的区域，如下图所示。

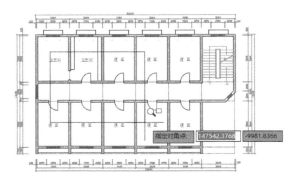

Step03: 缩放命令结束，效果如下图所示。

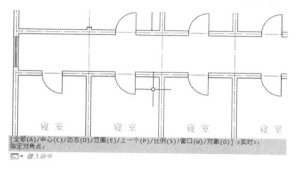

[全部(A)/中心(C)/动态(D)/范围(E)/上一个(P)/比例(S)/窗口(W)/对象(O)] <实时>:
指定对角点:

Step04: 输入"缩放"命令 Z,按空格键两次，进入"实时缩放"模式，这时可在任意位置缩放当前图形文件中的对象，如下图所示。

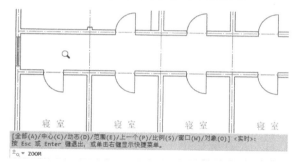

[全部(A)/中心(C)/动态(D)/范围(E)/上一个(P)/比例(S)/窗口(W)/对象(O)] <实时>:
按 Esc 或 Enter 键退出，或单击右键显示快捷菜单。
± Q ▾ ZOOM

Step05: 在缩放过程中，可以按住中键不放进行拖动平移查看，即一边缩放一边平移，效果如下图所示。按【Esc】键退出缩放模式。

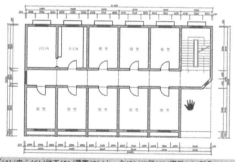

[全部(A)/中心(C)/动态(D)/范围(E)/上一个(P)/比例(S)/窗口(W)/对象(O)] <实时>:
按 Esc 或 Enter 键退出，或单击右键显示快捷菜单。
± Q ▾ ZOOM

❀高手点拨·◦

用鼠标控制视图缩放，能极大提高绘图速度，但也有一些细节需要注意。比如，当用滚轮快速缩放时，视图是以指针光标为中心向四周缩放的；当用双击中键的方式使全图显示时，一定要快速地连续按两次滚轮。

综合演练：将图形文件另存为指定版本

❀ 演练介绍

在 AutoCAD 2022 中保存文件时，可以将文件类型设置为较低的版本，以保证较低版本的 AutoCAD 程序可以打开此图形文件。

❀ 操作方法

本实例的具体操作方法如下。

Step01: 在"开始"选项卡单击"新建"按钮，如下图所示。

Step02: 新建图形文件 Drawing1，如下图所示。

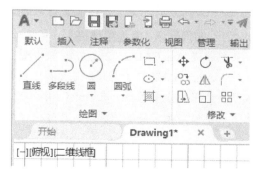

Step03：单击自定义快速访问工具栏中的"保存"按钮，打开"图形另存为"对话框；❶在"保存于"文本框中设置好图形文件存放的位置；❷输入文件名，如"指定版本"；❸单击"文件类型"下拉按钮；❹选择文件类型；❺单击"保存"按钮，如下图所示。

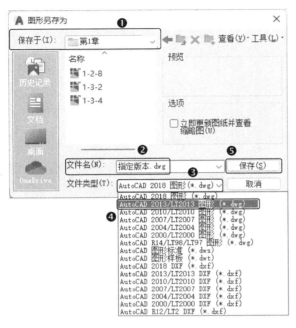

Step04：按指定版本存储文件，如下图所示。

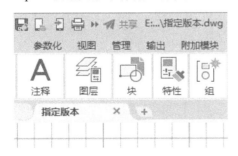

新手问答

❓ No.1：如何显示 / 隐藏菜单栏？

菜单栏是 AutoCAD 2022 之前版本的默认选项，而从 AutoCAD 2022 开始增加了更加方便初学者学习和使用的命令面板。在 AutoCAD 2022 中，要使用菜单栏，就需要单独调用。具体操作方法如下。

Step01：❶单击自定义快速访问工具栏中的下拉按钮▼；❷在下拉菜单中单击"显示菜单栏"命令，如下图所示，菜单栏即显示在命令面板之上。

Step02：❶单击自定义快速访问工具栏中的下拉按钮▼；❷在下拉菜单中单击"隐藏菜单栏"命令，即可隐藏菜单栏，如下图所示。

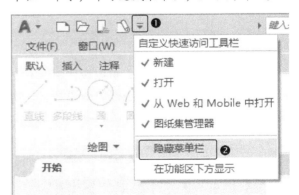

❓ No.2：打开旧图形文件遇到异常错误而中断退出怎么办？

新建一个图形文件，将旧图形以图块的形式插入当前新图形文件中。

❓ No.3：样板文件有什么作用？

在 AutoCAD 2022 中，简易的新建文件方式可以直接新建图形文件，跳过了"选择样板文件"对话框。样板文件的作用主要有两个：

（1）"选择样板文件"对话框可以存储图形的所有设置。其中有定义的图层、标注样式和视图。样板图形区别于其他".dwg"图形文件，以".dwt"为文件扩展名。它们通常保存在 template 目录中。

（2）可以使用保存在 template 目录中的样

板文件，也可以创建自定义样板文件。如果根据现有的样板文件创建新图形，则新图形中的修改不会影响样板文件。

上机实验

✎【练习1】选择样板文件，完成的效果如下图所示。

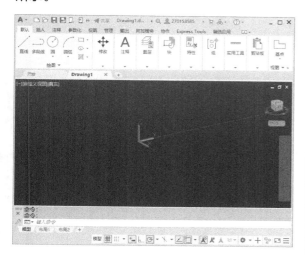

1.目的要求

本练习的内容是选择三维样板文件。练习的目的是熟悉样板的含义，帮助读者掌握样板文件的用法。

2.操作提示

（1）打开"选择样板文件"对话框。

（2）选择三维样板文件。

✎【练习2】管理图形文件，完成的效果如下图所示。

1.目的要求

本练习包括文件的新建、打开、保存、加密、退出等。要求读者熟练掌握".dwg"文件的赋名、保存、自动保存的方法。

2.操作提示

（1）打开一张已经保存过的图形。

（2）进行自动保存设置。

（3）绘制半径为"500"的圆。

（4）将图形以新的名称保存。

（5）退出。

思考与练习

一、填空题

1. AutoCAD 2022 中有_____种工作空间。

2. AutoCAD 2022 中新建图形的快捷组合键是_____。

3. 使用鼠标_____键可以直接执行"透明"命令。

二、选择题

1. AutoCAD 2022 中保存文件的方式（类型）有（　　）种。

　　A. 1　　　　B. 2　　C. 3　　　D. 4

2. AutoCAD 2022 中可以通过（　　）激活命令。

　　A. 命令面板的命令按钮

　　B. 坐标系

　　C. 选项卡

　　D. 绘图区

3. AutoCAD 2022 关于窗口的新功能陈述正确的是（　　）。

　　A. 窗口可以命名　　B. 新建窗口

　　C. 浮动窗口　　　　D. 编辑窗口

4. 要恢复已被撤销的命令，可以使用（　　）命令。

　　A. 撤销　　　　　　B. 重做

　　C. 放弃　　　　　　D. 共享

5. 在图形修复管理器中，（　　）文件是由系统自动创建的自动保存文件。

　　A. drawing1_1_1_6865.svs$

　　B. drawing1_1_68656.svs$

C. drawing1_recovery.dwg

D. drawing1_1_1_6865.bak

本章小结

在学习 AutoCAD 2022 的过程中，本章是入门的基础知识，重点讲述了 AutoCAD 2022 的界面、新增功能、图形文件的管理，以及执行命令的方式绘图环境的设置和视图的控制。这些知识是学习使用任何一个软件都必须牢记的基础，简单但是实用。

✐ 读书笔记

第 2 章　绘制二维图形

本章导读

　　本章给读者讲解的主要是使用 AutoCAD 2022 绘制二维图形的命令和操作方法，包括绘制点、线、矩形、多边形、圆、圆弧、圆环、椭圆和椭圆弧等常用二维图形的命令。只有学习并掌握了这些常用绘图命令，才能熟练使用 AutoCAD 2022 创建各类基础图形。

学完本章后应知应会的内容

- 选择对象
- 绘制线
- 绘制圆
- 绘制平面图形
- 绘制点

2.1 选择对象

在使用 AutoCAD 2022 绘图时，编辑图形对象的第一步就是选择该对象。如果在操作前没有选择对象，先输入了编辑命令，在执行命令的过程中程序也会提示用户选择对象。

2.1.1 选择单个对象

选择单个对象是指每次只选择一个对象，这是最基本、最简单的选择。具体操作方法如下。

Step01：将指针光标移动到要选择的对象上，如下图所示。

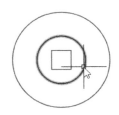

Step02：当对象呈粗实线显示时，选择该对象，如下图所示。

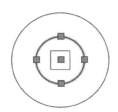

⚡新手注意⚡

当单击要选择的对象时，如果所选对象变为蓝色实线显示，并且出现夹点，则表示对象被选中；如果在所选对象的范围内单击，则不会选中对象。

2.1.2 选择多个对象

在绘图时经常会选择几个对象一起操作。在 AutoCAD 2022 中选择多个对象的方法有很多，可以依次选择多个对象，也可以一次选择多个对象。

1. 依次选择

当图形中的对象混合交叉在一起，且只要选择其中某部分对象时，可以使用依次单击的

方法选择多个对象。具体操作方法如下。

Step01：打开"素材文件\第 2 章\2-1-2-1.dwg"，单击要选择的对象，如下图所示。

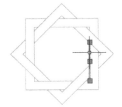 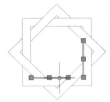

Step02：当将十字光标移动到要选择的对象，且十字光标右上方区域显示一个"+"号时，单击即可选择该对象，如左下图所示。继续将十字光标移动到要选择的对象并单击，即可自由选择多个对象，如右下图所示。

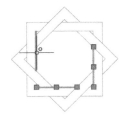 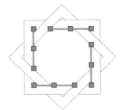

2. 窗口选择

窗口选择是指通过鼠标在绘图区从左向右拉出选框，而选框内即是被选择的对象，且一次可选择多个对象。具体操作方法如下。

Step01：打开"素材文件\第 2 章\2-1-2-2.dwg"，在对象左侧单击指定选框的一个角点（起点），如下图所示。

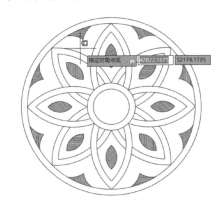

Step02：在对象右侧单击指定选框另一个角点，如下图所示。

Step03：被选框全部包含的对象即被选中，如下图所示。

3. 窗交选择

窗交选择是指通过鼠标在绘图区从右向左拉出选框，只要与此选框接触的对象都会被选中，具体操作方法如下。

Step01：打开"素材文件\第2章\2-1-2-3.dwg"，在对象右侧单击指定选框起点，如下图所示。

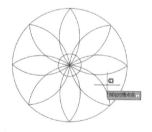

Step02：在对象左侧单击指定选框另一个角点，如下图所示。

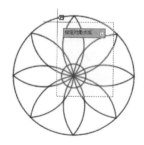

Step03：与选框有接触的对象都会被选中，如下图所示。

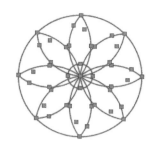

📖 **高手点拨**⚬◦

窗口选择方式是从左至右拉矩形框，且只有每个部分都包含在矩形框内的对象才会被选中；窗交选择方式是从右至左拉矩形框，且只要对象有任何一个部分与这个矩形框接触，该对象就会被选中。

2.1.3 绘图中的对象选择

在绘图时，可以根据实际情况灵活控制选择对象的方式。例如，在绘图过程中，可以先输入命令，也可以先选择对象。

1. 先选择对象再输入命令

先选择对象，再在命令行输入命令就能完成对某个对象的操作。具体操作方法如下。

Step01：打开"素材文件\第2章\2-1-3-1.dwg"，单击要选择的对象，在命令行输入"移动"命令M，按空格键确定，如下图所示。

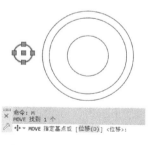

Step02：在要移动的对象上单击指定基点，如下图所示。

第2章 绘制二维图形

Step03：单击指定位移的第二个点，如下图所示。

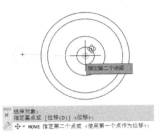

Step04：被选择的对象完成移动，如下图所示。

2. 先输入命令再选择对象

当激活命令后，命令行提示选择对象，选择对象后才能继续操作。具体操作方法如下。

Step01：打开"素材文件\第 2 章\2-1-3-2.dwg"，在命令行输入"移动"命令 M，按空格键确定，如下图所示。

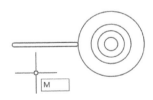

Step02：单击要移动的对象，如下图所示。

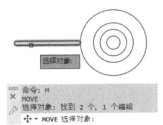

Step03：在要移动的对象上单击指定基点，如下图所示。

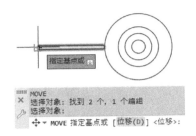

Step04：单击指定位移的第二个点，如下图所示。

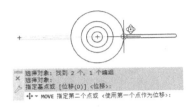

Step05：完成所选对象的移动，如下图所示。

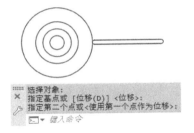

> **高手点拨**
>
> 在 AutoCAD 2022 中，可快速选择当前文件中的所有对象，单击"实用工具"面板的"全部选择"按钮，或者按下【Ctrl + A】组合键，即可选择当前文件中的全部对象。

2.2 绘制线

> 在使用 AutoCAD 2022 绘制图形时，线是必须掌握的最基本绘图元素之一。线是由点构成的，根据点的运动方向，线又有直线和曲线的分别。本节主要讲解在 AutoCAD 2022 中各类线的绘制方法。

2.2.1 直线

直线（这里实际指的是直线段）是指有起点和终点，沿水平或垂直方向绘制的线条。一条直线绘制完成后，可以继续以该直线的终点作为起点，然后指定下一个终点，依此类推即可绘制首尾相连的图形。

1. 执行方式

在 AutoCAD 2022 中，"直线"命令有以下几种执行方式。

- 菜单命令：单击"绘图"菜单，再单击"直线"命令。
- 命令按钮：在"绘图"面板中单击"直线"按钮 。
- 快捷命令：在命令行输入"直线"命令 L，按空格键确定。

2. 命令提示与选项说明

当执行"直线"命令后，在命令行就会显示如下图所示的命令提示和选项。

```
命令：_line
指定第一个点：
指定下一点或 [放弃(U)]: <正交 开>
指定下一点或 [放弃(U)]:
指定下一点或 [闭合(C)/放弃(U)]: 360
指定下一点或 [闭合(C)/放弃(U)]:
```

选项说明如下。

（1）指定第一个点：指定构成直线的第一个点。

（2）指定下一点或【放弃（U）】：指定构成直线的第二个点。指定第二个点后，直线命令不会结束，系统自动设定第二个点为起始点，继续单击即可指定下一条直线的终点，在没有接收到结束直线命令的指令前，可以依次指定下一条直线的终点。

如果输入命令 U，按空格键确定，即可取消当次绘制的直线终点，光标自动退回到上一次指定的直线终点处；每输入并执行一次命令 U，可退回一次。

3. 操作方法

直线的长度可通过鼠标单击来指定，也可以输入具体的数值指定。例如，先绘制一条任意长度的直线，再绘制指定长度为"360"的直线，具体操作方法如下。

Step01：单击"直线"命令按钮 ，在绘图区单击指定第一个点，上移光标，如下图所示。

Step02：按【F8】键打开正交模式，在适当位置单击指定直线第二个点，如下图所示。

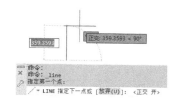

Step03：右移光标，单击指定第二条直线的终点，如下图所示。

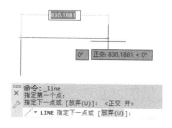

Step04：下移光标，输入直线长度，如"360"，按空格键两次结束"直线"命令，如下图所示。

◆高手点拨◆

"直线"命令被激活就可以绘制直线；直线绘制完成后必须执行结束"直线"命令的操作；在没有接收到结束"直线"命令的指令情况下，"直线"命令一直呈激活状态，不会自动结束。

2.2.2 实例：绘制边框顶视图

本实例主要介绍"直线"命令的具体应用，通过有序指定"直线"命令的长度，不使用其他命令，也可以完成边框顶视图的绘制，让初学者更熟练地掌握"直线"命令的运用。本实例的最终效果如下图所示。

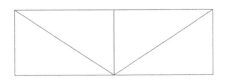

具体操作方法如下。

Step01：❶在"默认"选项卡中单击"直线"按钮；❷在绘图区单击指定起点，如下图所示。

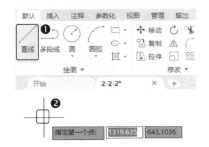

Step02：❶按【F8】键打开正交模式；❷上移光标并输入"400"，按空格键确定，如下图所示。

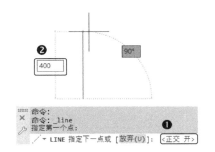

Step03：右移光标并输入"600"，按空格键确定，如下图所示。

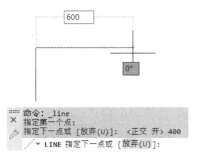

Step04：继续右移光标并输入"600"，按空格键确定，如下图所示。

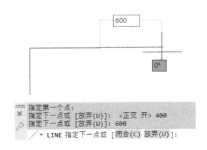

Step05：下移光标并输入"400"，按空格键确定，如下图所示。

新手注意

直线的长度可以通过鼠标单击指定，也可以输入具体的数值指定。

Step06：左移光标，在直线起点单击，按空格键两次结束"直线"命令，如下图所示。

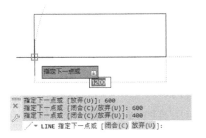

Step07：按空格键激活"直线"命令，在上直线的中间点单击以指定其为直线第一个点，如下图所示。

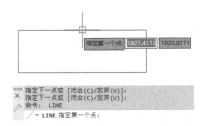

Step08：下移光标，单击指定直线下一点，如下图所示。

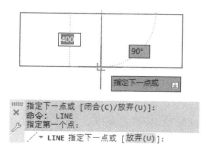

Step09: 在矩形右上角单击，指定直线下一点，按空格键两次结束"直线"命令，如下图所示。

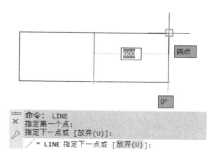

Step10: 按空格键激活"直线"命令，在下直线中间点单击以指定其为直线第一个点，如下图所示。

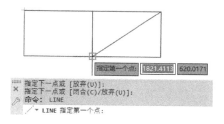

Step11: 在矩形左上角单击指定直线下一点，如下图所示。

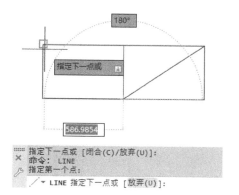

Step12: 按空格键两次结束"直线"命令，如下图所示。

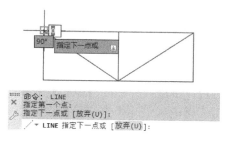

2.2.3 多段线

多段线是 AutoCAD 2022 中可绘制类型最多的、相互连接的序列线段。这些线段包括直线段、弧线段或两者的组合线段等。

1. 执行方式

在 AutoCAD 2022 中，"多段线"命令有以下几种执行方式。

- 菜单命令：单击"绘图"菜单，再单击"多段线"命令。
- 命令按钮：在"绘图"面板中单击"多段线"按钮 ⏝。
- 快捷命令：在命令行输入"多段线"命令 PL，按空格键确定。

2. 命令提示与选项说明

执行"多段线"命令后，命令行会根据指令显示如下图所示的命令提示和选项。

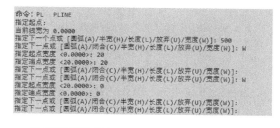

选项说明如下。

（1）圆弧 (A)：以圆弧的形式绘制多段线。

（2）闭合 (C)：创建多段线的闭合线段，形成封闭域，即连接最后一条线段与第一条线段。在默认情况下，多段线是开放的。

（3）半宽 (H)：指定从线段的中心到一条边的宽度。AutoCAD 2022 将提示输入多段线的起点半宽值与终点半宽值。

（4）长度(L)：指定多段线的长度。

（5）放弃(U)：取消绘制的上一段多段线。

（6）宽度(W)：为多段线指定新的统一宽度。使用"宽度"选项修改线段的起点宽度和端点宽度，用于编辑线宽。

3. 操作方法

使用"多段线"命令可以指定长度、线宽和类型，无论指定几个点或使用多大线宽，使用什么类型，多段线都是一条连接在一起的完整线段。例如，绘制一条不同宽度的线段，具体操作方法如下。

Step01: ❶单击"多段线"按钮 ⤵；❷在绘图区单击指定起点，如下图所示。

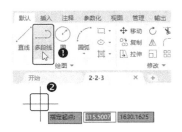

Step02: 右移光标，输入距离值"500"，按空格键确定，如下图所示。

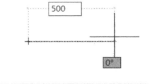

Step03: 下移光标，输入"宽度"子命令W，按空格键确定，如下图所示。

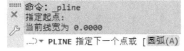

Step04: 输入起点宽度，如"20"，按空格键确定，如下图所示。

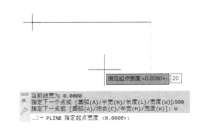

Step05: 输入端点宽度，如"20"，按空格键确定，如下图所示。

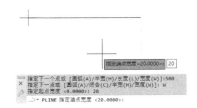

Step06: 左移光标，输入"宽度"子命令W，按空格键确定，如下图所示。

Step07: 输入起点宽度"0"，按空格键确定，输入端点宽度"0"，按空格键确定，如下图所示。

Step08: 单击指定多段线下一点，按空格键结束"多段线"命令，如下图所示。

高手点拨

"直线"与"多段线"命令的区别：当使用"直线"命令绘制线条时，每指定一个端点即是一条线段，而连续指定点则为多条直线的断开点；当使用"多段线"命令绘制线条时，无论指定几个点或使用多大宽度或使用什么类型的线段，多段线都是一条连接在一起的完整线段。其次，直线命令只能绘制线段，多段线可以绘制圆弧线。最后，直线没有宽度，而多段线有宽度。

2.2.4 实例：绘制跑道和指示符

本实例主要介绍"多段线"命令的具体应用。本实例最终效果如下图所示。

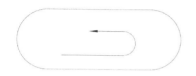

具体操作方法如下。

Step01: 单击"多段线"按钮，在绘图区单击指定起点，右移光标并输入至下一点的距离"5000"，按空格键确定，如下图所示。

Step02: 下移光标，输入"圆弧"子命令A，按空格键确定，如下图所示。

Step03: 输入至下一点的距离"3000"，按空格键确定，如下图所示。

Step04: 左移光标，输入"长度"子命令L，按空格键确定，如下图所示。

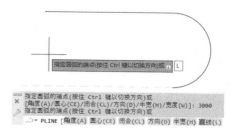

Step05: 输入至下一点的距离"5000"，按空格键确定，如下图所示。

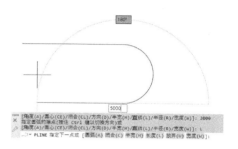

Step06: 上移光标，输入"圆弧"子命令A，按空格键确定，如下图所示。

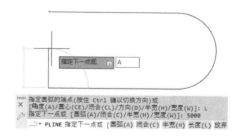

Step07: 输入"闭合"子命令CL，按空格键确定，如下图所示。

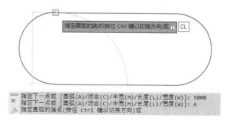

Step08: 按空格键激活"多段线"命令，在轨道内左侧单击以指定起点，右移光标，输入长度值"3000"，按空格键确定，如下图所示。

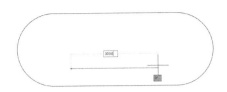

Step09: 上移光标，输入"圆弧"子命令 A，按空格键确定，输入圆弧长度值"1200"，按空格键确定，如下图所示。

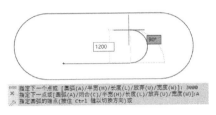

Step10: 左移光标，输入"长度"子命令 L，按空格键确定，单击指定多段线下一点，如下图所示。

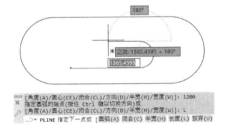

Step11: 输入"半宽"子命令 H，按空格键确定，如下图所示。

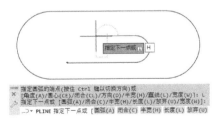

Step12: 输入起点半宽值，如"50"，按空格键确定，如下图所示。

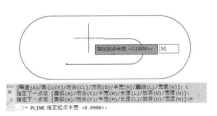

Step13: 输入终点半宽值，如"0"，按空格键确定，如下图所示。

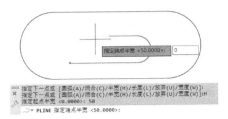

Step14: 左移光标，单击指定箭头位置，如下图所示。

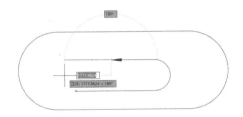

2.2.5 构造线

在 AutoCAD 2022 中，构造线就是两端都可以无限延伸的直线。在实际绘图时，构造线常用来做辅助线或其他对象的参照。

1. 执行方式

在 AutoCAD 2022 中，"构造线"命令有以下几种执行方式。

- 菜单命令：单击"绘图"菜单，再单击"构造线"命令。
- 命令按钮：单击"绘图"下拉按钮，再单击"构造线"按钮 。
- 快捷命令：在命令行输入"构造线"命令 XL，按空格键确定。

2. 命令提示与选项说明

执行"构造线"命令后，命令行显示如下图所示的命令提示和选项。

```
命令：_xline
指定点或 [水平(H)/垂直(V)/角度(A)/二等分(B)/偏移(O)]:
指定通过点：<正交 开>
指定通过点：
指定通过点：
```

选项说明如下。

（1）水平（H）：绘制无限延长的水平线。

（2）垂直（V）：绘制无限延长的垂直线。

（3）角度（A）：绘制指定角度的无限延长线。

（4）二等分（B）：创建一条参照线，经过选定的角顶点，并且将选定的两条线之间的夹角平分。

（5）偏移（O）：指定构造线偏离选定对象的距离。

3. 操作方法

绘制构造线的具体操作方法如下。

Step01：❶单击"绘图"下拉按钮；❷单击"构造线"按钮 ，如下图所示。

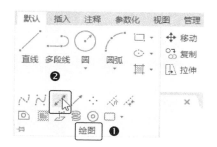

Step02：在绘图区空白处单击指定起点，右移光标再单击即可指定通过点，如下图所示。

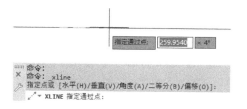

Step03：上移光标再单击指定通过点，按空格键结束"构造线"命令，如下图所示。

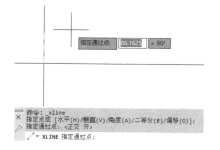

高手点拨

构造线无限延长的特性不会改变图形的总面积。构造线的无限延长对缩放或视点没有影响，并被显示图形范围的命令所忽略。和其他对象一样，构造线也可以被移动、旋转和复制。

2.2.6 多线

多线由两条以上的平行线组成。这些平行线称为元素。在绘制多线时，可以使用程序默认的包含两个元素的"STANDARD"样式，也可以加载已有的样式，还可以新建多线样式，以控制元素的数量和特性。

1. 执行方式

在 AutoCAD 2022 中，"多线"命令有以下几种执行方式。

- 菜单命令：单击"绘图"菜单，再单击"多线"命令。
- 快捷命令：在命令行输入"多线"命令 ML，按空格键确定。

2. 命令提示与选项说明

在使用"多线"命令绘制图形的过程中，命令行显示如下图所示的命令提示和选项。

```
命令: ML MLINE
当前设置: 对正 = 上, 比例 = 20.00, 样式 = STANDARD
指定起点或 [对正(J)/比例(S)/样式(ST)]:
指定下一点:    <正交 开>
指定下一点或 [放弃(U)]:
命令: MLINE
当前设置: 对正 = 上, 比例 = 20.00, 样式 = STANDARD
指定起点或 [对正(J)/比例(S)/样式(ST)]: S
输入多线比例 <20.00>: 240
当前设置: 对正 = 上, 比例 = 240.00, 样式 = STANDARD
指定起点或 [对正(J)/比例(S)/样式(ST)]:
指定下一点:
指定下一点或 [放弃(U)]:
```

选项说明如下。

（1）对正：设置多线的对正方式。

（2）比例：设置多线的比例值。

（3）样式：设置或修改多线的样式。

多线的对正方式分为以下三种。

（1）上（T）：多线顶端的线将随着光标移动。

（2）无（Z）：多线的中心线将随着光标移动。

（3）下（B）：多线底端的线将随着光标移动。

3. 操作方法

绘制不同比例多线的具体操作方法如下。

Step01：输入"多线"命令 ML，按空格键确定，在绘图区单击指定起点，右移光标，如下图所示。

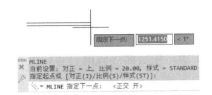

Step02：单击指定第二点，按空格键结束"多线"命令，如下图所示。

Step03：按空格键激活"多线"命令，单击指定起点，输入"比例"子命令"S"，按空格键确定，如下图所示。

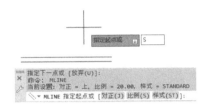

Step04：输入比例值，如"240"，按空格键确定，如下图所示。

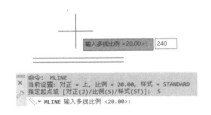

Step05：单击指定多线起点，上移光标，单击指定下一点，按空格键结束"多线"命令，如下图所示。

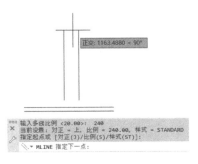

高手点拨

多线由多条线型相同的平行线组成。绘制的多线是一个整体，不能对多线进行偏移、倒角、延伸和修剪等编辑，而只能使用"分解"命令将多线分解成多条直线后才可进行相应编辑。

2.2.7 实例：绘制书房墙体

本实例主要介绍"多线"命令的具体应用。首先创建多线样式，再修改多线样式，然后在设置多线比例后绘制多线，最后通过多线编辑工具对多线进行编辑。本实例最终效果如下图所示。

具体操作方法如下。

Step01：输入"多线样式"命令 MLST，按空格键确定，打开"多线样式"对话框；❶单击"新建"按钮，打开"创建新的多线样式"对话框；❷输入新样式名，如"室内装饰"；❸单击"继续"按钮，如下图所示。

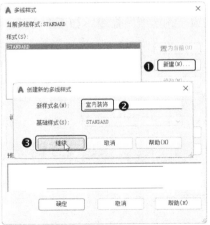

Step02：打开"新建多线样式"对话框；❶输入说明内容，如"绘制墙体"；❷选择"起点"和"端点"来确定直线；❸单击"确定"按钮，

如下图所示。

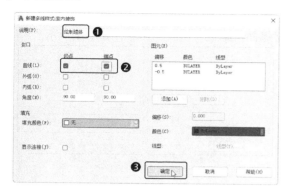

Step03：❶选择"室内装饰"样式；❷单击"置为当前"按钮；❸单击"确定"按钮，如下图所示。

Step04：在绘图区单击指定起点，右移光标，单击指定下一点，如下图所示。

Step05：上移光标，单击指定下一点，左移光标，单击指定下一点，按空格键结束"多线样式"命令，如下图所示。

Step06：选择并删除绘制的多线，输入"多

线样式"命令 MLST，按空格键确定，打开"多线样式"对话框；❶选择"室内装饰"样式；❷单击"修改"按钮，如下图所示。

Step07：打开"新建多线样式"对话框；❶取消选择"起点"和"端点"；❷单击"确定"按钮，如下图所示。返回"多线样式"对话框，单击"确定"按钮。

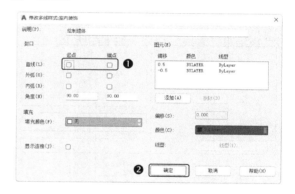

•高手点拨•

　　在 AutoCAD 2022 中，只有删除根据当前样式创建的多线，才能修改当前的多线样式。

Step08：输入"多线"命令 ML，按空格键确定；输入"比例"子命令 S，按空格键确定，如下图所示。

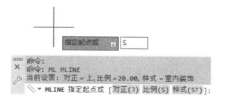

Step09：输入比例值，如"240"，按空格键确定，按下【F8】键打开正交模式，如下图所示。

Step10: 在绘图区单击指定起点，右移光标，输入长度"3600"，按空格键确定；上移光标，输入长度"4200"，按空格键确定；左移光标，输入长度"4600"，按空格键确定，如下图所示。

Step11: 下移光标，输入长度"4200"，按空格键确定；右移光标，输入长度"120"，按空格键两次结束"多线"命令，如下图所示。

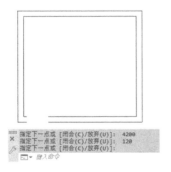

Step12: 按空格键激活"多线"命令，在多线起点处单击以将其指定为多线起点，如下图所示。

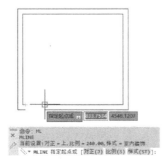

Step13: 下移光标，输入长度"1600"，按空

格键确定；左移光标，输入长度"1500"，按空格键确定；上移光标，输入长度"1600"，按空格键两次结束"多线"命令，如下图所示。

Step14: 选择绘制的多线，在"绘图"面板单击"移动"命令按钮 ↔，单击多线左上角端点以将其指定为移动基点，如下图所示。

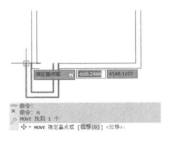

Step15: 右移光标，单击上方多线的外边框线来确定第二个点，如下图所示。

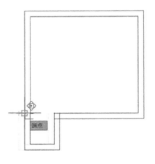

Step16: 在多线上双击，打开"多线编辑工具"对话框，单击"角点结合"按钮 ┗，如下图所示。

Step17: 选择第一条多线，如下图所示。

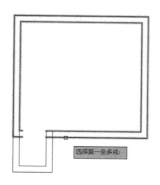

Step18: 选择第二条多线，按空格键结束"多线编辑"命令，如下图所示。

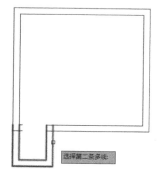

Step19: 选择上方多线，单击其右下角端点，并将其向左移动，如下图所示。

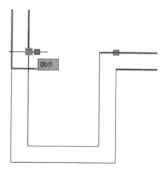

Step20: 移动两条多线使其对齐，如下图所示。

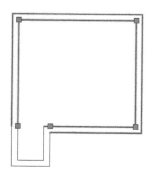

Step21: 在多线上双击，打开"多线编辑工具"对话框，单击"全部剪切"按钮，如下图所示。

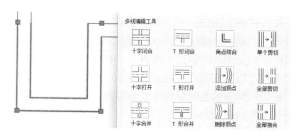

Step22: 选择要剪切的多线第一个点，如下图所示。

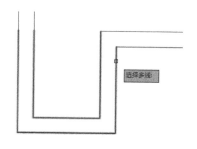

Step23: 单击指定要剪切的多线第二个点，如下图所示。

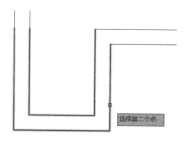

Step24: 使用"直线"命令 L 绘制多线的封口，如下图所示。

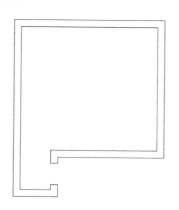

2.3 绘制圆

当一条线段绕着它的一个端点在平面内旋转一周时，它的另一个端点的轨迹就称为圆。在 AutoCAD 2022 中，要创建圆，可以指定圆心、半径、直径、圆周上的点和其他对象上点的不同组合。AutoCAD 2022 提供了多种创建圆的方式，不仅可以指定圆心、端点、起点、半径、角度、弦长和方向值的各种组合方式绘制圆，还可以用三点、两点等方式绘制圆。

2.3.1 圆

在 AutoCAD 2022 中，可以通过多种方式创建圆。AutoCAD 2022 主要有以下几种创建方式。

1. 执行方式

在 AutoCAD 2022 中，"圆"命令有以下几种执行方式。

- 菜单命令：单击"绘图"菜单，再单击"圆"命令，然后单击"圆心、半径"命令。
- 命令按钮：在"绘图"面板中单击"圆"按钮⊘。
- 快捷命令：在命令行输入"圆"命令 C，按空格键确定。

2. 命令提示与选项说明

以"圆心，半径"方式绘制圆，显示如下图所示的命令提示和选项。

```
命令: CIRCLE
指定圆的圆心或 [三点(3P)/两点(2P)/切点、切点、半径(T)]:
指定圆的半径或 [直径(D)] <50.0000>: 300
```

选项说明如下。

（1）三点（3P）：通过在绘图区内确定三个点来确定圆的位置与大小。在命令行输入 3P 后，命令行分别提示指定圆上的第一个点、第二个点、第三个点。

（2）两点（2P）：通过确定圆直径的两个端点绘制圆。在命令行输入 2P 后，命令行分别提示指定圆的直径的第一个端点和第二个端点。

（3）相切、相切、半径（T）：通过两条切线和半径绘制圆。在命令行输入 T 后，命令行分别提示指定圆的第一条切线和第二条切线上的点以及圆的半径。

3. 操作方法

绘制半径为"300"的圆具体操作方法如下。

Step01：单击"圆"按钮⊘，在绘图区单击指定圆心，输入半径，如"300"，按空格键确定，如下图所示。

Step02：完成圆的绘制，如下图所示。

> ⚙ **新手注意**
>
> 用"圆心，直径"方式绘制圆与用"圆心，半径"方式绘制圆的方法相同，只是在绘制过程中根据命令行提示输入直径的子命令，输入直径即可。

2.3.2 实例：绘制台灯顶视图

本实例主要介绍"直线""圆"命令的具体应用。首先绘制直线，以直线的交点为圆心，绘制同心圆，完成台灯顶视图的绘制。本实例主要练习直线和圆的操作。本实例最终效果如下图所示。

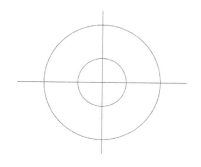

具体操作方法如下。

Step01: 单击"直线"按钮 ，单击指定起点，右移光标，输入至下一点的距离"350"，按空格键两次结束"直线"命令，如下图所示。

Step02: 按空格键激活"直线"命令，单击直线中点以将其指定为起点，如下图所示。

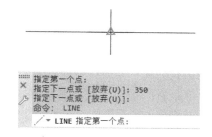

Step03: 上移光标，输入距离"150"，按空格键确定，如下图所示。

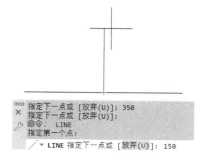

Step04: 下移光标，输入长度"300"，按空格键两次结束"直线"命令，如下图所示。

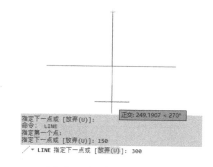

Step05: 框选上方直线，单击"删除"按钮 ，删除直线，如下图所示。

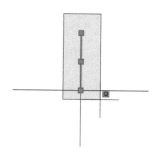

Step06: 单击"圆"按钮 ，在直线交点上单击指定圆心，如下图所示。

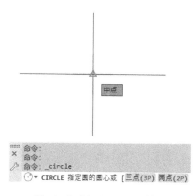

Step07: 输入半径"120"，按空格键确定，如下图所示。

Step08: 按空格键激活"圆"命令，单击直线交点以将其指定为圆心，如下图所示。

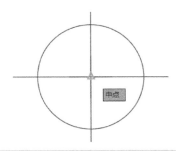

Step09: 输入半径"50"，按空格键确定，如下图所示。

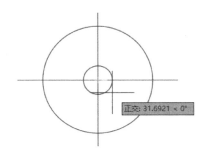

Step10: 按空格键结束绘制，效果如下图所示。

2.3.3 圆弧

常用绘制圆弧的方式如下图所示。

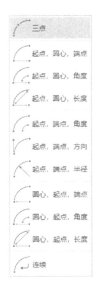

使用各方式绘制的圆弧效果如下图所示。

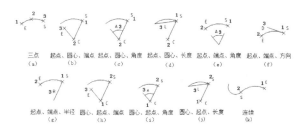

1. 执行方式

在 AutoCAD 2022 中，"圆弧"命令有以下几种执行方式。

- 菜单命令：单击"绘图"菜单，再单击"圆弧"命令，然后单击"三点"命令。
- 命令按钮：在"绘图"面板中单击"圆弧"按钮 。
- 快捷命令：在命令行输入"圆弧"命令 A，按空格键确定。

2. 命令提示与选项说明

在使用"圆弧"命令绘制图形的过程中，命令行显示如下图所示的命令提示和选项。

```
命令： arc
指定圆弧的起点或 [圆心(C)]：
指定圆弧的第二个点或 [圆心(C)/端点(E)]：
指定圆弧的端点：
```

选项说明如下。

（1）圆心（C）：以圆心的方式绘制圆弧。

（2）端点（E）：依次指定端点绘制圆弧。

3. 操作方法

使用三点方式绘制圆弧的具体操作方法如下。

Step01: 单击"圆弧"按钮 ，单击指定圆弧的起点，如下图所示。

Step02: 移动光标，单击指定圆弧的第二个点，如下图所示。

Step03: 移动光标，单击指定圆弧的端点，完成三点圆弧的绘制，如下图所示。

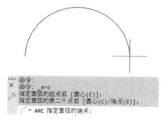

2.3.4 实例：绘制靠背椅

本实例主要介绍"多段线""直线""圆弧"命令的具体应用。本实例最终效果如下图所示。

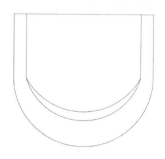

绘制靠背椅的具体操作方法如下。

Step01: 单击"多段线"按钮 ，单击指定起点，左移光标，输入长度"50"，按空格键确定，如下图所示。

Step02: 下移光标，输入长宽"260"，按空格键确定，如下图所示。

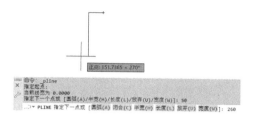

Step03: 输入"圆弧"子命令 A，按空格键确定，如下图所示。

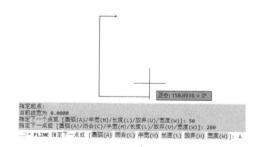

Step04: 右移光标，输入距离"560"，按空格键确定，如下图所示。

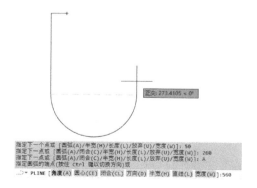

Step05: 上移光标，输入"长度"子命令 L，按空格键确定，如下图所示。

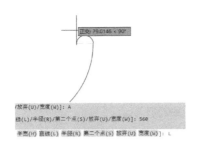

Step06: 上移光标，输入长度"260"，按空格键确定，如下图所示。

Step07: 左移光标，输入长度"50"，按空格键确定，如下图所示。

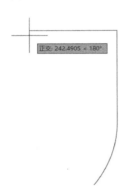

Step08: 下移光标，输入长度"260"，按空格键确定，如下图所示。

Step09: 输入"直线"命令 L，按空格键确定，单击多段线起点以将其指定为直线第一个点，如下图所示。

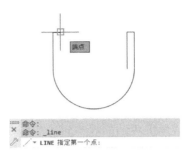

Step10: 下移光标，输入距离"260"，按空格键两次结束"直线"命令，如下图所示。

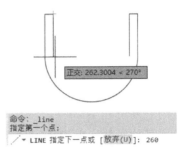

Step11: 单击"圆弧"按钮 ，单击直线端点以将其指定为圆弧起点，如下图所示。

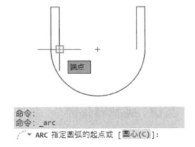

Step12: 单击指定椅子靠背第二个点，如下图所示。

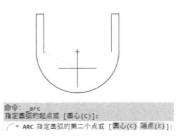

Step13: 单击多段线终点以将其指定为圆弧的终点，如下图所示。

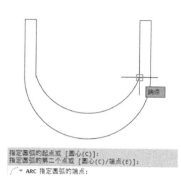

Step14: 按空格键激活"圆弧"命令，依次单击指定圆弧的起点、第二个点、端点，如下图所示。

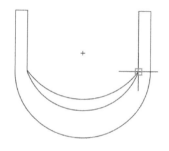

Step15: 输入"直线"命令 L, 按空格键确定, 绘制直线; 按空格键两次结束"直线"命令, 如下图所示。

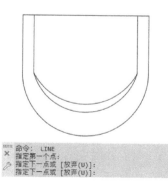

2.3.5 圆环

圆环是填充环或实体圆, 即带有宽度的闭合多段线。要创建圆环, 必须指定它的内外直径和圆心。通过指定不同的中心点, 可以创建具有相同直径的多个圆环。

1. 执行方式

在 AutoCAD 2022 中, "圆环"命令有以下几种执行方式。

- 菜单命令: 单击"绘图"菜单, 再单击"圆环"命令。
- 命令按钮: 单击"绘图"下拉按钮, 再单击"圆环"按钮◎。
- 快捷命令: 在命令行输入"圆环"命令DO, 按空格键确定。

2. 命令提示与选项说明

在使用"圆环"命令绘制图形的过程中, 命令行显示如下图所示的命令提示和选项。

```
命令: _donut
指定圆环的内径 <0.5000>: 100
指定圆环的外径 <1.0000>: 300
指定圆环的中心点或 <退出>:
指定圆环的中心点或 <退出>:
```

选项说明如下。

（1）内径: 圆环的内直径。

（2）外径: 圆环的外直径。

3. 操作方法

绘制圆环的具体操作方法如下。

Step01: 单击"绘图"下拉按钮, 再单击"圆环"按钮◎, 如下图所示。

Step02: 输入圆环内径, 如"100", 按空格键确定, 如下图所示。

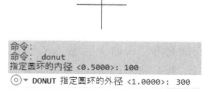

Step03: 输入圆环的外径, 如"300", 按空格键确定, 如下图所示。

```
命令: _donut
指定圆环的内径 <0.5000>: 100
指定圆环的外径 <1.0000>: 300
◎ ▼ DONUT 指定圆环的中心点或 <退出>:
```

Step04：单击指定圆环的中心点，按空格键结束圆环命令，如下图所示。

```
命令: _donut
指定圆环的内径 <0.5000>: 100
指定圆环的外径 <1.0000>: 300
指定圆环的中心点或 <退出>:
指定圆环的中心点或 <退出>:
```

新手注意

圆环实质上是一种特殊的多段线，可以有任意的内径和外径；如果内径和外径的值相等，所绘制的圆环看上去就是一个普通的没有厚度的圆；如果内径为"0"，所绘制的圆环是一个实心圆。

2.3.6 椭圆

椭圆的大小是由定义其长度和宽度的两条轴决定的。其中，较长的轴称为长轴，较短的轴称为短轴。椭圆在长轴和短轴相等时即为圆。

1. 执行方式

在 AutoCAD 2022 中，"椭圆"命令有以下几种执行方式。

- 菜单命令：单击"绘图"菜单，再单击"椭圆"命令，然后单击"圆心"命令。
- 命令按钮：在"绘图"面板中单击"圆心"按钮。
- 快捷命令：在命令行输入"椭圆"命令 EL，按空格键确定。

2. 命令提示与选项说明

在使用"椭圆"命令绘制图形的过程中，命令行显示如下图所示的命令提示和选项。

```
命令: _ellipse
指定椭圆的轴端点或 [圆弧(A)/中心点(C)]: _c
指定椭圆的中心点:
指定轴的端点: 100
指定另一条半轴长度或 [旋转(R)]: 30
```

选项说明如下。

（1）轴端点：以椭圆轴端点绘制椭圆。

（2）圆弧（A）：用于创建椭圆弧。

（3）中心点（C）：以椭圆圆心和两轴端点绘制椭圆。

3. 操作方法

绘制椭圆的具体操作方法如下。

Step01：单击"圆心"按钮◎，在绘图区单击指定椭圆中心点，如下图所示。

```
命令: _ellipse
指定椭圆的轴端点或 [圆弧(A)/中心点(C)]: _c
ELLIPSE 指定椭圆的中心点:
```

Step02：单击指定轴端点或输入轴的半径长度，如"100"，按空格键确定，如下图所示。

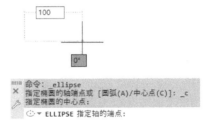

```
命令: _ellipse
指定椭圆的轴端点或 [圆弧(A)/中心点(C)]: _c
指定椭圆的中心点:
ELLIPSE 指定轴的端点:
```

Step03：单击指定另一条半轴端点或输入半径长度，如"30"，按空格键确定，如下图所示。

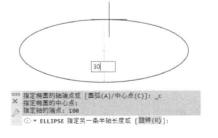

```
指定椭圆的轴端点或 [圆弧(A)/中心点(C)]: _c
指定椭圆的中心点:
指定轴的端点: 100
ELLIPSE 指定另一条半轴长度或 [旋转(R)]:
```

高手点拨

用轴和端点绘制椭圆是指定义其中一条轴直径和另一条轴半径，以确定绘制椭圆的大小。

2.3.7 椭圆弧

椭圆弧是椭圆的一部分。椭圆弧和椭圆的区别是它的起点和终点没有闭合。在绘制椭圆弧的过程中，顺时针方向是图形要去除的部分，逆时针方向是图形要保留的部分。

1. 执行方式

在 AutoCAD 2022 中，"椭圆弧"命令有以下几种执行方式。

- 菜单命令：单击"绘图"菜单，再单击"椭圆"命令，然后单击"圆弧"命令。
- 命令按钮：单击"圆心"下拉按钮，再单击"椭圆弧"按钮。

2. 命令提示和选项

在使用"椭圆弧"命令绘制图形的过程中，命令行显示如下图所示的命令提示和选项。

```
命令：_ellipse
指定椭圆的轴端点或 [圆弧(A)/中心点(C)]: _a
指定椭圆弧的轴端点或 [中心点(C)]:
指定轴的另一个端点:
指定另一条半轴长度或 [旋转(R)]:
指定起点角度或 [参数(P)]:
指定端点角度或 [参数(P)/夹角(I)]:
```

3. 操作方法

绘制椭圆弧的具体操作方法如下。

Step01：单击"圆心"下拉按钮，再单击"椭圆弧"按钮，然后在绘图区单击指定椭圆弧的轴端点，如下图所示。

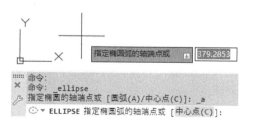

Step02：单击指定轴的另一个端点，如下图所示。

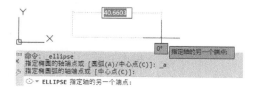

Step03：单击指定另一条半轴长度，如下图

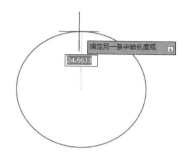

Step04：单击指定椭圆弧的起点角度，如下图所示。

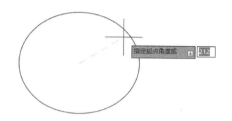

Step05：单击指定椭圆弧的端点角度，如下图所示。

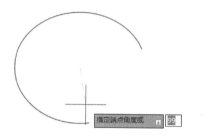

2.4 绘制平面图形

平面图形是指 AutoCAD 2022 中闭合的图形，包括等边三角形、正方形、五边形、六边形等。本节主要讲解绘制平面图形的操作。

2.4.1 矩形

矩形能组成各种不同的图形。使用"矩形"命令可以设置倒角、圆角、宽度、厚度值等参数，以改变矩形的形状，还可以绘制矩形、正方形。

1. 执行方式

在 AutoCAD 2022 中，"矩形"命令有以下几种执行方式。

- 菜单命令：单击"绘图"菜单，再单击"矩形"命令。
- 命令按钮：在"绘图"面板中单击"矩形"按钮 □。
- 快捷命令：在命令行输入"矩形"命令 REC，按空格键确定。

2. 命令提示与选项说明

在使用"矩形"命令绘制图形的过程中，命令行显示如下图所示的命令提示和选项。

【命令提示】

```
命令: REC
RECTANG
指定第一个角点或 [倒角(C)/标高(E)/圆角(F)/厚度(T)/宽度(W)]:
指定另一个角点或 [面积(A)/尺寸(D)/旋转(R)]: d
指定矩形的长度 <10.0000>: 150
指定矩形的宽度 <10.0000>: 200
指定另一个角点或 [面积(A)/尺寸(D)/旋转(R)]:
命令: RECTANG
指定第一个角点或 [倒角(C)/标高(E)/圆角(F)/厚度(T)/宽度(W)]: F
指定矩形的圆角半径 <0.0000>: 10
指定第一个角点或 [倒角(C)/标高(E)/圆角(F)/厚度(T)/宽度(W)]:
指定另一个角点或 [面积(A)/尺寸(D)/旋转(R)]:
```

选项说明如下。

（1）倒角：设置矩形的倒角距离。

（2）标高：指定矩形的标高，也就是指定矩形在三维空间的高度。

（3）圆角：设置矩形的圆角半径。

（4）厚度：设置矩形的厚度。

（5）宽度：设置矩形的宽度。

（6）面积：通过指定面积与矩形长度或宽度绘制矩形。

（7）尺寸：通过指定矩形的长度或宽度绘制矩形。

（8）旋转：按指定的旋转角度绘制矩形。

3. 操作方法

在矩形内绘制圆角矩形的具体操作方法如下。

Step01：单击"矩形"按钮 □，在绘图区单击指定起点，如下图所示。

Step02：在命令行输入"尺寸"子命令 D，

按空格键确定；输入矩形长度"150"，按空格键确定，如下图所示。

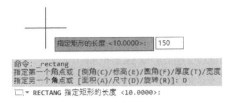

Step03：输入矩形宽度"200"，按空格键确定，如下图所示。

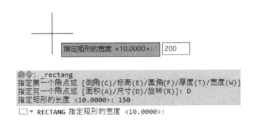

Step04：在空白处单击确定矩形位置，如下图所示。

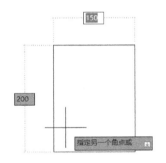

Step05：按空格键激活"矩形"命令，在命令行输入"圆角"子命令 F，按空格键确定，如下图所示。

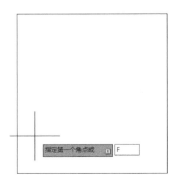

Step06：输入圆角半径"10"，按空格键确定，

如下图所示。

Step07：在矩形内适当位置单击指定圆角矩形的第一个角点，如下图所示。

Step08：上移光标，在适当位置单击指定另一个角点，完成圆角矩形的绘制，如下图所示。

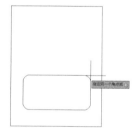

2.4.2 实例：绘制方几

本实例主要介绍"矩形""直线""移动""偏移"命令的具体应用。首先使用"矩形"命令绘制桌面，再使用"直线"命令指定桌边的距离，接着使用"矩形"命令绘制桌边，然后使用"移动"命令移动位置，最后使用"偏移"命令指定桌沿。本实例最终效果如下图所示。

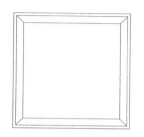

具体操作方法如下。

Step01：单击"矩形"按钮 □，在绘图区单击指定起点，输入矩形尺寸，如"@680,680"，按空格键确定，如下图所示。

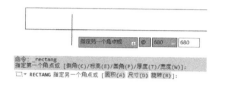

Step02：输入"直线"命令L，按空格键确定；单击矩形左下角指定第一个点，如下图所示。

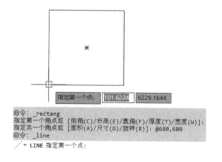

Step03：下移光标，输入"50"，按空格键确定，如下图所示。

Step04：单击"矩形"按钮 □，单击直线下

端点指定矩形第一个角点，如下图所示。

Step05：输入"尺寸"子命令 D，按空格键确定；输入矩形长度，如"780"，按空格键确定，如下图所示。

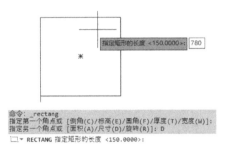

Step06：输入矩形宽度，如"780"，按空格键确定，如下图所示。

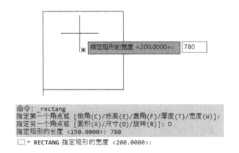

Step07：在右上角单击确定矩形角点的方向，如下图所示。

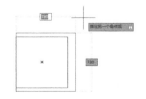

Step08：单击"移动"按钮 ✣，再选择要移动的对象，按空格键确定，如下图所示。

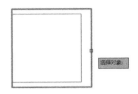

Step09：单击指定移动的基点，如下图所示。

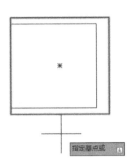

Step10：左移光标，输入移动距离，如"50"，按空格键确定，如下图所示。

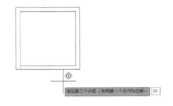

Step11：选择直线下端点的夹点，如下图所示。

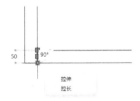

Step12：将夹点移动到外矩形框的左下角处，按【Esc】键取消对该点的选择，如下图所示。

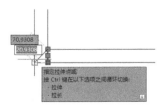

Step13：输入"直线"命令 L，按空格键确定；单击内矩形框左上角指定起点，如下图所示。

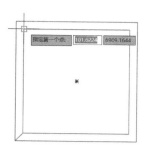

Step14：单击外矩形框左上角指定终点，按空格键结束"直线"命令，如下图所示；按空格键激活"直线"命令，依次绘制右上角和右下角的直线段。

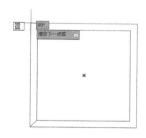

Step15：单击"偏移"命令按钮 ⊂，输入偏移距离，如"20"，按空格键确定，如下图所示。

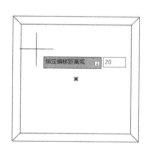

Step16：选择要偏移的对象，如下图所示。

Step17：向外单击指定要偏移的一侧，按空格键结束"偏移"命令，如下图所示。

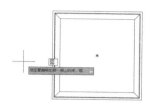

```
命令：offset
当前设置：删除源=否  图层=源  OFFSETGAPTYPE=0
指定偏移距离或 [通过(T)/删除(E)/图层(L)] <1.0000>：20
选择要偏移的对象，或 [退出(E)/放弃(U)] <退出>：
指定要偏移的那一侧上的点，或 [退出(E)/多个(M)/放弃(U)] <退出>：
选择要偏移的对象，或 [退出(E)/放弃(U)] <退出>：
```

2.4.3 多边形

多边形是指由 3 条及 3 条以上线条组成的封闭形状。在 AutoCAD 2022 中，"多边形"命令可以创建具有 3 至 1024 条等长边的闭合多段线。

1. 执行方式

在 AutoCAD 2022 中，"多边形"命令有以下几种执行方式。

- 菜单命令：单击"绘图"菜单，再单击"多边形"命令。
- 命令按钮：单击"矩形"下拉按钮 □，再单击"多边形"按钮 ⬠ 多边形。
- 快捷命令：在命令行输入"多边形"命令 POL，按空格键确定。

2. 命令提示与选项说明

在使用"多边形"命令绘制图形的过程中，命令行显示如下图所示的命令提示和选项。

```
命令：_polygon 输入侧面数 <4>：6
指定正多边形的中心点或 [边(E)]：
输入选项 [内接于圆(I)/外切于圆(C)] <I>：C
指定圆的半径：7
```

选项说明如下。

（1）输入侧面数：定义正多边形的边数，输入 3 至 1024 之间的数值。

（2）中心点：指定正多边形的中心点，可以通过输入坐标精确定位。

（3）边（E）：通过指定边长绘制正多边形。

（4）内接于圆（I）：指定外接圆的半径，使正多边形的所有顶点都在此圆周上。

（5）外切于圆（C）：指定内接圆的半径，使正多边形各条边的中点到圆心的距离就是半径。

3.操作方法

用"多边形"命令可以绘制螺母、螺帽的平面图，具体操作方法如下。

Step01：单击"多边形"按钮 ，输入边数，如"6"，按空格键确定，如下图所示。

Step02：在绘图区空白处单击指定多边形中心点，如下图所示。

Step03：选择"外切于圆（C）"命令，如下图所示。

Step04：输入半径，如"7"，按空格键确定，如下图所示。

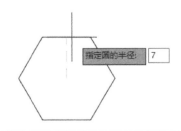

Step05：输入"圆"命令 C，按空格键确定，单击多边形的圆心指定圆的圆心，如下图所示。

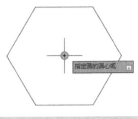

高手点拨

正多边形最少由 3 条等长边组成。正多边形的边数越多，其形状越接近圆。正多边形也被看成一条闭合的多段线。可以使用"编辑多段线"命令对正多边形进行编辑，也可以用"分解"命令将正多边形分解。

Step06：输入半径，如"6"，按空格键确定，如下图所示。

2.5 绘制点

"点"是组成图形最基本的元素，除了可以作为图形的一部分，还可以作为绘制其他图形时的控制点和参考点。在 AutoCAD 2022 中绘制点的命令主要包括点、定数等分点、定距等分点等命令。

2.5.1 设置点样式

在 AutoCAD 2022 中，程序默认的点没有长度和大小。在绘制点时，仅在绘图区显示为一个小圆，很难看见。为了确定点的位置，可以根据需要设置多种不同形状的点样式。

1.执行方式

在 AutoCAD 2022 中，设置点样式有以下几种执行方式。

- 菜单命令：单击"格式"菜单，再单击"点样式"命令。
- 命令按钮：在"实用工具"面板中单击"点样式"按钮。

- 快捷命令：在命令行输入命令 DD，按空格键确定。

2. 命令提示与选项说明

在设置点样式的过程中，命令行显示如下图所示的命令提示和相关选项。

```
命令: DDPTYPE
PTYPE 正在重生成模型。
正在重生成模型。
命令: PO
POINT
当前点模式: PDMODE=35  PDSIZE=0.0000
指定点:
```

选项说明如下。

（1）点大小：设置点的显示大小，可以相对于屏幕设置点的大小，也可以设置点的绝对大小。

（2）相对于屏幕设置大小：按屏幕尺寸的百分比设置点的显示大小。当进行显示比例的缩放时，点的显示大小不改变。

（3）按绝对单位设置大小：使用实际单位设置点的大小。当进行显示比例的缩放时，点的大小随之改变。

3. 操作方法

设置点样式的具体操作方法如下。

Step01：输入 DD，按空格键确定，打开"点样式"对话框，如下图所示。

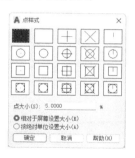

Step02：选择要设置的点样式，单击"确定"按钮，如下图所示。

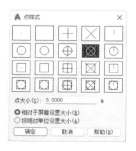

Step03：输入"单点"命令 PO，按空格键确定，在绘图区空白处单击，如下图所示。

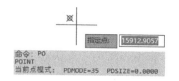

```
命令: PO
POINT
当前点模式: PDMODE=35  PDSIZE=0.0000
```

> **新手注意**
>
> AutoCAD 2022 共为用户提供了 20 种点样式。在所需样式图标上单击，即可将点设置为当前点样式。

2.5.2 点

"点"分为单点和多点。点除了可以作为图形的一部分外，也可以作为绘制其他图形时的控制点和参考点。

1. 执行方式

在 AutoCAD 2022 中，创建点有以下几种执行方式。

- 菜单命令：单击"绘图"菜单，再单击"点"命令。
- 命令按钮：在"绘图"面板中单击"绘图"下拉按钮，再单击"多点"按钮。
- 快捷命令：在命令行输入"单点"命令 PO，按空格键确定。

2. 命令提示与选项

在绘制点的过程中，命令行显示如下图所示的命令提示和选项。

```
命令: DDPTYPE
PTYPE 正在重生成模型。
正在重生成模型。
命令: PO
POINT
当前点模式: PDMODE=35  PDSIZE=0.0000
指定点:
```

3. 操作方法

绘制单点和多点的具体操作方法如下。

Step01：在命令行输入"单点"命令 PO，按空格键确定，在绘图区单击即可创建点；按空格键激活单点命令，单击即可创建单点，如下图所示。

第2章 绘制二维图形

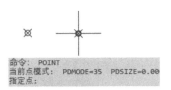

Step02：单击"绘图"下拉按钮，再单击"多点"按钮 ，在绘图区单击即可创建点；移动光标，继续单击可不断创建点；按【Esc】键退出"多点"命令，如下图所示。

新手注意

执行"单点"命令创建点后，"单点"命令自动结束。再次创建单点需要再次激活"单点"命令。"多点"命令创建点后，"多点"命令不会自动结束，可以一直单击创建点；要结束"多点"命令，必须按【Esc】键。

2.5.3 定数等分

"定数等分"就是在对象上按指定数目等间距创建点或插入块。这个操作并不将对象实际等分为单独的对象，而是标明定数等分的位置，以便将这些位置作为几何参考点。

1. 执行方式

在 AutoCAD 2022 中，"定数等分"命令有以下几种执行方式。

- 菜单命令：单击"绘图"菜单，再单击"点"命令，然后单击"定数等分"命令。
- 命令按钮：单击"绘图"下拉按钮，再单击"定数等分"按钮 。
- 快捷命令：在命令行输入"定数等分"命令 DIV，按空格键确定。

2. 命令提示与选项说明

在执行"定数等分"命令后，命令行显示如下图所示的命令提示和选项。

```
命令：_divide
选择要定数等分的对象：
输入线段数目或 [块(B)]：6
```

选项说明如下。

（1）输入线段数目：是指输入等分的线段数目，其范围为 2 ~ 32 767。

（2）块（B）：表示在等分点处插入指定的块。

3. 操作方法

将一条线定数等分的具体操作方法如下。

Step01：使用"直线"命令 L 绘制一条直线，如下图所示。

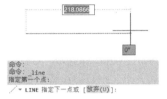

Step02：输入 DDP，按空格键确定，打开"点样式"对话框；选择要设置的点样式，再单击"确定"按钮，如下图所示。

Step03：单击"绘图"下拉按钮，再单击"定数等分"按钮 ，然后单击需要定数等分的对象，如下图所示。

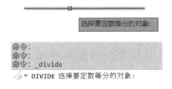

Step04：输入线段数目，如"6"，按空格键确定，如下图所示。

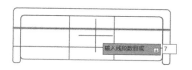

高手点拨·

　　使用"定数等分"命令创建的点,可以作为其他图形的捕捉点,但并没有将图形断开,而只是起到等分测量的作用。输入的线段数目不应为小数,而应为整数。输入的线段数目是等分的份数,而不是点的个数。"定数等分"命令每次只能对一个对象操作,而不能对一组对象操作。

Step05: 等分点显示在直线上,线段被平均分为6份,如下图所示。

2.5.4　实例:绘制沙发

　　本实例主要介绍"直线""定数等分"命令的具体应用。本实例最终效果如下图所示。

　　具体操作方法如下。

Step01: 打开"素材文件\第2章\沙发.dwg",输入"直线"命令 L,按空格键确定,在沙发左侧外沿线单击,在沙发右侧外沿线单击,按空格键结束"直线"命令,如下图所示。

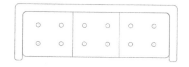

Step02: 按空格键激活"直线"命令,在直线下方适当位置单击沙发左侧外沿线,在沙发右侧外沿线单击,按空格键结束"直线"命令,如下图所示。

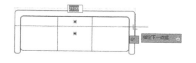

Step03: 输入"定数等分"命令 DIV,按空格键确定,单击上方直线以将其指定为定数等分的对象,输入点数目,如"7",按空格键确定,如下图所示。

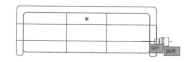

Step04: 按空格键激活"定数等分"命令,单击下方直线以将其指定为定数等分的对象,输入点数目,如"7",按空格键确定,如下图所示。

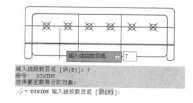

Step05: 输入 DD,按空格键确定,打开"点样式"对话框,选择要设置的点样式,单击"确定"按钮,如下图所示。

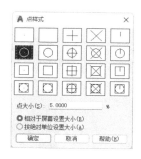

Step06: 选择两条直线,单击"删除"按钮🗑,以删除这两条直线,效果如下图所示。

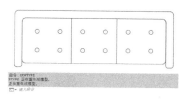

2.5.5　定距等分

　　"定距等分"就是将对象按照指定的长度进行等分,或在对象上按照指定的距离创建点或插入块。

1. 执行方式

　　在 AutoCAD 2022 中,"定距等分"命令有以下几种执行方式。

　　● 菜单命令:单击"绘图"菜单,再单击"点"命令,然后单击"定距等分"命令。

第2章　绘制二维图形

- 命令按钮：单击"绘图"下拉按钮，再单击"定距等分"按钮 ⁂。
- 快捷命令：在命令行输入"定距等分"命令 ME，按空格键确定。

2. 命令提示与选项说明

在执行"定距等分"命令后，命令行显示如下图所示的命令提示和选项。

```
命令: _measure
选择要定距等分的对象:
指定线段长度或 [块(B)]: 100
```

选项说明如下。

（1）指定线段长度：指定具体数值。

（2）块（B）：在指定点插入的不是点而是图块。

3. 绘制方法

将一条长为"500"的线定距等分为"100"，具体操作方法如下。

Step01：输入"直线"命令 L，绘制一条长为"500"的直线，如下图所示。

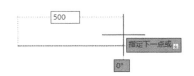

Step02：输入 DDP，按空格键确定，打开"点样式"对话框，选择要设置的点样式，单击"确定"按钮，如下图所示。

Step03：单击"绘图"下拉按钮，单击"定距等分"按钮 ⁂，选择需要定距等分的对象，输入等分的线段长度，如"100"，如下图所示。

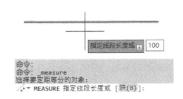

Step04：按空格键确定，效果如下图所示。

> **※高手点拨•**
>
> "定数等分"命令是将目标对象按指定的数目平均分段。"定距等分"命令是将目标对象按指定的距离分段。"定距等分"命令先指定所要创建的点与点之间的距离，再根据该间距值分割所选对象，而等分后子线段的数量等于原线段长度除以等分距离。如果等分后有多余的线段，则为剩余线段。

综合演练：绘制酒柜

✖ 演练介绍

本实例主要绘制酒柜的框架，并将本章学习的内容加以巩固和补充，还会大量运用到各种绘图命令的子命令，以及借助辅助线条绘制图形；在绘图时，要注意必须根据对象的实际尺寸来绘制；使用"多线"命令绘制酒柜的外框、酒柜底柜和柜体柜门等，再使用"圆环"命令绘制柜门拉手，接着使用"多线"命令绘制酒柜的展示柜。

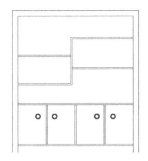

✖ 操作方法

本实例的具体操作方法如下。

Step01: 新建文件，在命令栏输入"多线"命令 ML，按空格键确定；输入"对正"命令 J，按空格键确定；输入"无对正"命令 Z，按空格键确定，如下图所示。

Step02: 输入"比例"命令 S，按空格键确定；输入比例值，如"80"，按空格键确定，如下图所示。

Step03: 在绘图区单击确定起点，上移光标，输入酒柜高度"2100"，按空格键确定，如下图所示。

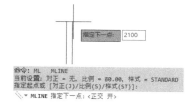

Step04: 右移光标，输入酒柜宽度"1800"，按空键确定；下移光标，输入酒柜高度"2100"，按空格键两次结束"多线"命令，完成外框绘制，如下图所示。

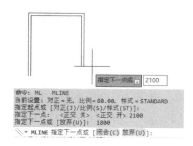

Step05: 输入"直线"命令 L，按空格键确定；单击多线左侧内框线指定第一个点，如下图

所示。

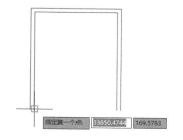

Step06: 上移光标，输入距离"100"，按空格键确定，如下图所示。

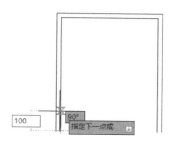

Step07: 上移光标，输入距离"20"，按空格键确定，如下图所示。

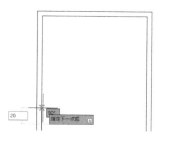

Step08: 上移光标，输入距离"600"，按空格键确定，如下图所示。

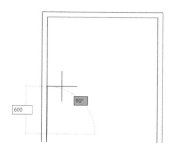

Step09: 上移光标，输入距离"20"，按空格键两次结束"直线"命令，如下图所示。

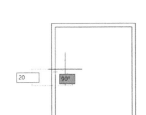

Step10：输入"直线"命令 L，按空格键确定；单击第一段直线的上端点以将其指定为第一个点，如下图所示。

Step11：右移光标，在右侧内框线单击指定第二个点，按空格键两次结束"直线"命令；按空格键激活"直线"命令，在直线上方20mm处绘制直线，如下图所示。

Step12：使用"直线"命令 L 依次在 600 mm 和 20mm 处绘制直线，如下图所示。

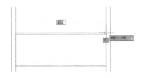

Step13：选择绘制的垂直线段，单击"删除"按钮，删除垂直线段，如下图所示。

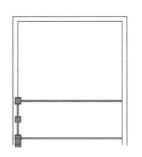

Step14：单击"绘图"下拉按钮，再单击"定数等分"按钮；单击从下向上的第二条直线以将其指定为定数等分的对象，输入线段数目"4"，按空格键确定，如下图所示。

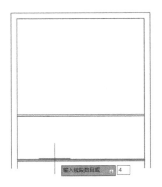

Step15：输入"多线"命令 ML，按空格键确定；单击直线上左侧第一个点以将其指定为起点，如下图所示。

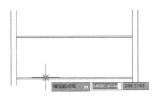

Step16：上移光标，单击指定第二个点，按空格键结束"多线"命令，按空格键激活"多线"命令，单击直线左侧第二个点以将其指定为起点，上移光标，单击指定第二个点，依次使用"多线"命令沿点绘制柜门，如下图所示。

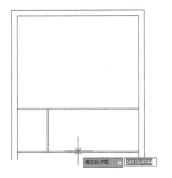

Step17：单击"绘图"下拉按钮，再单击"圆环"按钮；输入圆环内径值"50"，按空格键确定；输入圆环外径值，如"80"，按空格键确定，如下图所示。

Step18：在柜门上单击指定圆环的中心点，按空格键结束"圆环"命令，如下图所示。

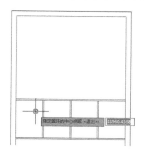

Step19：按空格键激活"圆环"命令，依次绘制柜门把手，如下图所示。

Step20：输入"多段线"命令 PL，按空格键确定；在左侧内框线适当位置单击指定起点，依次指定下一点，按空格键结束"多段线"命令，如下图所示。

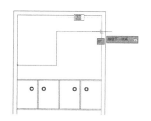

Step21：输入"多线"命令 ML，按空格键确定；单击多段线起点以将其指定为第一个点，

如下图所示。

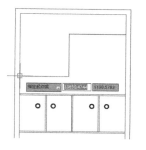

Step22：沿多段线依次单击指定下一点，如下图所示。按空格键结束"多段线"命令。

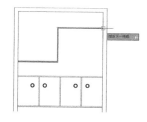

Step23: 选择多段线，单击"删除"按钮，删除多段线，如下图所示。

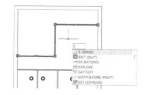

Step24: 使用"多线"命令依次绘制酒柜档板，如下图所示。

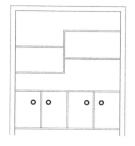

新手问答

❷ No.1：如何绘制样条曲线？

样条曲线是由一系列点构成的平滑曲线，选择样条曲线后，样条曲线周围会显示控制点，并可以根据自己的实际需要，通过调整样条曲线上的起点、控制点来控制样条曲线的形状。创建样条曲线分为拟合和控制点两种方式。将样条曲线由控制点方式转换为拟合方式显示的具体操作方法如下。

Step01：❶单击"绘图"下拉按钮；❷单击"样条曲线控制点"按钮，如下图所示。

Step02：在绘图区单击指定起点，再单击指定第二个点并移动光标，如下图所示。

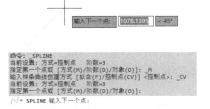

Step03：移动光标并指定第三个点和终点，按空格键结束"样条曲线控制点"命令，如下图所示。

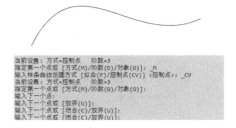

Step04：单击已绘制完成的样条曲线，样条曲线显示夹点，如下图所示。

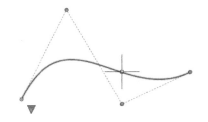

Step05：单击起始点▽后，在菜中单击"拟合"命令，样条曲线则以拟合方式显示，如下图所示。

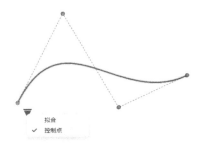

❓ No.2：如何编辑多段线？

"多段线"命令类型多样，可以使用夹点编辑多段线，也可以使用"编辑多段线"命令对多段线进行编辑。"编辑多段线"命令 PEDIT 提供了单个直线所不具备的编辑功能，如可以调整多段线的宽度和曲率。具体操作方法如下。

Step01：绘制一条多段线，输入"编辑多段线"命令 PEDIT，按空格键确定；选择多段线，如下图所示。

Step02：输入"拟合"子命令 F，按空格键确定；再次按空格键退出"多段线编辑"命令，如下图所示。

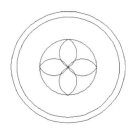

高手点拨·⚙

"编辑多段线"命令各选项说明如下。

（1）闭合：用于创建封闭的多段线。

（2）合并：将直线段、圆弧或其他多段线连接到指定的多段线。

（3）宽度：用于设置多段线的宽度。

（4）编辑顶点：用于编辑多段线的顶点。

（5）拟合：可以将多段线转换为通过顶点的拟合曲线。

（6）样条曲线：可以使用样条曲线拟合多段线。

（7）非曲线化：删除在拟合曲线或样条曲线中插入的多余顶点，并拉直多段线的所有线段；保留指定给多段线顶点的切向信息，以用于随后的曲线拟合。

（8）线型生成：可以将通过多段线顶点的线设置成连续线型。

❓ No.3：如何解决图形中的圆粗糙的问题？

圆是由 N 边形组成的，且数值 N 越大，边越短，圆越光滑。有时候绘制的圆经过"缩放"后，会显示出边角，圆变得粗糙。在命令行中输入"重生成"命令 RE，按空格键确定，即可重新生成当前文件中的模型，并可使圆变光滑。

上机实验

✏️【练习 1】绘制单人沙发，完成的效果如下图所示。

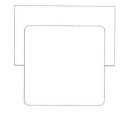

1. 目的要求

本练习的图形是生活必需品——沙发。在绘制的过程中，要用到"矩形"命令，以及"多段线"命令。本练习的目的是通过上机实验，帮助读者掌握"矩形"和"多段线"命令的用法。

2. 操作提示

（1）绘制圆角矩形。

（2）绘制多段线。

✏️【练习 2】绘制万花筒，完成的效果如下图所示。

1. 目的要求

本练习绘制的图形比较简单，主要用到"圆"命令、"圆弧"命令。通过本练习，读者将熟悉这两个图形创建命令的操作方法。

2. 操作提示

（1）绘制半径为"100"的外圆。

（2）绘制半径为"90"的同心圆。

（3）绘制半径为"50"的同心圆。

（4）使用"圆弧"命令依次绘制花瓣。

思考与练习

一、填空题

1. AutoCAD 2022 中多边形最多可以有____条。

2. AutoCAD 2022 中绘制椭圆的方法有____、_____两种。

3. AutoCAD 2022 中的"点"命令可以绘制和_____两种点。

二、选择题

1. 将用"矩形"命令绘制的四边形分解后，该矩形成为（　　）个对象。

A. 1　　　　B. 2　　C. 3　　　D. 4

2. 如下图所示的图形采用的多线编辑方法分别是（　　）。

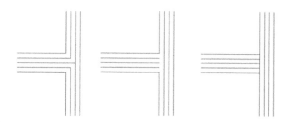

A. T 字打开，T 字闭合，T 字合并

B. T 字闭合，T 字打开，T 字合并

C. T 字合并，T 字闭合，T 字打开

D. T 字合并，T 字打开，T 字闭合

3. "定距等分" 命令是将目标对象按（　　）分段。

A. 指定的对象　　　　B. 指定的距离

C. 指定的数目　　　　D. 平均分段

4. 绘制圆的方法有（　　）种。

A. 4　　　　　　　　B. 5

C. 6　　　　　　　　D. 7

5. 多线由（　　）条平行线组成。

A. 2　　　　　　　　B. 1 至 16

C. 2 至 16　　　　　D. 16

本章小结

本章主要对绘图工具做了全面的讲解，并讲解了从点到几何图形的绘制方法。其中，主要绘图方法包括菜单命令、功能区命令按钮及相关命令快捷键的使用。在使用键盘命令绘图时，要注意每个操作步骤都必须按空格键以确定命令的执行。

✏ 读书笔记

第 3 章　精确绘制

本章导读

　　AutoCAD 2022 提供了多种必要的辅助绘图工具，包括坐标系、捕捉模式、夹点编辑、图层、特性等工具。利用这些工具，可以方便、准确地实现图形的绘制和编辑，从而可以提高工作效率，也能更好地保证图形质量。

学完本章后应知应会的内容

- 坐标系
- 精确定位工具
- 捕捉
- 自动追踪
- 对象编辑
- 设置图层

3.1 坐标系

坐标系也可以称为坐标参照系。在 AutoCAD 2022 中，常用的坐标系有二维坐标系和三维坐标系。二维坐标系主要使用世界坐标系和用户坐标系；三维坐标系主要使用笛卡儿坐标系。

3.1.1 直角坐标系

在同一个平面上，由互相垂直且有公共原点的两条数轴构成平面直角坐标系（简称直角坐标系）。将两条数轴分别置于水平位置与垂直位置，并取其向右与向上的方向分别为两条数轴的正方向。

水平轴称为"X"轴或横轴；垂直轴称为"Y"轴或纵轴；"X"轴和"Y"轴统称为坐标轴；公共原点称为直角坐标系的原点，如下图所示。

建立了平面直角坐标系后，对于平面直角坐标系平面内的任何一点，都可以用坐标表示该点。反过来，对于任何一个坐标，也可以在平面直角坐标系平面内确定它所表示的一个点。一个点在不同的象限或坐标轴上，其坐标就不一样。

坐标系按照参考值的不同分为绝对坐标系和相对坐标系。

新手注意
在二维平面模式中绘制和编辑工程图形时，只要输入"X"轴和"Y"轴坐标即可，而"Z"轴坐标可以省略，并由 AutoCAD 2022 自动将"Z"轴坐标赋值为 0。

3.1.2 绝对坐标系

绝对坐标系也称为世界坐标系，是所有坐标全部基于一个固定坐标系原点的位置描述的坐标系统。绝对坐标是一个固定的坐标位置。点的绝对坐标不会因参照物的不同而不同。

在没有建立用户坐标系之前，画面上所有点的坐标都是以该坐标系的原点来确定各自的位置的。在绝对坐标系中，"X"坐标表示水平方向的位置，"Y"坐标表示垂直方向的位置。在二维图中，任意点的坐标均可用"（X，Y）"

形式定位。

世界坐标系用于图形转换的起始坐标空间，支持缩放、平移、旋转、变形、投射等转换操作。

世界坐标系是 AutoCAD 2022 的基本坐标系，且在绘图期间，原点和坐标轴保持不变。世界坐标系由 3 个互相垂直并相交的坐标轴"X""Y""Z"组成。在默认情况下，"X"轴正向为水平向右；"Y"轴正向为垂直向上；"Z"轴正向为垂直平面指向使用者；坐标原点在屏幕左下角。

在新建的一个 AutoCAD 2022 文档中，绘图区左下角有坐标系的符号，并且不随光标的缩放改变坐标值的点就是绝对坐标的原点，如下图所示。可以直接输入相对坐标原点的各轴向的距离或角度。

高手点拨
极坐标是以该点到原点的长度及与"X"轴正半轴的夹角表示。可以通过输入某点离原点的距离及它在直角坐标系平面中的角度来确定该点。例如，"10<45"表示离原点距离为"10"、相对于"X"轴的角度为 45°的点。

3.1.3 相对坐标系

相对坐标系是针对用户坐标系而言的。相对坐标是相对上一点各轴向的距离或角度，并需要在输入的坐标值前加一个"@"。例如，"@2，3"表示此点相对上一点"X"轴方向距离为 2、"Y"轴方向距离为 3。

在相对坐标中，@ 后面可以用直角坐标输入法表示，也可以用极坐标输入法表示。例如，"@27<45"表示距第一个点距离是 27，但要以"X"轴为起点逆时针转 45°，确定第二个点。

在距绝对坐标"20"的位置绘制一条长为"50"、角度为"30"的直线，具体操作方法如下。

Step01：输入"直线"命令 L，按空格键确定；输入绝对坐标，如"@20,20"，按空格键确定，如下图所示。

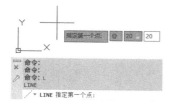

Step02：输入至下一点的距离"@45,<30"，按空格键确定，如下图所示。

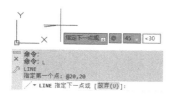

Step03：完成指定长度和角度直线的绘制，如下图所示。

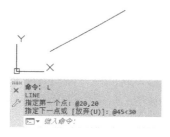

※高手点拨◦·

极坐标系由一个极点和一个极轴构成；极轴方向为水平向右；以上一点为参考极点，输入极距增量和角度来定义下一点的位置；输入格式为"@距离<角度"。

3.2 精确定位工具

精确定位工具是辅助绘图的一部分，是指能够快速准确地定位某些特殊点（如端点、中点、圆心等）和特殊位置（如水平位置、垂直位置）的工具。

3.2.1 栅格显示

栅格显示是指在计算机屏幕上显示由指定行间距和列间距排列的栅格点，就像传统的坐标纸一样，主要起着方便观看绘图效果的作用，且栅格关闭后栅格点就不显示。

1. 执行方式

在 AutoCAD 2022 中，设置和打开 / 关闭栅格有以下几种执行方式。

- 菜单命令：在菜单栏单击"工具"菜单，再单击"绘图设置"命令。
- 快捷命令：在命令行输入命令 DS，按空格键确定，打开"草图设置"对话框，在"捕捉和栅格"选项卡中单击"启用栅格"复选框。
- 状态栏：在状态栏中，单击"栅格"按钮⊞，即可打开 / 关闭栅格。
- 快捷键：按【F7】键即可打开 / 关闭栅格。

2."捕捉和栅格"选项卡的说明

"草图设置"对话框的"捕捉和栅格"选项卡的说明如下。

（1）"启用栅格"复选框：用于控制是否显示栅格。

（2）"栅格样式"区：主要精确指定栅格显示点的位置。

（3）"栅格 X 轴间距"和"栅格 Y 轴间距"数字框：用于设置栅格在水平与垂直方向的间距。

（4）"栅格行为"区：主要控制栅格的显示范围。

3. 操作方法

打开栅格显示的具体操作方法如下。

Step01：输入命令 DS，按空格键确定，打开"草图设置"对话框；❶设置栅格显示选项；❷单击"确定"按钮，如下图所示。

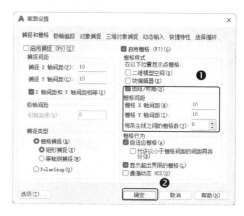

Step02：栅格显示效果如下图所示。

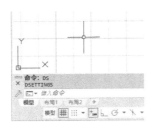

3.2.2 正交模式

"正交模式"里的正交就是"直角坐标系"的体现。使用正交模式可以将光标限制在水平或者垂直方向上移动，也就是绘制的都是水平或垂直的对象，以便于精确地创建和修改对象。

1. 执行方式

在 AutoCAD 2022 中，打开正交模式有以下几种执行方式。

- 快捷命令：在命令行输入命令 ORT，按空格键确定。
- 状态栏：单击状态栏中的"正交模式"按钮。
- 快捷键：按下【F8】键。

2. 命令提示和选项

打开正交模式后，命令行会根据指令显示如下图所示的命令提示和选项。

```
命令: ORTHO
输入模式 [开(ON)/关(OFF)] <开>:
```

3. 操作方法

在正交模式下，绘制一条直线的具体操作方法如下。

Step01：输入"直线"命令 L，按空格键确定；在绘图区单击指定起点，移动光标，但不能精确绘制水平线，如下图所示。

Step02：单击状态栏上的"正交模式"按钮，打开正交模式；移动光标即可绘制水平线，如下图所示。

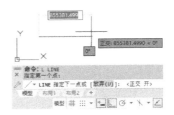

3.2.3 对象捕捉模式

在实际绘图时打开了对象捕捉，依然捕捉不到需要的点，可以进行对象捕捉模式的相关设置。

1. 执行方式

在 AutoCAD 2022 中，设置对象捕捉模式有以下几种执行方式。

- 菜单命令：在菜单栏单击"工具"菜单，再单击"绘图设置"命令。
- 快捷命令：在命令行输入命令 DS，按空格键确定，打开"草图设置"对话框，设置对象捕捉模式内容。
- 状态栏：在状态栏中的"捕捉模式"按钮上右击，再单击"对象捕捉设置"命令。

2. "对象捕捉模式"选区的说明

在命令行输入命令 DS，按空格键确定，打开"草图设置"对话框，如下图所示。

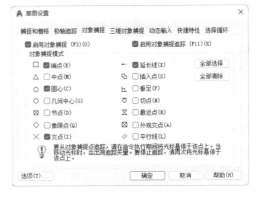

在打开对象捕捉的情况下，将光标移动到

已绘制对象上，所显示的符号就是"对象捕捉模式"选区中的内容，如下图所示。

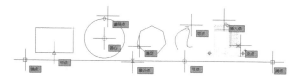

"对象捕捉模式"选区中各选项的含义如下表所示。

图标	名称	含义
□	端点	捕捉直线或曲线的端点
△	中点	捕捉直线或弧段的中间点
○	圆心	捕捉圆、椭圆或弧的中心点
⊠	节点	捕捉用 POINT 命令绘制的点对象
◇	象限点	捕捉位于圆、椭圆或弧段上 0°、90°、180°、270° 处的点
×	交点	捕捉两条直线或弧段上的交点
⊠	最近点	捕捉处在直线、弧段、椭圆或样条线上、距离光标最近的特征点
○	切点	捕捉圆、弧段及其他曲线的切点
⊥	垂足	捕捉从已知点到已知直线的垂线的垂足
⊡	插入点	捕捉图块、标注对象或外部参照的插入点

3. 操作方法

设置对象捕捉模式的具体操作方法如下。

Step01：❶在状态栏右击"对象捕捉"按钮□；❷单击"对象捕捉设置"命令，如下图所示。

Step02：❶设置相关内容；❷完成后单击"确定"按钮，如下图所示。

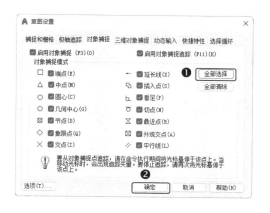

3.3　捕捉

在使用 AutoCAD 2022 绘图时，会出现一些如圆心、中点等特征点。AutoCAD 2022 提供了一些识别这些点的工具。通过这些工具可以实现构造新几何体、精确绘制图形的功能，其效果比传统手工绘图实现更精确、更容易修改和调整。在 AutoCAD 2022 中，这称为捕捉，而捕捉又包括对象捕捉和基点捕捉。

3.3.1　对象捕捉

对象捕捉提供了一种方式，可在每次系统提示输入点时，在对象上指定精确位置。

无论何时提示输入点，都可以指定对象捕捉位置。在默认情况下，当光标移到对象捕捉位置时，将显示标记和工具提示，此功能称为对象捕捉。对象捕捉可以进行视觉确认，以及指示哪个对象捕捉正在使用。

在提示输入点时指定对象捕捉位置后，对象捕捉只对指定的下一点有效，且仅当提示输入点时，对象捕捉才生效。

对象捕捉主要起着精确定位的作用，可以在绘制图形时根据设置的物体特征点进行捕捉，比如端点、圆心、中点、垂足等。

1. 执行方式

在 AutoCAD 2022 中，打开 / 关闭对象捕捉有以下几种执行方式。

- 状态栏：单击状态栏上的"对象捕捉"按钮□，以打开对象捕捉；再次单击此按钮，以关闭对象捕捉。
- 快捷键：按【F3】键，以打开对象捕捉；

再次按此键，以关闭对象捕捉。

2. 操作方法

打开 / 关闭对象捕捉的具体操作方法：在状态栏单击"对象捕捉"按钮□，以打对象捕捉，如下图所示。

3.3.2 基点捕捉

在绘制图形时，有时需要指定以某个点为基点。这时，可以利用基点捕捉功能来捕捉此点。基点捕捉要求确定一个临时参考点来作为指定后续点的基点。基点捕捉通常与其他对象捕捉模式及相关坐标联合使用。

1. 执行方式

在 AutoCAD 2022 中，"基点捕捉"命令有以下几种执行方式。

- 快捷命令：在执行"绘图"命令的同时，在命令行输入"自"命令 FROM。
- 菜单命令：按住【Shift】键，在绘图区域右击，打开快捷菜单，再单击"自"命令。

2. 操作方法

以坐标原点为起点绘制直线的具体操作方法如下。

Step01：输入"直线"命令 L，按空格键确定，如下图所示。

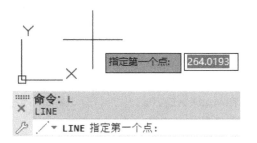

Step02：按住【Shift】键，在绘图区域右击，打开快捷菜单，再单击"自"命令，如下图所示。

Step03：输入基点值"0,0"，按空格键确定，如下图所示。

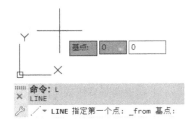

Step04：输入偏移值"0,0"，按空格键确定，如下图所示。

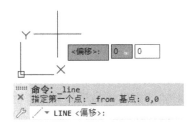

Step05：线段第一个点显示为坐标原点，如下图所示。

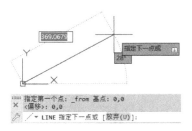

3.3.3 实例：绘制窗框

本实例主要介绍"矩形""直线"命令的具

体应用。本实例最终效果如下图所示。

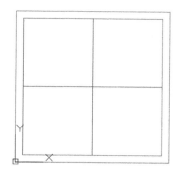

绘制窗框的具体操作方法如下。

Step01: 输入"矩形"命令 REC, 按空格键确定; 输入第一个角点"@0,0", 按空格键确定, 如下图所示。

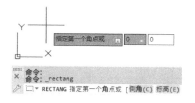

Step02: 输入另一个角点"@2100,2100", 按空格键确定, 如下图所示。

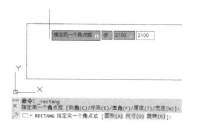

Step03: 输入"圆弧"子命令 A, 按空格键确定, 如下图所示。

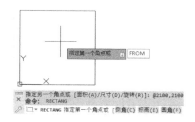

Step04: 按空格键激活"矩形"命令, 输入"自"命令 FROM, 按空格键确定; 输入基点值"0,0", 按空格键确定, 如下图所示。

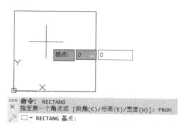

Step05: 输入偏移值"100,100", 按空格键确定, 如下图所示。

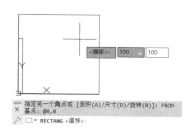

Step06: 上移光标, 输入另一个角点"@1900,1900", 如下图所示。

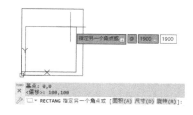

Step07: 按空格键确定, 如下图所示。

Step08: 在状态栏中的"捕捉模式"按钮□上右击, 单击"对象捕捉设置"命令, 如下图所示。

Step09: 打开"草图设置"对话框后; ❶单击"全部选择"按钮; ❷单击"确定"按钮, 如下图所示。

Step10：输入"直线"命令 L，按空格键确定；单击内矩形左垂直线中点以将其指定为直线起点，如下图所示。

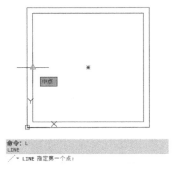

Step11：右移光标，单击内矩形右垂直线中点以将其指定为直线终点，按空格键结束"直线"命令，如下图所示。

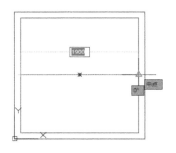

Step12：按空格键激活"直线"命令，单击内矩形上水平线中点以将其指定为直线起点；下移光标，单击内矩形下水平线中点以将其指定为直线终点，按空格键结束"直线"命令，如下图所示。

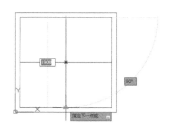

3.4 自动追踪

自动追踪是指按指定角度或与其他对象建立指定关系绘制对象，并结合对象捕捉功能进行追踪，或按指定的临时点进行追踪。利用自动追踪功能，可以对齐路径，有助于以精确的位置和角度创建对象。自动追踪包括极轴追踪和对象捕捉追踪。

3.4.1 对象捕捉追踪

通俗地讲，对象捕捉追踪就是追踪对象上的点，按指定的极轴角或极轴角的倍数对齐指定点的路径。当对象捕捉和对象捕捉追踪一起使用时，必须设定具体的捕捉对象，才能从对象的捕捉点进行追踪。

1. 执行方式

在 AutoCAD 2022 中，打开对象捕捉追踪的方式有以下几种执行方式。

- 快捷命令：在命令行输入命令 DS，按空格键确定。
- 状态栏：单击状态栏中的"对象捕捉"按钮□和"对象捕捉追踪"按钮✓。
- 菜单命令：按住【shift】键，在绘图区域右击，打开快捷菜单，单击"对象捕捉设置"命令。
- 快捷键：按下【F11】键。

2. 操作方法

打开对象捕捉追踪的具体操作方法如下。

Step01：在命令行输入命令 DS，按空格键确定，打开"草图设置"对话框；❶单击"全部选择"按钮；❷单击"确定"按钮，如下图所示。

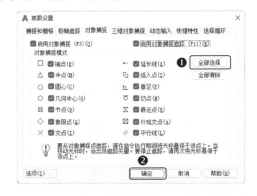

Step02：在状态栏中单击"对象捕捉追踪"按钮✓即可打开对象捕捉追踪，如下图所示。

3.4.2 极轴追踪

极轴追踪是指按指定的极轴角或极轴角的倍数，对齐指定点的路径。当创建或修改对象时，如果将光标移至接近极轴角，则将显示临时对齐路径和工具提示；如果将光标从该极轴角移开，则对齐路径和工具提示消失。

1. 执行方式

在 AutoCAD 2022 中，设置和打开极轴追踪有以下几种执行方式。

* 命令行：在命令行输入命令 DS，按空格键确定。
* 状态栏按钮：单击状态栏中的"对象捕捉"按钮□和"极轴追踪"按钮⊙。
* 快捷键：按下【F10】键。

2. 操作方法

用极轴追踪绘制直线的具体操作方法如下。

Step01: 在命令行输入命令 DS，按空格键确定，打开"草图设置"对话框；❶单击"极轴追踪"选项卡；❷设置内容；❸单击"确定"按钮，如下图所示。

Step02: 在命令行输入"直线"命令 L，按空格键确定，单击指定直线起点，移动光标但不能绘制水平直线，如下图所示。

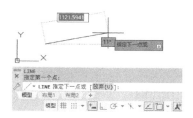

Step03: 在状态栏中单击"极轴追踪"按钮⊙，打开极轴追踪，即可绘制水平直线，如下图所示。

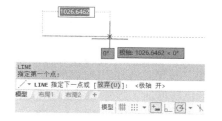

Step04: 单击指定直线终点，上移光标即可绘制垂直线，如下图所示。

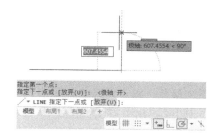

※新手注意•◦┘

在"极轴追踪"按钮⊙为打开状态时，也可以绘制水平或者垂直线，所以极轴追踪和正交模式不能同时打开；打开极轴追踪将自动关闭正交模式。

3.5 对象编辑

本节对象编辑的内容包括夹点、对象属性、对象特性等。这些内容对微调对象的特征、位置等非常实用。

3.5.1 夹点编辑

在 AutoCAD 2022 中，图形位置和形状通常是由夹点的位置决定的。利用夹点可以编辑图形的大小、方向、位置以及对图形进行镜像复制等操作。

夹点就是指图形对象上的一些特征点，比如端点、中点、中心点、垂足、顶点、拟合点等，如下图所示。

1. 夹点编辑模式

可以通过夹点编辑模式使图形达到类似拉伸的效果，也可以在选择夹点的情况下利用夹点对图形进行移动、旋转、缩放和镜像的操作。

进入夹点编辑模式后各子命令的含义如下。

（1）基点：指定当前命令的基点。

（2）复制：根据当前的命令复制对象；如果在旋转模式中选择复制命令，则夹点所在的对象根据指定的角度旋转并复制。

（3）放弃：放弃当前命令。

（4）参照：此子命令只在旋转模式和比例缩放模式下才显示，指参照对象。

（5）退出：退出夹点编辑模式。

切换夹点编辑模式的具体操作方法如下。

Step01：绘制一条直线，单击直线端点，程序自动进入"拉伸"模式，如下图所示。

Step02：按空格键，程序自动进入"MOVE"模式，如下图所示。

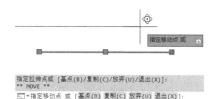

Step03：按空格键，程序自动进入"旋转"模式，如下图所示。

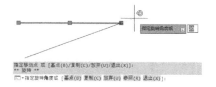

Step04：按空格键，程序自动进入"比例缩放"模式，如下图所示。

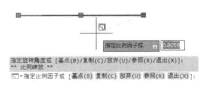

Step05：按空格键，程序自动进入"镜像"模式，如下图所示。

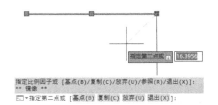

Step06：按空格键，程序自动进入"拉伸"模式；按【Esc】键退出夹点编辑模式，如下图所示。

2. 添加夹点

在实际绘图中，可以根据需要给对象添加夹点，并可以通过夹点的调整改变对象形状。具体操作方法如下。

Step01：绘制一个矩形并单击，将光标悬停至显示的边中点上，如下图所示。

Step02：在显示的菜单中单击"添加顶点"选项，如下图所示。

Step03: 当十字光标上出现一个符号 ⊕ 时，在适当位置单击，如下图所示。

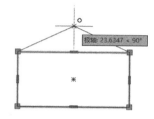

Step04: 成功添加顶点，如下图所示。

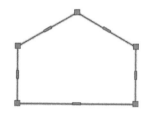

3. 删除夹点

在实际绘图中，也可以通过删除夹点改变对象的形状。具体操作方法如下。

Step01: 绘制一个矩形并单击，将指针光标指向矩形左上角夹点，单击"删除顶点"选项，如下图所示。

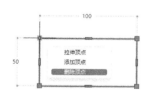

Step02: 矩形左上角的顶点即被删除，矩形变为三角形，如下图所示。

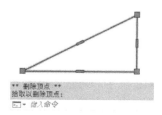

在使用 AutoCAD 2022 绘图时，除了可以在图层中赋予图层的各种属性外，也可以直接为图形对象赋予需要的特性。设置的对象特性通常包括对象的线型、线宽和颜色等属性。

每个对象都具有特性，而其中某些基本特性适用于大多数对象，如对象的颜色、线型、线宽等。可以在"特性"功能区和"特性"面板中了解图形的特性。

1. 执行方式

在 AutoCAD 2022 中，打开"特性"面板有以下几种执行方式。

- 菜单命令：单击"修改"菜单，再单击"特性"命令。
- 命令按钮：单击"特性"下拉按钮后，单击"特性"命令按钮 ⌄。
- 快捷命令：在命令行输入"特性"命令 PR，按空格键确定。

2. 操作方法

在绘图时，可以根据需要修改对象特性。"修改"功能区包括了对象最基本、最常用的特性选项。在"修改"功能区可快速进行对象特性的修改。具体操作方法如下。

Step01: 打开"素材文件 \ 第 3 章 \3-5-2.dwg"，选择要修改颜色的对象，如下图所示。

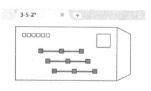

Step02: ❶单击"对象颜色"下拉按钮；❷单击"红"选项，如下图所示。

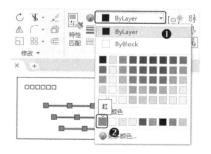

Step03：❶选择要修改颜色的对象；❷单击"线宽"下拉按钮；❸单击"0.30毫米"选项，如下图所示。

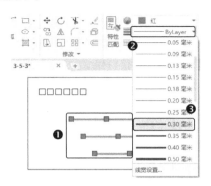

Step04：❶单击工作界面右下角的"自定义"按钮☰；❷在菜单中单击"线宽"命令，如下图所示。

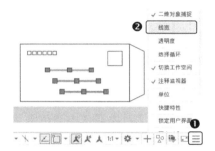

⊛新手注意⊙

在 AutoCAD 2022 中，如果要显示线宽，则必须先在"自定义"菜单中选择"线宽"命令，然后在状态栏中单击打开"线宽"按钮☰，文件中设置的对象线宽才会正常显示出来。

Step05：在状态栏中单击"线宽"按钮☰后，所选对象显示设置的线宽，如下图所示。

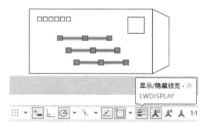

Step06：❶选择要修改线型的对象；❷单击"线型"下拉按钮；❸选择线型，如下图所示。

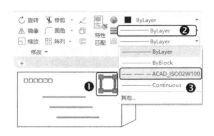

Step07：输入"特性匹配"命令 MA，按空格键确定，如下图所示。

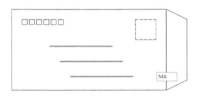

Step08：选择源对象，如下图所示。

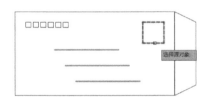

Step09：选择目标对象后，矩形的特性即复制到信封边缘上，按空格键退出"特性匹配"命令，如下图所示。

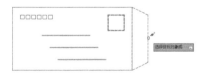

⊛新手注意⊙

在执行"特性匹配"命令的过程中，当系统提示"选择目标对象或［设置（S）："时，输入"设置"子命令 S，按空格键确定；打开"特性设置"对话框，在该对话框中可以设置所需要的特性。

3.6 设置图层

在绘图的过程中，将不同属性的实体建立在不同的图层上，可以方便管理图形对象；也可以通过修改所在图层的属性，快速、准确地完成对象属性的修改。本节介绍图层的设置。

3.6.1 图层特性管理器

在 AutoCAD 2022 中，使用"图层特性管理器"面板可以创建图层，设置图层的颜色、线型和线宽，以及其他的设置与管理。图层特性管理器中最基本的元素是图层。

1. 执行方式

打开图层特性管理器有以下几种执行方式。

- 菜单命令：单击"格式"菜单，再单击"图层"命令。
- 命令按钮：在"图层"面板中单击"图层特性管理器"命令按钮。
- 快捷命令：在命令行输入"图层特性管理器"命令 LA，按空格键确定。

2. "图层特性管理器"面板

图层过滤器区域用于设置图层组，显示了图形中图层和过滤器的层次结构列表。

图层列表区域用于设置所选图层组中的图层属性，其中显示了图层、图层过滤器的特性和说明。

在图层过滤器区域右击弹出的快捷菜单里，提供了用于树状图中选定项目的命令；在图层列表区右击弹出的快捷菜单里，提供了用于图层设置的命令。在这些快捷菜单中，包括了图层特性管理器中的所有内容。

在"图层特性管理器"面板中，列表区域的某些选项的含义如下。

（1）状态：显示当前图层。

（2）名称：创建或者重命名图层名称。

（3）开/关：显示与隐藏图层上的 AutoCAD 2022 图形。

（4）冻结/解冻：用于冻结图层的图形或者将冻结图层解冻；冻结图层上的图形对象是不可见的，不能被重生成，且不能被打印。

（5）锁定/解锁：用于锁定图层的图形或者将锁定的图层解锁；锁定图层上的图形对象是可见的并可被捕捉的，但是不能被编辑。

（6）颜色：为了区分不同图层的图形对象，可以为图层设置不同颜色，而所绘制的图形将继承该图层的颜色属性。

（7）线型：AutoCAD 2022 可以根据需要为每个图层分配不同的线型。

（8）线宽：线宽可以为线条设置不同的宽度。可设置的线宽从 0mm 到 2.11mm。

（9）打印样式：在 AutoCAD 2022 中，能为不同的图层设置不同的打印样式，以及是否打印该图层样式属性。

（10）打印：用于控制图层是否能被打印。

3. 操作方法

打开"图层特性管理器"面板的具体操作方法如下。

输入命令 LA，按空格键确定，打开"图层特性管理器"面板，如下图所示。

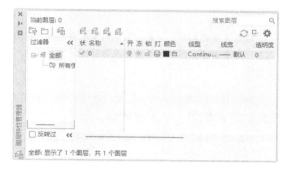

⊛新手注意⊛

图层用于按功能在图形中组织信息以及执行线型、颜色及其他标准，就是将具有不同颜色、线型、线宽等属性的对象进行分类管理的工具。一般将具有同一种属性的对象放在同一个图层上。在绘制图形时，可以自行设置图层的数量、名称、颜色、线型、线宽等。

3.6.2 新建图层

在实际操作中，可为具有同一种属性的多个对象创建和命名新图层；在一个文件中创建的图层数以及可在每个图层中创建的对象数都没有限制。

1. 执行方式

在 AutoCAD 2022 中，新建图形有以下几种执行方式。

- 菜单命令：在"图层特性管理器"面板的图层列表区域的空白处右击，在打开的快捷菜单中单击"新建图层"命令，即可新建一个图层。
- 命令按钮：在打开的"图层特性管理器"

对话框里单击"新建"按钮，即可新建一个图层。

- 快捷键：按下【Alt+N】组合键。

2. 操作方法

新建图层的具体操作方法如下。

Step01：在"图层特性管理器"面板中，单击"新建图层"命令按钮，如下图所示。

Step02：在图层列表区域自动新建一个名为"图层 1"的图层，如下图所示。

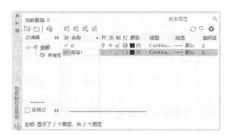

Step03：输入图层新名称，如"中心线"，如下图所示。

3.6.3 图层颜色

当一个图形文件中有多个图层时，为了快速识别某图层和方便后期的打印操作，可以为图层设置颜色。具体操作方法如下。

Step01：单击需要设置图层的颜色框，如下图所示。

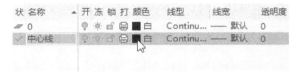

Step02：在打开的"选择颜色"对话框，程序默认显示"索引颜色"选项卡，如下图所示。

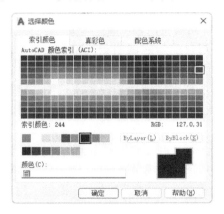

Step03：单击"真彩色"选项卡，可调整色调、饱和度、亮度和颜色模式等内容，如下图所示。

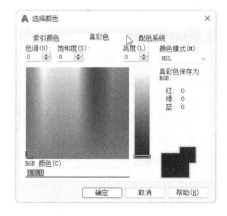

Step04：单击"配色系统"选项卡，在此选项卡中可使用第三方或自己定义的配色系统，如下图所示。

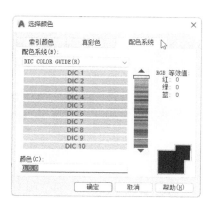

Step05: ❶单击当前图层所需颜色的颜色框；❷单击"确定"按钮，如下图所示。

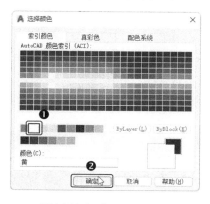

Step06: 图层的颜色即设置成功，如下图所示。

> ✿高手点拨•-○
>
> 　　在"选择颜色"对话框的3个选项卡中都可以对图层进行颜色设置。如果需要打印图样，最好在"真彩色"选项卡中对图层进行颜色设置；在实际绘图中，最常在"索引颜色"选项卡中对图层进行颜色设置。

3.6.4 图层线型

给图层设置线型的作用是可以更直观地识别和分辨对象，并给对象编组，以方便前期绘图。具体操作方法如下。

Step01: 新建图层后，❶单击要设置图层的线型，打开"选择线型"对话框；❷单击"加载"按钮，如下图所示。

Step02: 打开"加载或重载线型"对话框，❶选择所需线型；❷单击"确定"按钮，如下图所示。

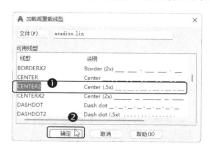

Step03: ❶单击已加载的线型；❷单击"确定"按钮，图层的线型即设置成功，如下图所示。

> ✿新手注意•-○
>
> 　　在默认设置下，AutoCAD 2022仅提供一种"Continuous"线型，用户如果需要使用其他的线型，必须进行加载。

3.6.5 图层线宽

在给图层设置线宽后绘制图形，并将所绘制的图形使用黑白模式打印时，线宽就成为辨识图形对象最重要的属性。具体操作方法如下。

Step01: 单击要设置图层的线宽，打开"线宽"对话框，单击"加载"按钮，如下图所示。

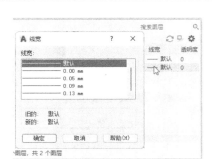

Step02：❶选择线宽，如"0.25mm"；❷单击"确定"按钮，如下图所示。

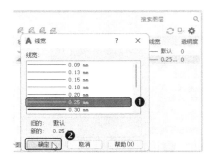

⊛高手点拨⊶

"线宽"对话框内的"线宽"选择栏中显示了可应用的线宽。这些可应用的线宽由图形中最常用的线宽固定值组成。"旧的"是指显示上一个线宽值。在创建新图层时，指定的默认线宽为"默认"（默认值为0.25 mm）。"新的"是指显示给当前图层设定的新线宽。

3.6.6 实例：创建建筑装饰制图图层

本实例主要介绍图层特性面板、图层操作等具体应用。本实例最终效果如下图所示。

具体操作方法如下。

Step01：输入命令 LA，按空格键确定，打开"图层特性管理器"面板；可根据绘图需要在"图层特性管理器"面板中创建并设置图层内容，例如，单击"新建图层"命令按钮🖉，设置图

层名称为中心线，设置颜色为红色，设置线型为 CENTER2，设置线宽为 0.30mm，如下图所示。

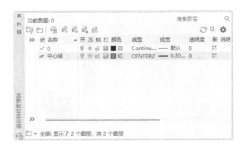

Step02：新建图层墙线，设置颜色为黄色，设置线型为默认的 Continuous，设置线宽为0.30mm，如下图所示。

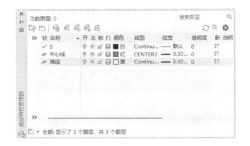

Step03：新建图层门窗线，设置颜色为青色，设置线型为默认的 Continuous，设置线宽为0.25mm，如下图所示。

Step04：新建图层家具线，设置颜色为绿色，设置线型为默认的 Continuous，设置线宽为0.2mm，如下图所示。

Step05: 新建图层电器线, 设置颜色为红色, 设置线型为默认的 Continuous, 设置线宽为 0.20mm; 新建图层地面线, 设置颜色为 250, 设置线型为默认的 Continuous, 设置线宽为 0.35mm; 新建图层灰线, 设置颜色为 8, 设置线型为默认的 Continuous, 设置线宽为 0.18mm; 如下图所示。

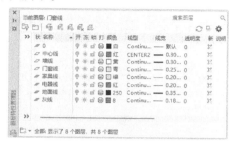

Step06: 新建图层文字说明, 设置颜色为 250, 设置线型为默认的 Continuous, 设置线宽为默认, 如下图所示。

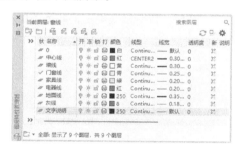

综合演练: 绘制盖形螺母二视图

✖ 演练介绍

本实例主要绘制盖形螺母, 并将本章学习的内容加以巩固和补充, 还会大量运用到各种绘图命令, 以及辅助绘图模式、辅助绘图命令、图层的应用。在绘图时, 要注意必须根据对象的实际尺寸来绘制。

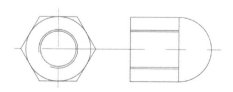

✖ 操作方法

本实例的具体操作方法如下。

Step01: 输入"图层特性管理器"命令 LA, 新建并设置图层。例如, 新建"中心线"图层, 设置其线型为 CENTER、颜色为红色; 然后新建一个"辅助线"图层, 设置其线型为 HIDDEN、颜色为 250; 再新建"粗实线", 设置其颜色为白, 如下图所示。

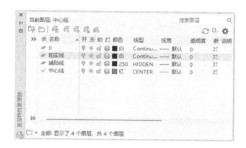

Step02: 单击"图层"下拉按钮, 再选择"中心线"选项, 如下图所示。

Step03: 输入"构造线"命令 XL, 按空格键确定, 绘制水平构造线; 下移光标, 绘制垂直构造线, 如下图所示。

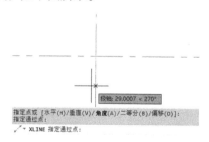

Step04: 单击"图层"下拉按钮, 再选择"粗实线"选项, 如下图所示。

Step05: 输入"圆"命令 C, 按空格键确定; 单击构造线中点为圆心, 输入半径"5.5", 按空格键确定, 如下图所示。

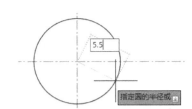

Step06: 单击"椭圆"按钮后的下拉按钮⊙·，再单击"椭圆弧"按钮⊙椭圆弧，如下图所示。

Step07: 在圆右象限点单击指定为轴端点，如下图所示。

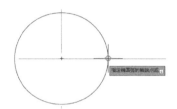

Step08: 左移光标，输入距离"12"，按空格键确定，如下图所示。

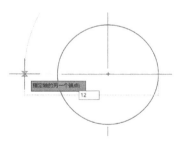

Step09: 上移光标，输入另一条半轴长度"6"，按空格键确定，如下图所示。

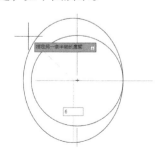

Step10: 单击指定起点角度，如下图所示。

Step11：单击指定终点角度，如下图所示。

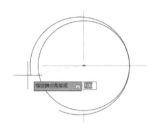

Step12：选择绘制的椭圆弧，输入"移动"命令M，按空格键确定；单击指定起点，左移光标，输入距离"0.5"，按空格键确定，如下图所示。

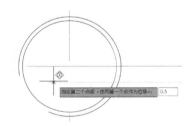

Step13：输入"圆"命令 C，按空格键确定；绘制半径为"10"的同心圆，按空格键确定；输入"多边形"命令 POL，按空格键确定；输入边数"6"，按空格键确定；单击圆心为正多边形中心点，按空格键确定；输入"选择外切于圆（C）"选项，输入半径"10"，按空格键确定，如下图所示。

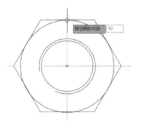

Step14：输入"直线"命令 L，按空格键确定；按下【F10】键打开"极轴追踪"，按空格键确定；单击多边形右上角端点，如下图所示。

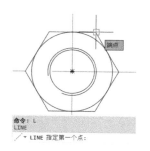

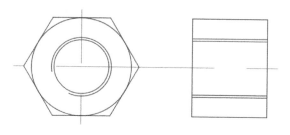

Step15：右移光标，在空白处单击指定直线的起点，如下图所示。

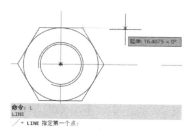

Step19：单击"圆弧"下拉按钮 圆弧，再单击"起点，端点，半径"按钮 起点，端点，半径，然后单击矩形左下角为圆弧的起点，如下图所示。

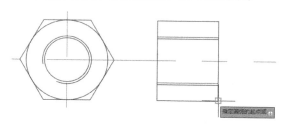

Step16：下移光标，单击多边形右下角端点，再右移光标，在两条极轴线交点处单击指定垂直线的第二个点，按空格键两次结束"直线"命令；按空格键激活"直线"命令，单击垂直线上方端点，再右移光标，输入直线起点距离"15"，按空格键确定，如下图所示。

Step20：单击矩形左上角指定圆弧的端点，如下图所示。

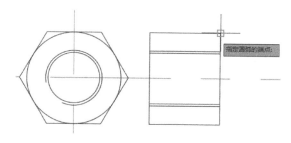

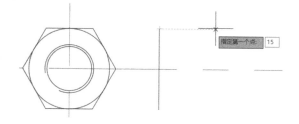

Step21：右移光标，输入圆弧的半径"10"，按空格键确定，如下图所示。

Step17：下移光标，输入垂直线长度"20"，按空格键两次结束"直线"命令，如下图所示。

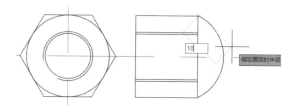

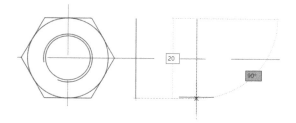

Step22：完成盖型螺母的绘制，如下图所示。

Step18：按空格键激活"直线"命令，按下【F8】键打开正交模式，根据左侧螺母的尺寸绘制水平线，如下图所示。

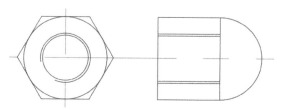

新手问答

❓ No.1：什么是极坐标系？

极坐标系是一个二维坐标系统。该坐标系统中的点由一个夹角和一段相对中心点——极点（相当于直角坐标系中的原点）的距离来表示。在平面内取一个定点——极点，引一条射线——极轴，再选定一个长度单位和角度的正方向（通常取逆时针方向）。极坐标系的应用领域十分广泛，包括数学、物理、工程、航海以及机器人领域。在两点间的关系用夹角和距离很容易表示时，极坐标系便显得尤为有用。

❓ No.2：对象捕捉追踪的含义？

对象捕捉追踪是对象捕捉与极轴追踪的综合。启用对象捕捉追踪之前，应先启用极轴追踪和自动对象捕捉，并根据绘图需要设置极轴追踪的增量角，设置好对象捕捉的捕捉模式。

❓ No.3：如何打开 / 关闭动态输入？

"动态输入"默认处于"打开"状态，可以通过单击状态栏中的"动态输入"图形按钮或按下【F12】键来打开 / 关闭动态输入。

上机实验

✏️【练习1】修改对象的图层和线型，完成的效果如下图所示。

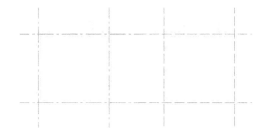

1. 目的要求

本练习的操作目的是练习图层对象的选择和修改，帮助读者熟练掌握图层的用法。

2. 操作提示

（1）打开素材文件"练习1"。

（2）选择要修改的对象。

（3）从"图层"面板中选择"8"图层。

（4）打开"图层特性管理器"面板，选择

新线型。

（5）在"特性"面板中选择新的线型进行显示。

✏️【练习2】设置光标样式和夹点，完成的效果如下图所示。

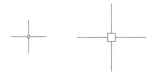

1. 目的要求

本练习主要通过"选项"面板设置光标样式和夹点样式。通过本练习，读者将熟悉辅助工具的设置和操作方法。

2. 操作提示

（1）输入"选项"命令OP，打开"选项"对话框。

（2）在"显示"选项卡中设置拾取框大小为"10"。

（3）在"选择集"选项卡中板设置拾取框大小，再设置夹点尺寸。

（4）显示设置效果。

思考与练习

一、填空题

1. 在 AutoCAD 2022 中，要设置图形对象的特性，可以通过_____和_____两种方式。

2. 在 AutoCAD 2022 中，默认的图层是_____图层。

3. 在夹点编辑中，夹点编辑模式包括_____、_____、_____、_____和_____5 种。

二、选择题

1. 正交模式和（　　）不能同时打开？

A. 栅格模式　　　　B. 捕捉模式

C. 极轴追踪　　　　D. 对象捕捉追踪

2. 常用对象特性是指对象的（　　　）。

A. 颜色、线型、线宽

B. 图层、夹点、透明度

C. 特性、图层特性

D. 颜色、线型、线宽、特性匹配

3. 如果某图层的对象不能被编辑，但能在屏幕上可见，且能捕捉该对象的特殊点和标注尺寸，则该图层状态为（　　）。

A. 冻结　　　　　　B. 锁定

C. 隐藏　　　　　　D. 块

4. 对某图层进行锁定后，则（　　）。

A. 图层中的对象不可编辑，也不可添加对象

B. 图层中的对象不可编辑，但可添加对象

C. 图层中的对象可编辑，也可添加对象

D. 图层中的对象可编辑，但不可添加对象

5. 绝对坐标系也称为（　　），是所有坐标全部基于一个固定坐标系原点的位置描述的坐标系统。

A. 直角坐标系　　　　B. 用户坐标系

C. 三维坐标系　　　　D. 世界坐标系

本章小结

　　本章主要对辅助绘图工具，包括坐标系、对象捕捉模式、夹点编辑、图层、特性等工具内容进行讲解。通过辅助绘图工具内容的具体讲解和实例的绘制，使读者能够熟练运用辅助绘图工具。使用辅助绘图工具不仅可以方便绘图，而且可以方便管理和修改绘图。

✎ 读书笔记

01
02
03
04
05
06
07
08
09
10
11
12
13
14
15
16

第3章　精确绘制

第 4 章　编辑二维图形

本章导读

　　本章主要给读者讲解的是编辑二维图形的命令和操作方法。包括改变对象的位置、创建对象的副本、修剪对象、使对象变形等常用的二维图形编辑命令。通过编辑命令对图形进行修改，可以使图形更精确、直观，以达到制图的最终目的。

学完本章后应知应会的内容

- 调整对象位置
- 复制对象
- 改变图形特征
- 打断、合并、分解对象

4.1 调整对象位置

在使用 AutoCAD 2022 绘制图形的过程中，通常需要调整对象的位置和角度，以便将其放到正确的位置。如果所绘制的图形不在所需要的位置，可以通过"移动"和"旋转"命令来调整对象的位置和方向。

4.1.1 移动对象

移动对象是指将对象以指定的角度和方向重新定位，使对象的位置发生变化，但其大小和方向不变。使用坐标、正交模式、对象捕捉等还可以精确移动对象。

1. 执行方式

在 AutoCAD 2022 中，"移动"命令有以下几种执行方式。

- 菜单命令：单击"修改"菜单，再单击"移动"命令。
- 命令按钮：在"修改"面板中单击"移动"按钮✛。
- 快捷命令：在命令行输入"移动"命令 M，按空格键确定。

2. 命令提示与选项说明

在执行"移动"命令后，命令行会根据指令显示如下图所示的命令提示和选项。

```
命令: _move
选择对象: 找到 1 个
选择对象:
指定基点或 [位移(D)] <位移>:
指定第二个点或 <使用第一个点作为位移>:
```

选项说明如下。

（1）选择对象：选择要移动的对象。

（2）指定基点：指定要移动的起点。

（3）位移：指定新坐标位置。

（4）指定第二个点：指定对象的新位置。

3. 操作方法

移动对象的具体操作方法如下。

Step01：使用命令 C 绘制一个半径为"50"的圆，再绘制两个半径为"20"的同心圆，如下图所示。

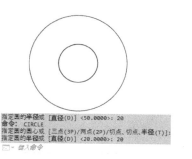

Step02：选择要移动的对象，按空格键确定，如下图所示。

Step03：单击指定移动基点，如下图所示。

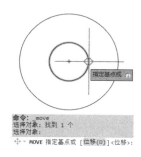

Step04：单击状态栏上的"正交模式"按钮⌐，打开正交模式；单击指定第二个点，如下图所示。

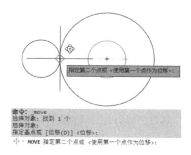

Step05：按空格键激活"移动"命令，选择要移动的对象，单击指定移动基点，如下图所示。

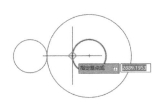

Step06: 单击指定第二个点，如下图所示。

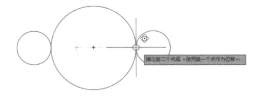

在 AutoCAD 2022 中，移动对象必须先指定基点（基点是被移动对象的点）；然后指定第二个点（第二个点是被移动对象即将到达的点）。用指定距离移动对象时一般和正交模式一起使用。基点和第二个点就是整个移动命令的重点，决定了移动后对象的位置。

4.1.2 实例：将茶具移动到茶盘中

本实例主要介绍"移动"命令的具体应用。本实例最终效果如下图所示。

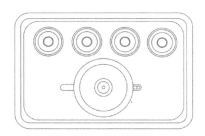

具体操作方法如下。

Step01: 打开"素材文件\第4章\茶具.dwg"，单击"移动"命令按钮✛，如下图所示。

Step02: 选择要移动的对象，按空格键确定，如下图所示。

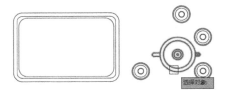

Step03: 单击指定移动基点，如下图所示。

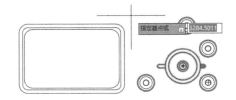

Step04: 按下【F8】键打开正交模式，左移光标，单击指定要移动到的位置，如下图所示。

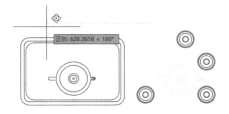

Step05: 按空格键激活"移动"命令，选择要移动的对象，按空格键确定，如下图所示。

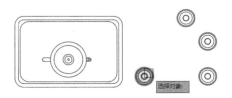

Step06: 单击指定移动基点，如下图所示。

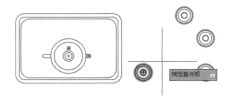

Step07: 按下【F8】键关闭正交模式，单击指定要移动到的位置，如下图所示。

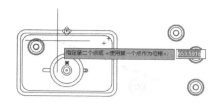

Step08: 按空格键激活"移动"命令,选择要移动的对象,按空格键确定,单击指定移动基点,如下图所示。

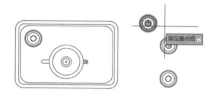

Step09: 单击指定要移动到的位置,如下图所示。

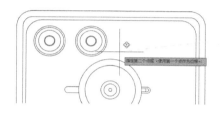

Step10: 按空格键激活"移动"命令,选择对象进行移动,如下图所示。

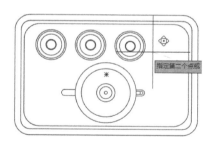

Step11: 按空格键激活"移动"命令,选择对象进行移动,如下图所示。

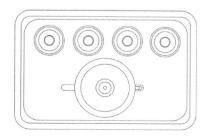

4.1.3 旋转对象

旋转对象就是指将对象绕指定的基点旋转一定的角度。在旋转对象时,可以移动十字光标指定旋转角度,也可以按输入的角度数值进行旋转。在旋转对象时,如果输入的角度为正值,则按逆时针方向旋转;如果输入的角度为负值,则按顺时针方向旋转。

1. 执行方式

在 AutoCAD 2022 中,"旋转"命令有以下几种执行方式。

- 菜单命令:单击"修改"菜单,再单击"旋转"命令。
- 命令按钮:在"修改"面板中单击"旋转"按钮 C。
- 快捷命令:在命令行输入"旋转"命令 RO,按空格键确定。

2. 命令提示与选项说明

执行"旋转"命令后,命令行会根据指令显示如下图所示的命令提示和选项。

```
命令: _rotate
UCS 当前的正角方向: ANGDIR=逆时针  ANGBASE=0
选择对象: 找到 1 个
选择对象:
指定基点:
指定旋转角度, 或 [复制(C)/参照(R)] <78>:
```

选项说明如下。

（1）选择对象:选择要移动的对象。

（2）指定基点:指定旋转基点,确定旋转对象在旋转后所在的位置。

（3）指定旋转角度:指定旋转角度。

（4）复制（C）:保留源对象,再旋转复制一个对象。

（5）参照（R）:指定参照角,再根据参照角指定新角度旋转对象。

3. 操作方法

旋转对象的具体操作方法如下。

Step01: 输入"多边形"命令 POL,按空格键确定,绘制 3 边形,如下图所示。

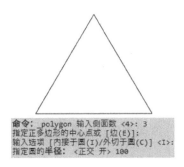

```
命令：_polygon 输入侧面数 <4>：3
指定正多边形的中心点或 [边(E)]：
输入选项 [内接于圆(I)/外切于圆(C)] <I>：
指定圆的半径：<正交 开> 100
```

Step02：单击"旋转"按钮 ◯，再选择要旋转的对象，按空格键确定，如下图所示。

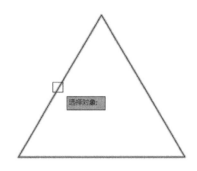

Step03：单击指定旋转基点，如下图所示。

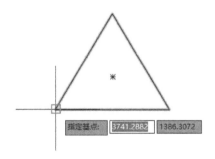

Step04：单击状态栏上的"正交模式"按钮 ▥，打开正交模式；左移光标，单击确定旋转角度，如下图所示。

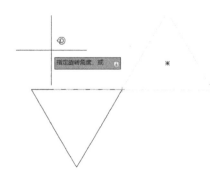

※高手点拨•○•

可以用拖动鼠标的方法旋转对象。选择对象并指定基点后，从基点到当前光标位置会出现一条连线，拖动鼠标，选择的对象会动态地随着该连线与水平方向夹角的变化而旋转，按空格键确定。

4.1.4 实例：布置沙发

本实例主要介绍"旋转"命令的具体应用。本实例最终效果如下图所示。

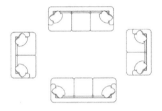

具体操作方法如下。

Step01：打开"素材文件＼第 4 章＼布置沙发 .dwg"，单击"旋转"按钮 ◯，再选择要旋转的对象，按空格键确定，如下图所示。

Step02：单击指定旋转基点，如下图所示。

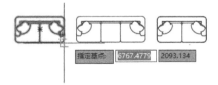

Step03：上移光标，单击指定旋转角度，如下图所示。

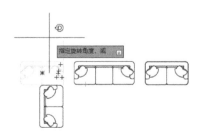

Step04: 按空格键激活"旋转"命令，选择要旋转的对象，按空格键确定，再单击指定旋转基点，如下图所示。

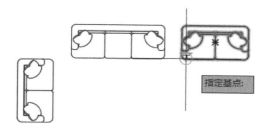

Step05: 下移光标，输入旋转角度"270"，按空格键确定，如下图所示。

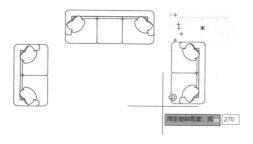

Step06: 单击指定旋转基点，如下图所示。

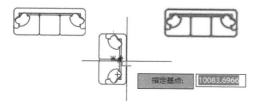

Step07: 左移光标，输入旋转角度"180"，按空格键确定，如下图所示。

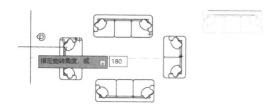

❀高手点拨·∘-

在 AutoCAD 2022 中，旋转对象必须先指定基点，从基点开始将光标向上或向下移，被旋转对象就以 90° 或 270° 旋转；从基点开始将光标向左或向右移，被旋转对象就以 0° 或 180° 旋转，但这个旋转度数会随着基点位置在被旋转对象的上、下、左、右不同方向变化。

4.2 复制对象

在 AutoCAD 2022 中，当需要在图形中绘制两个或多个相同对象的时候，可以先绘制一个源对象，再根据源对象以指定的角度和方向创建此对象的副本，以达到提高绘图效率和绘图精度的作用。

4.2.1 "复制"命令

"复制"命令是很常用的二维编辑命令。在实际应用中，可以使用"复制"命令将源对象以指定的角度和方向创建源对象的副本，还可以使用坐标、栅格捕捉、对象捕捉和其他辅助工具精确复制对象。

1. 执行方式

在 AutoCAD 2022 中，复制对象有以下几种执行方式。

- 菜单命令：单击"修改"菜单，再单击"复制"命令。
- 命令按钮：在"修改"面板中单击"复制"按钮 ⁰⁷。
- 快捷命令：在命令行输入"复制"命令 CO，按空格键确定。

2. 命令提示与选项说明

打开"草图设置"对话框，在"捕捉和栅格"选项卡中会显示如下图所示的命令提示和选项。

```
命令：copy
选择对象：找到 1 个
选择对象：
当前设置：复制模式 = 多个
指定基点或 [位移(D)/模式(O)] <位移>：
指定第二个点或 [阵列(A)] <使用第一个点作为位移>：
```

选项说明如下。

（1）指定基点：复制的对象位置由这个基点确定。在指定第二个点后，系统将根据这两个点确定对象的位置。此时直接按空格键，即选择默认的"使用第一个点作为位移"。复制完成后，命令行提示"指定第二个点或 [阵列 (A)/退出 (E)/ 放弃 (U)]< 退出 >:"。这时，可以不断指定新的第二个点，从而实现多重复制。

（2）位移（D）：直接输入位移值，表示以选择对象时的拾取点为基点，以拾取点坐标为移动方向，按纵横比移动指定位移。

（3）模式（O）：控制是否自动重复该命令。该设置由 COPYMODE 系统变量控制。

3. 操作方法

使用复制命令的具体操作方法如下。

Step01：绘制一个圆，输入复制命令 CO，按提示选择该圆，如下图所示。

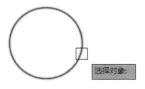

Step02：拾取圆心作为基点，如下图所示。

Step03：将鼠标移动到左边适当位置，单击鼠标左键，复制一个圆，如下图所示。

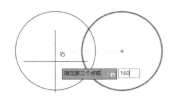

Step04：再将鼠标移动到左上方，单击鼠标左键，圆再次被复制，如下图所示。

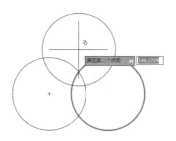

新手注意

在激活"复制"命令，完成所选对象的复制后，可继续单击复制出多个对象，完成后按空格键可结束"复制"命令。"复制"命令只能在当前文件内复制对象，如果在多个文件之间复制对象，需要使用"编辑"菜单中的"复制"命令。

4.2.2 实例：复制衣柜的衣架

本实例主要介绍"复制"命令的具体应用。本实例最终效果如下图所示。

具体操作方法如下。

Step01：打开"素材文件\第4章\衣架.dwg"，选择衣架，输入"复制"命令 CO，按空格键确定，单击指定复制基点，如下图所示。

Step02：单击指定第二个点以确定复制的对象位置，按空格键结束"复制"命令，如下图所示。

Step03：按空格键激活"复制"命令，选择要复制的对象，按空格键确定，如下图所示。

Step04：单击指定复制基点，如下图所示。

Step05: 单击指定复制的第二个点以确定对象位置，如下图所示。

Step06: 移动光标，继续单击指定第二个点以确定复制对象的位置，如下图所示。

4.2.3 "镜像"命令

"镜像"命令是指可以绕指定轴翻转对象以创建对称图像的命令，也是一种特殊的"复制"命令。镜像对创建对称的对象和图形极有用，在使用时要注意镜像线的利用。

1. 执行方式

在 AutoCAD 2022 中，"镜像"命令有以下几种执行方式。

- 菜单命令：单击"修改"菜单，再单击"镜像"命令。
- 命令按钮：在"修改"面板中单击"镜像"按钮 ⚠。
- 快捷命令：在命令行输入"镜像"命令 MI，按空格键确定。

2. 命令提示与选项说明

在执行镜像命令后，命令行会根据指令显示如下图所示的命令提示和选项。

```
命令: mirror 找到 14 个
指定镜像线的第一个点:
指定镜像线的第二个点:
要删除源对象吗?[是(Y)/否(N)] <否>:
```

选项说明如下。

（1）指定镜像线：选择两点确定一条镜像线，而被选择的对象以该直线为对称轴进行镜像。

（2）要删除源对象吗：输入Y，确定删除源对象；输入 N，保留源对象，同时再镜像出一个对象。

3. 操作方法

使用"镜像"命令的具体操作方法如下。

Step01: 使用"圆"命令 C 绘制一个圆；选择圆，输入"镜像"命令 MI，按空格键确定；单击指定镜像线第一个点，如下图所示。

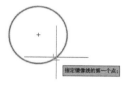

Step02: 上移光标，单击指定镜像线第二个点，如下图所示。

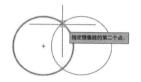

Step03: 按空格键确定保留源对象，如下图所示。

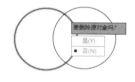

Step04: 按空格键激活"镜像"命令，选择两个圆，按空格键确定；单击指定镜像线第一个点，如下图所示。

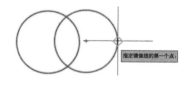

Step05: 下移光标，单击指定镜像线第二个点，如下图所示。

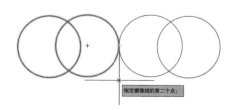

🌑 高手点拨 ·。

在 AutoCAD 2022 中，"镜像"命令主要用来创建相同的对象和图形。"镜像"命令的关键是镜像线的运用；必须指定镜像线的第一个点和第二个点以确定镜像线；镜像线决定了新对象的位置。

4.2.4 实例：绘制太极图

本实例主要介绍"镜像""移动"命令的具体应用。本实例最终效果如下图所示。

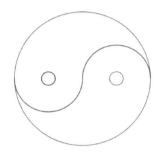

具体操作方法如下。

Step01：打开"素材文件\第 4 章\太极 .dwg"，输入"镜像"命令 MI，按空格键确定；选择要镜像的对象，按空格键确定，如下图所示。

Step02：单击指定镜像线第一个点，如下图所示。

Step03：移动光标，单击指定镜像线第二个点，如下图所示。

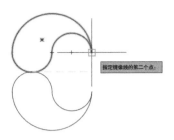

Step04：按空格键确定保留源对象，如下图所示。

Step05：按空格键激活"镜像"命令，选择镜像出来的对象，按空格键确定，如下图所示。

Step06：单击指定镜像线第一个点，如下图所示。

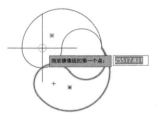

Step07：单击指定镜像线第二个点，如下图所示。

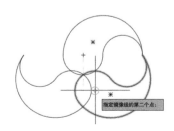

Step08: 单击"是"命令删除源对象,如下图所示。

Step09: 选择对象,输入"移动"命令 M,按空格键确定,如下图所示。

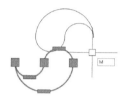

Step10: 单击指定移动基点,如下图所示。

Step11: 单击指定要移动到的位置点,如下图所示。

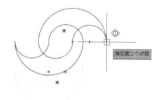

Step12: 完成移动,效果如下图所示。

Step13: 使用"圆"命令 C,绘制半径为"10"的圆,如下图所示。

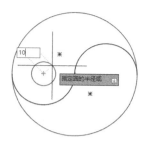

Step14: 选择绘制的圆,按空格键确定;输入"镜像"命令 MI,按空格键确定;单击指定镜像线第一个点,如下图所示。

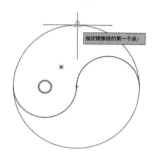

Step15: 单击指定镜像线第二个点,按空格键确定保留源对象,完成太极图的绘制,如下图所示。

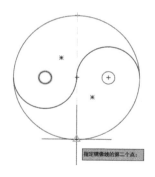

4.2.5 "偏移"命令

在 AutoCAD 2022 中,"偏移"命令是指创建与源对象平行的新对象的命令,也是一种必须给定偏移距离的特殊复制命令。

1. 执行方式

在 AutoCAD 2022 中,使用"偏移"命令有以下几种执行方式。

- 菜单命令:单击"修改"菜单,再单击"偏移"命令。

- 命令按钮：在"修改"面板中单击"偏移"按钮 🔁。
- 快捷命令：在命令行输入"偏移"命令 O，按空格键确定。

2. 命令提示与选项说明

在执行"偏移"命令后，命令行会根据指令显示如下图所示的命令提示和选项。

```
命令：_offset
当前设置：删除源=否  图层=源  OFFSETGAPTYPE=0
指定偏移距离或 [通过(T)/删除(E)/图层(L)] <通过>：5
选择要偏移的对象，或 [退出(E)/放弃(U)] <退出>：
指定要偏移的那一侧上的点，或 [退出(E)/多个(M)/放弃(U)] <退出>：
选择要偏移的对象，或 [退出(E)/放弃(U)] <退出>：
```

选项说明如下。

（1）指定偏移距离：先输入一个距离或按空格键确定使用当前的距离，然后系统把该距离作为偏移距离。

（2）通过（T）：指定偏移的通过点。

（3）删除（E）：偏移源对象后将其删除。

（4）图层（L）：确定将偏移对象创建在当前图层上还是源对象所在的图层上，这样就可以在不同图层上偏移对象。如果偏移对象的图层选择为当前层，则偏移对象的图层特性与当前图层的相同。

（5）多个（M）：使用当前偏移距离重复进行偏移操作，并接受附加的通过点。

3. 操作方法

偏移对象的具体操作方法如下。

Step01：绘制一个矩形，输入"偏移"命令 O，按空格键确定；输入偏移距离"50"，按空格键确定，如下图所示。

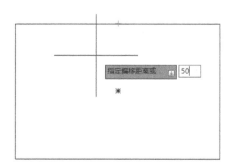

Step02：选择要偏移的对象，如下图所示。

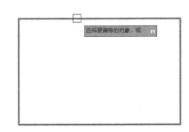

Step03：单击指定要偏移的一侧，如下图所示。

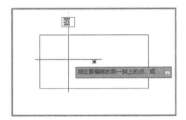

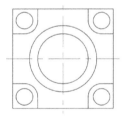

> ❋高手点拨❋
>
> 　在偏移矩形和圆时，只能向内侧或外侧偏移；在偏移直线时，则可以自上、下、左、右偏移，但必须与源直线平行；在偏移样条曲线时，如果偏移距离大于线条曲率，则将对其进行自动修剪。

4.2.6　实例：绘制底座

本实例主要介绍"圆""矩形""偏移""镜像"等命令的具体应用。本实例最终效果如下图所示。

绘制底座的具体操作方法如下。

Step01：输入"图层特性管理器"命令 LA，按空格键确；创建图层，如"中心线"图层、"粗实线"图层如下图所示。

Step02: ❶选择"中心线"图层;❷使用"构造线"命令 XL 绘制两条中心线,输入"偏移"命令 O,按空格键确定;❸输入偏移距离"30",按空格键确定,如下图所示。

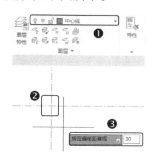

Step03: 选择要偏移的对象,如下图所示。

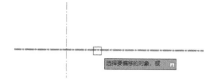

Step04: 单击指定要偏移的一侧,如下图所示。

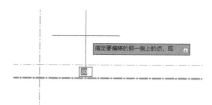

Step05: 选择要偏移的对象,如下图所示。

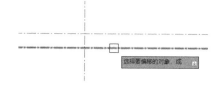

Step06: 单击指定要偏移的一侧,如下图所示。

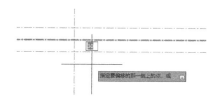

Step07: 选择要偏移的对象,如下图所示。

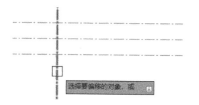

Step08: 单击指定要偏移的一侧,按空格键结束"偏移"命令,如下图所示。

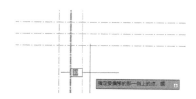

Step09: 选择"粗实线"图层,再使用"矩形"命令 REC 沿偏移线绘制矩形,如下图所示。

Step10: 选择偏移的中心线,再输入"删除"命令 E,按空格键确定,如下图所示。

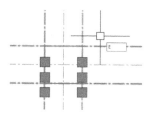

Step11: 输入"圆"命令 C,按空格键确定;单击交点以将其指定为圆心,输入半径"20",按空格键确定,如下图所示。

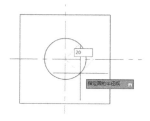

Step12: 输入"偏移"命令 O,按空格键确定;输入偏移距离"5",按空格键确定,如下图所示。

第4章 编辑二维图形

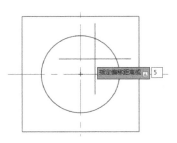

Step13：选择要偏移的对象，如下图所示。

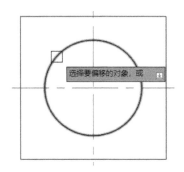

Step14：单击指定要偏移的一侧，如下图所示。

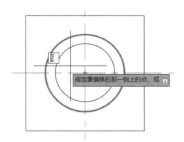

Step15：输入"矩形"命令 REC，按空格键确定；单击指定矩形第一个角点，如下图所示。

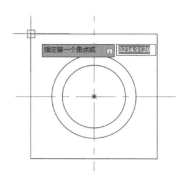

Step16：输入另一个角点"@7,–7"，按空格键确定，如下图所示。

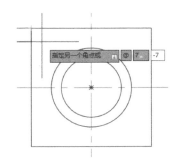

Step17：输入"圆"命令 C，按空格键确定；单击指定圆的圆心，如下图所示。

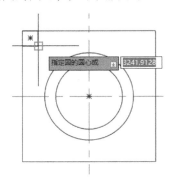

Step18：输入半径"8"，按空格键确定，如下图所示。

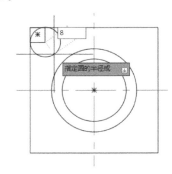

Step19：输入"偏移"命令 O，按空格键确定；输入偏移距离"3"，按空格键确定，如下图所示。

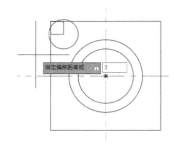

Step20：选择要偏移的对象，如下图所示。

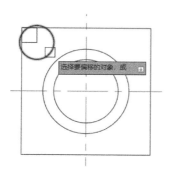

Step21: 单击指定要偏移的一侧, 如下图所示。

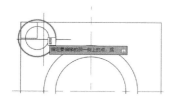

Step22: 输入"直线"命令 L,按空格键确定;单击指定直线第一个点, 如下图所示。

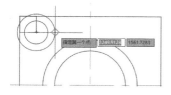

Step23: 上移光标, 单击指定直线下一点;按空格键结束"直线"命令, 如下图所示。

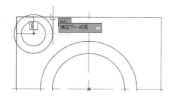

Step24: 按空格键激活"直线"命令, 绘制直线;输入"修剪"命令 TR, 按空格键确定,如下图所示。

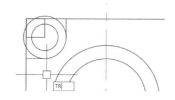

Step25: 单击要修剪的部分, 如下图所示。

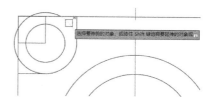

Step26: 单击要修剪的部分, 如下图所示。

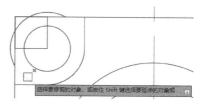

Step27: 选择需要删除的辅助线,再输入"删除"命令 E, 按空格键确定, 如下图所示。

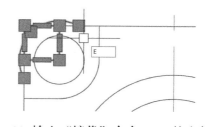

Step28: 输入"镜像"命令 MI, 按空格键确定, 如下图所示。

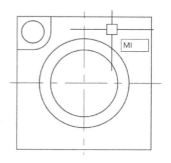

Step29: 选择要镜像的对象, 按空格键确定,如下图所示。

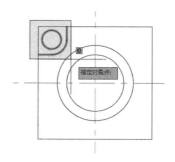

Step30：单击指定镜像线第一个点，如下图所示。

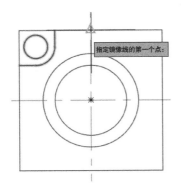

Step31：单击指定镜像线第二个点，按空格键保留源对象，如下图所示。

Step32：按空格键激活"镜像"命令，选择要镜像的对象，按空格键确定，如下图所示。

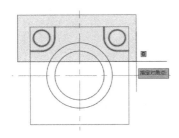

Step33：单击指定镜像线第一个点，如下图所示。

Step34：单击指定镜像线第二个点，如下图所示。

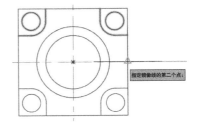

Step35：按空格键保留源对象，完成底座的绘制，如下图所示。

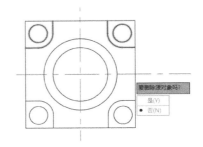

4.2.7 "阵列"命令

"阵列"命令也是一种特殊的"复制"命令。此命令是在源对象的基础上，按照矩形、环形（极轴）、路径三种方式，以指定的距离、角度和路径复制出源对象多个副本。

1. 执行方式

在 AutoCAD 2022 中，"阵列"命令有以下几种执行方式。

- 菜单命令：单击"修改"菜单，再单击"阵列"子菜单，然后选择阵列命令。
- 命令按钮：在"修改"面板中单击"矩形阵列"按钮 。
- 快捷命令：在命令行输入"阵列"命令 AR，按空格键确定。

2. 命令提示与选项说明

在执行"阵列"命令后，命令行会根据指令显示如下图所示的命令提示和选项。

选项说明如下。

（1）关联（AS）：指定是否在阵列中创建项目作为关联阵列对象或作为独立对象。

（2）基点（B）：指定阵列的基点。

（3）计数（COU）：分别指定行和列的值。

（4）间距（S）：分别指定行间距和列间距。

（5）列数（COL）：编辑列数和列间距。

（6）行数（R）：编辑阵列中的行数和行间距，以及它们之间的增量标高。

（7）层数（L）：指定层数和层间距。

（8）退出（X）：退出执行中的命令。

3. 操作方法

使用阵列命令的具体操作方法如下。

Step01：❶单击"矩形阵列"按钮 品；❷选择要阵列的对象，如下图所示。

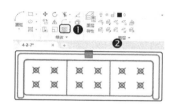

Step02：按空格键确定，然后根据需要调整面板上的参数即可实现阵列，如下图所示。

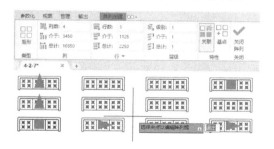

4.2.8 实例：绘制时钟

本实例主要介绍"矩形"命令、"阵列"命令的具体应用。本实例最终效果如下图所示。

具体操作方法如下。

Step01：使用"矩形"命令 REC，绘制长度为"10"，宽度为"30"的矩形，如下图所示。

Step02：输入"圆"命令 C，按空格键确定；单击指定圆心，如下图所示。

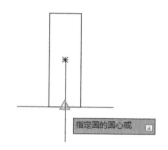

Step03：输入半径"10"，按空格键确定，如下图所示。

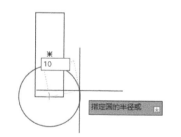

Step04：按下【F8】键打开正交模式，使用"移动"命令 C，将圆向下移动"20"，按空格键确定，如下图所示。

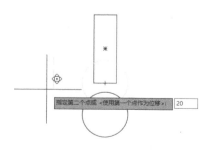

Step05：输入"偏移"命令 O，按空格键确定；输入偏移距离"70"，按空格键确定，如下图所示。

第4章 编辑二维图形

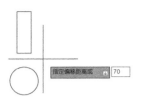

Step06：选择要偏移的对象，如下图所示。

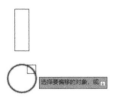

Step07：单击要偏移的一侧，按空格键结束"偏移"命令，如下图所示。

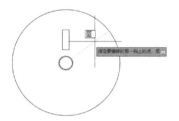

Step08：按空格键激活"偏移"命令，输入偏移距离"20"，按空格键确定，如下图所示。

Step09：选择要偏移的对象，单击要偏移的一侧；按空格键结束"偏移"命令，如下图所示。

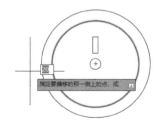

Step10：单击"矩形阵列"命令按钮后的下拉按钮 田，再单击"环形阵列"按钮 环形阵列，然后选择矩形作为要阵列的对象，按空格键确定，如下图所示。

Step11：单击指定圆心作为阵列中心点，如下图所示。

Step12：输入项目数"4"，按空格键两次结束"阵列"命令，如下图所示。

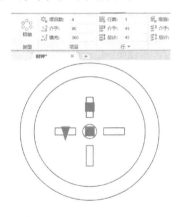

Step13：使用"矩形"命令 REC 绘制一个长度为"5"、宽度为"10"的矩形；输入"旋转"命令 RO，按空格键确定；单击指定旋转基点，输入旋转角度"30"，按空格键确定，如下图所示。

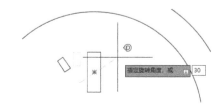

Step14: 单击"环形阵列"按钮 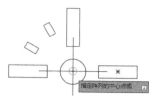 ，选择矩形作为要阵列的对象，按空格键确定，如下图所示。

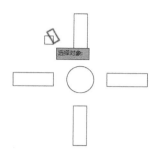

Step15: 单击指定圆心作为阵列中心点，如下图所示。

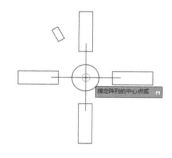

Step16: 输入项目数"2"、介于"30"，按空格键两次结束"阵列"命令，如下图所示。

Step17: 按空格键激活"阵列"命令，选择要阵列的对象，按空格键确定，如下图所示。

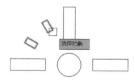

Step18: 单击指定圆心作为阵列中心点，如下图所示。

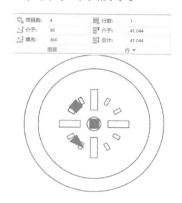

Step19: 输入项目数"4"，按空格键两次结束"阵列"命令，如下图所示。

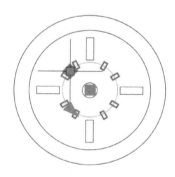

Step20: 选择最后阵列的矩形组，单击夹点，如下图所示。

Step21: 向外拖动光标，输入"50"，按空格键确定，如下图所示。

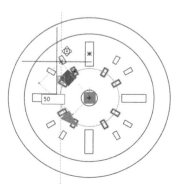

Step22: 使用"矩形"命令 REC，绘制长度为"4"、宽度为"40"的矩形，如下图所示。

Step23: 选择矩形，再单击矩形右上角端点，如下图所示。

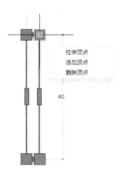

Step24: 左移光标至水平线中点处单击，如下图所示。

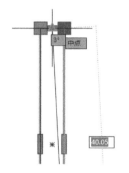

Step25: 单击矩形左上角端点，右移光标至水平线中点处单击，如下图所示。

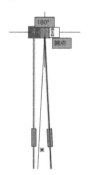

Step26: 将矩形移动到适当位置，如下图所示。

Step27: 使用"复制"命令 CO 复制三角形，如下图所示。

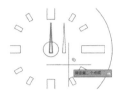

Step28: 使用"旋转"命令将复制的三角形旋转 270°，如下图所示。

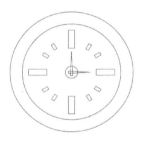

Step29: 使用"圆"命令 C 绘制半径为"5"的同心圆，如下图所示。

4.3 改变图形特征

改变图形特征是指可以通过一系列的命令，对已有对象进行拉长、缩短、按比例放大/缩小等操作，以实现对象形状和大小的改变。

4.3.1 缩放对象

使用"缩放"命令可以将对象按指定比例因子改变大小，但不改变状态。在缩放图形时，可以把整个对象或者对象的一部分沿"X""Y""Z"方向以相同的比例放大或缩小。由于这 3 个方向上的缩放率相同，因此保证了对象的形状不会发生变化。

1. 执行方式

在 AutoCAD 2022 中，缩放对象有以下几种执行方式。

- 菜单命令：单击"修改"菜单，再单击"缩放"命令。
- 命令按钮：在"修改"面板中单击"缩放"按钮 。
- 快捷命令：在命令行输入"缩放"命令 SC，按空格键确定。

2. 命令提示与选项说明

在执行"缩放"命令后，命令行会根据指令显示如下图所示的命令提示和选项。

```
命令：_scale
选择对象：找到 1 个
选择对象：
指定基点：
指定比例因子或 [复制(C)/参照(R)]: 0.5
```

选项说明如下。

（1）指定比例因子：当比例因子为 1 时，图形大小不变；当比例因子大于 0 小于 1 时，图形缩小；当比例因子大于 1 时，图形放大。

（2）复制（C）：保留源选择对象，再复制一个指定比例的相同对象。

（3）参照（R）：指定"X""Y""Z"轴的参照值。

3. 操作方法

使用"缩放"命令的具体操作方法如下。

Step01：绘制两个同心圆，输入"缩放"命令 SC，按空格键确定；选择要缩放的对象，按空格键确定，如下图所示。

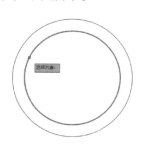

Step02：单击指定缩放基点，输入缩放比例"0.5"，按空格键确定，如下图所示。

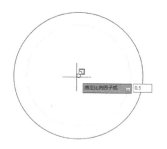

Step03：缩放效果如下图所示。

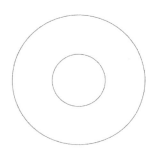

> ☀高手点拨•
>
> 在激活"缩放"命令选择对象后，必须先指定基点，再输入比例因子进行缩放。

4.3.2 修剪对象

"修剪"命令可以通过指定的边界对图形对象进行修剪。运用该命令可以修剪的对象包括直线、圆、圆弧、射线、样条曲线文本以及非封闭的多段线等对象。

1. 执行方式

在 AutoCAD 2022 中，"修剪"命令有以下几种执行方式。

- 菜单命令：单击"修改"菜单，再单击"修剪"命令。
- 命令按钮：在"修改"面板中单击"修剪"按钮 。
- 快捷命令：在命令行输入"修剪"命令 TR，按空格键确定。

2. 命令提示与选项说明

在执行"修剪"命令后，命令行会根据指令显示如下图所示的命令提示和选项。

```
命令: trim
当前设置: 投影=UCS,边=无,模式=快速
选择要修剪的对象,或按住 Shift 键选择要延伸的对象或
  [剪切边(T)/窗交(C)/模式(O)/投影(P)/删除(R)]:
选择要修剪的对象,或按住 Shift 键选择要延伸的对象或
  [剪切边(T)/窗交(C)/模式(O)/投影(P)/删除(R)/放弃(U)]:
```

选项说明如下。

（1）剪切边（T）：指定边界线。剪切边即以该边为剪切边界线，修剪该剪切边两侧的对象。

（2）窗交（C）：以窗口选择的方式选择被修剪的对象。

（3）模式（O）：当激活"修剪"命令后，可以选择用"快速"模式修剪对象，或者用"标准"模式修剪对象。

（4）投影（P）：确定命令执行的投影空间。执行该选项，命令行提示"输入投影选项 [无 (N)/ UCS(U)/ 视图 (V)] <UCS>"，以选择适当的修剪方式。

（5）删除（R）：激活"修剪"命令后删除选中的对象。

（6）放弃（U）：用于取消由"修剪"命令最近所完成的操作。

3. 操作方法

使用"修剪"命令的具体操作方法如下。

Step01: 使用"矩形"命令 REC，绘制两个相交的矩形；输入"修剪"命令 TR，按空格键确定；单击要修剪的部分，如下图所示。

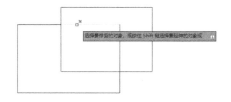

Step02: 单击要修剪的部分，如下图所示。

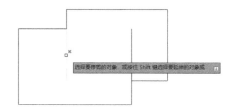

Step03: 按住【Shift】键单击线段，即可延伸对象到最近的相交线；延伸完成后释放【Shift】键，如下图所示。

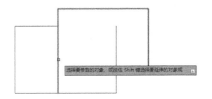

Step04: 按住左键不放，在要修剪的对象上拖动光标至要删除的部分后释放左键，如下图所示。

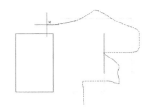

Step05: 与选择线相交的对象都会被修剪，如下图所示。

新手注意

"修剪"命令和"延伸"命令是一组相对的命令。"延伸"命令可以将有交点的线段延长到指定的对象上，且只能通过端点延伸线；"修剪"命令可以以相交的对象为界将多出的部分修剪掉，且只要有交点的线段都能被修剪删除掉。当修剪对象时，如果按住【Shift】键的同时选择与修剪边不相交的对象，则修剪边将变为延伸边界。

4.3.3 实例：绘制手轮

本实例主要介绍"偏移""阵列""修剪"等命令的具体应用。本实例最终效果如下图所示。

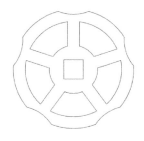

绘制手轮的具体操作方法如下。

Step01: 输入"图层特性管理器"命令 LA,按空格键确定;创建图层,如"中心线"图层、"粗实线"图层,如下图所示。

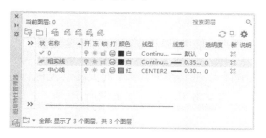

Step02: ❶选择"中心线"图层;❷使用"构造线"命令 XL 绘制两条中心线,如下图所示。

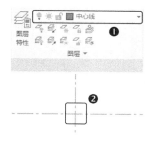

Step03: 选择"粗实线"图层,使用"圆"命令 C,以相交线为圆心,绘制半径为"10"的圆,如下图所示。

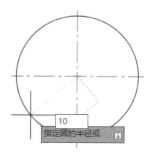

Step04: 使用"圆"命令 C,以相交线为圆心,绘制半径为"20"的圆,如下图所示。

Step05: 使用"圆"命令 C,以相交线为圆心,绘制半径为"25"的圆,如下图所示。

Step06: 输入"矩形"命令 REC,按空格键确定,单击指定矩形第一个角点,如下图所示。

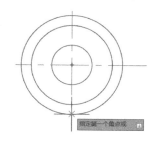

Step07: 上移光标,输入矩形另一个角点"@5,50",如下图所示。

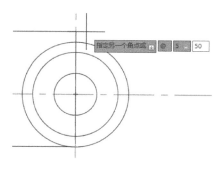

Step08: 输入"移动"命令 M,按空格键确定,单击指定移动基点,向左移动光标,输入移动值"2.5",按空格键确定,如下图所示。

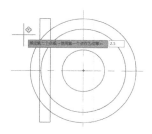

Step09: 输入"修剪"命令 TR,按空格键确定;单击要修剪的部分,如下图所示。

Step10: 单击要修剪的部分，如下图所示。

Step11: 单击要修剪的部分，如下图所示。

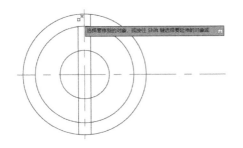

Step12: 单击要修剪的部分，如下图所示。

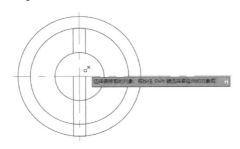

Step13: 修剪完成后，选择要删除的对象；输入"删除"命令 E，按空格键确定，如下图所示。

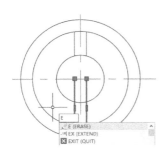

Step14: 上移光标，输入长度 260，按空格键确定，如下图所示。

Step15: 输入"直线"命令 L，按空格键确定；单击圆心以将其作为起点；向上移动光标，输入"40"，按空格键确定，如下图所示。

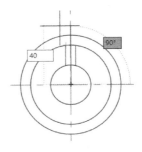

Step16: 输入"圆"命令 C，按空格键确定；单击直线上方端点以将其作为圆心，如下图所示。

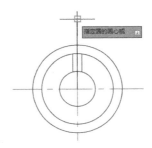

Step17: 输入半径"17"，按空格键确定，如下图所示。

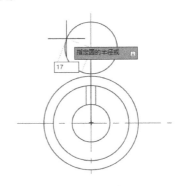

Step18: 使用"修剪"命令 TR 修剪掉圆上方部分；单击"环形阵列"按钮 环形阵列，依次选择要阵列的对象，按空格键确定，如下图所示。

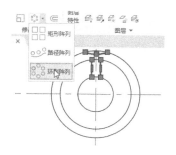

Step19: 单击指定阵列中心点, 如下图所示。

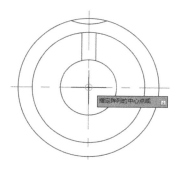

Step20: 输入项目数 "5"; 按空格键两次结束 "阵列" 命令, 如下图所示。

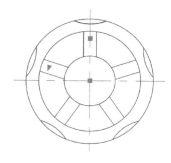

Step21: 关闭 "中心线" 图层, 如下图所示。

Step22: 使用 "修剪" 命令 TR 修剪对象, 如下图所示。

Step23: 依次单击修剪对象, 如下图所示。

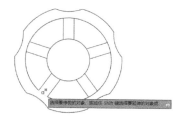

Step24: 输入 "多边形" 命令 POL, 按空格键确定; 输入侧面数 "4", 按空格键确定; 单击指定多边形的中心点, 如下图所示。

Step25: 选择 "外切于圆" 选项, 如下图所示。

Step26: 输入半径 "4", 按空格键确定, 如下图所示。

4.3.4 延伸对象

"延伸"命令用于将指定的图形对象延伸到指定的边界。通常能用延伸命令延伸的对象有直线、圆弧、椭圆弧、非封闭的 2D 和 3D 多段线等。如果以有一定宽度的 2D 多段线作为延伸边界时，在执行延伸操作时会忽略其宽度，直接将延伸对象延伸到多段线的中心线上。

1. 执行方式

在 AutoCAD 2022 中，"延伸"命令有以下几种执行方式。

- 菜单命令：单击"修改"菜单，再单击"延伸"命令。
- 命令按钮：单击"修剪"下拉按钮 ，再单击"延伸"按钮 。
- 快捷命令：在命令行输入"延伸"命令 EX，按空格键确定。

2. 命令提示和选项

在执行"延伸"命令后，命令行会根据指令显示如下图所示的命令提示和选项。

```
命令: extend
当前设置: 投影=UCS,边=无,模式=快速
选择要延伸的对象，或按住 Shift 键选择要修剪的对象或
[边界边(B)/窗交(C)/模式(O)/投影(P)]:
选择要延伸的对象，或按住 Shift 键选择要修剪的对象或
[边界边(B)/窗交(C)/模式(O)/投影(P)/放弃(U)]:
```

"延伸"命令的选项与"修剪"命令的选项基本一致。

3. 操作方法

执行"延伸"命令的具体操作方法如下。

Step01: 绘制矩形，在矩形内绘制一些线段；❶单击"修剪"下拉按钮 ；❷单击"延伸"按钮 ，如下图所示。

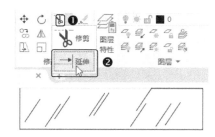

Step02: 单击要延伸的对象靠近延伸边的部分，如下图所示。

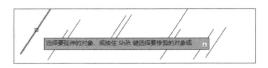

Step03: 单击要延伸的对象靠近延伸边的部分，如下图所示。

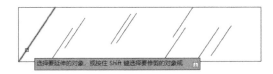

Step04: 单击要延伸的对象靠近延伸边的部分，如下图所示。

4.3.5 拉伸对象

"拉伸"命令可以按指定的方向和角度拉长或缩短对象，也可以调整对象大小，使其在一个方向上按比例增大或缩小，还可以通过移动端点、顶点或控制点来拉伸某些对象。圆、文本、图块等对象不能使用该命令进行拉伸。

1. 执行方式

在 AutoCAD 2022 中，"拉伸"命令有以下几种执行方式。

- 菜单命令：单击"修改"菜单，再单击"拉伸"命令。
- 命令按钮：在"修改"面板中单击"拉伸"按钮 。
- 快捷命令：在命令行输入"拉伸"命令 S，按空格键确定。

2. 命令提示和选项

在执行"拉伸"命令后，命令行会根据指令显示如下图所示的命令提示和选项。

```
命令: stretch
以交叉窗口或交叉多边形选择要拉伸的对象...
选择对象: 指定对角点: 找到 1 个
选择对象:
指定基点或 [位移(D)] <位移>:
指定第二个点或 <使用第一个点作为位移>:
```

3. 操作方法

执行"拉伸"命令的具体操作方法如下。

Step01: 绘制矩形, 在矩形内绘制线段; 输入"拉伸"命令 S, 按空格键确定, 如下图所示。

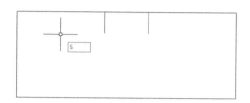

Step02: 在要拉伸的线段右下角单击指定选区起点, 在左上角单击指定选区终点, 如下图所示。

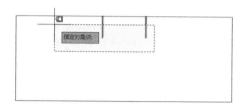

Step03: 按空格键确定选择, 再单击指定拉伸基点, 如下图所示。

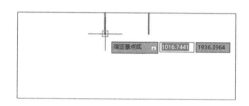

Step04: 下移光标, 在矩形下方水平线上单击指定拉伸的第二个点, 如下图所示。

新手注意

"拉伸"命令经常用来对齐对象边界。单击一条线只能移动此线。如果拉长或缩短此线, 必须框选这条线要拉伸方向的端点及这个点延伸出去的部分线条, 才能达到拉伸的效果。如果是拉伸一个对象的某部分, 必须从右向左框选需要拉伸的部分及构成这个部分的端点才行。

4.3.6 圆角对象

"圆角"命令可以在两个对象或多段线之间形成光滑的弧线, 以消除尖锐的角, 还能对多段线的多个端点进行圆角操作。圆角的大小是通过设置圆弧的半径来决定的。

1. 执行方式

在 AutoCAD 2022 中, "圆角"命令有以下几种执行方式。

- 菜单命令: 单击"修改"菜单, 再单击"圆角"命令。
- 命令按钮: 在"修改"面板中单击"圆角"按钮 ⌐。
- 快捷命令: 在命令行输入"圆角"命令 F, 按空格键确定。

2. 命令提示与选项说明

在执行"圆角"命令后, 命令行会根据指令显示如下图所示的命令提示和选项。

```
命令: fillet
当前设置: 模式 = 修剪, 半径 = 0.0000
选择第一个对象或 [放弃(U)/多段线(P)/半径(R)/修剪(T)/多个(M)]:
选择第二个对象, 或按住 Shift 键选择对象以应用角点或 [半径(R)]:
```

选项说明如下。

（1）多段线（P）：在一条二维多段线两段直线段的节点处插入圆弧。选择多段线后系统会根据指定的圆弧半径把多段线各顶点用圆弧平滑连接起来。

（2）半径（R）：指定圆角半径。

（3）修剪（T）：决定在平滑连接两条边时是否修剪这两条边。

（4）多个（M）：同时对多个对象进行圆角编辑, 而不必重新起用命令。

（5）按住【Shift】键选择对象以应用角点: 可以快速创建零距离倒角或零半径圆角。

3. 操作方法

执行"圆角"命令的具体操作方法如下。

Step01: 绘制矩形, 输入"圆角"命令 F, 按空格键确定, 如下图所示。

第 4 章 编辑二维图形

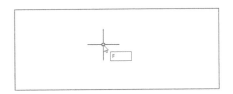

Step02: 输入"半径"子命令 R，按空格键确定，如下图所示。

Step03: 输入圆角半径"20"，按空格键确定，如下图所示。

Step04: 选择圆角的第一个对象，如下图所示。

Step05: 选择圆角的第二个对象，如下图所示。

高手点拨

在当前模式为修剪选项时，将圆角的半径设置为"0"，可以修剪或延伸两条直线到一个角点。如果一条弧线段将两条直线段分开，"圆角"命令将自动删除该弧线段，并且用基于当前圆角半径设置的新弧线段替换它。

4.3.7 实例：绘制弹簧盖

本实例主要介绍"偏移"命令、"修剪"命令、"圆角"命令等二维编辑命令的具体应用。本实例最终效果如下图所示。

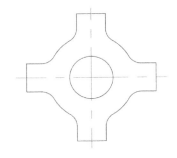

绘制弹簧盖的具体操作方法如下。

Step01: 输入"图层特性管理器"命令 LA，按空格键确定；创建图层，如"中心线"图层、"粗实线"图层，如下图所示。

Step02: 选择"中心线"图层，使用"构造线"命令 XL 绘制两条垂直相交的中心线；选择"粗实线"图层，输入"圆"命令 C，按空格键确定；单击指定相交点作为圆心，输入半径"7.5"，按空格键确定，如下图所示。

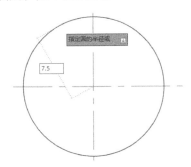

Step03: 输入"偏移"命令 O，按空格键确定；输入命令距离"7.5"，按空格键确定；选择圆为偏移对象，向外单击偏移对象；按空格键结束"偏移"命令，如下图所示。

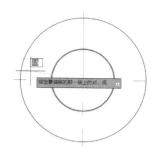

Step04: 按空格键激活"偏移"命令,输入偏移距离"5",按空格键确定;选择水平中心线,向上单击指定偏移方向,如下图所示。

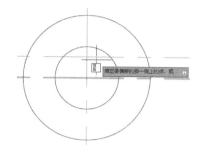

Step05: 选择垂直中心线,向左单击指定偏移方向;按空格键结束"偏移"命令,如下图所示。

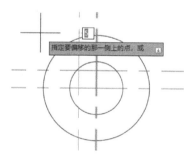

Step06: 按空格键激活"偏移"命令,输入偏移距离"17.5",按空格键确定;选择水平中心线,向上单击指定偏移方向,如下图所示。

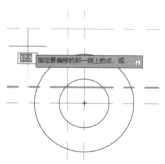

Step07: 选择垂直中心线,向左单击指定偏移方向;按空格键结束"偏移"命令,如下图所示。

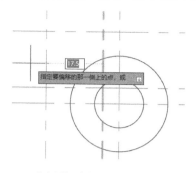

Step08: 选择偏移得到的对象,切换到"粗实线"图层中,如下图所示。

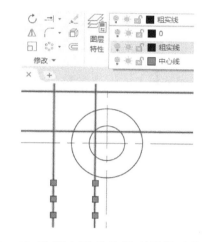

Step09: 选择水平偏移得到的构造线,输入"镜像"命令 MI,按空格键确定;单击指定镜像线第一个点;右移光标,单击指定镜像线第二个点,按空格键确定,如下图所示。

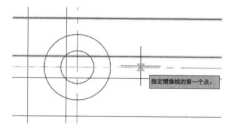

Step10: 按空格键激活"镜像"命令,选择垂直偏移得到的构造线,按空格键确定;单击指定镜像线第一个点,上移光标,单击指定镜像线第二个点;按空格键确定,如下图所示。

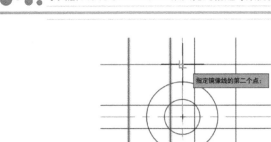

Step11: 关闭"中心线"图层，如下图所示。

Step12: 输入"修剪"命令 TR，按空格键确定；单击要修剪的部分，如下图所示。

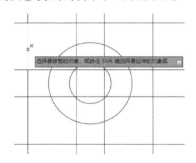

Step13: 按住左键不放，在要修剪的对象上拖动光标至要删除的部分后释放左键，如下图所示。

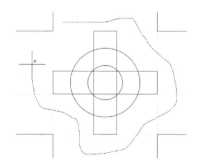

Step14: 按住左键不放，在要修剪的对象上拖动光标至要删除的部分后释放左键，修剪完成后按空格键结束"修剪"命令，如下图所示。

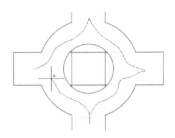

Step15: 选择要删除的对象，再输入"删除"命令 E 进行删除，如下图所示。

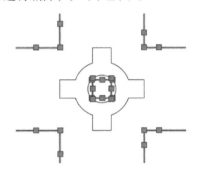

Step16: 输入"圆角"命令 F，按空格键确定；输入"半径"子命令 R，按空格键确定；输入半径"5"，按空格键确定，如下图所示。

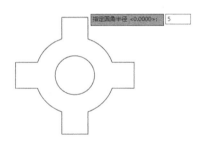

Step17: 单击要圆角的第一个对象，如下图所示。

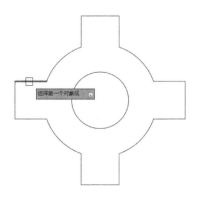

Step18: 单击要圆角的第二个对象, 如下图所示。

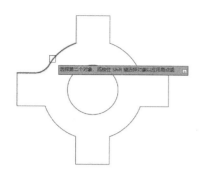

Step19: 按空格键激活"圆角"命令, 依次选择要圆角的对象, 如下图所示。

Step20: 打开"中心线"图层, 效果如下图所示。

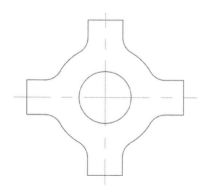

4.3.8 倒角对象

"倒角"命令用于将两个非平行对象做出有斜度的倒角, 而需要进行倒角的两个图形对象可以相交, 也可以不相交, 但不能平行。倒角距离可以设为一致, 也可以设置为不一致。但不能为负值。

1. 执行方式

在 AutoCAD 2022 中, "倒角"命令有以下几种执行方式。

- 菜单命令: 单击"修改"菜单, 再单击"倒角"命令。
- 命令按钮: 单击"圆角"下拉按钮 ⌐ᵛ, 再单击"倒角"按钮 ⌐⌐。
- 快捷命令: 在命令行输入"倒角"命令 CHA, 按空格键确定。

2. 命令提示与选项说明

在执行"倒角"命令后, 命令行会根据指令显示如下图所示的命令提示和选项。

```
命令: _chamfer
("修剪"模式) 当前倒角距离 1 = 0.0000, 距离 2 = 0.0000
选择第一条直线或 [放弃(U)/多段线(P)/距离(D)/角度(A)/修剪(T)/方式(E)/多个(M)]: D
指定 第一个 倒角距离 <0.0000>: 100
指定 第二个 倒角距离 <100.0000>: 200
选择第一条直线或 [放弃(U)/多段线(P)/距离(D)/角度(A)/修剪(T)/方式(E)/多个(M)]:
选择第二条直线, 或按住 Shift 键选择直线以应用角点或 [距离(D)/角度(A)/方法(M)]:
```

选项说明如下。

(1) 多段线 (P): 对多段线的各个交叉点倒斜角。为了得到最好的连接效果, 一般设置斜线距离是相等的值, 且系统根据指定的斜线距离把多段线的每个交叉点都进行斜线连接, 而连接的斜线成为多段线新的构成部分。

(2) 距离 (D): 选择倒角距离。倒角距离可以相同也可以不相同。若倒角距离均为 0, 则系统不绘制连接的斜线, 而是把两个对象延伸至相交并修剪超出的部分。

(3) 角度 (A): 选择第一条直线的倒角距离和第一条直线的倒角角度。

(4) 修剪 (T): 该选项与"圆角连接"命令 FILLET 相同, 决定连接对象后是否剪切源对象。

(5) 方式 (E): 决定采用"距离"方式还是"角度"方式来倒斜角。

(6) 多个 (M): 同时对多个对象进行倒斜角编辑。

3. 操作方法

执行"倒角"命令的具体操作方法如下。

Step01: 绘制一个矩形; ❶单击"圆角"下拉按钮 ⌐ᵛ; ❷单击"倒角"按钮 ⌐⌐, 如下图所示。

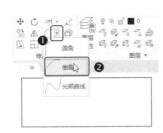

Step02：输入"距离"子命令 D，按空格键确定，如下图所示。

高手点拨•⚪

当倒角值为 0 时，不需要设置倒角距离；执行"倒角"命令，可以修剪两个对象构成角外的多余部分。

Step03：输入第一个倒角距离，如"100"，按空格键确定；如下图所示。

Step04：输入第二个倒角距离，如 300，按空格键确定，如下图所示。

Step05：选择第一条要倒角的对象，如下图所示。

Step06：选择第二条要倒角的对象，如下图所示。

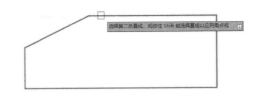

新手注意•⚪

在使用"倒角"命令时，必须有两个非平行的边。程序默认的倒角距离是"1"和"2"。若要对程序默认的倒角距离进行修改，必须输入"距离"子命令 D，而输入的第一个倒角距离是所选择的第一条直线将要倒角的距离，输入的第二个倒角距离是所选择的第二条直线将要倒角的距离。

4.4 打断、合并、分解对象

这一节主要讲解"打断""分解""合并"命令。这些命令可以使图形在总体形状不变的情况下对其局部进行编辑。

4.4.1 打断对象

"打断"命令可以将对象从某一点处断开，从而将其分成两个独立的对象，常用于剪断图形，但不删除对象。执行该命令可以将直线、圆、弧、多段线、样条线、射线等对象分成两个对象，也可以通过指定两点或选择对象后再指定两点的方式断开对象。

1.执行方式

在 AutoCAD 2022 中，"打断"命令有以下几种执行方式。

- 菜单命令：单击"修改"菜单，再单击"打断"命令。
- 命令按钮：在"修改"面板中单击"打断"按钮。
- 快捷命令：在命令行输入"打断"命令 BR，按空格键确定。

2.命令提示和选项

在执行"打断"命令后，命令行会根据指令显示如下图所示的命令提示和选项。

```
命令: _break
选择对象:
指定第二个打断点 或 [第一个点(F)]:
```

3. 操作方法

执行"打断"命令的具体操作方法如下。

Step01: 绘制一个矩形, 在"修改"面板中单击"打断"按钮△, 如下图所示。

Step02: 选择要打断的对象, 如下图所示。

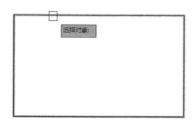

Step03: 单击指定第二个打断点, 如下图所示。

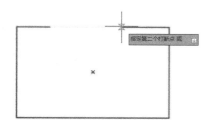

4.4.2 合并对象

"合并"命令可以将相似的对象合并以形成一个完整的对象。"合并"命令可以合并的对象包括直线、多段线、圆弧、椭圆弧、样条曲线, 但是要合并的对象必须是相似的对象, 且位于相同的平面上。

1. 执行方式

在 AutoCAD 2022 中, "合并"命令有以下几种执行方式。

- 菜单命令: 单击"修改"菜单, 再单击"合并"命令。
- 命令按钮: 在"修改"面板中单击"合并"按钮 ➤➤。
- 快捷命令: 在命令行输入"合并"命令 JOIN, 按空格键确定。

2. 命令提示与选项说明

在执行合并命令后, 命令行会根据指令显示如下图所示的命令提示和选项。

```
命令: join
选择源对象或要一次合并的多个对象: 找到 1 个
选择要合并的对象: 找到 1 个, 总计 2 个
选择要合并的对象: 找到 1 个, 总计 3 个
选择要合并的对象: 找到 1 个, 总计 4 个
选择要合并的对象: 找到 1 个, 总计 5 个
选择要合并的对象: 找到 1 个, 总计 6 个
选择要合并的对象: 找到 1 个, 总计 7 个
选择要合并的对象: 找到 1 个, 总计 8 个
选择要合并的对象: 找到 1 个, 总计 9 个
选择要合并的对象:
9 个对象已转换为 2 条多段线
```

选项说明如下。

(1) 选择源对象: 选择要和其他对象合并的对象。

(2) 选择要合并对象: 选择要合并的对象。

3. 操作方法

使用"合并"命令的具体操作方法如下。

Step01: 打开"素材文件 \ 第 4 章 \4-4-2. dwg", 在"修改"面板中单击"合并"按钮 ➤➤, 如下图所示。

第 4 章 编辑二维图形

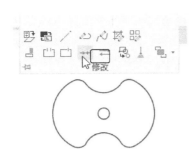

Step02: 选择要合并的对象，如下图所示。

Step03: 选择要合并的对象，如下图所示。

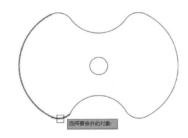

Step04: 选择要合并的对象，如下图所示。

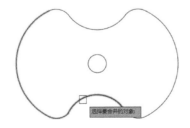

Step05: 选择要合并的对象，按空格键确定合并，如下图所示。

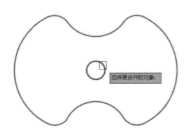

Step06: 再次选择对象，效果如下图所示。

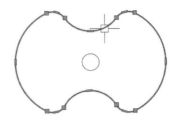

4.4.3　分解对象

"分解"命令可以将多个组合实体分解为单独的图元对象。例如，"分解"命令可以将矩形、多边形等图形分解成单独的多条线段，也可以将图块分解为单个独立的对象等。

1. 执行方式

在 AutoCAD 2022 中，"分解"命令有以下几种执行方式。

- 菜单命令：单击"修改"菜单，再单击"分解"命令。
- 命令按钮：在"修改"面板中单击"分解"按钮 。
- 快捷命令：在命令行输入"分解"命令 X，按空格键确定。

2. 操作方法

使用"分解"命令的具体操作方法如下。

Step01: 绘制一个矩形，输入"分解"命令 X，按空格键确定，如下图所示。

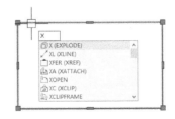

Step02: 选择对象，效果如下图所示。

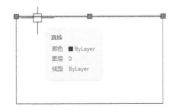

综合演练：绘制签字笔

❌ 演练介绍

本实例绘制一支签字笔。首先使用"矩形"命令绘制笔身，接着使用"拉伸"命令绘制笔头，然后使用"多段线"命令绘制笔尖，最后使用"圆"和"阵列"命令绘制笔身中段连接处的效果，从而完成签字笔的绘制。

❌ 操作方法

本实例的具体操作方法如下。

Step01：新建文件，输入"矩形"命令REC，按空格键确定；绘制长度为"30"、宽度为"8"的矩形，如下图所示。

Step02：按空格键激活"矩形"命令；以矩形右下角为起点，绘制长度为"30"、宽度为"10"的矩形，如下图所示。

Step03：按空格键激活"矩形"命令；以右侧的矩形右下角为起点，绘制长度为"80"、宽度为"8"的矩形，如下图所示。

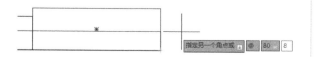

Step04：使用"移动"命令M，将中间的矩形向下移动"1"，如下图所示。

Step05：输入"圆角"命令F，按空格键确定；设置圆角半径为"1"，将左侧矩形左上角进行圆角，如下图所示。

Step06：按空格键激活"圆角"命令，依次将各矩形的各个角进行圆角，如下图所示。

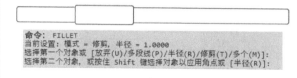

Step07：绘制一个长度为"10"、宽度为"6"的矩形，使用"移动"命令M将矩形移动到最左侧，如下图所示。

Step08：输入"倒角"命令CHA，按空格键确定；输入距离"D"，按空格键确定；设置倒角距离，如设置第一个倒角距离为"10"，按空格键确定；设置第二个倒角距离为"2"，按空格键确定，如下图所示。

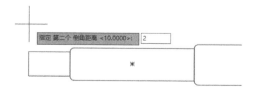

Step09：选择第一个倒角对象，如下图所示。

Step10：选择第二个倒角对象，如下图所示。

Step11：输入"拉伸"命令 S，按空格键确定；从右至左框选矩形左上角，如下图所示。

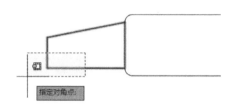

Step12：单击指定基点，将矩形左下角向上拉伸"2"，如下图所示。

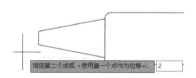

Step13：输入"多段线"命令 PL，按空格键确定；单击左侧矩形左上角，下移光标，输入至下一点的距离"0.5"，按空格键确定，如下图所示。

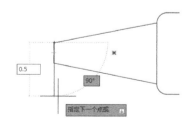

Step14：左移光标，输入至下一点的距离"2"，按空格键确定，如下图所示。

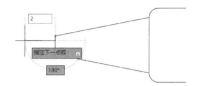

Step15：输入"圆弧"子命令 A，按空格键确定；下移光标，输入"1"，按空格键确定，如下图所示。

Step16：输入"直线"命令 L，按空格键确定；右移光标，单击垂足；按空格键结束"多段线"命令，如下图所示。

Step17：在最宽的矩形内绘制一个半径为"1"的圆，并将其移动至矩形左上角，如下图所示。

Step18：输入"矩形阵列"命令 AR，按空格键确定；选择圆作为阵列对象，按空格键确定，如下图所示。

Step19：选择"矩形"命令，如下图所示。

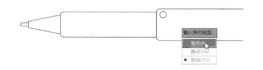

Step20：输入列数"7"、介于"4"；输入行数"3"、介于"-3"，按空格键确定，如下图所示。

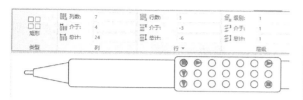

Step21：输入"缩放"命令 SC，按空格键确定；选择要缩放的对象，如下图所示。

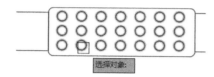

Step22：单击指定缩放基点，如下图所示。

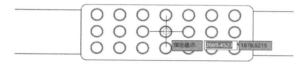

Step23：输入缩放比例因子，如"0.8"，按空格键确定，如下图所示。

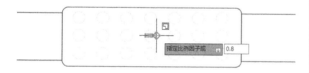

Step24：效果如下图所示。

新手问答

❷ No.1：如何按指定的路径创建阵列对象？

路径阵列方式是指沿路径或部分路径均匀分布对象副本。其路径可以是直线、多段线、三维多段线、样条曲线、螺旋、圆弧、圆或椭圆等。使用路径阵列的具体操作方法如下。

Step01：绘制一个圆；❶单击"绘图"下拉按钮；❷单击"样条曲线控制点"命令按钮，如下图所示。

Step02：单击圆心以将其指定为样条曲线起点；移动光标依次单击指定下一个点；按空格键结束"样条曲线"命令，如下图所示。

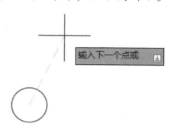

Step03：❶单击"矩形阵列"下拉按钮；❷单击"路径阵列"按钮，如下图所示。

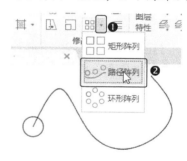

Step04：选择对象，按空格键确定，如下图所示。

Step05：选择路径曲线，如下图所示。

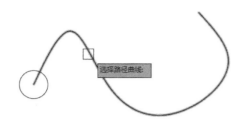

Step06：按空格键确定，如下图所示。

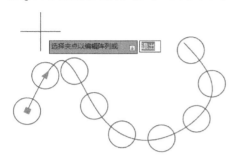

✦高手点拨·◦

在使用 AutoCAD 2022 绘图时，会大量应用"阵列"命令，使用"矩形阵列"命令时要注意行列的坐标方向；使用"极轴阵列"命令时要注意被阵列对象和中心点的关系；在使用"路径阵列"命令时一定要分清楚"基点""方向""对齐"命令的不同效果。

❷ No.2："打断于点"命令怎么使用？

"打断于点"命令是指在对象上指定一点，从而把对象在此点拆分成两部分，具体操作方法如下。

Step01：绘制一条直线，在"修改"面板中单击"打断于点"按钮，如下图所示。

Step02：选择要打断的对象，如下图所示。

Step03：单击指定打断点，如下图所示。

Step04：再次选择对象，如下图所示。

❷ No.3：如何使用"修剪"命令一次修剪一侧的所有对象？

"修剪"命令可以一次修剪一侧与之相交的所有对象，具体操作方法如下。

Step01：绘制两个矩形，输入"修剪"命令 TR，按空格键确定；输入"修剪边"子命令 T，按空格键确定，如下图所示。

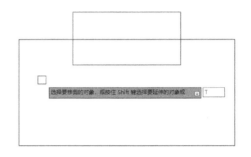

Step02：选择修剪边，按空格键确定，如下图所示。

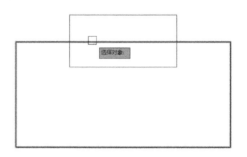

Step03：单击该修剪边一侧的对象，即可一次性删除该侧与之相交的对象，如下图所示。

上机实验

✐【练习1】绘制折扇，完成的效果如下图所示。

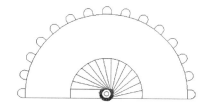

1. 目的要求

本实例主要先使用"矩形"命令、"圆"命令、"修剪"命令绘制扇叶，接着使用阵列命令阵列扇叶，最后将扇面中的扇叶修剪掉，完成折扇的绘制。

2. 操作提示

（1）绘制一个长度为"200"、宽度为"20"的矩形。

（2）以矩形一侧中点为圆心，绘制半径为"10"的圆。

（3）使用"修剪"命令 TR 修剪圆一侧的边。

（4）合并矩形和圆的扇叶。

（5）绘制半径为"5"的圆，并将其移动到适当位置。

（6）选择扇叶进行极轴阵列。

（7）绘制半径为"180"的同心圆。

（8）将圆向内偏移"100"。

（9）使用"修剪"命令修剪掉多余的部分。

（10）使用"分解"命令 X 分解阵列对象。

（11）使用"修剪"命令修剪扇叶和圆重叠的部分。

✐【练习2】绘制麻将桌，完成的效果如下图所示。

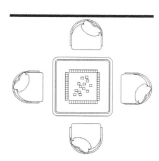

1. 目的要求

本练习绘制的图形比较简单，主要用到"移动"和"旋转"命令。通过本练习，可以使读者熟悉这两个图形编辑命令的操作方法。

2. 操作提示

（1）打开素材文件，使用"移动"命令选择要移动的椅子，并将其移动到麻将桌上方。

（2）使用"旋转"命令旋转椅子。

（3）选择一个椅子，并将其移动到麻将桌左侧，使用"旋转"命令将其进行旋转。

（4）使用"移动"命令选择一个椅子，并将其移动到麻将桌下侧适当位置。

（5）使用"旋转"命令将麻将桌下侧的椅子旋转至适当角度。

（6）激活"移动"命令，将麻将桌右侧的椅子移动到适当位置。

思考与练习

一、填空题

1. 在 AutoCAD 2022 中，阵列命令包括_____、_____、_____ 3 种。

2. 使用"拉伸"命令可以按指定的_____和_____拉长或缩短对象，也可以调整对象大小，使其在一个方向上按比例增大或缩小

3. 在 AutoCAD 2022 中，____是指创建与源对象平行的新对象，也是一种必须给定偏移距离的特殊复制命令。

二、选择题

1. "修剪"命令和"（　　　）"命令可以相互转化。

A. 延伸　　　　　　B. 拉伸

C. 合并　　　　　　D. 缩放

2. 下列说法正确的是（　　　）。

A. "延伸"命令可以将指定的图形对象延伸到指定的边界，并可以和"拉伸"命令相互转化

B. "倒角"命令不仅可以按指定距离创建倒角，也可以修剪掉角外多余的线段

C. 移动对象是指将对象以指定的角度和方向重新定位，且对象的位置和大小发生了变化

D. "打断"命令和"打断于点"命令用于

将对象从某一点处断开，从而将其分成两个独立的对象

3.使用"（　　）"命令可以在不使用"圆"命令的情况下绘制同心圆。

A. 复制   B. 镜像

C. 拉伸   D. 偏移

4.关于"分解"命令的描述正确的是（　　）。

A. 对象分解后颜色、线型和线宽不会改变

B. 图案分解后的图案与边界的关联性仍然存在

C. 多行文字分解后将变为单行文字

D. 构造线分解后可得到两条射线

5.对两条平行的直线倒圆角，圆角半径设置为"20"，其结果是（　　）。

A. 不能倒圆角

B. 按半径"20"倒圆角

C. 系统提示错误

D. 倒出半圆，其直径等于直线间的距离

本章小结

本章主要对编辑命令进行了讲解，并通过实例的绘制和编辑，对绘图工具和编辑工具进行了熟练运用，绘图命令和编辑命令是绘制 AutoCAD 二维图形的根本，是绘制高质量图样的关键。

✎ 读书笔记

_____

_____

_____

_____

_____

_____

_____

_____

_____

_____

_____

_____

_____

_____

_____

_____

第 5 章　图块与填充

 **本章导读**

    为了区别不同图形对象的各个组成部分，在绘图过程中经常需要用到图案或渐变色填充功能。在 AutoCAD 2022 中，使用图案填充功能可以方便的进行图案填充及填充边界的设置；使用图块与设计中心可以极大地提高绘图速度。

学完本章后应知应会的内容

- 创建图块
- 编辑块
- 块的属性
- 图案填充

5.1 创建图块

图块是由多个不同颜色、线型和线宽等特性的对象组合而成的整体，简称块。创建块命令可将这些单独的对象组合在一起，储存在当前图形文件内部，并可在同一图形或其他图形文件中重复使用。可以将任意对象和对象集合创建为块。

5.1.1 创建块

创建块就是将由一个或多个对象组合成的图形定义为块的过程。块分为内部块和外部块两种。

1. 执行方式

在 AutoCAD 2022 中，"创建块"命令有以下几种执行方式。

- 菜单命令：单击"绘图"菜单，再单击"块"命令，然后单击"创建"命令。
- 命令按钮：在"块"面板中单击"创建"按钮 。
- 快捷命令：在命令行输入"创建块"命令 B，按空格键确定。

2. "块定义"对话框及其说明

在执行"创建块"命令后，打开"块定义"对话框，如下图所示。

"块定义"对话框的说明如下。

（1）"名称"文本框：在此输入块名称。指向该文本框右侧的下拉按钮后，会显示当前文本框中可以输入的字符类型等；单击此下拉按钮，即可弹出该文件中定义过的所有块名的下拉列表。

（2）"基点"区：指定所创建块的插入基点。基点主要用于对插入块的定位，默认为坐标原点。

（3）"对象"区：指定新块中要包含的对象，以及创建块之后如何处理这些对象，即是保留对象还是删除选中对象或者转换成块；一般在创建块时，选择"转换为块"选项。

（4）"方式"区："注释性"选项是指块的注解；"按统一比例缩放"选项是指块缩放时的显示方式，"允许分解"选项是指此块是否允许被分解修改。

（5）"设置"区：用于设置块的基本属性。

（6）"说明"文本框：在此输入当前块的说明文字。

（7）"在块编辑器中打开"复选框：勾选此复选框，在创建块时可以进入"块编辑器"来打开当前的"块定义"对话框。

3. 操作方法

创建块的具体操作方法如下。

Step01：打开"素材文件\第5章\时钟.dwg"，选择需要组成块的对象；输入"创建块"命令 B，按空格键确定，如下图所示。

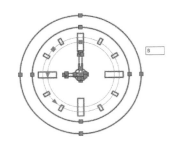

Step02：打开"块定义"对话框；❶输入名称，如"时钟"；❷单击"拾取点"按钮，如下图所示。

Step03: 在对象上单击指定块对象的插入基点，如下图所示。

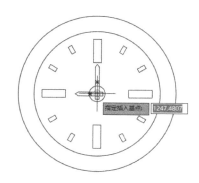

Step04: 单击"确定"按钮，如下图所示。

Step05: 此时单击对象，效果如下图所示。

高手点拨

在创建块的过程中，一般要在对象集合的适当位置指定一个基点，再确定创建块，以方便图块在其他图形文件中插入时使用。

5.1.2 插入块

在绘图过程中可以根据需要把已定义好的图块或图形文件插入当前图形的任意位置，且

在插入图块的同时还可以改变图块的大小、旋转角度等。使用"插入块"命令一次可以插入一个块对象。

1. 执行方式

在 AutoCAD 2022 中，"插入块"命令的方式有以下几种执行方式。

- 菜单命令：单击"插入"菜单，再单击"块"命令。
- 命令按钮：在"块"面板中单击"插入"按钮。
- 快捷命令：在命令行输入"插入块"命令 I，按空格键确定。

2. "块"面板及其说明

在执行"插入块"命令后，打开"块"面板，如下图所示。

"块"面板的说明如下。

（1）"最近使用的块"区：打开 AutoCAD 2022 后，最后使用的块都会显示在该区中。

（2）"插入点"复选框：勾选此复选框，指定创建块时的插入基点。创建块时没有指定基点则没有插入基点。

（3）"比例"复选框：勾选此复选框，指定插入块的缩放比例。如果指定负的"X""Y""Z"轴缩放比例因子，则插入块的镜像图像。

（4）"旋转"复选框：勾选此复选框，在当前用户坐标系中指定插入块的旋转角度。

（5）"角度"数值框：指定旋转角度。

（6）"重复放置"复选框：勾选此复选框，复制当前所选对象。

（7）"分解"复选框：勾选此复选框，分解插入的块并插入此块的各个部分。

3. 操作方法

插入块的具体操作方法如下。

Step01：打开"素材文件\第5章\茶具.dwg"，输入"插入块"命令I，按空格键确定，如下图所示。

Step02：打开"块"面板，选择"沙滩椅"块，如下图所示。

Step03：将"沙滩椅"块拖动到图形文件中，如下图所示。

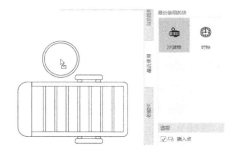

◈高手点拨◈

"插入块"命令插入的是外部块，所以该命令必须是在当前图形中存在块的情况下才能直接使用。在AutoCAD 2022中，插入块采用特性面板的方式呈现，以便更加直观地查看AutoCAD 2022中当前存在的所有块。

5.1.3 实例：配置计算机组件

本实例主要介绍"插入块"命令的具体应用。本实例最终效果如下图所示。

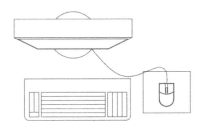

"插入块"命令的具体操作方法如下。

Step01：打开"素材文件\第5章\配置计算机组件.dwg"，输入"插入块"命令I，按空格键确定，如下图所示。

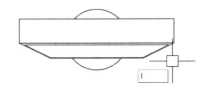

Step02：打开"块"面板，将"键盘"块拖动到图形文件中，如下图所示。

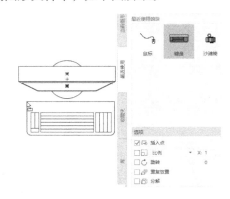

Step03：将"鼠标"块拖动到图形文件中，如下图所示。

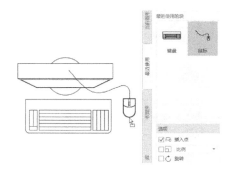

Step04：使用"移动"命令M，将光标移动到相应位置，如下图所示。

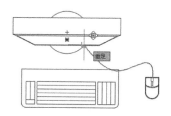

Step05: 使用"矩形"命令 REC，绘制鼠标垫，如下图所示。

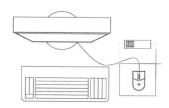

5.1.4 写块

在激活"写块"命令后弹出的"写块"对话框中，提供了一种将当前图形的零件保存到不同的图形文件或将指定的块定义另存为一个单独的图形文件的便捷方法。

1. 执行方式

在 AutoCAD 2022 中，"写块"命令有以下几种执行方式。

- 命令按钮：单击"插入"标签，再单击"创建块"下拉按钮，然后单击"写块"按钮 写块。
- 快捷命令：在命令行输入"写块"命令 W，按空格键确定。

2. "写块"对话框及其说明

在执行"写块"命令后，打开"写块"对话框，如下图所示。

"写块"对话框的说明如下。

（1）"源"选区：指定块和对象，将其另存为文件并指定插入点。

（2）"基点"区：指定块的基点；默认基点是 (0,0,0)。

（3）"对象"区：设置对象图块创建的效果。

（4）"目标"区：指定文件的新名称和新位置以及插入块时所用的测量单位。

3. 操作方法

执行"写块"命令的具体操作方法如下。

Step01: 打开"素材文件\第 5 章\饮水机 .dwg"，输入"写块"命令 W，按空格键确定，如下图所示。

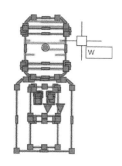

Step02: 打开"写块"对话框，单击"拾取点"按钮，如下图所示。

Step03: 在对象上单击指定插入基点，如下图所示。

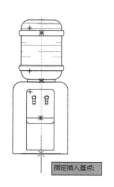

> **高手点拨**
>
> 所有的 DWG 图形文件都可以作为外部块插入其他图形文件内；如果在新建的图形文件使用这类块，在插入其他图形中时将以坐标原点（0,0,0）作为其插入基点。使用"写块"命令定义的外部块在文件中的插入基点是用户已经设置好的。

> **高手点拨**
>
> 在将多个对象定义为块的过程中，用"定义块"命令 B 创建的块，存在于写块的文件之中并对当前文件有效，且不能被其他文件直接调用；这类块用"复制、粘贴"的方法使用。用"写块"命令创建的块，保存为单独的 DWG 图形文件，是独立存在的，可以被别的文件直接调用。

Step04：❶单击"转换为块"单选按钮；❷单击"显示标准文件选择对话框"按钮 ⋯ ，如下图所示。

5.1.5 实例：配置遥控器

本实例主要介绍"插入块"命令的具体应用。本实例最终效果如下图所示。

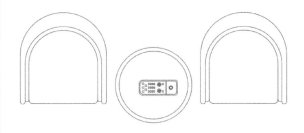

具体操作方法如下。

Step01：打开"素材文件\第 5 章\配置遥控器 .dwg"，选择要创建为块的对象，输入"写块"命令 W，按空格键确定，如下图所示。

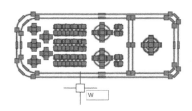

Step05：打开"浏览图形文件"对话框；❶设置存储位置；❷输入文件名，如"饮水机"；❸单击"保存"按钮，如下图所示。

Step02：打开"写块"对话框，单击"拾取点"按钮 🔳 ，如下图所示。

Step06：单击"确定"按钮，如下图所示。

Step03：单击指定插入基点，如下图所示。

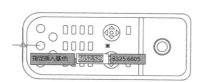

Step04: 单击"转换为块"单选按钮,再单击"显示标准文件选择对话框"按钮[...],如下图所示。

Step05: 打开"浏览图形文件"对话框;❶设置存储位置;❷输入文件名,如"遥控器";❸单击"保存"按钮,如下图所示。

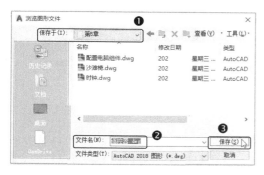

※高手点拨·○

"写块"命令不仅可以直接创建外部块,还可以将文件中的内部块定义为外部块;将已定义的内部块写入外部块文件时,需要指定一个新的块文件名及路径,再指定要写入的块名称。

Step06: 输入"插入块"命令I,按空格键确定,如下图所示。

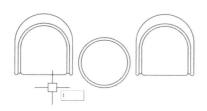

Step07: 打开"块"面板,单击"显示文件导航对话框"按钮[],如下图所示。

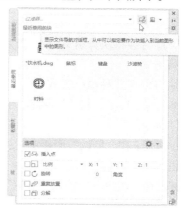

Step08: 打开"选择要插入的文件"对话框;❶选择存储位置;❷选择要输入的文件,如"遥控器.dwg";❸单击"打开"按钮,如下图所示。

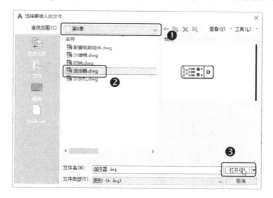

Step09: 在图形文件中单击指定摇控器的位置,如下图所示。

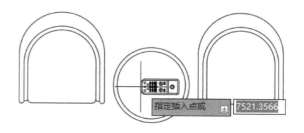

5.2 编辑块

编辑块主要是指对已经存在的块进行相关编辑。这一节的主要内容包括块的分解、重定义和删除。

5.2.1 分解块

在实际绘图中，同一个块会应用于多个图形中，但根据需要，往往要对定义块的对象做一些调整，此时会将块分解并进行修改。

1. 执行方式

分解块有以下几种执行方式。

- 菜单命令：单击"修改"菜单，再单击"分解"命令。
- 命令按钮：在"修改"面板中单击"分解"按钮 ⬚。
- 快捷命令：在命令行输入"分解"命令 X，按空格键确定。

2. 操作方法

分解块的具体操作方法如下。

Step01：输入"插入块"命令 I，按空格键确定；打开"块"面板，将"鼠标"块拖动到当前图形文件中，如下图所示。

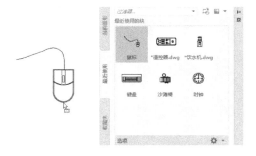

Step02：单击"鼠标"块，输入"分解"命令 X，按空格键确定，如下图所示。

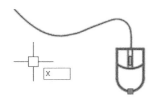

Step03：分解块的效果如下图所示。

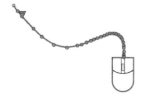

5.2.2 重定义块

通过对块的重定义，可以更新所有与之相关的块实例，达到自动修改的效果。在绘制比较复杂且大量重复的图形时，重定义块会比较常用。重定义块的具体操作方法如下。

Step01：输入"插入块"命令 I，按空格键确定；打开"块"面板，将"遥控器"块拖动到当前图形文件中，如下图所示。

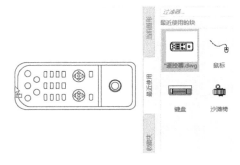

Step02：单击"遥控器"块，输入"分解"命令 X，按空格键确定，如下图所示。

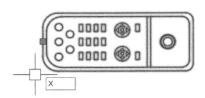

Step03：对图形进行修改，如下图所示。

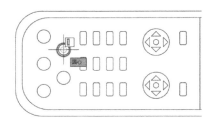

Step04：单击修改后的图形对象，输入"创建块"命令 B，按空格键确定，如下图所示。

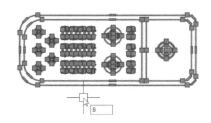

Step05：打开"块定义"对话框；❶输入名称，如"摇控器"；❷单击"拾取点"按钮，如下图所示。

Step06：单击指定插入基点，如下图所示。

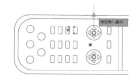

Step07：单击"确定"按钮，在打开的对话框中单击"重定义"按钮，如下图所示。

Step08：重定义块的效果如下图所示。

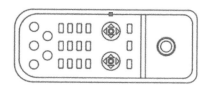

5.2.3 删除块

如果插入的块不是现在所需要的或者是不适合当前图形使用的，就必须将其删除，以节省计算机磁盘空间。删除块的具体操作方法如下。

Step01：在"块"面板选择"沙滩椅"块，再按住左键不放将其拖动到当前文件中，释放左键，如下图所示。

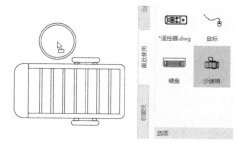

Step02：选择"遥控器"块，再按住左键不放将其拖动到当前文件中，释放左键，如下图所示。

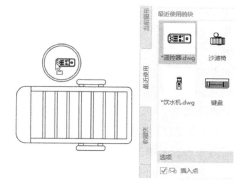

Step03：选择要删除的"遥控器"块，如下图所示。

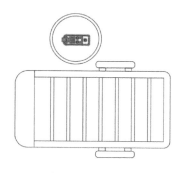

Step04：按下【Delete】键即可删除所选对象，如下图所示。

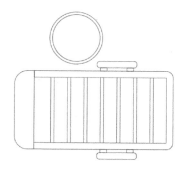

5.3 块的属性

为了增强块的通用性，可以为块增加一些文本信息。这些文本信息称为属性。块的属性是包含文本信息的特殊实体，不能独立存在及使用，在块插入时才会出现。要使用具有属性的块，必须首先对块的属性进行定义。

5.3.1 创建属性块

块的属性是附属于块的非图形信息，是块的组成部分，是可以包含在块定义中特定的文字对象。块的属性由属性标记名和属性值两部分组成。

1. 执行方式

创建属性块有以下几种执行方式。

- 菜单命令：单击"绘图"菜单，再单击"块"命令，然后单击"定义属性"命令。
- 命令按钮：单击"块"下拉按钮，再单击"定义属性"按钮 。
- 快捷命令：在命令行输入"定义属性块"命令 ATT，按空格键确定。

2. "属性定义"对话框及其说明

在执行"定义属性块"命令后，打开"属性定义"对话框。

"属性定义"对话框的说明如下。

（1）"模式"区：确定属性的模式。

"不可见"复选框：选中该复选框，则属性为不可见显示方式，即插入块并输入属性值后，属性值在图中并不显示出来。

"固定"复选框：选中该复选框，则属性值为常量，即属性值在属性定义时给定，在插入块时 AutoCAD 2022 不再提示输入属性值。

"验证"复选框：选中该复选框，当插入块时 AutoCAD 2022 重新显示属性值让用户验证该值是否正确。

"预设"复选框：选中该复选框，当插入块时 AutoCAD 2022 自动把事先设置好的默认值赋予属性，而不再提示输入属性值。

"锁定位置"复选框：选中该复选框，锁定块参照中属性的位置。解锁后，属性可以相对于使用夹点编辑的块的其他部分移动，并且可以调整多行文字属性的大小。

"多行"复选框：选中该复选框，指定属性值可以包含多行文字，还可以指定属性的边界宽度。

（2）"属性"区：用于设置属性值。在每个文本框中，AutoCAD 2022 允许输入不超过 256 个字符。

- "标记"文本框：在此输入属性标签。属性标签可由除空格和感叹号以外的所有字符组成，且 AutoCAD 2022 自动把其中的小写字母改为大写字母。
- "提示"文本框：在此输入属性提示。属性提示是插入块时 AutoCAD 2022 要求输入属性值的提示。如果不在此文本框内输入文本，则以属性标签作为提示。如果在"模式"区中选中"固定"复选框，即设置属性值为常量，则无须设置属性提示。
- "默认"文本框：在此设置默认的属性值。可把使用次数较多的属性值作为默认值，也可不设默认值。

（3）"插入点"区：确定属性文本的位置。可以在插入块时由用户在图形中确定属性文本的位置，也可在"X""Y""Z"文本框中直接输入属性文本的位置坐标。

（4）"文字设置"区：设置属性文本的对正方式、文本样式、文字高度和旋转角度等。

（5）"在上一个属性定义下对齐"复选框：选中该复选框，表示把属性标签直接放在前一个属性的下面，而且该属性继承前一个属性的文本样式、文字高度和旋转角度等特性。

3. 操作方法

定义属性块的具体操作方法如下。

Step01：打开"素材文件\第 5 章\5-3-1. dwg"，单击"块"下拉按钮，再单击"定义属性块"按钮 ✎，如下图所示。

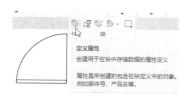

Step02：打开"属性定义"对话框；❶输入标记内容，如"800"，再输入提示内容，如"门"；❷输入文字高度，如"50"；❸单击"确定"按钮，如下图所示。

Step03：在图形中适当位置单击指定对象定义的起点，如下图所示。

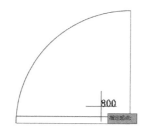

Step04：单击"创建"按钮 ⬚，如下图所示。

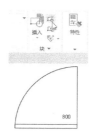

Step05：打开"块定义"对话框，单击"选择对象"按钮 ⬚，如下图所示。

Step06：在绘图区选择对象，按空格键确定，如下图所示。

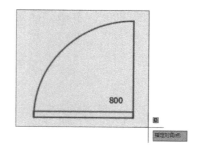

Step07：在"块定义"对话框输入块名称，如"门"，单击"拾取点"按钮 ⬚，如下图所示。

Step08：在所选对象上单击指定插入基点，如下图所示。

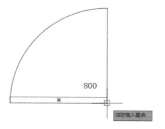

Step09：设置完成后单击"确定"按钮，如下图所示。

在使用块时，只有用"定义块"命令或"写块"命令将属性定义成块后，才能将其以指定的属性值插入到图形中。

Step10：打开"编辑属性"对话框，输入"门"块的属性值，如"800"，单击"确定"按钮，如下图所示。

Step11：完成带属性块的创建，效果如下图所示。

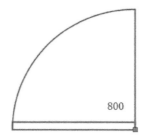

定义属性是在没有生成块之前进行的，其属性标记只是文本文字，可用编辑文本的命令对其进行修改、编辑。当一个图形符号具有多个属性时，可重复执行属性定义命令；当系统提示"指定起点："时，直接按下空格键，即可将增加的属性标记写在已存在的标签下方。

5.3.2 修改属性定义

带属性的块编辑完成后，还可以从块属

性管理器中编辑属性定义、从块中删除属性及更改插入块时程序提示用户输入属性值的顺序。

1. 执行方式

修改属性定义有以下几种执行方式。

- 菜单命令：单击"修改"菜单，再单击"对象"命令，然后单击"属性"命令，最后单击"块属性管理器"命令。
- 命令按钮：单击"块"下拉按钮，再单击"块属性管理器"按钮。
- 快捷命令：在命令行输入"块属性管理器"命令 BATTM，按空格键确定。

2. "块属性管理器"对话框

执行"块属性管理器"命令后，打开"块属性管理器"对话框，如下图所示。

3. 操作方法

修改属性定义的具体操作方法如下。

Step01：打开"素材文件\第 5 章\5-3-2.dwg"，选择对象，再单击"块"下拉按钮，然后单击"块属性管理器"按钮 🔲，如下图所示。

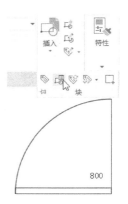

Step02：打开"块属性管理器"对话框，单击"编辑"按钮，如下图所示。

Step03: 打开"编辑属性"对话框,在"属性"选项卡的"标记"文本框中输入"700",如下图所示。

Step04: 单击"文字选项"选项卡,在"倾斜角度"文本框中输入"30",如下图所示。

Step05: 单击"特性"选项卡,再单击"图层"下拉按钮,然后单击"家具线"选项,如下图所示。

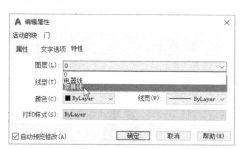

Step06: 还可以设置或更改对象的线型、颜色、线宽等内容,例如,单击"颜色"下拉按钮,再单击"蓝"选项,完成后单击"确定"按钮,如下图所示。

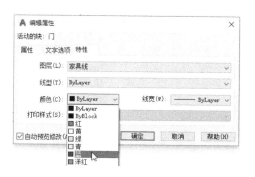

Step07: 返回"块属性管理器"对话框确认编辑内容完成,再单击"设置"按钮,如下图所示。

Step08: 在打开的"块属性设置"对话框中设置相关内容,单击"确定"按钮,如下图所示。

Step09: 单击"应用"按钮确认更改,再单击"确定"按钮退出"块属性管理器"对话框,如下图所示。

Step10: 块属性修改编辑完成后,效果如下图所示。

5.3.3 编辑带属性块

编辑属性块与编辑普通块方法相似，只是在编辑属性块时，命令行会给出提示，要求用户输入块属性内容。具体操作方法如下。

Step01：使用"圆"命令 C 绘制一个半径为"200"的圆，输入"定义属性块"命令 ATT，按空格键确定，如下图所示。

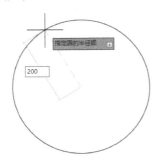

Step02：打开"属性定义"对话框，输入标记内容，如"A"；输入提示内容，如"序号"，将"对正"后的内容设置为"左对齐"，输入文字高度"200"，单击"确定"按钮，如下图所示。

Step03：在圆内左下侧单击，再在圆内右下侧单击，完成对象的创建，如下图所示。

Step04：选择圆和属性文本对象，输入"创建块"命令 B，按空格键确定，如下图所示。

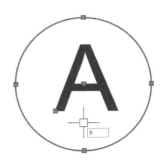

Step05：打开"块定义"对话框,输入块名称，如"轴圈"；单击"拾取点"按钮，如下图所示。

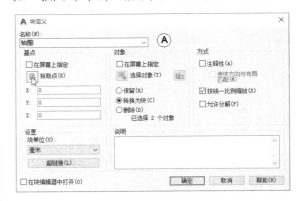

Step06：单击指定插入基点，再单击"确定"按钮，如下图所示。

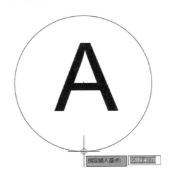

Step07: 打开"编辑属性"对话框,在"序号"文本框中输入"1",单击"确定"按钮,如下图所示。

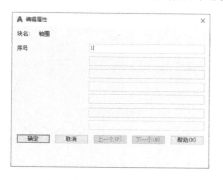

Step08: 输入"插入块"命令I,按空格键确定,如下图所示。

Step09: 打开"块"面板,选择"轴圈"块,按住左键不放将"轴圈"块拖动到当前图形文件中,如下图所示。

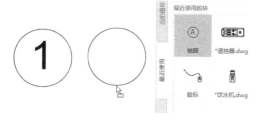

Step10: 打开"编辑属性"对话框,在"序号"文本框中输入"2",单击"确定"按钮,如下图所示。

Step11: 插入属性块之后,效果如下图所示。

5.3.4 实例: 绘制会议桌及椅子

本实例绘制会议桌及椅子。首先使用"定数等分"命令将椅子全部创建出来,接着使用"定义属性"命令定义"会议桌"块的属性,然后使用"块属性管理器"命令修改该属性块的相关属性,从而完成会议桌的绘制。本实例最终效果如下图所示。

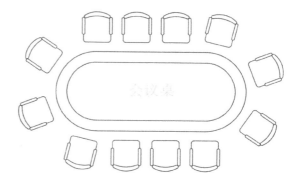

绘制会议桌及椅子的具体操作方法如下。

Step01: 打开"素材文件\第5章\会议桌.dwg",选择"椅子"块,输入"定义块"命令B,按空格键确定,如下图所示。

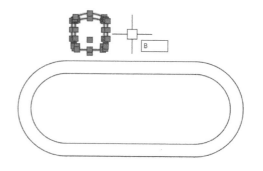

Step02: 打开"块定义"对话框,输入名称"椅子",单击"拾取点"按钮,如下图所示。

Step03: 单击会议桌相应位置指定椅子的插入基点，再单击"确定"按钮完成块的创建，如下图所示。

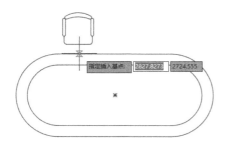

Step04: 输入"定数等分"命令 DIV，按空格键确定；单击被指定为椅子插入基点的对象，如下图所示。

Step05: 输入"块"子命令 B，按空格键确定，如下图所示。

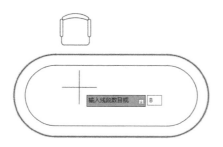

Step06: 输入要插入的块名，如"椅子"，按回车键确定，如下图所示。

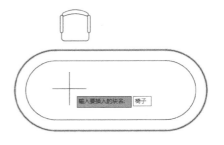

Step07: 按空格键两次对齐对象，如下图所示。

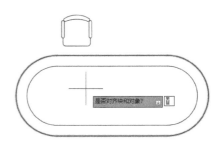

Step08: 输入线段数目，如"12"，按空格键确定，如下图所示。

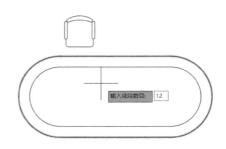

Step09: 选择多余对象并删除。选择对象，输入"定义属性块"命令 ATT，按空格键确定，如下图所示。

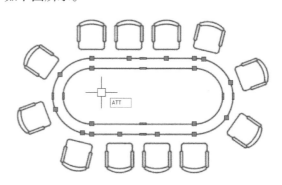

Step10: 打开"属性定义"对话框,输入标记,如"会议桌";输入提示, 如"名称";输入文字高度, 如"200";单击"确定"按钮, 如下图所示。

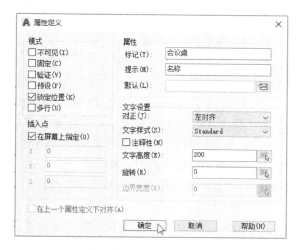

Step11: 单击指定属性定义的位置, 如下图所示。

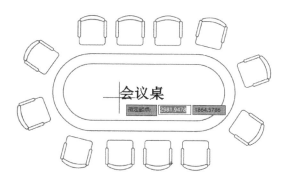

Step12: 选择所有对象, 输入"创建块"命令B, 按空格键确定, 如下图所示。

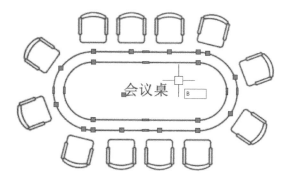

Step13: 打开"块定义"对话框, 输入块名称"会议桌", 单击"拾取点"按钮; 在对象上

指定基点, 单击"确定"按钮, 如下图所示。

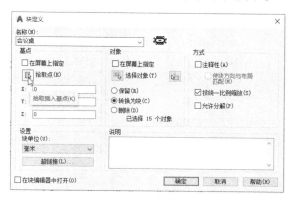

Step14: 打开"编辑属性"对话框, 输入名称, 如"会议桌及椅子", 单击"确定"按钮, 如下图所示。

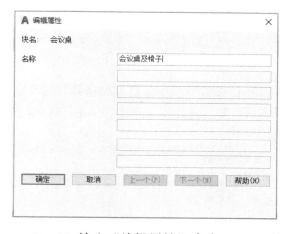

Step15: 输入"编辑属性"命令BATT, 按空格键确定, 如下图所示。

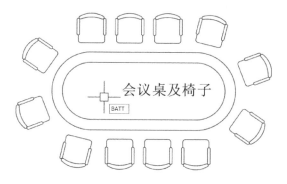

Step16: 打开"编辑属性"对话框, 单击"特性"选项卡, 选择颜色为"绿", 单击"确定"按钮, 如下图所示。

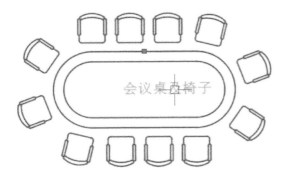

Step17：双击属性块，如下图所示。

Step18：打开"增强属性编辑器"对话框，输入值，如"会议桌"；单击"确定"按钮，如下图所示。

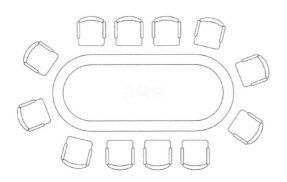

Step19：效果如下图所示。

5.4 图案填充

填充图案通常用来表现组成对象的材质或区分工程的部件，使图形看起来更加清晰，更加具有表现力。对图形进行图案填充，可以使用预定义的填充图案、使用当前的线型定义简单的直线图案或者创建更加复杂的填充图案。

5.4.1 图案填充

填充图案是指 AutoCAD 2022 软件自带的 70 多种符合 ANSI、ISO 及其他行业标准的填充图案。这些填充图案分为实体、渐变色、图案 3 种类型，在使用时选择其中一种类型，在"图案"面板中即可显示此类型中预定义的填充内容。

1. 执行方式

在 AutoCAD 2022 中，设置图案填充有以下几种执行方式。

● 菜单命令：单击"绘图"菜单，再单击"图案填充"命令。

● 命令按钮：在"绘图"面板中单击"图案填充"按钮▩。

● 快捷命令：在命令行输入"填充"命令 H，按空格键确定。

2."图案填充"面板及其说明

在执行"创建块"命令后，打开的"块定义"对话框的上方面板为"图案填充"面板，如下图所示。

"图案填充"面板的说明如下。

1）"边界"面板

（1）"拾取点"按钮：选择由一个或多个对象形成的封闭区域内的点，确定图案填充边界。在拾取点时，可以随时在绘图区中右击以显示包含多个选项的快捷菜单。

（2）"选择边界对象"按钮：指定基于选定对象的图案填充边界。在使用该按钮时，不会自动检测内部对象，必须选择选定边界内的对象，以按照当前孤岛检测样式填充这些对象。

（3）"删除边界对象"按钮：从边界定义中删除之前添加的任何对象。

（4）"重新创建边界"按钮：围绕选定的图案填充或填充对象创建多段线或面域，并使其与图案填充对象相关联（可选）。

（5）"显示边界对象"按钮：选择构成选定关联图案填充对象的边界的对象。使用显示的夹点可以修改图案填充边界。

（6）"保留边界对象"下拉按钮：指定如何处理图案填充边界对象。其选项如下：

- "不保留边界"选项：不创建独立的图案填充边界对象。
- "保留边界—多段线"选项：创建封闭图案填充对象的多段线。
- "保留边界—面域"选项：创建封闭图案填充对象的面域对象。
- "选择新边界集"选项：指定对象的有限集（称为边界集），以便通过创建图案填充时的拾取点进行计算。

2）"图案"面板

在"图案"面板中，会显示所有预定义和自定义图案的预览图像。

3）"特性"面板

（1）"图案填充类型"文本框：可以指定使用"纯色""渐变色""图案""用户定义"的图案填充类型。

（2）"图案填充颜色"文本框：指定填充实体和填充图案的当前颜色。

（3）"背景色"文本框：指定填充图案背景的颜色。

（4）"图案填充透明度"数值框：设定图案填充透明度，替代当前对象的透明度。

（5）"角度"数值框：设定图案填充角度。

（6）"比例"数值框：设定填充图案比例，以放大或缩小填充图案。

（7）"相对于图样空间缩放填充图案"按钮（仅在布局中可用）：使用该按钮，可以很容易地做到以适合的布局比例显示填充图案。

（8）"双向"按钮（仅当"图案填充类型"设定为"用户定义"时可用）：绘制第二条直线，与原直线成90°，从而构成交叉线。

（9）"ISO 笔宽"下拉按钮（仅对于预定义的

ISO 图案可用）：基于选定的笔宽缩放 ISO 图案。

4）"原点"面板

（1）"设定原点"按钮：直接指定新的图案填充原点。

（2）"左下"按钮：将图案填充原点设定在图案填充边界矩形范围的左下角。

（3）"右下"按钮：将图案填充原点设定在图案填充边界矩形范围的右下角。

（4）"左上"按钮：将图案填充原点设定在图案填充边界矩形范围的左上角。

（5）"右上"按钮：将图案填充原点设定在图案填充边界矩形范围的右上角。

（6）"中心"按钮：将图案填充原点设定在图案填充边界矩形范围的中心。

（7）"使用当前原点"按钮：将图案填充原点设定在 HPORIGIN 系统变量中的默认位置。

（8）"存储为默认原点"按钮：将新图案填充原点的值存储在 HPORIGIN 系统变量中。

5）"选项"面板

（1）"关联"按钮：指定图案或填充为关联图案填充，并在用户修改其边界对象时更新填充的图案或关联图案。

（2）"注释性"按钮：指定填充图案为注释性的。使用该按钮可以自动完成缩放"注释内容"过程，从而使"注释内容"能够以正确的大小在图样上打印或显示。

（3）"特性匹配"下拉按钮。

"使用当前原点"选项：使用选定图案填充对象（除图案填充原点外）设定图案填充的特性。

"使用源图案填充的原点"选项：使用选定图案填充对象（包括图案填充原点）设定图案填充的特性。

（4）"允许的间隙"数值框：设定将对象用于图案填充边界时可以忽略的最大间隙；默认值为 0，即指定对象必须为封闭区域而没有间隙。

（5）"创建独立的图案填充"按钮：控制当指定了几个单独的闭合边界时，是创建单个图案填充对象，还是创建多个图案填充对象。

（6）"孤岛检测"下拉按钮。

- "普通孤岛检测"选项：从外部边界向内

填充。如果遇到内部孤岛，填充将关闭，直到遇到孤岛中的另一个孤岛。

- "外部孤岛检测"选项：从外部边界向内填充。此选项仅填充指定的区域，不会影响内部孤岛。
- "忽略孤岛检测"选项：忽略所有内部的对象，并在填充图案时将通过这些对象。
- "无孤岛检测"选项：填充关闭，以使用传统孤岛检测方法。

（7）"绘图次序"下拉按钮：为图案填充指定绘图次序。其中选项包括"不更改""后置""前置""置于边界之后"和"置于边界之前"。

6）"关闭"面板

"关闭图案填充创建"按钮：退出填充并关闭相关选项卡。也可以按【Enter】键或【Esc】键退出填充。

3. 操作方法

设置图案填充的具体操作方法如下。

Step01：绘制一个矩形和圆，单击"图案填充"命令按钮▧，如下图所示。

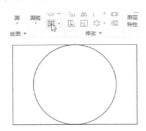

Step02：在要填充的区域内单击，填充效果如下图所示。

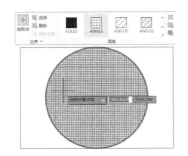

5.4.2 边界图案填充

使用边界图案填充是图案填充最基础、便捷的填充方式。

1. 执行方式

边界图案填充有以下几种执行方式。

- 菜单命令：单击"绘图"菜单，再单击"图案填充"命令。
- 命令按钮：在"绘图"面板中单击"图案填充"按钮▧。
- 快捷命令：在命令行输入"填充"命令 H，按空格键确定。

2. 操作方法

使用边界图案填充的具体操作方法如下。

Step01：绘制一个矩形和圆，输入"填充"命令 H，按空格键确定；单击"选择边界对象"按钮▧，如下图所示。

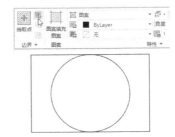

Step02：选择要填充的对象，如矩形，如下图所示。

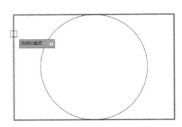

Step03：按空格键确定，即可完成填充，如下图所示。

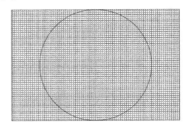

5.4.3 修改图案填充

在使用"图案填充"命令的过程中，如果对当前所填充的图案不满意，可以对图案内容进行修改。具体操作方法如下。

Step01：打开"素材文件\第 5 章 \5-4-3.dwg"，选择填充对象，如下图所示。

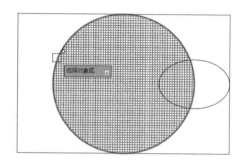

Step02：打开"图案填充编辑器"面板，如下图所示。

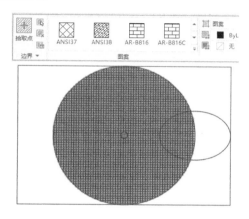

Step03：在该面板中选择新图案填充名称，如"AR-B816C"，更改图案填充内容，如下图所示。

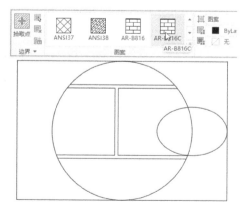

Step04：单击"图案"选项，再单击"图案填充颜色"下拉按钮，然后单击"蓝"选项，则填充图案的颜色显示为蓝色，如下图所示。

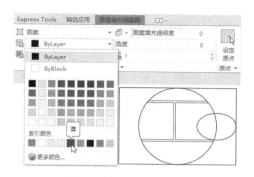

Step05：选择图案填充，设置填充图案比例为"0.3"，填充效果如下图所示。

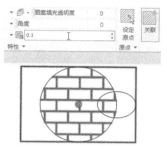

⚡高手点拨•⚬

　　在修改图案填充时，最常修改的就是其比例和角度。其比例在值默认情况下为"1"；在大于 0 小于"1"时所填充的图案更密集，且数值越小，图案越密集；在大于"1"时，填充的图案更稀疏，且数值越大，图案越稀疏。

Step06：设置填充角度为"45"，填充效果如下图所示。

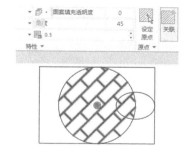

5.4.4 实例：绘制盘件二视图

　　在绘制盘件二视图的过程中，先使用"圆"命令、"阵列"命令绘制出图形的剖视图，再使用"直线"命令、"偏移"命令、"修剪"命令绘制出前视图，并使用"图案填充"命令对图形进行填充，完成本实例的绘制。本实例最终效果如下图所示。

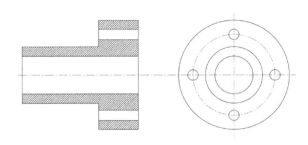

绘制盘件二视图的具体操作方法如下。

Step01: 输入"图层特性管理器"命令 LA，按空格键确定；创建并设置图层，如"中心线"图层、"粗实线"图层，如下图所示。

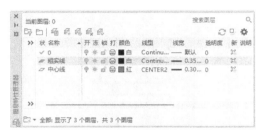

Step02: 选择"中心线"图层，使用"构造线"命令 XL 绘制两条垂直相交的中心线；输入"圆"命令 C，按空格键确定；以交点为圆心绘制半径为"86"的圆，如下图所示。

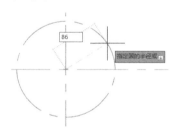

Step03: 绘制半径为"40"的同心圆，如下图所示。

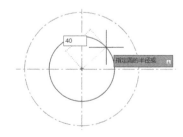

Step04: 绘制半径为"60"的同心圆，如下图所示。

Step05: 绘制半径为"116"的同心圆，如下图所示。

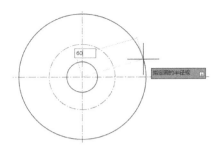

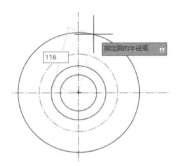

Step06: 以半径为"86"的圆顶部的交点作为圆心，绘制半径为"11"的圆，如下图所示。

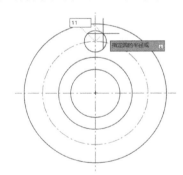

Step07: 激活"环形阵列"命令，选择半径为"11"的圆作为圆心，按空格键确定；单击同心圆的圆心以将其指定为阵列中心点，如下图所示。

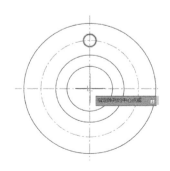

Step08: 设置阵列的项目数为"4"，填充角度为"360"，如下图所示。

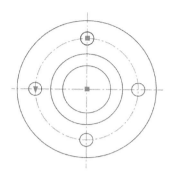

Step09: 使用"直线"命令L，捕捉左视图圆上的象限点，绘制水平辅助线，如下图所示。

Step10: 使用"复制"命令CO，沿各圆的象限点依次复制直线，如下图所示。

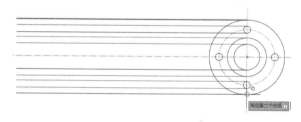

Step11: 捕捉最上方直线上的一点及最下方直线上的垂足，绘制直线，如下图所示。

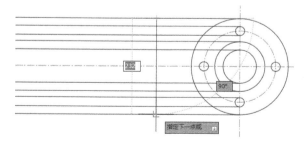

Step12: 使用"偏移"命令O，将垂直线段向左依次偏移"83""161"；输入"修剪"命令TR，按空格键确定；输入"修剪边"子命令T，按空格键确定，如下图所示。

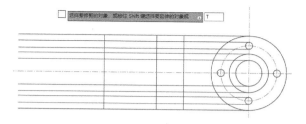

Step13: 选择要修剪的界限边，如下图所示。

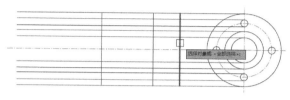

Step14: 按住左键不放在需要删除的部分移动光标以进行选择，至适当位置释放左键，如下图所示。

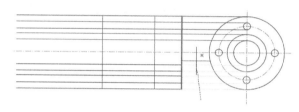

Step15: 按住左键不放在需要删除的部分移动光标以进行选择，至适当位置释放左键；按空格键结束"修剪"命令，如下图所示。

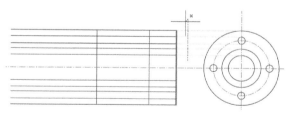

Step16: 按空格键激活"修剪"命令，在需要修剪的对象上依次单击；完成修剪后按空格键结束"修剪"命令，如下图所示。

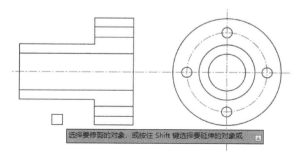

Step17: 输入"填充"命令 H,按空格键确定；选择填充图案，如"ANSI31"，单击"拾取点"按钮▦，如下图所示。

Step18: 在图形中需要填充的区域单击进行填充，如下图所示。

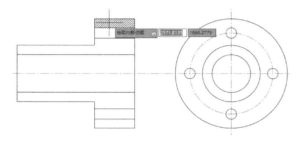

Step19: 依次在图形中需要填充的区域单击进行填充，如下图所示。

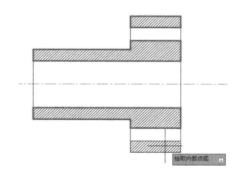

Step20: 完成的效果如下图所示。

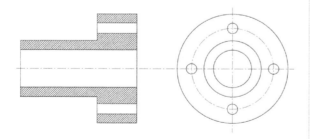

综合演练：更改电子表的显示结果

✖ 演练介绍

本实例首先使用"定义属性"命令创建电子表的日期，再通过属性编辑管理器修改日期

的属性，接着创建电子表的时间，并在时间栏后显示温度，最后完成电子表显示结果的更改。

✖ 操作方法

本实例的具体操作方法如下。

Step01: 打开"素材文件\第5章\电子表.dwg"，单击"块"下拉按钮，再单击"定义属性块"按钮✎，如下图所示。

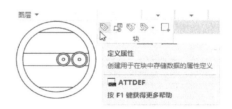

Step02: 打开"属性定义"对话框，设置内容，如输入标记"FR"、输入提示"日期"；单击"插入字段"按钮▤，如下图所示。

Step03: 单击字段名称"创建日期"，再单击样例"十月 21"，然后单击"确定"按钮，如下图所示。

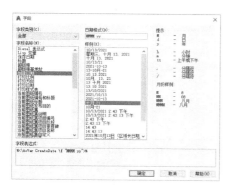

Step04: 输入文字高度，如"20"；单击"确定"按钮，如下图所示。

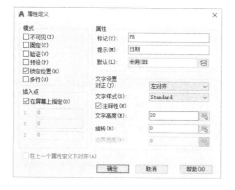

Step05: 单击指定文字放置位置，如下图所示。

Step06: 选择对象，输入"定义块"命令 B，按空格键确定，如下图所示。

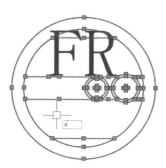

Step07: 打开"块定义"对话框，输入块名称，如"电子表"；单击并指定拾取点，单击"确定"按钮，如下图所示。

Step08: 在日期后输入"十月 21"，再单击"确定"按钮，如下图所示。

Step09: 单击"块"下拉按钮，再单击"块属性管理器"按钮，如下图所示。

Step10: 打开"块属性管理器"对话框，选择块对象，再单击"编辑"按钮，如下图所示。

Step11： 单击"文字选项"选项卡，输入高度，如"7"；单击"确定"按钮，如下图所示。

Step12：输入"定义属性块"命令 ATT，按空格键确定，如下图所示。

Step13：打开"属性定义"对话框，设置内容，如输入标记"时间"、输入提示"时间"、输入文字高度"7"；单击"插入字段"按钮，如下图所示。

Step14：单击字段名称"日期"，再单击样例"14：53"，然后单击"确定"按钮，如下图所示。

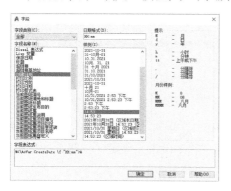

Step15：单击指定位置，如下图所示。

Step16：选择电子表各组成部分，将其定义为块，完成后单击"确定"按钮，如下图所示。

Step17：显示属性内容，单击"确定"按钮，如下图所示。

Step18：完成的效果如下图所示。

新手问答

❓ No.1：如何删除填充图案边界对象？

当已填充图案的对象区域中还有其他封闭边框内的区域未填充时，删除封闭边框就是删除边界。删除边界后原边框内的区域也将填充图案或颜色。删除边界对象的具体操作方法如下。

Step01：打开"素材文件\第5章\技巧1.dwg"，在已经填充的图案上单击，再单击"删除边界对象"按钮🔲，然后选择未填充区域的边框线，如下图所示。

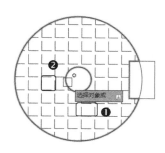

Step02：按空格键结束"删除边界对象"命令，如下图所示。

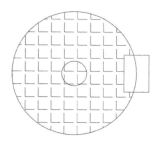

❓ No.2：块的功能和特点是什么？

在绘图时，会重复使用同一个图形对象。使用"块"命令可将这些单独的对象组合在一起，并将其储存在当前图形文件内部，以方便调用，也能对其进行移动、复制、缩放或旋转等操作。

1. 块定义

块是由一个或多个对象的集合组成的。块有自己的属性，如图层、颜色、线型等。组成块的对象集合也有各自的属性，如颜色、图层、线宽、线型等。尽管块总是在当前图层上，但块参照也包含该块中对象的原图层、颜色和线

型特性等信息。可以根据需要，控制块中的对象是保留其原特性还是继承当前的图层、颜色、线型或线宽的设置。

对象集合和块是从属关系，可以这样去理解。

（1）组成块的对象集合。每个对象都有自己独立的图层、颜色、线型、线宽等特性。如果某个对象所在的图层被隐藏或冻结，此对象就不可见，但除此对象外的其他对象均可见，即此块中某个部分不显示。

（2）块。块也有自己的图层、颜色、线型、线宽等特性。如果块所在的图层被隐藏或冻结，块就不可见，且组成块的所有对象均不可见。

2. 块的特点

在 AutoCAD 2022 中，已创建的块可在所属图形文件或其他图形文件中重复使用。其主要功能如下。

（1）便于修改图形。完成块的创建后，可以根据各行业类别的要求对块的某部分做更改，无须再次绘制相同的图形，从而极大地提高了绘图效率。

（2）节省磁盘空间。AutoCAD 2022 要保存图形即是保存图形中的每个对象。每个对象都有其属性，如对象的类型、位置、图层、线型、颜色等。这些信息都需要占用存储空间。如果一个图形文件中包含有大量相同的零散图形对象，就会占用较大的磁盘空间。如果将这些对象建成块，既满足了绘图需求，又可以节省磁盘空间。

（3）方便图形文件管理。在 AutoCAD 2022 中，图形对象都必须要有属性才能存在。所以，一个完整的图形需要很多个图形对象集合而成。这就决定了一个块中有很多个不同图层、不同属性的图形对象。若没有块，要管理这些图形对象就非常困难。当将这些图形对象定义为块后，各图形对象的属性均以块属性为主，从而极大地方便了文件的管理。

（4）可以添加文字属性。许多块还要求有文字信息以进一步解释其用途。AutoCAD 2022 允许用户为块创建这些文字属性，并可在插入

的块中指定是否显示这些属性。

❓ No.3：计算机运行速度慢怎么办？

当图形文件经过多次的修改，特别是插入多个块以后，图形文件占用空间会越变越大。这时，计算机运行的速度会变慢，而图形处理的速度也变慢。此时，可以通过选择"文件"菜单中的"绘图实用程序"→"清除"命令，清除无用的块、字形、图层、标注形式、复线形式等，从而使图形文件占用空间变小。

上机实验

✏【练习1】绘制渐变色填充，完成的效果如下图所示。

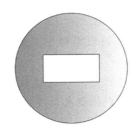

1. 目的要求

本练习在绘制的过程中，要用到"圆"命令，"矩形"命令及"填充"命令。本练习的目的是通过上机实验，帮助读者掌握"填充"命令的用法。

2. 操作提示

（1）绘制圆和矩形。

（2）执行"填充"命令H，选择"渐变色"填充选项。

（3）设置填充颜色。

（4）在需要填充颜色的区域单击，填充渐变色。

✏【练习2】将抱枕创建为块，完成的效果如下图所示。

1. 目的要求

本练习绘制的图形比较简单，主要用到"填充"命令、"创建块"命令。通过本练习，读者将熟悉创建块的操作方法。

2. 操作提示

（1）打开素材文件。

（2）在相应区域填充图案。

（3）选择要创建块的所有对象，并创建为"抱枕"块。

思考与练习

一、填空题

1. 创建块就是将一个或多个对象组合成的图形定义为块的过程。块分为_____两种和_____两种。

2. _____命令可以将指定的块定义另存为一个单独的图形文件。

3. 填充图案是指 AutoCAD 2022 软件自带的 70 多种符合 ANSI、ISO 及其他行业标准的填充图案。这些填充图案分为_____、_____、_____3 种类型。

二、选择题

1. 对于用"块"命令定义的内部块，下面说法正确的是（   ）。

A. 只能在定义它的图形文件内自由调用

B. 只能在另一个图形文件内自由调用

C. 既能在定义它的图形文件内自由调用，又能在另一个图形文件内自由调用

D. 上述两者都不能用

2. 不能用块属性管理器进行修改的是（   ）。

A. 属性文字如何显示

B. 属性的个数

C. 属性所在的图层和属性行的颜色、宽度及类型

D. 属性的可见性

3. 下列关于块的说法正确的是（   ）。

A. 块只能在当前文档中使用

B. 只有用"写块"命令写到盘上的块才可以插入另一个图形文件中

C. 任何一个图形文件都可以作为块插入另一幅图中

D. 用"块"命令定义的块可以直接通过"插入块"命令插入任何图形文件中

4. 实体填充区域不能表示为（　　　）。

A. 图案填充（使用实体填充图案）

B. 三维实体

C. 渐变填充

D. 宽多段线或圆环

5. 块的属性是附属于块的非图形信息，是块的组成部分，是可以包含在块定义中特定的文字对象，而属性由（　　　）组成的。

A. 属性标记名和属性值

B. 插入属性块与普通块

C. 文本信息和图形

D. 用户属性和内部属性

本章小结

本章主要对图块、填充的内容做讲解，并通过对案例的详细讲述，达到对图块创建和编辑、填充图案的熟练运用。本章的内容重在完善和补充绘图效果。在绘图时，运用这些内容，可极大地提高绘图效率和图形辨识度。

✏ 读书笔记

第 6 章　辅助绘图工具的应用

📖 **本章导读**

　　为了提高图形制作和设计效率，并有效地管理整个系统的所有图形设计文件，AutoCAD 2022 在不断地探索和完善过程中，推出了大量的辅助绘图工具，包括工具选项板、查询、设计中心等工具。利用设计中心和工具选项板，用户可以建立自己的个性化图库，也可以利用别人提供的强大资源快速准确地进行图形设计。

📑 **学完本章后应知应会的内容**

- 工具选项板
- 设计中心
- 特性
- 查询
- 打印

6.1 工具选项板

工具选项板是"工具选项板"面板中选项卡形式的区域，提供组织、共享和放置块及填充图案的工具选项。工具选项板也可以自定义工具。

6.1.1 打开工具选项板

工具选项板是将同类的常用命令集合在一起的独立面板区域。使用工具选项板可以方便绘图并且提高绘图效率。

1. 执行方式

在 AutoCAD 2022 中，打开工具选项板有以下几种执行方式。

- 菜单栏：单击菜单栏中的"工具"→"选项板"→"工具选项板"命令。
- 功能面板：单击"视图"选项卡，再单击"选项板"面板中的"工具选项板"按钮。
- 快捷命令：在命令行输入"工具选项板"命令，按空格键确定。
- 快捷键：按下【Ctrl+3】组合键。

2. "工具选项板"面板

执行"工具选项板"命令后，打开"工具选项板"面板，如下图所示。

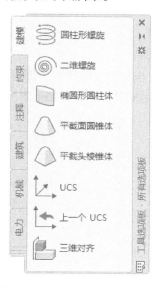

3. 操作方法

打开工具选项板的具体操作方法如下。

Step01：输入"工具选项板"命令 TP，按空格键确定，如下图所示。

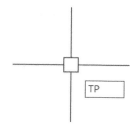

Step02：打开"工具选项板"面板，如下图所示。

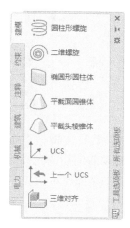

Step03：单击相应的选项卡，如下图所示。

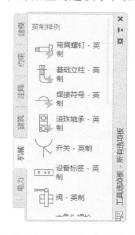

6.1.2 工具选项板的显示控制

工具选项板集合了 AutoCAD 2022 中众多的命令。"工具选项板"面板不能同时显示全部命令，但可以通过控制"工具选项板"面板的显示来显示所需的命令。

1. 窗口显示

可以通过鼠标控制"工具选项板"面板的显示效果，具体操作方法如下。

Step01：在"工具选项板"面板深色边框上，按住左键不放，向外拖动双向箭头光标，即可放大"工具选项板"面板；向内拖动双向箭头光标，即可缩小"工具选项板"面板，如下图所示。

Step02：在"工具选项板"面板角的边缘，按住左键向内拖动双向箭头光标即可缩小"工具选项板"面板，如下图所示。

Step03：向外拖动双向箭头光标即可放大"工具选项板"面板，如下图所示。

Step04：在"工具选项板"面板左下角标题

重叠处单击，再在打开的快捷菜单中单击标题，如下图所示。

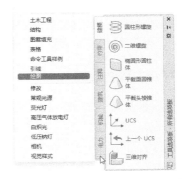

Step05：在"工具选项板"面板中显示该标题下的内容；在"工具选项板"面板标题空白处右击，打开快捷菜单，如下图所示。

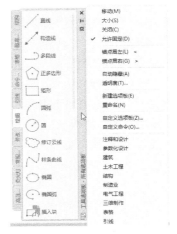

Step06：拖动垂直滚动条，即可查看该标题下未全部显示的其他命令，如下图所示。

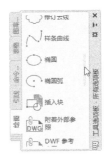

2. 自动隐藏和透明度设置

对"工具选项板"面板也可以进行自动隐藏和透明度设置，具体操作方法如下。

Step01：输入"工具选项板"命令 TP，按空格键确定；❶在"工具选项板"面板标题空白处右击；❷在快捷菜单中单击"自动隐藏"命令，如下图所示。

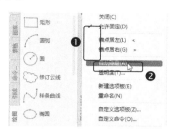

Step02："工具选项板"面板只显示了该面板标题，如下图所示。

Step03: ❶在"工具选项板"面板标题空白处右击；❷在快捷菜单中单击"透明度"命令，如下图所示。

Step04: 在打开的"透明度"对话框中调整透明度，如下图所示。

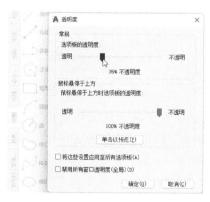

3. 视图控制

对"工具选项板"面板也可以进行视图显示效果的调整，具体操作方法如下。

Step01: ❶在"工具选项板"面板标题空白处右击；❷在快捷菜单中单击"锚点居左"命令，如下图所示。

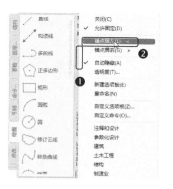

Step02："工具选项板"面板标题会在左侧显示，如下图所示。

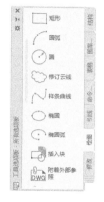

Step03: 在"工具选项板"面板中的垂直滚动条上右击，如下图所示。

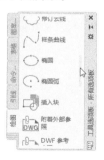

Step04: 在快捷菜单中单击"视图选项"命令，如下图所示。

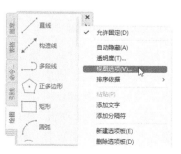

Step05: 打开"视图选项"对话框，如下图所示。

Step06: 单击"仅图标"单选按钮，再单击"确定"按钮，则在"工具选项板"面板中只显示某标题的相应命令的图标，如下图所示。

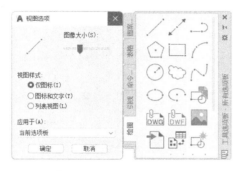

Step07: 在"工具选项板"面板空白处右击，在"视图选项"对话框单击"列表视图"单选按钮，再单击"确定"按钮，则在"工具选项板"面板中会以列表形式显示某标题的相应命令，如下图所示。

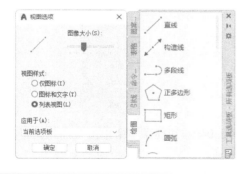

6.1.3　新建工具选项板

在绘图过程中，可以根据实际需要建立新工具选项板，不仅方便作图，也能够满足特殊作图需要。新建工具选项板的具体操作方法如下。

Step01: ❶在"工具选项板"面板标题空白处右击；❷在快捷菜单中单击"新建选项板"命令，如下图所示。

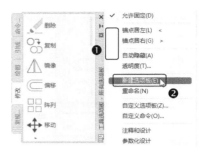

Step02: 创建"新建选项板"标题，再输入名称，如"常用图块"，在"工具选项板"面板空白处单击确认，如下图所示。

Step03: 在"工具选项板"面板空白处右击，在快捷菜单中单击"删除选项板"命令，如下图所示。

Step04: 在"确认选项板删除"对话框中，单击"确定"按钮，即可删除选中的工具选项板，如下图所示。

6.1.4　添加内容到工具选项板

可以将自定义绘图时常用的内容添加到工具选项板。向工具选项板添加内容的具体操作方法如下。

Step01：在"工具选项板"面板空白处右击，在快捷菜单中单击"自定义命令"命令，如下图所示。

Step02：打开"自定义用户界面"对话框，如下图所示。

Step03：选中并拖动其中的"直线"命令到"工具选项板"面板中，如下图所示。

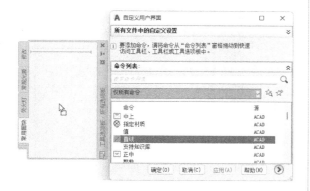

Step04：再选中并拖动的"圆角"命令到"工

具选项板"面板中，如下图所示。

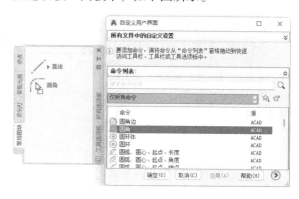

6.2 设计中心

通过设计中心可以轻易地浏览计算机或网络上任何图形文件中的内容，包括块、标注样式、图层、布局、线型、文字样式、外部参照。可以使用设计中心从任意图形中选择块，或从 AutoCAD 图元文件中选择填充图案，再将其置于工具选项板上以方便以后使用。

6.2.1 打开"设计中心"面板

在 AutoCAD 2022 中，要浏览、查找、预览以及插入内容（包括块、填充图案和外部参照），必须先进入"设计中心"面板。

1. 执行方式

打开"设计中心"面板有以下几种执行方式。

- 菜单命令：单击"工具"菜单，再单击"选项板"→"设计中心"命令。
- 命令按钮：单击"视图"选项卡，再在"选项板"面板中单击"设计中心"按钮🔳。
- 快捷命令：在命令行输入打开"设计中心"命令 ADC，按空格键确定。
- 快捷键：按下【Ctrl+2】组合键可以快速打开"设计中心"面板。

2. 命令提示与选项说明

在打开的"设计中心"面板中，顶部是工具栏；单击"文件夹"或"打开的图形"选项卡时，左侧窗格是树状图区域和右侧窗格是内容区域，以管理图形内容，如下图所示。

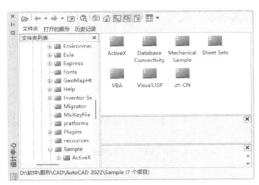

（1）工具栏：单击工具栏上任意一个图形按钮，可以显示相关的内容。

（2）树状图区域：该区域显示了图形源的层次结构，可以打开图形的列表、自定义内容以及上次访问过的位置的历史记录。单击树状图中的文件夹或文件，可以在内容区域中显示其内容。

（3）内容区域：该区域显示树状图中当前选定文件夹或文件的内容，包含设计中心可以访问信息的网络、计算机、磁盘、文件夹、文件或网址。

6.2.2 插入图例库中的块

在 AutoCAD 2022 中，一个文件中所创建的内部块不能直接被另一个文件使用。为了解决这个问题，可以将创建的块加载到"设计中心"内，从而使同一台计算机中，所有 AutoCAD 文件都可以直接使用这些块。

1.选项说明

通过设计中心顶部工具栏中的图形按钮可以显示和访问树状图选项，如果绘图区域需要更多的可操作空间，可隐藏树状图区域。将树状图区域隐藏后，可以使用内容区域浏览图形并加载内容。当树状图区域为历史记录列表时，"树状图切换"按钮不可用。

工具栏中的图形按钮说明如下。

（1）"加载"按钮：向控制板中加载内容。

（2）"上一页"按钮：单击该按钮进入上一次浏览的页面。

（3）"下一页"按钮：在选择进入上一次浏览页面操作后，可以单击该按钮返回到后来浏览的页面。

（4）"上一级目录"按钮：回到上级目录。

（5）"搜索"按钮：搜索文件内容。

（6）"收藏夹"按钮：列出 AutoCAD 的收藏夹。

（7）"主页"按钮：列出本地和网络驱动器。

（8）"树状图切换"按钮：扩展或折叠子层次。

（9）"预览"按钮：预览图形。

（10）"说明"按钮：进行文本说明。

（11）"显示"下拉按钮：控制图标显示形式。按下此按钮可调出4种图标显示形式：大图标、小图标、列表、详细内容。

2.操作方法

插入图例库中的块的具体操作方法如下。

Step01：单击"设计中心"面板顶部的"加载"按钮，如下图所示。

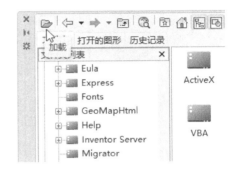

Step02：打开"加载"对话框，单击"查找范围"下拉按钮并指定路径，再选择加载对象，然后单击"打开"按钮，如下图所示。

Step03："设计中心"面板即显示出加载该文件的内容，双击"遥控器"文件，在右上方区域中单击"块"选项；如下图所示。

Step04: 即可显示"块"内的所有块,单击即可选择需要的块,如"台灯",如下图所示。

6.2.3　实例:在露台上插入花盆

　　本实例主要介绍"插入块"命令的具体应用。本实例最终效果如下图所示。

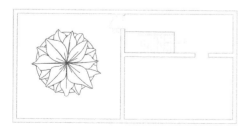

　　具体操作方法如下。

Step01: 打开"素材文件\第6章\露台.dwg",输入"设计中心"命令 ADC,按空格键确定,如下图所示。

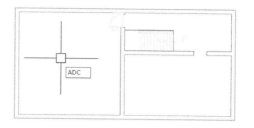

Step02: 打开"设计中心"面板,单击"打开"按钮🖿,如下图所示。

Step03: 打开"加载"对话框,选择查找范围,再选择"花盆",然后单击"打开"按钮,如下图所示。

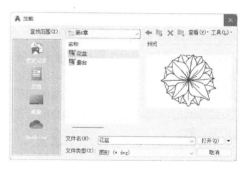

Step04: 在"设计中心"面板中单击"块"选项,如下图所示。

Step05: ❶单击"花盆 1"块;❶单击"确定"

按钮，如下图所示。

Step06：在绘图区相应位置单击指定插入点，如下图所示。

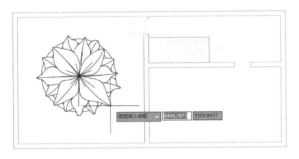

6.3 查询

使用 AutoCAD 2022 提供的查询功能可以对图形的属性进行分析与查询操作，可以直接测量点的坐标、两个对象之间的距离、图形的面积与周长以及线段间的角度等。下面将具体介绍对各种图形的查询功能。

6.3.1 快速查询

快速查询是自 AutoCAD 2021 出现的新增功能。"快速查询"命令主要用于测量由几何对象包围的空间内的面积和周长；在闭合区域内单击，闭合区域会以绿色亮显，并在"命令"窗口和动态工具提示中以当前单位格式显示计算的值。

1. 执行方式

在 AutoCAD 2022 中，"快速查询"命令有以下几种执行方式。

● 菜单命令：单击"工具"菜单，再单击"查询"命令，然后单击"快速"命令。

● 命令按钮：在"实用工具"面板中单击"测量"按钮。

2. 操作方法

使用"快速查询"命令的具体操作方法如下。

Step01：打开"素材文件 \ 第 6 章 \6-3-1.dwg"，选择对象，再指向夹点，然后单击"转换为圆弧"命令，如下图所示。

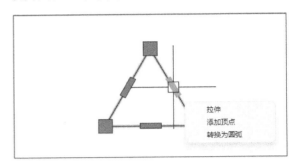

Step02：移动光标，输入圆弧的弧度，如"150"，按空格键确定，如下图所示。

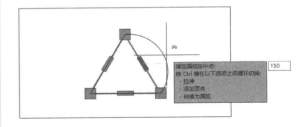

Step03：单击"测量"按钮，再单击"快速"命令按钮，如下图所示。

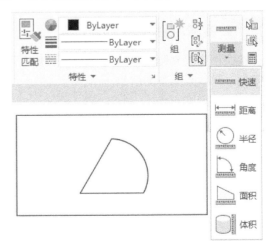

Step04：指向对象，则显示相邻对象的测量数据，如下图所示。

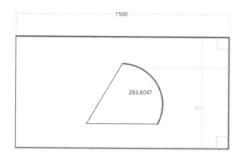

Step05: 指向其他区域，则显示该区域内对象的各项数据，如下图所示。

Step06: 移动光标时，系统自动显示当前区域对象的各项数据，如下图所示。

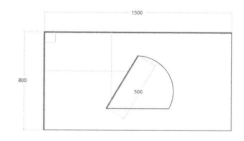

Step07: 在区域内单击，则显示该区域内的面积和周长，如下图所示。

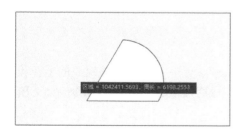

高手点拨·

　　如果按住【Shift】键并单击以选择多个区域，将计算累计面积和周长，以及封闭孤岛的周长。按住【Shift】键并单击也可取消选择区域。要清除选定区域，只要将光标移动一小段距离即可。

6.3.2 距离查询

　　"距离查询"是指测量一个 AutoCAD 图形中两个点之间的距离。在进行距离查询时，如果忽略"Z"轴的坐标值，使用"距离查询"命令计算的距离将是第一点个或第二个点的当前距离。

1. 执行方式

　　在 AutoCAD 2022 中，进行距离查询有以下几种执行方式。

- 菜单命令：单击"工具"菜单，再单击"查询"命令，然后单击"距离"命令。
- 命令按钮：在"实用工具"面板单击"测量"按钮 测量，单击"距离"按钮 ⊢⊣ 距离。
- 快捷命令：在命令行输入"距离查询"命令 DI，按空格键确定。

2. 操作方法

　　进行距离查询的具体操作方法如下。

Step01: 打开"素材文件 \ 第 6 章 \6-3-2.dwg"；❶单击"测量"按钮 测量 ；❷单击"距离"按钮 ⊢⊣ 距离 ，如下图所示。

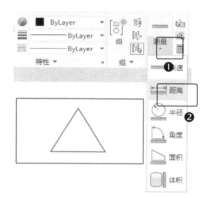

Step02: 单击指定距离第一个点，如下图所示。

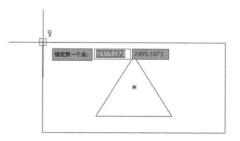

Step03: 单击指定距离第二个点，如下图所示。

第6章　辅助绘图工具的应用

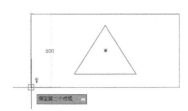

Step04: 程序自动显示测量结果，如下图所示。

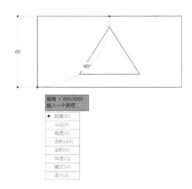

Step05: 按空格键确定，单击指定距离第一个点，如下图所示。

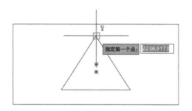

Step06: 单击指定距离第二个点，如下图所示。

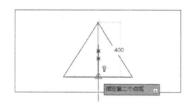

Step07: 程序自动显示测量结果，按下【Esc】键结束命令，如下图所示。

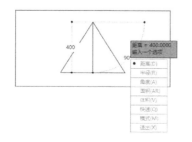

6.3.3 半径查询

在计算机辅助制图中，需要查询对象半径以便了解对象的情况并对当前图形进行调整。

1. 执行方式

在 AutoCAD 2022 中，进行半径查询有以下几种执行方式。

- 菜单命令：单击"工具"菜单，再单击"查询"命令，然后单击"半径"命令。
- 命令按钮：单击"测量"下拉按钮 测量，单击"半径"按钮 半径。
- 快捷命令：在命令行输入"查询"命令 MEA，按空格键确定；输入"半径"子命令 R，按空格键确定。

2. 操作方法

进行半径查询的具体操作方法如下。

Step01: 绘制一个圆，单击"测量"按钮 测量，再单击"半径"按钮 半径，然后选择对象，如下图所示。

Step02: 程序自动显示该对象的半径和直径，测量完成后按【Esc】键结束命令，如下图所示。

6.3.4 角度查询

角度查询主要是指测量选定对象或点序列的角度。

1. 执行方式

在 AutoCAD 2022 中，进行角度查询有以下几种执行方式。

- 菜单命令：单击"工具"菜单，再单击"查询"命令，然后单击"角度"命令。
- 命令按钮：单击"测量"下拉按钮，单击"角度"按钮。
- 快捷命令：在命令行输入"查询"命令 MEA，按空格键确定；输入"角度"子命令 A，按空格键确定。

2. 操作方法

进行角度查询的具体操作方法如下。

Step01: 绘制一个六边形，单击"测量"按钮，再单击"角度"按钮，然后选择第一条直线，如下图所示。

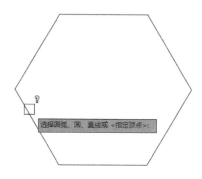

Step02: 选择第二条直线，如下图所示。

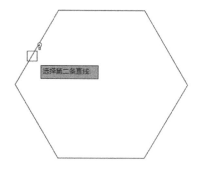

Step03: 即可显示角度，如下图所示。

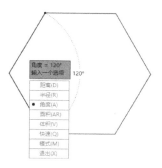

Step04: 按空格键确定，再选择要测量的第一条直线，如下图所示。

Step05: 选择要测量的第二条直线，如下图所示。

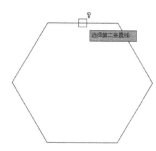

Step06: 即可显示角度，测量完成后按【Esc】键结束命令，如下图所示。

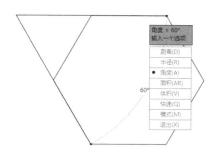

6.3.5 面积和周长查询

在 AutoCAD 2022 中，可以使用"面积查询"

命令将图形的面积和周长测量出来。在使用此命令测量区域面积和周长时，需要依次指定构成区域的角点。

1. 执行方式

在 AutoCAD 2022 中，进行面积和周长查询有以下几种方式。

- 菜单命令：单击"工具"菜单，再单击"查询"命令，然后单击"面积"命令。
- 命令按钮：单击"测量"下拉按钮 测量，单击"面积"按钮 面积。
- 快捷命令：在命令行输入"面积查询"命令 AA，按空格键确定。

2. 操作方法

进行面积和周长查询的具体操作方法如下。

Step01：打开"素材文件 \ 第 6 章 \6-3-5.dwg"；单击"测量"按钮 测量；单击"面积"按钮 面积；单击指定构成区域的第一个角点，如下图所示。

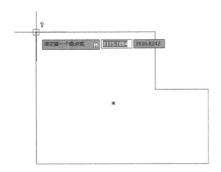

Step02：单击指定构成区域的第二个角点，如下图所示。

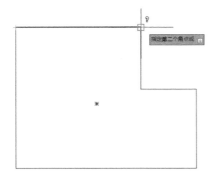

Step03：单击指定构成区域的下一个角点，如下图所示。

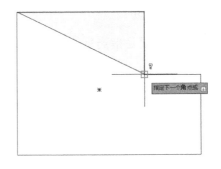

Step04：依次单击指定构成区域的下一个角点，如下图所示。

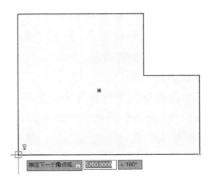

Step05：再次单击起点，如下图所示。

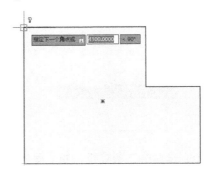

Step06：按空格键确定，即在命令栏显示指定区域的面积和周长，如下图所示。

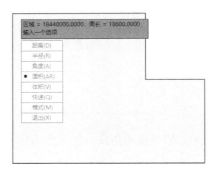

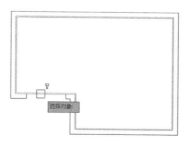

Step04: 按空格键打开"AutoCAD 文本窗口"面板，显示所选对象的信息，如下图所示。

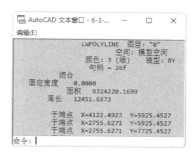

※·高手点拨·◦

　　"面积查询"和"列表"命令都可以查询并显示当前对象的面积和周长。"面积查询"命令是根据所指定的角点来确定区域并计算此区域的面积和周长；"列表"命令针对封闭对象才能显示此对象区域的面积和周长的。在完成"列表"命令得到相关数据后，要将作为辅助线存在的多段线删除。

6.4 打印

　　图形绘制完成后通常要打印到图纸上，同时也可以生成一份电子图样，以便从互联网上进行访问。

　　打印的图形可以包含图形的单一视图，或者更为复杂的视图排列及内容。根据不同的需要，可以打印一个或多个视图，或设置选项以决定打印的内容和图像在图纸上的布局。正确设置打印参数对于确保最后打印出来的结果能够正确、规范，有着非常重要的作用。

6.4.1 设置打印设备

　　为了获得更良好的打印效果，在打印图样之前，应该先对打印设备进行相关设置，即选择打印机。设置打印设备的具体操作方法如下。

　　Step01: 单击"应用程序"下拉按钮 **A·**，再

※·高手点拨·◦

　　在使用"面积查询"命令时，也会显示周长数值。使用"面积查询"命令可以将用户指定的绿色区域中的面积和周长显示出来，所以对象必须要封闭。

6.3.6 "列表"命令

　　"列表"命令主要用于将当前所选择对象的各种信息用文本窗口的方式显示出来以供用户查阅。

1. 执行方式

　　在 AutoCAD 2022 中，"列表"命令有以下几种执行方式。

- 菜单命令：单击"工具"菜单，再单击"查询"命令，然后单击"列表"命令。
- 快捷命令：在命令行输入"列表"命令 LI，按空格键确定。

2. 操作方法

　　使用"列表查询"命令的具体操作方法如下。

　　Step01: 打开"素材文件 \ 第 6 章 \6-3-5.dwg"，使用"多段线"命令 PL 沿对象内侧边缘绘制一条封闭的线条，如下图所示。

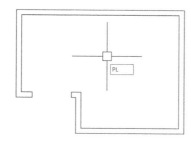

　　Step02: 输入"列表"命令 LI，按空格键确定，如下图所示。

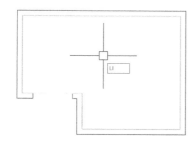

　　Step03: 选择多段线以将其指定为所选对象，如下图所示。

单击"打印"→"打印"命令，如下图所示。

Step02：打开"打印－模型"对话框，在"打印机／绘图仪"区域内单击"名称"下拉按钮，选择所需要并且安装的打印机选项，如下图所示。

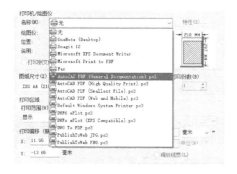

Step03：之后，打开"打印－未找到图纸尺寸"对话框，选择希望使用的图纸尺寸，如下图所示。

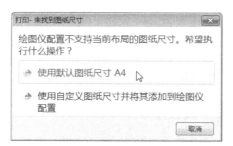

Step04：单击"特性"按钮，打开"绘图仪配置编辑器"对话框，完成相应设置，然后单击"确定"按钮，如下图所示。

新手注意

在 AutoCAD 2022 中进行打印设置时，只有选择了可用的打印设备之后，"特性"按钮才能使用；没有选择打印设备之前，此按钮呈灰色显示。

6.4.2 设置图纸尺寸

在打印图样的过程中会根据打印机和纸张的情况判断当前应该设置的图纸尺寸。在"图纸尺寸"下拉列表中，会显示所选打印设备可用的标准图纸尺寸。设置打印图纸尺寸的具体操作方法如下。

Step01：在"打印－模型"对话框中单击"图纸尺寸"下拉按钮，如下图所示。

Step02：在打开的下拉菜单中，选择相应选项，在右侧的预览框中则显示尺寸效果，如下图所示。

6.4.3 设置打印区域和方向

AutoCAD 2022 文件的绘图界限没有限制，所以在打印前必须设置图形的打印区域和方向，以便于更准确地打印图形。设置打印区域和方向的具体操作方法如下。

Step01: 在"打印范围"下拉列表中,选择"显示"选项,如下图所示。

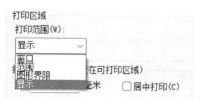

Step02: 单击更多选项按钮⊙,在"图形方向"选区中设置图形的打印方向,包括"横向""纵向""上下颠倒打印",如下图所示。

6.4.4 设置打印比例

要想在一张图纸上得到一幅完整的图形,必须恰当地规划图形的布局,合适地安排图纸规格和尺寸,再设置相应的打印比例。通常情况下,绘图比例为 1 : 1;而在打印输出图形时则需要根据图纸尺寸确定打印比例。具体操作方法如下。

Step01: 系统默认的是"布满图纸",即程序自动调整缩放比例使所绘制的图形充满图纸,如下图所示。

新手注意

单击勾选"布满图纸"复选框后,无法进行打印比例的设置,只能取消对该复选框的勾选后,才可以设置打印比例。

Step02: 再单击"布满图纸"复选框,取消对其的勾选,然后单击"比例"下拉按钮,并在打开的下拉列表中选择需要的相应比例,如下图所示。

新手注意

在"打印比例"区中,可以设置图形的打印比例。打印比例是将图形按照一定的数值进行放大或缩小,且不改变图形的形状,而只改变了图形在图纸上的大小。

设置合适的打印比例,可在出图时使图形更完整地显示出来。设置打印比例的方法有绘图比例和出图比例两种。

- 绘图比例:是指在 AutoCAD 绘制图形过程中所采用的比例。如果在绘图过程中用 1 个单位图形长度代表 500 个单位的实际长度,绘图比例则为 1 : 500。

- 出图比例:是指出图时图纸上单位尺寸与实际绘图尺寸之间的比值。例如,绘图比例为 1 : 1000,而出图比例为 1 : 1,则图纸上 1 个单位长度代表 1000 个单位的实际长度;若绘图比例为 1 : 1,而出图比例为 1000 : 1,则图纸上 1 个单位长度仍然代表 0.001 个单位的实际长度。大比例的出图尺寸,一般在将大型机械设计图形打印到小图纸时才用得着。

新手注意

设置图形比例时可以在"比例"下拉列表中选择标准比例值,或者选择"自定义"选项对应的两个数值框中设置的打印比例。

6.4.5 设置打印样式表

AutoCAD 2022 将按照当前的页面设置、打印设备设置以及打印样式表等,在屏幕上显示打印效果。如果不满意预览的打印效果,可以重新进行打印设置。设置打印样式表具体操作方法如下。

Step01: 单击"打印样式表"下拉按钮,选择"acad.ctb"选项，如下图所示。

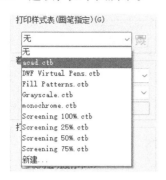

Step02: 打开"问题"对话框，单击"是"按钮，则此样式表将应用于所有布局中；单击"否"按钮，则此样式表只应用于当前图纸中，如下图所示。

Step03: 单击"打印样式表"下拉按钮，选择"新建"选项，如下图所示。

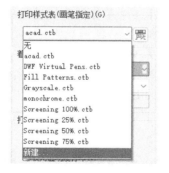

Step04: 单击"创建新打印样式表"单选按钮，再单击"下一页"按钮，如下图所示。

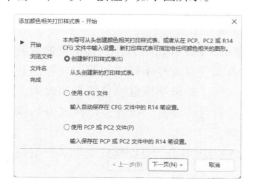

Step05: 在"文件名"文本框中输入新打印样式表的名称，如"YSL"，单击"下一页"按钮，如下图所示。

Step06: 单击"完成"按钮，如下图所示。

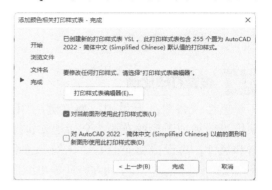

Step07: 单击"编辑"按钮，打开"打印样式表编辑器"对话框，如下图所示。

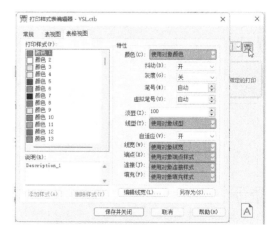

Step08: 根据需要设置打印样式的相关参数，例如，设置"颜色 1"线宽为"0.2"、"颜色 3"线宽为"0.25"、"颜色 4"线宽为"0.3"、"颜色 6"线宽为"0.35"；设置完成后单击"保存并关闭"按钮，如下图所示。

综合演练：创建二居室平面布置图

演练介绍

此实例主要创建二居室的平面布置图，并将本章学习的内容做巩固和补充，而且会大量运用到复制、粘贴块等命令。

原始平面布置图 1:100

操作方法

本实例的具体操作方法如下。

Step01：打开"素材文件\第6章\二居室平面图 .dwg"，如下图所示。

原始平面图 1:100

Step02：打开"素材文件\第6章\图库 .dwg"，如下图所示。

Step03：在"图库"文件中选择"沙发"块；按下【Ctrl+C】组合键复制"沙发"块；在"二居室平面布置图"文件中按下【Ctrl+V】组合键粘贴"沙发"块，并单击指定粘贴位置；使用"移动"命令 M 将"沙发"块移动到适当位置，如下图所示。

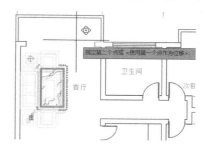

Step04：在"图库"文件中选择"餐桌"块；按下【Ctrl+C】组合键复制"餐桌"块，如下图所示。

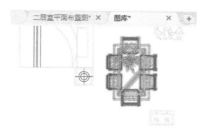

Step05：选择"二居室平面布置图"文件；按下【Ctrl+V】组合键粘贴"餐桌"块，并单击指定粘贴位置，如下图所示。

Step06：选择并复制"图库"文件中的"洗

菜盆"块、"燃气灶"块、"冰箱"块,再粘贴到"二居室平面布置图"文件中,并单击指定到适当位置,如下图所示。

Step07: 选择"图库"文件中的相应块,再将其复制、粘贴到卫生间,并指定到相应位置,如下图所示。

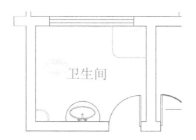

Step08: 选择"图库"文件中的相应块,再将其复制、粘贴到卧室,并指定到相应位置,如下图所示。

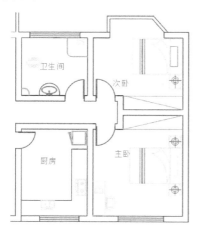

Step09: 选择"图库"文件中的相应块,再将其复制、粘贴到阳台,并指定到相应位置,如下图所示。

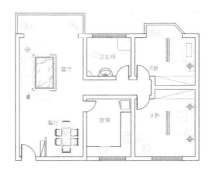

Step10: 双击该文件名称,将其名称修改为"原始平面布置图 1 : 100",如下图所示。

原始平面布置图　1:100

新手问答

② No.1：设计中心的操作技巧是什么？

通过设计中心,用户可以组织对图形、块、填充图案和其他图形内容的访问,可以将源图形中的任何内容拖动到当前图形中,也可以将图形、块和填充图案拖动到工具选项板上。源图形可以位于用户的计算机上、网络上。另外,如果打开了多个图形,则可以通过设计中心在图形之间复制和粘贴其他内容（如图层定义、布局和文字样式）来简化绘图过程。

② No.2：质量属性查询方法是什么？

AutoCAD 2022 提供点坐标、距离、面积的查询,从而给图形的分析带来了很大的方便,但是在实际工作中,有时还要查询实体质量属性。AutoCAD 2022 提供实体质量属性查询,从而可以方便查询实体的惯性矩、面积矩、实体的质心等属性。需要注意的是,对于曲线、多段线构造的闭合区域,应先用 Region 命令将闭合区域面域化,再执行质量属性查询,才可查询实体的惯性矩、面积矩、实体的质心等属性。

❓ No.3：怎样测量某个图元的长度？

方法一：用测量单位比例值为 1 的线性标注或对齐标注测量某个图元的长度。

方法二：用 Dist 命令测量某个图元的长度。

❓ No.4：为什么打印出的图形效果差？

这种情况大多与打印机或绘图仪的配置、驱动程序以及操作系统有关。通常从以下几点考虑，就可以解决此问题。

（1）检查在配置打印机或绘图仪时，误差抖动开关是否关闭。

（2）检查打印机或绘图仪的驱动程序是否正确、是否需要升级。

（3）如果把 AutoCAD 配置成以系统打印机方式输出，换用 AutoCAD 为各类打印机和绘图仪提供的 ADI 驱动程序重新配置 AutoCAD 打印机，是不是可以解决问题。

（4）对不同型号的打印机或绘图仪，AutoCAD 2022 都提供了相应的命令，可以进一步详细配置。

例如，对支持 HPGL/2 语言的绘图仪系列，可使用命令"Hpconfig"。

（5）在"AutoCAD 2022 Plot"对话框中，设置笔号与颜色和线型以及笔宽的对应关系，为不同的颜色指定相同的笔号（最好同为 1），但这一笔号所对应的线型和笔宽可以不同。某些喷墨打印机只能支持 1~16 的笔号，如果笔号太大则无法打印。

（6）笔宽的设置是否太大，比如大于 1。

（7）操作系统如果是 Windows NT，可能需要更新的 NT 补丁包（Service Pack）。

❓ No.5：显示的图形为什么不能打印？

如果图形绘制在 AutoCAD 2022 自动产生的图层（Defpoints、Ashade 等）上，就会出现这种情况。因此，应避免在这些层上绘制实体。

另外还可能是在图层特性管理器中关闭了打印，若是这种情况，只需重新开启该层的打印即可。

思考与练习

一、填空题

1. 打开工具选项板的快捷键是_____。

2. 在 AutoCAD 2022 中，要浏览、查找、预览以及插入内容（包括块、填充图案和外部参照）。必须先进入_____面板。

3. 使用 AutoCAD 2022 提供的_____可以对图形的属性进行分析与查询操作。

二、选择题

1. 在"设计中心"面板的树状图区域中选择一个图形文件，下列（　　）不是"设计中心"面板中列出的项目。

    A. 标注样式　　　　　　B. 外部参照

    C. 打印样式　　　　　　D. 布局

2. 在模型空间如果有多个图形，只要打印其中一张，最简单的方法是（　　）。

    A. 在"打印范围"下拉列表选择"显示"选项

    B. 在"打印范围"下拉列表选择"图形界线"选项

    C. 在"打印范围"下拉列表选择"窗口"选项

    D. 在"打印选项"下拉列表选择"后台打印"选项

3. 不能使用（　　）方法自定义工具选项板的工具。

    A. 将图形、块、填充图案和标注样式从设计中心拖至工具选项板

    B. 使用"自定义"对话框将命令拖至工具选项板

    C. 使用"自定义用户界面"编辑器，将命令从"命令列表"窗格拖至工具选项板

    D. 将标注对象拖动到工具选项板

4. 如果从模型空间打印一张图样，打印比例为 1：2，那么想在图样上得到 5mm 高度的字体，应在图形中设置的字高为（　　）。

    A. 5mm　　　　　　　　B.10mm

    C.2.5mm　　　　　　　D.2mm

本章小结

本章主要是对辅助绘图工具的应用进行了讲解，包括打开工具选项板、设计中心、查询、打印等内容。这些内容是学习 AutoCAD 2022 软件必须掌握的基础知识。通过运用这些辅助绘图工具可以极大提高绘图速度。

第 7 章　文字与表格

📖 **本章导读**

　　在计算机辅助设计制图中，常常需要对图形进行文字说明。在工程图中，结构、技术要求也通常需要用文字进行标注说明，如机械的加工要求、零部件名称，以及建筑结构的说明、建筑体的空间标注、室内装潢的材料说明等。AutoCAD 2022 从文字样式、文字输入到编辑、修改属性等方面，提供了一系列的文字标注命令。

📋 **学完本章后应知应会的内容**

- 文字样式
- 文字标注
- 表格的创建与编辑

7.1 文字样式

　　AutoCAD 2022 的文字拥有相应的文字样式。文字样式是用来控制文字外观的一组设置。当输入文字对象时，AutoCAD 2022 将使用默认的文字样式。用户可以使用 AutoCAD 2022 默认的文字样式，也可以修改已有的文字样式或定义自己需要的文字样式。

　　在 AutoCAD 2022 中进行文字标注时，可以先设置字型或字体。字体是文字所具有的固有形状，由若干个单词组成的描述库。字型是具有字体、文字的大小、文字倾斜度、文字方向等特性的文字样式。

7.1.1 进入文字样式

　　在使用 AutoCAD 2022 绘图时，所有的文字标注都需要定义文字样式，即需要预先设定文字字型；只有在设置文字字型之后才能决定在标注文字时使用的字体、文字大小、文字倾斜度、文字方向等特性。

1. 执行方式

　　在 AutoCAD 2022 中，"文字样式"命令有以下几种执行方式。

- 菜单命令：单击"格式"菜单，再单击"文字样式"命令。
- 命令按钮：单击"文字"面板右侧的"文字样式"对话框启动器按钮 。
- 快捷命令：在命令行输入"文字样式"命令 ST，按空格键确定。

2. "文字样式"对话框及其说明

　　执行"文字样式"命令后，打开"文字样式"对话框，如下图所示。

　　"文字样式"对话框的说明如下。

　　（1）"样式"列表框：列出所有已设定的文字样式名或对已有文字样式名进行的相关操作。单击"新建"按钮，打开"新建文字样式"对话框；在该对话框中可以为新建的文字样式输入名称。从"样式"列表框中选中要改名的文字样式并右击，在打开的快捷菜单中单击"重命名"命令，为所选文字样式输入新的名称。

　　（2）"字体"区：用于确定字体及字体样式。在 AutoCAD 2022 中，除了固有的 SHX 字体外，还有 TrueType 字体（如宋体、楷体、italley 等）。一种字体可以被设置成不同的效果，从而被多种文字样式使用。

　　（3）"大小"区：用于确定文字样式使用文字高度（简称字高）。当创建文字时，如果在"高度"文本框中输入固定字高，那么在用 TEXT 命令输入文字时，系统不再提示输入字高参数；如果在此文本框中输入的字高为 0，则系统会在每次创建文字时提示输入字高。如果不想固定字高，就可以把"高度"文本框中的数值设置为 0。

　　（4）"效果"区。

- "颠倒"复选框：勾选此复选框，表示将标注的文字倒置。
- "反向"复选框：勾选此复选框，表示将标注的文字反向。
- "垂直"复选框：勾选此复选框，表示将文字垂直标注。系统默认将文字水平标注。
- "宽度因子"文本框：用于确定标注文字的宽度与高度的比值（简称宽高比）。当此宽高比小于 1 时，标注的文字会变窄，反之会变宽。
- "倾斜角度"文本框：用于确定文字的倾斜角度。当倾斜角度为 0 时，标注的文字不倾斜；当倾斜角度为正数时，标注的文字向右倾斜；当倾斜角度为负数时，标注的文字向左倾斜。

　　（5）"应用"按钮：用于确认对文字样式的设置。当创建新的文字样式或对现有文字样式的某些特性进行修改后，都需要单击此按钮，系统才会确认所做的操作。

3. 操作方法

打开"文字样式"对话框的具体操作方法如下。

Step01：单击"注释"选项卡，单击"文字样式"对话框启动器按钮，如下图所示。

Step02：打开"文字样式"对话框，如下图所示。

> **新手注意**
>
> 在 AutoCAD 2022 中创建文字时，图形中的所有文字对象都具有与之相关联的文字样式。当输入文字时，系统将使用当前文字样式。系统默认的当前文字样式为"Standard"。当前文字样式用于设定字体、字号、倾斜角度、方向和其他文字特性。要使用其他文字样式来创建文字，可以将其他文字样式设置为当前文字样式。

7.1.2 创建文字样式

在 AutoCAD 2022 中，除了系统自带的文字样式外，还可以在"文字样式"对话框中创建新的文字样式。具体操作方法如下。

Step01：输入"文字样式"命令 ST，按空格键确定，打开"文字样式"对话框；单击"新建"按钮，打开"新建文字样式"对话框，如下图所示。

Step02：输入新建文字样式名称，如"机械标注"；单击"确定"按钮，如下图所示。

Step03：选择文字样式；单击"置为当前"按钮，将所选文字样式设置为当前文字样式，如下图所示。

Step04：选择"机械标注"样式；单击"删除"按钮；单击"确定"按钮，即可删除所选文字样式，如下图所示。

7.1.3 修改文字样式

在实际使用 AutoCAD 绘图时，常常根据需要修改文字样式，如文字样式的字体、大小、效果等。具体操作方法如下。

Step01: ❶新建"机械标注"文字样式，单击"字体名"下拉按钮；❷选择字体，如"仿宋 GB2312"，如下图所示。

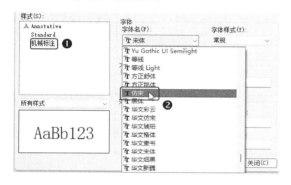

Step02: 在"大小"选区的"高度"文本框内输入数值，如"100"，如下图所示。

Step03: 单击勾选"颠倒"复选框，预览栏内则会显示文字颠倒效果，如下图所示。

Step04: 单击勾选"效果"选区的"反向"复选框，左侧预览栏内则会显示文字的反向效果，如下图所示。

Step05: 在"效果"选区的"倾斜角度"文本框内输入数值，如"45"，如下图所示。

7.2 文字标注

在 AutoCAD 2022 中，通常可以创建两种类型的文字：一种是单行文字；另一种是多行文字。单行文字主要用于制作无须使用多种字体的简短文字内容；多行文字主要用于制作一些复杂的说明性文字。

7.2.1 创建单行文字

单行文字是单个字符、单词或一个完整的句子；可以对单行文字进行字体、大小、倾斜、镜像、对齐和文字间隔调整等设置。

1. 执行方式

创建单行文字有以下几种执行方式。

- 菜单命令：单击"绘图"菜单，再单击"文字"命令，然后单击"单行文字"命令。
- 命令按钮：在"注释"面板中单击"文字"下拉按钮，再单击"单行文字"按钮 A 单行文字。
- 快捷命令：在命令行输入"单行文字"命令 DT，按空格键确定。

2. 操作方法

创建单行文字的具体操作方法如下。

Step01: 在命令行输入"单行文字"命令

第7章 文字与表格

DT，按空格键确定；单击指定文字的起点，如下图所示。

Step02：输入文字高度，如"100"，按空格键确定，如下图所示。

Step03：输入文字的旋转角度，若正常显示，即输入数值"0"，按空格键确定，如下图所示。

Step04：输入文字内容，如"面积周长"，如下图所示。

面积周长

Step05：按空格键即可换行，如下图所示。

面积周长

Step06：输入文字内容，如"一层平面布置图"，如下图所示。

Step07：按空格键两次结束"单行文字"命令，如下图所示。

面积周长
一层平面布置图

Step08：单击所创建的文字内容，如下图所示。

面积周长
一层平面布置图

※ 高手点拨 ◆

激活"单行文字"命令，输入文字内容后按【Enter】键可以自动换行；若不再继续创建文字，再次按【Enter】键可终止"单行文字"命令；若需要继续创建内容，直接输入文字即可，完成后按【Enter】键两次终止"单行文字"命令，所创建的文字每一行都是一个独立的文本对象。

7.2.2　编辑单行文字

对于编辑已经创建完成的单行文字，可以使用菜单命令、DDE 或 PR 命令进行相关操作。

1. 执行方式

在 AutoCAD 2022 中，编辑单行文字有以下几种执行方式。

- 菜单命令：单击"修改"菜单，再单击"对象"→"文字"→"编辑"命令。
- 快捷操作：在需要编辑文字的对象上双击，再使用"特性"命令 PR。
- 快捷命令：在命令行输入"编辑单行文字"命令 DDE，按空格键确定。

2. 操作方法

编辑单行文字的具体操作方法如下。

Step01：创建单行文字，在需要更改内容的文字对象上双击，如下图所示。

Step02: 输入文字内容，按空格键两次结束输入；输入"特性"命令 PR，按空格键确定，打开"特性"面板，如下图所示。

Step03: 选择文字对象，将垂直滚动条向下拖动，如下图所示。

Step04: 在"高度"数值框中设定文字高度，再单击此数值框后的"计算器"按钮 ，打开"快速计算机器"面板，如下图所示。

Step05: 在"旋转"数值框中输入角度，如

"90"，按空格键确定，如下图所示。

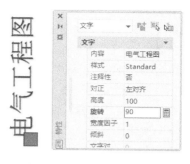

Step06: 在"宽度因子"数值框中输入"3"，按空格键确定，如下图所示。

Step07: 在"倾斜"数值框中输入角度，如"45"，按空格键确定；完成后按【Esc】键退出，如下图所示。

◎·高手点拨·◎

DDE 和 PR 不仅可以对单行文字进行相关编辑，同样也可以对多行文字进行编辑。

7.2.3　创建多行文字

在 AutoCAD 2022 中，多行文字由沿垂直方向任意数目的文字行或段落构成；可以指定文字行或段落的水平宽度；可以对多行文字进行移

动、旋转、删除、复制、镜像或缩放操作。

1. 执行方式

在 AutoCAD 2022 中，创建多行文字有以下几种执行方式。

- 菜单命令：单击"绘图"菜单，再单击"文字"→"多行文字"命令。
- 命令按钮：在"注释"面板中单击"多行文字"按钮 A 多行文字。
- 快捷命令：在命令行输入创建"多行文字"命令 MT，按空格键确定。

2. 操作方法

创建多行文字的具体操作方法如下。

Step01：单击"注释"选项卡，单击"多行文字"按钮 A，如下图所示。

Step02：在绘图区空白处单击指定第一个角点，如下图所示。

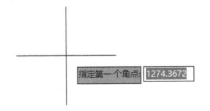

Step03：在适当位置单击指定对角点，如下图所示。

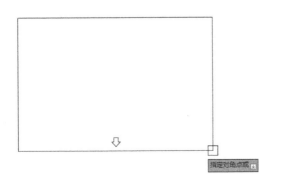

Step04：在打开的文本框内输入文字，如"说明："，如下图所示。

Step05：按空格键换行，输入下一行文字，如"1、按现场实际尺寸为准；"，如下图所示。

说明：
1、按现场实际尺寸为准；

☆新手注意
当一行文字太长而显示不便时，可通过拖动鼠标缩小绘图区，再向右拖动标尺右侧图标至适当位置。

Step06：按空格键换行，输入文字内容；完成后在空白处单击，如下图所示。

说明：
1、按现场实际尺寸为准；
2、单位为毫米（mm）。

Step07：单击所创建的多行文字，如下图所示。

说明：
1、按现场实际尺寸为准；
2、单位为毫米（mm）。

7.2.4 设置多行文字格式

多行文字创建成功后，可以对其进行相关格式设置。设置多行文字格式的方法与编辑单行文字的方法相同。设置多行文字格式的具体操作方法如下。

Step01: 打开"素材文件/第7章/7-2-4.dwg",双击需要编辑的多行文字,如下图所示。

说明:
1、按现场实际尺寸为准;
2、单位为毫米（mm）。

Step02: 打开文本框,将光标移动至文本框右边框处按住左键不放,如下图所示。

Step03: 向左拖动标尺右侧图标至适当位置,释放左键,如下图所示。

Step04: 修改文本内容;完成后在文本框外的空白处单击;单击"注释"选项卡;❶单击"文字"下拉按钮;❷单击"缩放"命令按钮,如下图所示。

说明:
1、按现场实际尺寸为准;
2、单位为mm（毫米）。

Step05: 选择需要缩放的对象,如下图所示。

说明:
1、按现场实际尺寸为准;
2、单位为mm（毫米）。

Step06: 按空格键确定;输入缩放的基点选项,如"居中（C）",按空格键确定,如下图所示。

说明:
1、按现场实际尺寸为准;
2、单位为mm（毫米）。

Step07: 输入"比例因子"子命令S,按空格键确定,如下图所示。

说明:
1、按现场实际尺寸为准;
2、单位为mm（毫米）。

Step08: 输入缩放比例,如"0.5",按空格键确定,如下图所示。

说明:
1、按现场实际尺寸为准;
2、单位为mm（毫米）。

Step09: 双击选择对象,打开"文字编辑器"面板;选择需要设置文字格式的内容;使文字加粗即单击"加粗"按钮 B;使文字倾斜即单击"倾斜"按钮 I,如下图所示。

Step10: 选择需要设置文字格式的内容，单击"下画线"按钮 U，如下图所示。

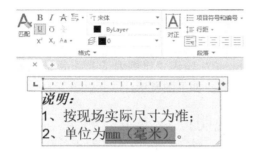

⚙ 高手点拨 ⚙

在修改对象文本中，除了"编辑"和"比例"命令外，还有"对正"命令；对正是指文本对象自身的对正方式；使用 JUSTIFYTEXT 命令可以重定义文字的插入点而不移动文字。

Step11: 选择需要设置文字格式的内容；单击"行距"下拉按钮，再单击"2.0x"选项；设置完成后在文本框外的空白处单击，如下图所示。

7.2.5 插入特殊符号

在文字标注的过程中，有时需要输入一些控制码和专用字符。AutoCAD 2022 便根据用户的需要提供了一些特殊字符的输入方式，如下表所示。

特殊字符	输入方式	说　明
~	%%p	正负符号
‾	%%o	上画线
_	%%u	下画线
∅	%%c	直径符号
°	%%d	度

插入特殊符号的具体操作方法如下。

Step01: 输入"多行文字"命令 MT，按空格键确定；单击指定文本框起点，输入"高度"子命令 H，按空格键确定，如下图所示。

Step02: 输入高度"100"，按空格键确定，如下图所示。

Step03: 拖动光标，单击指定文本框对角点，如下图所示。

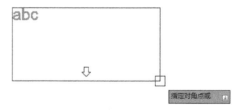

Step04: 输入内容"1200%% p"，按空格键换行，如下图所示。

Step05: 输入内容"500"；❶单击"符号"下拉按钮；❷单击"直径 %% c"选项，如下图

所示。

Step06: 添加直径符号，效果如下图所示。

$$1200\pm$$
$$500\varnothing$$

7.2.6 实例：创建说明书目录

本实例主要介绍文字创建和编辑命令的具体应用。本实例最终效果如下图所示。

目录

目录内容

第一章 前言、设计任务书
第二章 结构图、草图、外观布局图
第三章 外购机构,动力提供部分
第四章 动力和云动参数计算
第五章 装置的选择和计算
第六章 机械强度运算
第七章 附件:如轴承,密封圈等

具体操作方法如下。

Step01: 输入命令 ST,按空格键确定,打开"文字样式"对话框;单击"新建"按钮,在打开的对话框中输入新样式名,如"说明";单击"确定"按钮,如下图所示。

Step02: 设置字体为"仿宋",设置文字高度,如"100";单击"应用"按钮,再单击"关闭"按钮,如下图所示。

Step03: 输入"多行文字"命令 MT,按空格键确定;在绘图区空白处单击指定第一个角点;拖动光标,单击指定对角点,如下图所示。

Step04: 设置文字高度为"100",输入文字,如"目录",如下图所示。

Step05: 按空格键换行,依次输入文字内容,如下图所示。

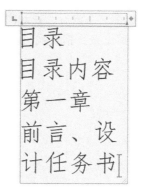

Step06: 拖动文本框的右边框至适当位置,

第7章 文字与表格

如下图所示。

Step07: 依次输入相应文字，如下图所示。

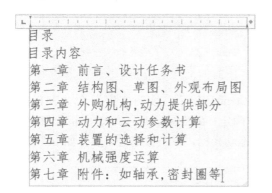

Step08: ❶选择文字内容"目录"；❷设置文字高度为"200"；❸单击"加粗"按钮 **B**；❹单击"居中"按钮 ≡，如下图所示。

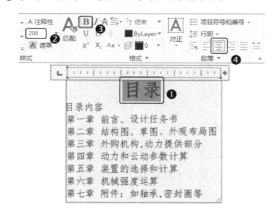

Step09: 选择文字内容"目录内容"；设置文字高度为"150"；按空格键换行；完成后最终效果如下图所示。

目录
目录内容
第一章 前言、设计任务书
第二章 结构图、草图、外观布局图
第三章 外购机构,动力提供部分
第四章 动力和云动参数计算
第五章 装置的选择和计算
第六章 机械强度运算
第七章 附件：如轴承,密封圈等

高手点拨

在"文字样式"对话框的"字体"选区中，在"字体样式"下拉列表中，选择能同时接受中文和西文的字体样式类型，如"常规"；在"字体名"下拉列表中选中"仿宋"字体；在"大小"选区的"高度"文本框中输入一个默认字高，然后单击"应用"、"关闭"按钮后，即可解决标注文本中输入汉字不能识别的问题。

7.3 表格

表格是在行和列中包含数据的复合对象。可以通过空的表格或表格样式创建空的表格对象，还可以将表格链接至 Microsoft Excel 中的数据。

7.3.1 创建表格样式

在创建表格之前可以先设置好表格的样式，再进行表格的创建。设置表格的样式需要在"表格样式"对话框中进行。

1. 执行方式

在 AutoCAD 2022 中，打开"表格样式"对话框有以下几种执行方式：

- 单击"格式"菜单，再单击"表格样式"命令。
- 按钮：单击"注释"选项卡，单击"表格样式"按钮 。
- 快捷命令：输入"表格样式"命令 TS，按空格键确定。

2. "表格样式"对话框及其说明

输入"表格样式"命令 TS，按空格键确定；打开"表格样式"对话框，如下图所示。

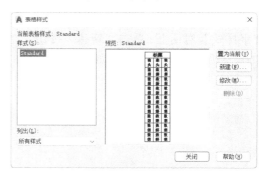

"表格样式"对话框的说明如下。

（1）"当前表格样式"栏：显示当前在使用的表格样式。

（2）"样式"列表框：显示当前文件中表格的所有样式。

（3）"列出"文本框：可以指定是"当前表格样式"还是"所有样式"。

（4）"预览"区：预览当前表格使用样式的效果；

（5）"置为当前"按钮：单击该按钮，可以将选择的表格样式设置为当前使用的表格样式。

（6）"新建"按钮：单击该按钮创建一个新表格样式。

（7）"修改"按钮：修改当前选中的表格样式。

（8）"删除"按钮：删除选中的表格样式，"当前表格样式"不能被删除。

3. 操作方法

创建表格样式的具体操作方法如下。

Step01: 输入"表格样式"命令 TS，按空格键确定，打开"表格样式"对话框；❶单击"新建"按钮，打开"创建新的表格样式"对话框；❷输入表格的新样式名"建筑装饰"；❸单击"继续"按钮，如下图所示。

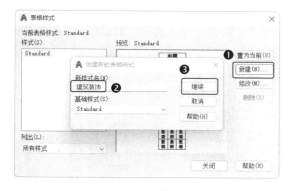

Step02: 在打开的对话框中完成设置后，单击"确定"按钮，如下图所示。

Step03: 单击"建筑装饰"样式，再单击"修改"按钮，如下图所示。

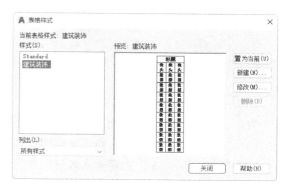

Step04: 在打开的对话框中，根据需要设置内容；完成修改后单击"确定"按钮，如下图所示。

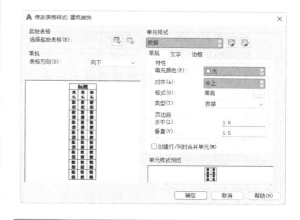

7.3.2 创建表格

表格是在行和列中包含数据的对象。空白表格即是创建的由行和列组成，可在其任意单元格创建对象和格式的表格对象。

1. 执行方式

在 AutoCAD 2022 中，创建表格有以下几种执行方式。

- 菜单命令：单击"绘图"菜单,再单击"表格"命令。
- 命令按钮：单击"注释"选项卡，再单击表格面板的"表格"按钮。
- 快捷命令：在命令行输入"插入表格"命令 TB，按空格键确定。

2."插入表格"对话框及其说明

在"绘图"菜单中单击"表格"命令后，打开"插入表格"对话框，如下图所示。

第7章 文字与表格

"插入表格"对话框说明如下。

（1）"表格样式"文本框：指定表格样式。

（2）"插入选项"区：指定插入表格的方式。

（3）"从空表格开始"选项：创建手动填充数据的空表格。

（4）"自数据链接"选项：创建外部电子表格数据的表格

（5）"自图形中的对象数据（数据提取）"选项：启动"数据提取"向导。

（6）"预览"选项：控制是否显示预览。在处理大型表格时，不选中此选项可以提高计算机性能。

（7）"插入方式"区：指定表格位置。

（8）"指定插入点"选项：指定表格左上角的位置。

（9）"指定窗口"选项：指定表格的大小和位置。选中此选项时，行数、列数、列宽和行高取决于窗口的大小、列和行设置。

（10）"列和行设置"区：设置列和行的数目和大小。

（11）"列数"数值框：在选定"指定窗口"选项并指定列宽时，"自动"选项被选定，而列数由表格的宽度控制。

（12）"列宽"数值框：指定列的宽度。在选定"指定窗口"选项并指定列数时，则选定了"自动"选项，且列宽由表格的宽度控制。最小列宽为一个字符。

（13）"数据行数"栏：在选定"指定窗口"选项并指定行高时，"自动"选项被选定，且行数由表格的高度控制。带有标题行和表头行的表格样式最少应有 3 行。最小行高为一个文字行高度。

（14）"行高"数值框：按照行数指定行高。文字行高度基于文字高度和单元边距，而这两

项在表格样式中设置。

（15）"设置单元样式"区：对于那些不包含起始表格的表格样式，可以指定新表格中行的单元格式。

（16）"第一行单元样式"文本框：指定表格中第一行的单元样式；默认使用标题单元样式。

（17）"第二行单元样式"文本框：指定表格中第二行的单元样式；默认使用表头单元样式。

（18）"所有其他行单元样式"文本框：指定表格中其他行的单元样式；默认使用数据单元样式。

（19）"标题"选项：保留新插入表格中的起始表格表头或标题行中的文字。

（20）"表格"选项：对于包含起始表格的表格样式，从插入时保留的起始表格中指定表格相关元素。

（21）"数据"选项：保留新插入表格中的起始表格数据行中的文字。

3. 操作方法

创建空白表格的具体操作方法如下。

Step01：输入"插入表格"命令 TB，按空格键确定，打开"插入表格"对话框；设置参数内容，例如，列数为"5"，行数为"3"；单击"确定"按钮，如下图所示。

Step02：在绘图区空白处单击指定插入点，如下图所示。

Step03：完成表格的插入，程序默认进入标题行，如下图所示。

7.3.3 表格文字编辑

当空白表格建立以后，需要在表格中输入文字以使表格更完整。在表格中输入文字的具体操作方法如下。

Step01：使用"插入表格"命令 TB，创建 5 列 3 行的表格；在绘图区单击插入表格后，光标自动进入标题行，如下图所示。

Step02：单击"文字高度"下拉按钮，选择"100"，如下图所示。

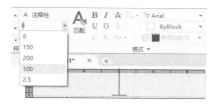

Step03：输入文字内容，如"主材说明"；在绘图区空白处单击，如下图所示。

Step04：选择表格，再单击右下角夹点箭头，如下图所示。

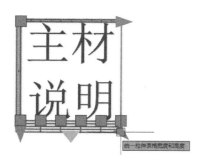

Step05：向右下角移动光标，在适当位置单击，如下图所示。

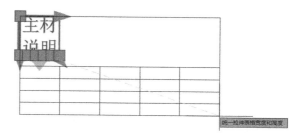

Step06：在需要添加文字的单元格上双击，将文字高度设为"100"，如下图所示。

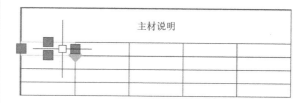

Step07：输入"序号"；按【→】键，输入"主材名称"；按【→】键，输入"数量"；依次按【→】键，输入"品牌"和"价格"，如下图所示。

主材说明				
序号	主材名称	数量	品牌	价格

Step08：完成后在绘图区空白处单击；依次创建"主材名称"列的内容，如下图所示。

主材说明				
序号	主材名称	数量	品牌	价格
1				
2				
3				

7.3.4 添加和删除表格的行和列

当表格创建完成后，可以根据需要对当前表格的行、列进行相应调整，如添加或删除行和列。具体操作方法如下。

Step01：打开"素材文件 \ 第 7 章 \7-3-4.dwg"，双击选择单元格，再单击"从上方插入"

按钮，如下图所示。

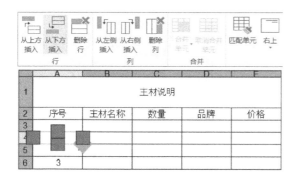

Step02: 在所选单元格上方即添加了一行，如下图所示。

Step03: 选择单元格，再单击"从下方插入"按钮，在所选单元格下方即添加了一行，如下图所示。

Step04: 单击"从左侧插入"按钮，在所选单元格左侧即添加了一列，如下图所示。

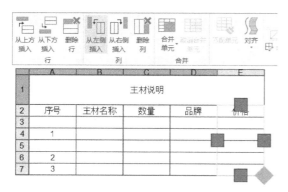

Step05: 单击列标选择列，如"E"，单击"删

除列"按钮，即删除单元格所在列，如下图所示。

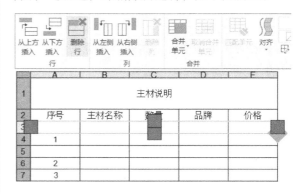

Step06: 单击行号选择行，如"3"，单击"删除行"按钮，即删除所选行，如下图所示。

Step07: 双击选中单元格，单击"删除行"按钮，如下图所示。

Step08: 即删除该单元格所在行，如下图所示。

7.3.5 调整表格的高度和宽度

在编辑表格的过程中，必须经常根据内容或版面的需要对表格的高度和宽度进行相应调整。具体操作方法如下。

Step01: 打开"素材文件 \ 第 7 章 \7-3-5. dwg"，单击表格边框选择所创建的表格；单击表格左上侧夹点■，即可移动表格，如下图所示。

Step02: 单击表格列端点处的夹点■，左右移动光标可更改列宽，如下图所示。

Step03: 单击表格左下角夹点箭头▼，如下图所示。

Step04: 上下移动光标可统一拉伸表格高度，如下图所示。

Step05: 单击表格右下角夹点箭头◣，如下图所示。

Step06: 移动光标统一拉伸表格宽度和高度，如下图所示。

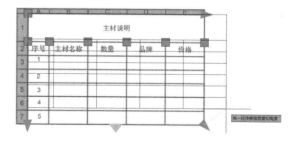

Step07: 单击表格右侧夹点箭头▶，再左右移动光标统一拉伸表格宽度，如下图所示。

Step08: 单击表格上方任意夹点■，左右移动光标可拉伸所在列的宽度，如下图所示。

第 7 章 文字与表格

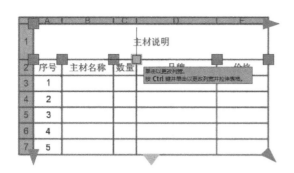

高手点拨

在调整表格的行高、列宽中，选择表格后右击，再在弹出的快捷菜单中单击"均匀调整列大小"命令可以均匀调整当前表格中的列大小（列宽）；单击"均匀调整行大小"命令可以均匀调整当前表格中的行大小（行高）。

7.3.6 合并单元格

单元格是组成表格最基本的元素，在编辑表格时有可能只要调整某个单元格即可完成表格调整，如合并单元格。具体操作方法如下。

Step01：打开"素材文件\第 7 章\7-3-6.dwg"，在表格内从右向左框选需要合并的单元格，如下图所示。

Step02：单击"合并单元"下拉按钮，再单击"按行合并"按钮，如下图所示。

Step03：即可合并所选单元格，如下图所示。

Step04：单击要合并的单元格，再单击"取消合并单元"按钮，即可取消单元格合并，如下图所示。

Step05：选择需要合并的单元格，再单击"合并单元"下拉按钮，然后单击"合并全部"按钮，如下图所示。

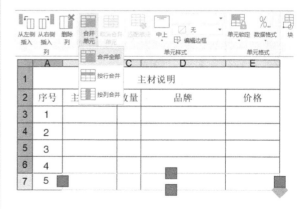

Step06：即可合并所选单元格，如下图所示。

主材说明				
序号	主材名称	数量	品牌	价格
1				
2				
3				
4				
5				

7.3.7 设置单元格的数据格式

在一份完整的表格中，一般都会有文字和数据的内容。在 AutoCAD 2022 中，同样可以设置单元格的数据格式。具体操作方法如下。

Step01：打开"素材文件\第 7 章\7-3-7.dwg"，选择单元格，再单击"数据格式"下拉按钮，然后单击"货币"选项，如下图所示。

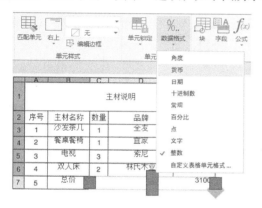

Step02：该单元格的数据显示为"货币"格式，如下图所示。

"数据格式"下拉按钮中设置了常用的数据格式，可直接选择相应的数据格式；若需要其他数据格式，可单击"自定义表格单元格式"选项，再在"表格单元

格式"对话框中根据需要进行相应设置，然后单击"确定"按钮即可。

Step03：也可以通过"自定义表格单元格式"选项设置单元格的数据格式。❶选择要设置数据格式的单元格；❷单击"数据格式"下拉按钮；❸单击"自定义表格单元格式"选项，如下图所示。

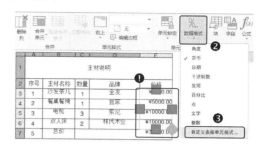

Step04：打开"表格单元格式"对话框，单击"精度"下拉按钮，再单击"0"选项，然后单击"确定"按钮，如下图所示。

Step05：所选单元格的数据格式设置完成后的效果如下图所示。

主材说明				
序号	主材名称	数量	品牌	价格
1	沙发茶几	1	全友	¥6000
2	餐桌餐椅	1	宜家	¥5000
3	电视	3	索尼	¥10000
4	双人床	2	林氏木业	¥10000
5	总价			¥31000

7.3.8 设置表格对齐方式

在一个表格中常常需要使用对齐方式来使对象根据需要对齐，使表格更加美观实用。具体操作方法如下。

Step01：打开"素材文件 \ 第 7 章 \7–3–8.dwg"，选择要设置对齐方式的单元格，如下图所示。

Step02：单击"对齐"下拉按钮，再单击"正中"选项，则所选单元格对象均按设置要求居中对齐，如下图所示。

综合演练：创建花卉植物租赁明细表

✖ 演练介绍

此实例主要进行创建表格和输入文字内容，以及文字内容的格式设置的操作。通过本实例将本章学习的内容做巩固和补充。在绘图时，要注意单元格的相应选择和调整。本实例的最终效果如下图所示。

<table>
<tr><th colspan="11" style="text-align:center">花卉植物租赁明细表</th></tr>
<tr><th>序号</th><th>摆放位置</th><th>摆放名称</th><th>高度范围</th><th>单位CM</th><th>单价/天</th><th>单价/每月</th><th>数量</th><th>合计</th><th>规格</th><th>备注</th></tr>
<tr><td>1</td><td></td><td></td><td></td><td></td><td></td><td></td><td></td><td></td><td></td><td></td></tr>
<tr><td>2</td><td></td><td></td><td></td><td></td><td></td><td></td><td></td><td></td><td></td><td></td></tr>
<tr><td>3</td><td></td><td></td><td></td><td></td><td></td><td></td><td></td><td></td><td></td><td></td></tr>
<tr><td>4</td><td></td><td></td><td></td><td></td><td></td><td></td><td></td><td></td><td></td><td></td></tr>
<tr><td>5</td><td></td><td></td><td></td><td></td><td></td><td></td><td></td><td></td><td></td><td></td></tr>
<tr><td>6</td><td></td><td></td><td></td><td></td><td></td><td></td><td></td><td></td><td></td><td></td></tr>
<tr><td>7</td><td></td><td></td><td></td><td></td><td></td><td></td><td></td><td></td><td></td><td></td></tr>
<tr><td>8</td><td></td><td></td><td></td><td></td><td></td><td></td><td></td><td></td><td></td><td></td></tr>
<tr><td>9</td><td></td><td></td><td></td><td></td><td></td><td></td><td></td><td></td><td></td><td></td></tr>
<tr><td>10</td><td></td><td></td><td></td><td></td><td></td><td></td><td></td><td></td><td></td><td></td></tr>
<tr><td></td><td></td><td></td><td></td><td></td><td></td><td></td><td></td><td></td><td></td><td></td></tr>
<tr><td></td><td>甲方（章）</td><td>乙方（章）</td><td></td><td></td><td></td><td></td><td></td><td></td><td></td><td></td></tr>
<tr><td></td><td>甲方负责人</td><td>乙方负责人</td><td></td><td></td><td></td><td></td><td></td><td></td><td></td><td></td></tr>
<tr><td></td><td>甲方委托人</td><td>乙方委托人</td><td></td><td></td><td></td><td></td><td></td><td></td><td></td><td></td></tr>
<tr><td></td><td>时间</td><td>时间</td><td></td><td></td><td></td><td></td><td></td><td></td><td></td><td></td></tr>
<tr><td></td><td>备注</td><td></td><td></td><td></td><td></td><td></td><td></td><td></td><td></td><td></td></tr>
</table>

✖ 操作方法

本实例的具体制作步方法下。

Step01：新建文件，输入"表格样式"命令 TS，按空格键确定，打开"表格样式"对话框；❶单击"新建"按钮，打开"创建新的表格样式"对话框；❷输入新样式名"园林景观"；❸单击"继续"按钮，如下图所示。

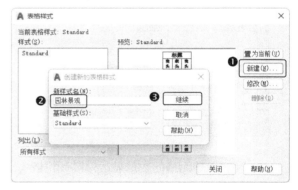

Step02：打开"新建表格样式：园林景观"对话框，设置对齐方式为"正中"，再单击"确定"按钮，然后单击"关闭"按钮，如下图所示。

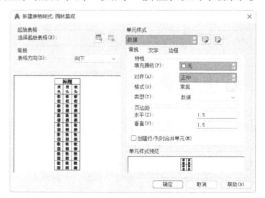

Step03: 输入"插入表格"命令 TB，按空格键确定，打开"插入表格"对话框; ❶设置表格样式为"园林景观"; ❷设置列数为"10"、列宽为"600"、行数为"30"、行高为"1"; ❸单击"确定"按钮，如下图所示。

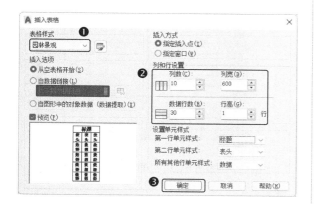

Step04: 在绘图区单击指定插入点，进入文字输入模式，如下图所示。

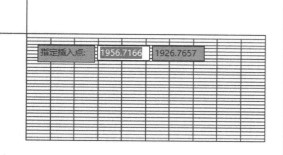

Step05: 设置文字高度为"100",再输入文字: "花卉植物租赁明细表"，如下图所示。

Step06: 按【↓】键，再设置文字高度为"100"，然后输入"序号"; 按【→】键，如下图所示。

Step07: 设置文字高度为"100"，再依次输入文字，如下图所示。

Step08: 单击表格右侧夹点箭头，再右移光标统一拉伸表格宽度，如下图所示。

Step09: 选择单元格，再单击"从右侧插入"按钮，即可在所选单元格右侧添加一列，如下图所示; 设置文字高度为"100"，再输入文字"备注"。

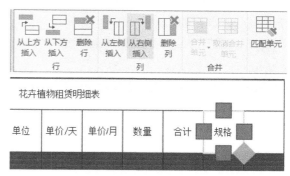

Step10: 单击表格左下角的夹点▼，向下移动光标即可增加行高，如下图所示。

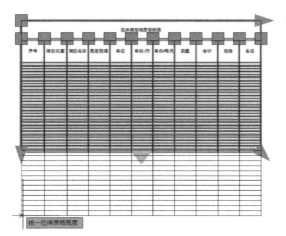

Step11：选择"序号"下方的单元格，再设置文字高度为"100"，再输入数字"1"；按↓键，设置文字高度为"100"，再输入数字"2"；在表格外的空白处单击，如下图所示。

序号	摆放位置	摆放名称	高度冠幅
1			
2			

Step12：从右向左框选数字"1"单元格和数字"2"单元格，再单击数字"2"单元格右下角夹点，如下图所示。

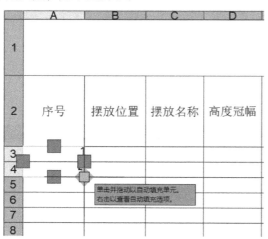

Step13：向下拖动光标至动态提示数字"10"的位置，然后单击，如下图所示。

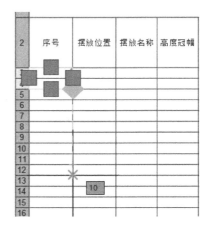

Step14：即可创建序列数字，如下图所示。

2	序号	摆放位置	摆放名称	高度冠幅
3	1			
4	2			
5	3			
6	4			
7	5			
8	6			
9	7			
10	8			
11	9			
12	10			
13				
14				

Step15：依次输入相应文字，完成效果如下图所示。

7			
8			
9			
10			
甲方（章）		乙方（章）	
甲方负责人		乙方负责人	
甲方委托人		乙方委托人	
时间		时间	

Step16：选择多余行的单元格，单击"删除行"按钮，即可删除所选行，如下图所示。

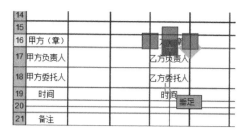

Step17：表格效果如下图所示。

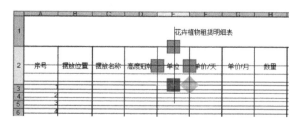

Step18：选择单元格，再单击下方中点夹点，如下图所示。

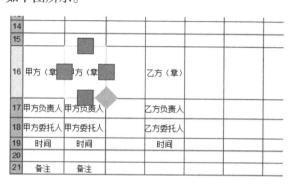

Step19：向上移动至适当位置，再单击确定，如下图所示。

Step20：选择单元格，再单击下方中点夹点；向下移动至适当位置，再单击确定，如下图所示。

Step21：选择"序号"列数字下方的文字内容，再按【Ctrl+C】键复制所选内容；选择右侧相应单元格，再按【Ctrl+V】键粘贴复制的内容，如下图所示。

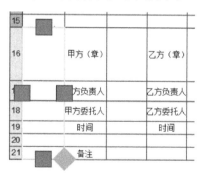

Step22：再次选择左侧的内容，按【Delete】键删除所选单元格内容，如下图所示。

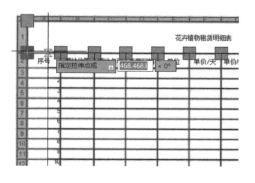

Step23：选择表格，单击"序号"列左侧夹点，向右移动至适当位置单击，如下图所示。

Step24：选择"序号"列的数字，再单击"对齐"下拉按钮，然后单击"正中"选项，则所选单元格对象均按设置要求居中对齐，如下图所示。

Step25：选择要合并的单元格，再单击"合并单元"下拉按钮，然后单击"按行合并"按钮，如下图所示。

Step26：完成的效果如下图所示。

花卉植物租赁明细表

新手问答

❷ No.1：在表格中，为什么不能显示汉字且输入的汉字变成了问号？

原因可能有以下几种。

（1）对应的字型没有使用汉字字体，如 HZTXT.SHX 等。

（2）当前系统中没有汉字字体形文件，应将所用到的形文件复制到 AutoCAD 2022 的字体

目录中（一般为"...\fonts\"）。

（3）对于某些符号，如希腊字母等，同样必须使用对应的字体形文件，否则会显示成"?"。

❷ No.2：新建的文字样式怎么不能被删除？

新建的文字样式如果是"当前文字样式"，则不能被删除。这时，可以选择原有的文字样式，再单击"置为当前"按钮，以更换当前文字样式，设置成功后即可删除新建的文字样式；也可以再新建一个文字样式，即可删除上一个新建的文字样式。

❷ No.3：如何统一设置表格中的文字高度？

对于在 AutoCAD 2022 中创建的表格，在每个单元格中输入文字前，都要先设置该单元格的文字高度。为了在实际操作时更便捷，可以在"特性"面板中统一设置表格中的文字高度，不用在每个单元格输入文字前先设置文字高度。具体操作方法如下。

Step01：创建表格，如下图所示。

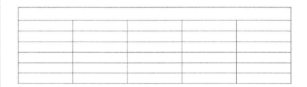

Step02：选择表格，如下图所示。

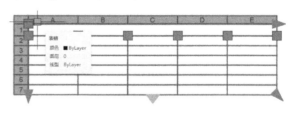

Step03：单击表格左上角的空白格，再右击打开快捷菜单，然后单击"特性"命令，如下图所示。

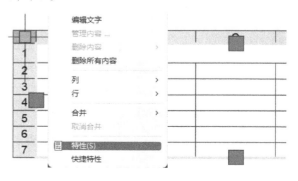

Step04: 在打开的"特性"面板中，将垂直滚动条向下拖动到"内容"区域，设置文字高度为"100"，如下图所示。

Step05: 选择单元格，输入文字，如"表格文字"，如下图所示。

	A	B	C	D	E
1		表格文字			
2					
3					
4					
5					
6					
7					

Step06: 按【↓】键，输入文字，如"序号"，如下图所示。

	A	B	C	D	E
1		表格文字			
2	序号				
3					
4					
5					
6					
7					

Step07: 按【↓】键，输入数字"1"，如下图所示。

	A	B	C	D	E
1		表格文字			
2	序号				
3	1				
4					
5					
6					
7					

❷ No.4：如何平均调整行高列宽？

在 AutoCAD 2022 中创建表格后，如果调整了某行大小或某列大小，会出现行高、列宽不一致的情况。这时，要平均调整表格的行高、列宽，具体操作方法如下。

Step01: 创建表格，且该表格的行高和列宽不一致，如下图所示。

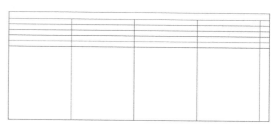

Step02: 选择表格，再右击打开快捷菜单，然后单击"均匀调整列大小"命令，即可使列宽一致，如下图所示。

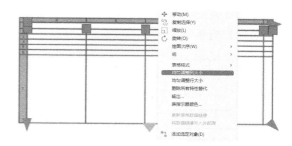

Step03: 在已选择表格的情况下，右击打开快捷菜单，单击"均匀调整行大小"命令，即可使行高一致，如下图所示。

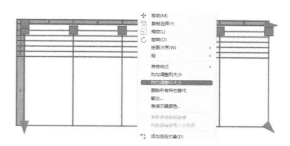

Step04: 效果如下图所示。

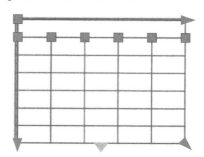

上机实验

✏【练习1】创建注意事项，完成的效果如下图所示。

注意事项：

1.当无标准齿轮时，允许检查下列三项代替检查径向综合公差和一齿径向综合公差

　a. 齿圈径向跳动公差Fr为0.056

　b. 齿形公差ff为0.016

　c. 基节极限偏差±f为0.018Y

2.未注倒角C1。

1. 目的要求

本练习主要标注机械设计中的技术要求。在创建文字标注的过程中，要用到"多行文字"命令。本练习的目的是通过上机实验，帮助读者熟练掌握相关文字命令的用法。

2. 操作提示

（1）创建多行文字。

（2）选择相应的文字并设置文字高度。

（3）选择相应的文字并设置字体。

（4）设置行距。

✏【练习2】定制表格颜色，完成的效果如下图所示。

主材说明			
主材名称	数量	单位	价格
组合沙发	1	组	¥3000.00
床及床垫	3	套	¥12000.00
餐桌	1	组	¥3000.00
鞋柜	1	个	¥2000.00
衣柜	3	个	¥8000.00
五金洁具	1	套	¥3000.00
总计			

1. 目的要求

本练习绘制表格的单元格颜色和边框颜色，主要用到表格编辑命令。通过本练习，读者将熟悉表格颜色的设置操作方法。

2. 操作提示

（1）打开素材文件，选择需要更换边框颜色的单元格，再单击"编辑边框"命令按钮 田 编辑边框，如下图所示。

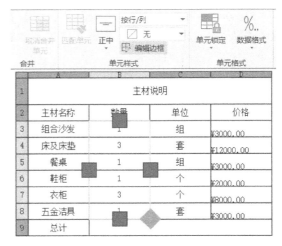

（2）打开"单元边框特性"对话框，单击"颜色"下拉按钮，再选择"青"选项；单击"外边框"按钮□，再单击"确定"按钮，如下图所示。

（3）选择需要更换颜色的单元格，再单击"颜色"下拉按钮，然后选择"绿"选项，如下图所示。

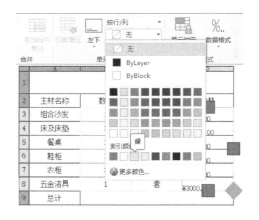

（4）所选单元格的颜色即以绿色（即此处的深灰色）显示，如下图所示。

主材说明			
主材名称	数量	单位	价格
组合沙发	1	组	¥3000.00
床及床垫	3	套	¥12000.00
餐桌	1	组	¥3000.00
鞋柜	1	个	¥2000.00
衣柜	3	个	¥8000.00
五金洁具	1	套	¥3000.00
总计			

✐【练习3】显示表格数据运算结果，完成的效果如下图所示。

主材说明			
主材名称	数量	单位	价格
组合沙发	1	组	¥3000.00
床及床垫	3	套	¥12000.00
餐桌	1	组	¥3000.00
鞋柜	1	个	¥2000.00
衣柜	3	个	¥8000.00
五金洁具	1	套	¥3000.00
总计品类	6		
总计金额	¥31000.00		

1. 目的要求

本练习将完成表格内的数据运算结果的显示，主要用到公式中的命令。通过本练习，读者将熟悉 AutoCAD 2022 中数据运算的操作方法。

2. 操作提示

（1）打开素材文件，选择要显示运算结果的单元格；单击"公式"下拉按钮，再单击"计数"选项，如下图所示。

（2）在需要进行运算的单元格上单击并按住左键不放，框选要进行的所有单元格；框选完后释放左键，如下图所示。

（3）显示结果的单元格即显示计数公式和计数的对象；确认后按空格键确定，即可显示计数结果，如下图所示。

=Count(B3:B8)

（4）选择要显示运算结果的单元格；单击"公式"下拉按钮，再单击"求和"选项，如下图所示。

（5）框选需要求和的单元格；确认后按空格

键确定，即可显示计数结果，如下图所示。

主材说明			
主材名称	数量	单位	价格
组合沙发	1	组	¥3000.00
床及床垫	3	套	¥12000.00
餐桌	1	组	¥3000.00
鞋柜	1	个	¥2000.00
衣柜	3	个	¥8000.00
五金洁具	1	套	¥3000.00
总计品类	6		
总计金额	¥31000.00		

思考与练习

一、填空题

1. 在 AutoCAD 2022 中进行文字标注时，可以先设置字型或字体。_____是文字所具有的固有形状，由若干个单词组成的描述库。

2. 在创建表格之前可以先设置好表格的样式，再进行表格的创建。设置表格的样式需要在_____对话框中进行。

3._____是单个字符、单词或一个完整的句子；可以对_____进行字体、大小、倾斜、镜像、对齐和文字间隔调整等设置。

二、选择题

1. 在 AutoCAD 2022 中，正常输入汉字时却显示"？"，是什么原因？（　　）。

A. 因为文字样式没有设定好

B. 输入错误

C. 堆叠字符

D. 多种字体

2. 在 AutoCAD 2022 的表格中不能插入的是（　　）。

A. 块　　　　　　　B. 字段

C. 公式　　　　　　D. 点

3. 在 AutoCAD 2022 中设置文字样式时，设置了文字高度后的效果是（　　）。

A. 在输入单行文字时，可以改变文字高度

B. 在输入单行文字时，不能改变文字高度

C. 在输入多行文字时，不能改变文字高度

D. 随时可更改文字高度

4. 在插入字段的过程中，如果显示"####"，则表示该字段（　　）。

A. 没有值

B. 无效

C. 字段太长，溢出

D. 字段要更新

5.（　　）不是表格单元格的数据格式。

A. 百分比　　　　　B. 时间

C. 货币　　　　　　D. 点

本章小结

本章主要介绍了如何根据图形的需要创建注释性文字，如注释说明、设计要求等。文字标注的作用在于表现图形隐含或不能直接表现的含义或功能。本章还介绍了表格在 AutoCAD 2022 中的灵活运用，包括表格的创建、编辑等内容。

第 8 章　尺寸标注

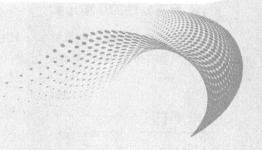

本章导读

　　尺寸标注是绘图中非常重要的一个内容。图形的尺寸和角度能准确地反映物体的形状、大小和相互关系，是识别图形和现场施工的主要依据。本章将介绍尺寸标注的相关知识与应用。

学完本章后应知应会的内容

- 尺寸标注与标注样式
- 标注图形尺寸
- 快速连续标注
- 编辑与修改标注

8.1 尺寸标注与标注样式

尺寸标注是计算机辅助绘图过程中非常重要的环节。通过尺寸标注能够清晰、准确地反映设计元素的形状大小和相互关系。AutoCAD 2022 提供了齐全的尺寸标注格式，最大限度地满足了图形尺寸的必要标注要求。

8.1.1 尺寸标注的基本元素

一个完整的尺寸标注由尺寸线、尺寸界限、文字、箭头和主单位等几个部分组成，如下图所示。

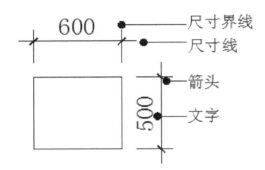

尺寸标注的各部分具体内容如下图。

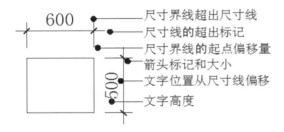

尺寸标注的各部分说明如下。

- 尺寸线：通常与所标对象平行，位于两尺寸界线之间，用于指示标注的方向和范围。角度标注的尺寸线是一段圆弧。
- 文字：通常位于尺寸线上方或中间处，用于指示测量值的文本字符串。文字还可以包含前缀、后缀和公差。在进行尺寸标注时，AutoCAD 2022 会自动生成所标注图形对象的尺寸数值。用户可对标注的文字进行修改。
- 箭头：也称为终止符号，显示在尺寸

线两端，用以表明尺寸线的起始位置。AutoCAD 2022 默认使用的箭头是闭合的填充箭头。此外，系统还提供了多种箭头符号，以满足不同行业的需要。用户可对箭头大小进行修改。

- 尺寸界线：也称为投影线，用于标注尺寸的界线。在进行尺寸标注时，延伸线从所标的对象上自动延伸出来；超出箭头的部分为"超出尺寸线"；尺寸界线端点与所标注对象接近的部分为"起点偏移量"。

8.1.2 尺寸标注的类型

随着尺寸标注对象的不同，尺寸标注类型也会不同。常用的尺寸标注类型有长度型标注、径向型标注、角度标注、注释型标注。

（1）长度型标注：用于标注图形中两点间的长度。这两点可以是端点、交点、圆弧弦线端点或能够识别的任意两点。在 AutoCAD 2022 中，长度型标注又包括多种类型，如线性标注、对齐标注、弧长标注、基线标注和连续标注等，如下图所示。

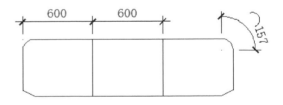

（2）径向型标注：在 AutoCAD 2022 中，可以执行菜单命令或者输入快捷命令标注圆或圆弧的半径尺寸、直径尺寸等内容，如下图所示。

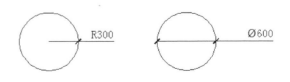

（3）角度标注：用于测量两条直线或三个点之间的角度，如下图所示。

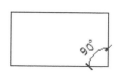 

（4）注释型标注：利用引线或其他图形符号标注对象，如圆心标记、坐标标记、引线注释等。如下图所示。

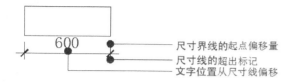

> **高手点拨**
>
> 在使用 AutoCAD 2022 绘制图形时，随着所处行业的不一样，常用的尺寸标注类型和标注样式也不尽相同。上面所讲的 4 种尺寸标注类型是建筑装饰设计中常常用到的。下面具体讲解尺寸标注的使用方法。

8.1.3 尺寸标注的相关规定

使用 AutoCAD 2022 提供的尺寸标注功能对所绘制的图样进行尺寸标注必须具有一定的规范性。所以，在进行尺寸标注前应首先了解国家制图标准中的相关规定。

- 当图形中的尺寸以"mm（毫米）"为单位时，则不用标注计量单位，否则必须注明所采用的单位符号或名称，如 cm（厘米）、m（米）等。
- 图形的真实大小必须以图样上所标示的尺寸数值为依据，与所画图形目测的大小及画图的准确性无关。
- 尺寸数值一般写在尺寸线上方，也可以写在尺寸线的中断处。但尺寸数值的字体高度必须相同。
- 文字中的字体必须按照国家标准规定进行书写，即汉字必须使用仿宋体，数字使用阿拉伯数字或罗马数字，字母使用希腊字母或拉丁字母。
- 图形中每一部分的尺寸只标注一次，并且应标在最能反映其形体特征的视图上。

- 图形中所标注的尺寸，应为该构件的最后完工标注尺寸，否则必须另加说明。

8.1.4 标注样式管理器

尺寸标注（简称标注）是一个复合对象，在类型和外观上多种多样。在进行标注之前，应该根据需要先创建标注样式。标注样式可以控制标注的格式和外观，使整体图形更容易识别和理解。用户可以在标注样式管理器中设置尺寸的标注样式。

AutoCAD 2022 默认的标注样式是 ISO-25，可以根据有关规定及所标注图形的具体要求，对标注样式进行设置。

1. 执行方式

打开标注样式管理器有以下几种执行方式。

- 菜单命令：单击"标注"菜单，再单击"标注样式"命令。
- 命令按钮：单击"注释"选项卡，单击"标注"下拉面板右下角的"标注样式"对话框启动器按钮 ⌄。
- 快捷命令：在命令行输入打开"标注样式管理器"命令 D，按空格键确定。

2. "标注样式管理器"对话框及其说明

执行"标注样式管理器"命令后，打开"标注样式管理器"对话框，如下图所示。

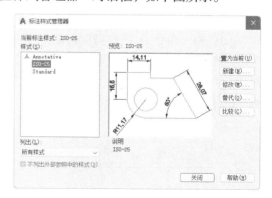

"标注样式管理器"对话框的说明如下。

（1）"当前标注样式"栏：显示当前的标注样式名称。

（2）"样式"列表框：显示图形中的所有标注样式。

（3）"预览"区：在此可以预览到所选标注

样式的设置集合。

（4）"列出"文本框：在其下拉列表中可以选择显示哪种标注样式。

（5）"不列出外部参照中的样式"复选框：勾选此复选框，将不显示外部参照中的样式。

（6）"置为当前"按钮：选定一种标注样式后单击此按钮，可以将其设置为当前标注样式。

（7）"新建"按钮：单击此按钮后会弹出"创建新标注样式"对话框，而在该对话框中可以创建新的标注样式。

（8）"修改"按钮：单击此按钮后会弹出"修改当前样式"对话框，而在该对话框中可以修改标注样式。

（9）"替代"按钮：单击此按钮后会打开"替代当前样式"对话框，而在该对话框中可以设置标注样式的临时替代。

（10）"比较"按钮：单击此按钮后会弹出"比较标注样式"对话框，而在该对话框中可以比较两种标注样式的特性，也可以列出一种标注样式的所有特性。

（11）"关闭"按钮：单击此按钮后会关闭"标注样式管理器"对话框。

（12）"帮助"按钮：单击此按钮后会打开"帮助"窗口，而在此可以查找需要的帮助信息。

3. 操作方法

打开标注样式管理器的具体操作方法如下。

Step01：输入命令 D，按空格键确定，打开"标注样式管理器"对话框；程序默认的当前标注样式为"ISO–25"；单击"新建"按钮，打开"创建新标注样式"对话框，如下图所示。

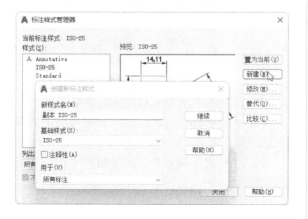

Step02：输入新样式名"机械设计"；选择基础样式"ISO–25"；选择用于"所有标注"；单击"继续"按钮，如下图所示。

Step03：打开"新建标注样式：机械设计"对话框，默认为"线"选项卡，如下图所示。

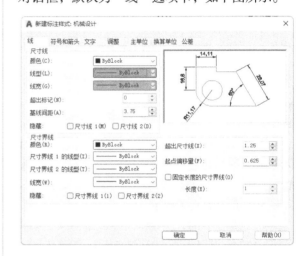

8.1.5 创建标注样式

在"新建标注样式"对话框中，有"线""符号和箭头""文字""调整""主单位""换算单位""公差"共 7 个选项卡。依次设置各选项卡内容，即可根据个人需要创建标注样式。

1. "线"选项卡

"线"选项卡的"尺寸线"区和"尺寸界线"区可以设置尺寸线和尺寸界线的颜色、线型、线宽，以及超出尺寸线的距离、起点偏移量距离等内容。具体操作方法如下。

Step01：新建"建筑装饰"标注样式，在"线"选项卡中单击"颜色"下拉按钮，在其下拉列表中选择颜色，如"青"，如下图所示。

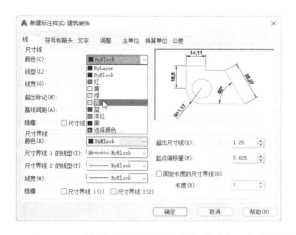

Step02: 单击"线型"下拉按钮,在其下拉列表中选择所需线型;若要设置其他线型,在其下拉列表中单击"其他"选项,如下图所示。

Step03: 单击"线宽"下拉按钮,在其下拉列表中选择所需线宽,如"默认",如下图所示。

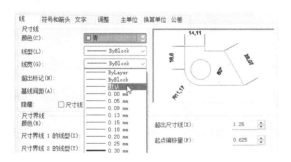

Step04: 单击选中"尺寸线 1"复选框,隐藏标注左侧尺寸线,如下图所示。

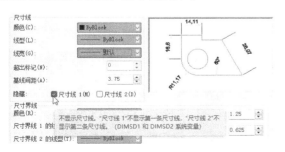

Step05: 单击选中"尺寸线 2"复选框,隐藏标注右侧尺寸线,如下图所示。

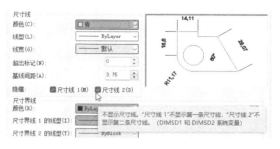

Step06: 单击"颜色"下拉按钮,在其下拉列表中选择颜色,如"蓝",如下图所示。

Step07: 输入"超出尺寸线"的值,如"50",按空格键确定,如下图所示。

Step08: 输入"起点偏移量"的值,如"5",按空格键确定,如下图所示。

"线"选项卡的各部分的说明如下:

1)"尺寸线"区

(1)"颜色"文本框:单击"颜色"下拉按钮后,可以在其下拉列表中选择尺寸线的颜色。在"颜色"下拉列表中选择"选择颜色"选项,将打开"选择颜色"对话框,而在该对话框中可以自定义尺寸线的颜色。

(2)"线型"文本框:在其下拉列表中,可以选择尺寸线的线型样式;单击"其他"选项可以打开"选择线型"对话框,而在该对话框中可以选择其他线型。

（3）"线宽"文本框：在其下拉列表中选择尺寸线的线宽。

（4）"超出标记"数值框：当使用倾斜箭头标记、建筑标记、积分标记或无箭头标记时，使用该数值框设置尺寸线超出尺寸界线的长度。左下图所示是"超出标记"为 0 的标注样式；右下图所示是"超出标记"为"100"的标注样式。

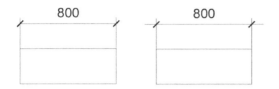

（5）"基线间距"数值框：用于设置在进行基线标注时尺寸线之间的间距。

（6）"隐藏"选区：用于控制尺寸线 1 和尺寸线 2 的隐藏状态。左下图所示是隐藏尺寸线 1 的标注样式；右下图所示是隐藏所有尺寸线的标注样式。

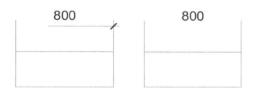

2）"尺寸界线"区

在"尺寸界线"区中可以设置延伸线的颜色、线型和线宽等，也可以隐藏某条延伸线。

（1）"颜色"文本框：可以在其下拉列表中选择尺寸界线的颜色。

（2）"尺寸界线 1 的线型"文本框：可以在其下拉列表中选择尺寸界线 1 的线型。

（3）"尺寸界线 2 的线型"文本框：可以在其下拉列表中选择尺寸界线 2 的线型。

（4）"线宽"文本框：可以在其下拉列表中选择尺寸界线的线宽。

（5）"超出尺寸线"数值框：用于设置尺寸界线伸出尺寸的长度。左下图所示是超出尺寸线的距离为"10"个单位；右下图所示是超出尺寸线的距离为"80"个单位。

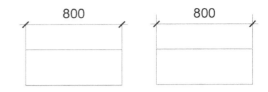

（6）"起点偏移量"数值框：设置标注点到尺寸界线起点的偏移距离。左下图所示是起点偏移量为"20"个单位；右下图所示是起点偏移量为"50"个单位。

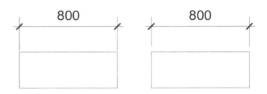

（7）"固定长度的尺寸界线"复选框：勾选该复选框可在下方的"长度"数值框中设置尺寸界线的固定长度。

（8）"隐藏"选区：控制尺寸界线 1 和尺寸界线 2 的隐藏状态。左下图所示是隐藏尺寸界线 1 的标注样式；右下图所示是隐藏两条尺寸界线的标注样式。

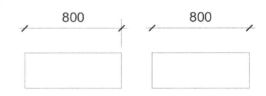

3）"预览"区

"预览"区可以显示样例标注图像，并可显示对标注样式设置所做更改的效果，如下图所示。

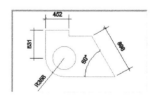

2. "符号和箭头"选项卡

在该选项卡中可以设置符号、箭头样式与大小、圆心标记的大小、弧长符号、半径折弯标注等。具体操作方法如下。

Step01：单击"符号和箭头"选项卡，再单击"第一个"下拉按钮，然后选择"建筑标记"选项，如下图所示。

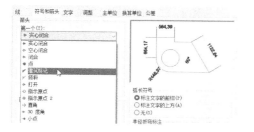

Step02: 单击"引线"下拉按钮,再选择"点",如下图所示。

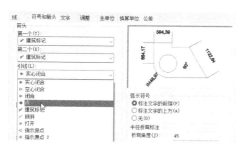

Step03: 输入箭头大小,如"60",按空格键确定,如下图所示。

3."文字"选项卡

在该选项卡中可以设置文字外观、文字位置、文字对齐的方式等内容。具体操作方法如下。

Step01: 单击"文字"选项卡,输入文字高度,如"80",如下图所示。

Step02: 输入"从尺寸线偏移"的值,如"50",

如下图所示。

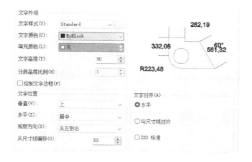

Step03: 选中"与尺寸线对齐"单选按钮,如下图所示。

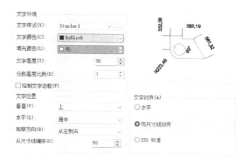

1)"文字外观"区

"文字外观"区主要用于设置标注的外观。

（1）"文字样式"文本框：在其下拉列表中,可以选择文字的样式。单击"文字样式"下拉按钮,打开"文字样式"对话框,就可以在该对话框中设置文字样式。

（2）"文字颜色"文本框：在其下拉列表中,可以选择文字的颜色。

（3）"填充颜色"文本框：在其下拉列表中,可以选择文字背景的颜色。

（4）"文字高度"数值框：设置文字的高度。

（5）"分数高度比例"数值框：设置相对于文字的分数比例。只有选择了"主单位"选项卡上的"分数"作为"单位格式"时,此数值框才可用。

（6）"绘制文字边框"选项：如果选择此选项,将在文字周围绘制一个边框。

2)"文字位置"区

"文字位置"区用于设置文字的位置。

（1）"垂直"文本框：在其下拉列表中,可以选择文字相对尺寸线的垂直位置,如下图所示。

"垂直"下拉列表中各选项的含义如下。

"居中"选项：将文字放在尺寸线两部分中间。

"上"选项：将文字放在尺寸线上方。从尺寸线到文字的最低基线的距离就是当前的字线间距。

"外部"选项：将文字放在尺寸线上远离第一个定义点的一边。

"JIS"选项：按照日本工业标准放置文字。

"下"选项：将文字放在尺寸线下方。从尺寸线到文字的最高基线的距离就是当前的字线间距。

（2）"水平"文本框：在其下拉列表中，选择文字相对于尺寸线和尺寸界线的水平位置，如下图所示。

"水平"下拉列表中各选项的含义如下。

"居中"选项：将文字沿尺寸线放在两条尺寸界线的中间。

"第一条尺寸界线"选项：将文字沿尺寸线与第一条尺寸界线左对正。尺寸界线与文字的距离是箭头大小加上字线间距之和的两倍。

"第二条尺寸界线"选项：将文字沿尺寸线与第二条尺寸界线右对正。尺寸界线与文字的距离是箭头大小加上字线间距之和的两倍。

"第一条尺寸界线上方"选项：沿第一条尺寸界线放置文字，或将文字放在第一条尺寸界线之上。

"第二条尺寸界线上方"选项：沿第二条尺寸界线放置文字，或将文字放在第二条尺寸界线之上。

（3）"观察方向"文本框：在其下拉列表中有"从左到右"和"从右到左"两个选项。

（4）"从尺寸线偏移"数值框：设置文字与尺寸线的距离。左下图所示是文字从尺寸线偏移 10 个单位；右下图所示是文字从尺寸线偏移 50 个单位。

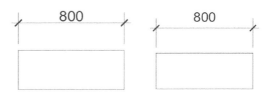

"文字对齐"选区用于设置文字放在尺寸界线上的方向是保持水平还是与尺寸界线平行。

（1）"水平"选项：水平放置文字。

（2）"与尺寸线对齐"选项：文字与尺寸线对齐。

（3）"ISO 标准"选项：当文字在尺寸界线内时，文字与尺寸线对齐。当文字在尺寸界线外时，文字水平排列。

4．"调整"选项卡

在该选项卡中可以设置尺寸线与箭头的位置、尺寸线与文字的位置、标注特征比例以及优化等。单击"调整"选项卡，如下图所示。

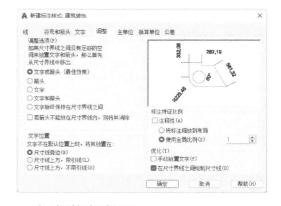

1）"调整选项"区

"调整选项"区中各选项的含义如下。

（1）"文字或箭头（最佳效果）"选项：按照最佳布局移动文字或箭头。

①当尺寸界线间的距离足够放置文字和箭头时，文字和箭头都将放在尺寸界线内。

②当尺寸界线间的距离仅够容纳文字时，则将文字放在尺寸界线内，而将箭头放在尺寸界线外。

③当尺寸界线间的距离仅够容纳箭头时，则将箭头放在尺寸界线内，而将文字放在尺寸界线外。

④当尺寸界线间的距离既不够放置文字又不够放置箭头时，文字和箭头将全部放在尺寸界线外。

（2）"箭头"选项：当尺寸界线间距离不足以放下箭头时，箭头都放在尺寸界线外。

（3）"文字"选项：当尺寸界线间距离不足以放下文字时，文字都放在尺寸界线外。

（4）"文字和箭头"选项：当尺寸界线间距离不足以放下文字和箭头时，文字和箭头都放在尺寸界线外。

（5）"文字始终保持在尺寸界线之间"选项：始终将文字放在尺寸界线之间。

（6）"若箭头不能放在尺寸界线内，则将其消除"选项：当尺寸界线内没有足够空间时，将自动隐藏箭头。

2）"文字位置"区

"文字位置"区用于设置特殊尺寸文字的摆放位置。当标注的文字不能按"调整选项"区的选项所规定位置摆放时，可以通过以下选项来确定其位置。

（1）"尺寸线旁边"选项：将文字放在尺寸线旁边。

（2）"尺寸线上方，带引线"选项：将文字放在尺寸线上方，并自动加上引线。

（3）"尺寸线上方，不带引线"选项：将文字放在尺寸线上方，不加引线。

3）"标注特征比例"区

"标注特征比例"区用于设置标注的比例。这个比例影响整个标注所包含的内容。

（1）"将标注缩放到布局"选项：以当前模型空间视口和图纸空间之间的比例确定尺寸标注的比例。

（2）"使用全局比例"选项：设置标注样式的比例。

4）"优化"区

"优化"区用于设置其他调整选项。

（1）"手动放置文字"选项：用于人工调节文字位置。

（2）"在尺寸界线之间绘制尺寸线"选项：在尺寸界线之间绘制尺寸线，将箭头放在尺寸界线外。

5."主单位"选项卡

在该选项卡中可以设置线性标注与角度标

注。单击"主单位"选项卡，如下图所示。

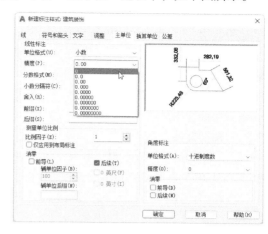

1）"线性标注"区

（1）"单位格式"文本框：在其下拉列表中，可以选择标注的单位格式。

（2）"精度"数值框：在其下拉列表中，可以选择标注的小数位数，如左下图所示。

（3）"分数格式"文本框：当单位格式设置为分数时，在其下拉列表中可以选择标注的分数格式，包括"水平""对角"和"非堆叠"选项，如右下图所示。

（4）"小数分隔符"文本框：在其下拉列表中，可以选择小数格式的分隔符。

（5）"舍入"文本框：设置标注测量值的舍入规则。

（6）"前缀"文本框：为标注的文字设置前缀。

（7）"后缀"文本框：为标注的文字设置后缀。

（8）"测量单位比例"区。

① "比例因子"数值框：设置线性标注测量值的比例因子。AutoCAD 2022 将按照输入的数值放大标注测量值。

② "仅应用到布局标注"选项：仅对在布局中创建的标注应用线性比例值。

（9）"消零"区。

① "前导"选项：控制标注中的小数点前面

的零是否显示。

②"后续"选项：控制标注中的小数点后面的零是否显示。

③"0英尺"选项：当尺寸小于1英尺时，不输出英尺—英寸型标注中的英尺部分。

④0英寸：当尺寸是整数英寸时，不输出英尺—英寸型标注中的英寸部分。

2）"角度标注"区

（1）"单位格式"文本框：用于设置角度单位格式。在其列表框中共有4个选项："十进制度数""度/分/秒""百分度""弧度"如左下图所示。

（2）"精度"数值框：用于设置角度标注的小数位数，如右下图所示。

6."换算单位"选项卡

该选项卡用于将原单位换算成另一种单位格式及相关的单位内容。单击"换算单位"选项卡，如下图所示。

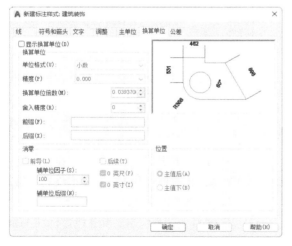

"换算单位"选项卡的说明如下。

（1）"显示换算单位"选项：用于向标注的文字添加换算单位。

（2）"换算单位"区。

①"单位格式"文本框：用于设置换算单

位的格式。

②"精度"数值框：用于设置换算单位中的小数位数。

③"换算单位倍数"数值框：用于设置两种单位的换算比例。

④"舍入精度"数值框：用于设置换算单位的舍入规则。

⑤"前缀"文本框：为标注的文字设置前缀。

⑥"后缀"文本框：为标注的文字设置后缀。

（3）"消零"区。

①"前导"选项：不输出所有十进制数标注中的小数点前面零。例如，"0.5000"变成".5000"。

②"辅单位因子"数值框：将辅单位的数量设定为一个单位。如果尺寸小于一个单位，则以辅单位为单位计算标注尺寸。例如，若后缀为"m"，而辅单位后缀以"cm"显示，则在该数值框中输入"100"。

③"辅单位后缀"文本框：在标注尺寸辅单位中设置后缀。可以在该文本框中输入文字或特殊符号。例如，如果在该文本框中输入cm，则可将".45m"显示为"45cm"。

④"后续"选项：不输出所有十进制数标注中的小数点后面的零。例如，"8.6000"变成"8.6"。

⑤"0英尺"选项：如果尺寸小于1英尺，则消除标注中的英尺部分。例如，"0'-8""变成"8""。

⑥"0英寸"选项：若尺寸为整数英寸，则消除标注中的英寸部分。例如，"1'-0""变为"1""。

（4）"位置"区。

①"主值后"选项：将换算单位放在标注的主单位之后。

②"主值下"选项：将换算单位放在标注的主单位下面。

> **⭐ 高手点拨**
>
> 建立有效的标注样式有几个技巧：一是建立必需的标注样式并保存到图形模板文件中，可以不必再建立相同的样式，还可以把它们加载到新图形中；二是在对标注样式命名时，选用的名称应有意义，以使自己和其他人容易理解；三是当使用不同标注类型对所用标注样式稍做改变时，请利用样式族。

7.“公差”选项卡

在该选项卡中可以设置公差格式、换算单位公差的特性等内容。单击“公差”选项卡，如下图所示。

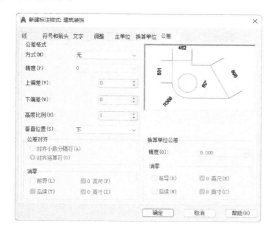

“公差格式”区主要用于设置公差标注样式；“换算单位公差”区主要用于设置换算单位中公差的精度。这两个区中的“消零”区用于设置公差中零的可见性。

“公差格式”区的说明如下。

（1）“方式”文本框：设置公差标注类型。其下拉列表包括“无”“对称”“极限偏差”“极限尺寸”“基本尺寸”5个选项。

（2）“精度”数值框：用于设置公差的小数位数。

（3）“上偏差”数值框：设置最大公差或上偏差。如果在“方式”下拉列表中选择“对称”选项，则此值将用于公差。

（4）“下偏差”数值框：用于设置最小公差或下偏差值。

（5）“高度比例”数值框：用于设置公差文字的当前高度。

（6）“垂直位置”文本框：用于控制公差的摆放位置。

（7）“公差对齐”区：在堆叠时控制上偏差值和下偏差值的对齐。

①“对齐小数分隔符”选项：通过上偏差值和下偏差值的小数分割符对齐这两个值。

②“对齐运算符”选项：通过上偏差值和下偏差值的运算符对齐这两个值。

完成“新建标注样式”对话框中的各个选项卡中的特性参数设置后，用户便可以建立一个新的尺寸标注样式。创建好标注样式后，单击“标注样式管理器”对话框中“列出”下拉按钮，可以在其下拉列表中查看并选择创建的标注样式。

8.1.6 修改标注样式

建立了新标注样式后，在“标注样式管理器”对话框右侧的“预览”区里，可以看见当前标注样式设置后的效果。若对当前标注样式不满意，则可以对标注样式进行修改。具体操作方法如下。

Step01：在“标注样式管理器”对话框中创建“建筑装饰”标注样式，单击“修改”按钮，如下图所示。

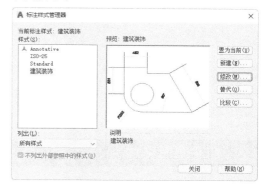

Step02：打开“修改标注样式：建筑装饰”对话框，依次设置尺寸线和尺寸界线内容，如下图所示。

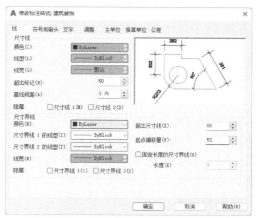

Step03：单击“文字”选项卡，输入文字高度，如“100”，再单击“确定”按钮，如下图所示。

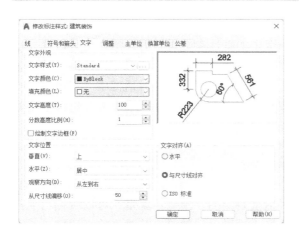

Step04: 修改后效果如下图所示。

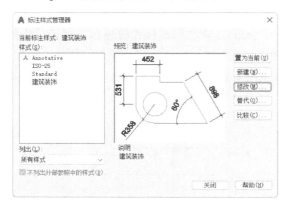

8.2 标注图形尺寸

通过对图形进行尺寸标注，可以准确地反映图形中各对象的大小和位置，以及图形的真实尺寸，从而为生产加工提供了依据。因此，尺寸标注具有非常重要的作用。本节讲解如何使用 AutoCAD 2022 中的基本尺寸标注工具，快速和准确地标注图形尺寸。

8.2.1 线性标注

"线性标注"命令用于标注长度类型的尺寸，如标注垂直、水平和旋转的线性尺寸。线性标注是可以水平、垂直或对齐放置的。创建线性标注时，可以修改文字内容、文字角度或尺寸线的角度。

1. 执行方式

线性标注有以下几种执行方式。

- 菜单命令：单击"标注"菜单，再单击"线

性"命令。

- 命令按钮：单击"注释"选项卡，再单击"线性"按钮。
- 快捷命令：在命令行输入"线性标注"命令 DLI，按空格键确定。

2. 操作方法

线性标注的具体操作方法如下。

Step01: 打开"素材文件\第 8 章\8-2-1.dwg"，输入命令 D，按空格键确定，打开"标注样式管理器"对话框；❶创建"建筑装饰"样式；❷单击"置为当前"按钮；❸单击"关闭"按钮，如下图所示。

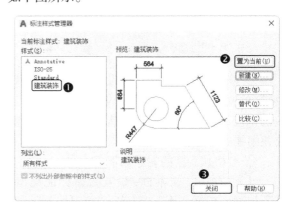

Step02: 单击"注释"选项卡；单击"线性"按钮；单击矩形左下角端点以将其指定为尺寸标注的起点，如下图所示。

Step03: 单击矩形右下角端点以将其指定为尺寸标注的终点，如下图所示。

Step04: 下移光标，单击指定尺寸线位置，如下图所示。

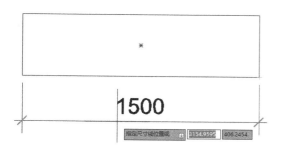

Step05: 按空格键激活"线性标注"命令，再单击矩形右下角端点以将其指定为线性标注的起点，如下图所示。

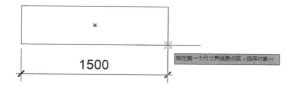

Step06: 单击矩形右上角端点以将其指定为线性标注的终点，如下图所示。

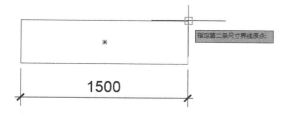

Step07: 右移光标，输入尺寸线与对象的距离，如"500"，按空格键确定，如下图所示。

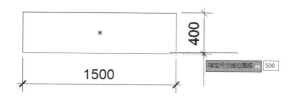

⟨∅⟩高手点拨·∘

　　线性标注是基于尺寸标注的起点、尺寸标注的终点和尺寸线位置建立的。在线性标注中，通过尺寸标注的起点和终点确定对象长度；通过尺寸线位置确定尺寸线和对象之间的距离；当命令行出现"指定尺寸线位置或"字样时，可直接输入具体数值以使各尺寸线整洁美观。

8.2.2　对齐标注

　　对齐标注是线性标注中的一种形式，是指尺寸线的标注始终与对象保持平行。若对象是圆弧，则将尺寸线与圆弧的两个端点所连接的弦保持平行。

1. 执行方式

　　在 AutoCAD 2022 中，"对齐标注"命令有以下几种执行方式。

- 菜单命令：单击"标注"菜单，再单击"对齐"命令。
- 命令按钮：单击"注释"选项卡，再单击"标注"下拉按钮 ⊢·，然后单击"对齐"命令按钮 ⌐已对齐。
- 快捷命令：在命令行输入"对齐标注"命令 DAL，按空格键确定。

2. 操作方法

对齐标注的具体操作方法如下。

Step01: 打开"素材文件\第 8 章\8-2-2.dwg"，单击"注释"选项卡；单击"标注"下拉按钮 ⊢·；单击"已对齐"按钮 ⌐已对齐，如下图所示。

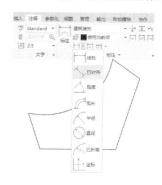

Step02: 单击图形右下角端点以将其指定为对象的标注起点，如下图所示。

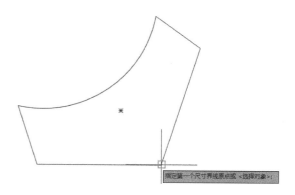

Step03: 单击图形右上角端点以将其指定为对象的标注终点，如下图所示。

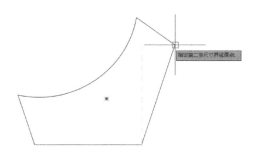

Step04: 单击指定尺寸线位置，如下图所示。

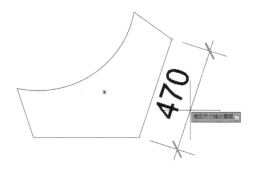

Step05: 单击指定尺寸标注的起点，如下图所示。

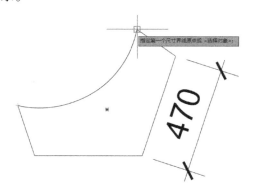

Step06: 单击指定尺寸标注的终点，如下图所示。

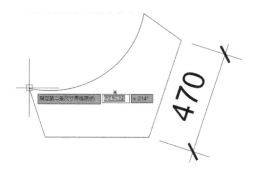

Step07: 上移光标，再输入尺寸线位置，如

"300"，按空格键确定，如下图所示。

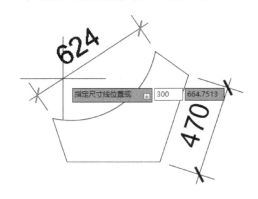

8.2.3 实例：标注曲柄

本实例主要介绍"线性标注"命令和"对齐标注"命令的具体应用。本实例的最终效果如下图所示。

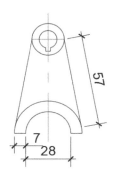

具体操作方法如下。

Step01: 打开"素材文件 \ 第 8 章 \ 标注曲柄 .dwg"，输入"线性标注"命令 DLI，按空格键确定；单击指定尺寸标注的起点，如下图所示。

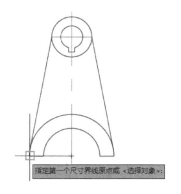

Step02: 右移光标，单击指定尺寸标注的终点；下移光标，单击指定尺寸线位置，如下图所示。

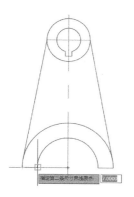

Step03: 按空格键激活"线性标注"命令，单击指定尺寸标注的起点；右移光标，单击指定尺寸标注的终点；下移光标，单击指定尺寸线位置，如下图所示。

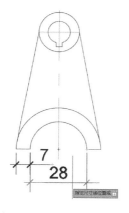

Step04: 输入"对齐标注"命令 DAL，按空格键，单击指定对象的标注起点；下移光标，单击指定对象的标注终点；移动光标，单击指定尺寸线位置，如下图所示。

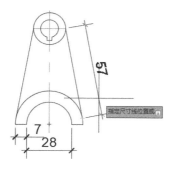

8.2.4 坐标标注

使用坐标标注命令时，可用尺寸标注"X"或"Y"轴点，称之为基准；也可使用子命令在当前坐标前或后建立具有文本像旁注线的坐标尺寸标注。

1. 执行方式

在 AutoCAD 2022 中，坐标标注有以下几种执行方式。

- 菜单命令：单击"标注"菜单，再单击"坐标"命令。
- 命令按钮：单击"注释"选项卡，再单击"标注"下拉按钮⊞·，然后单击"坐标"按钮⊢坐标。
- 快捷命令：在命令行输入"坐标标注"命令 DOR，按空格键确定。

2. 命令提示与选项说明

执行"坐标标注"命令后，命令行会显示如下图所示的命令提示和选项。

```
命令：_dimordinate
指定点坐标：
创建了无关联的标注。
指定引线端点或 [X 基准(X)/Y 基准(Y)/多行文字(M)/文字(T)/角度(A)]:
标注文字 = 483
```

选项说明如下。

（1）X 基准（X）：测量 x 坐标，并确定引线和标注的文字方向。

（2）Y 基准（Y）：用于测量 y 坐标，并确定引线和标注的文字方向。

（3）多行文字（M）：用于改变标注的多行文字或给其添加前缀、后缀。

（4）文字（T）：用于改变标注的文字或给其添加前缀、后缀。

（5）角度（A）：用于修改标注的文字角度。

3. 操作方法

坐标标注的具体操作方法如下。

Step01: 绘制一个半径为"100"的圆，并创建标注样式；在"注释"选项卡单击"标注"下拉按钮⊞·，再单击"坐标"按钮⊢坐标，如下图所示。

Step02：单击指定需要标注点的坐标位置，如下图所示。

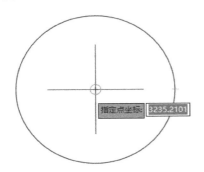

Step03：单击指定引线端点，完成坐标标注，如下图所示。

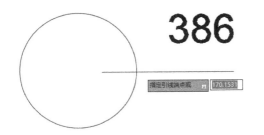

8.2.5　半径标注

"半径标注"命令用于标注圆或圆弧的半径。在半径标注中，有一条带指向圆或圆弧箭头的半径尺寸线。如果系统变量 DIMCEN 未被设置为零，系统将绘制一个圆心标记。

1. 执行方式

在 AutoCAD 2022 中，半径标注有以下几种执行方式。

- 菜单命令：单击"标注"菜单，再单击"半径"命令。
- 命令按钮：在"注释"选项卡单击"标注"下拉按钮 ，再单击"半径"按钮 。
- 快捷命令：在命令行输入"半径标注"命令 DRA，按空格键确定。

2. 操作方法

半径标注的具体操作方法如下。

Step01：绘制圆，再创建标注样式；在"注释"选项卡单击"标注"下拉按钮 ，再单击"半径"按钮 ，如下图所示。

Step02：选择圆作为标注的对象，如下图所示。

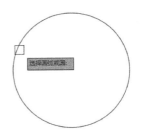

Step03：单击指定尺寸线位置，如下图所示。

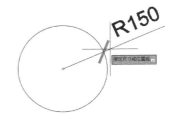

8.2.6　直径标注

"直径标注"命令用于标注圆或圆弧的直径。在直径标注中，有一条带指向圆或圆弧箭头的直径尺寸线。如果系统变量 DIMCEN 未被设置为零，系统将绘制一个圆心标记。

1. 执行方式

在 AutoCAD 2022 中，直径标注有以下几种执行方式。

- 菜单命令：单击"标注"菜单，再单击"直径"命令。
- 命令按钮：单击"注释"选项卡，再单击"标注"下拉按钮 ，然后单击"直径"命令按钮 。
- 快捷命令：在命令行输入"直径标注"命令 DDI，按空格键确定。

2. 操作方法

直径标注的具体操作方法如下。

Step01: ❶绘制圆；❷创建标注样式；❸在"注释"选项卡单击"标注"下拉按钮 ⊞▾；❹单击"直径"按钮 ⊘直径，如下图所示。

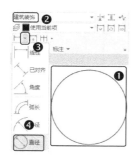

Step02: 选择圆作为标注的对象，如下图所示。

Step03: 单击指定尺寸线位置，如下图所示。

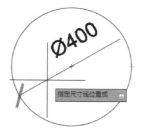

8.2.7 角度标注

"角度标注"命令可以标注线段之间的夹角，也可以标注圆弧所包含的弧度。

1. 执行方式

在 AutoCAD 2022 中，角度标注有以下几种执行方式。

● 菜单命令：单击"标注"菜单，再单击"角度"命令。

● 命令按钮：单击"注释"选项卡，再单击"标注"下拉按钮 ⊞▾，然后单击"角度"按钮 △角度。

● 快捷命令：在命令行输入"角度标注"命令 DAN，按空格键确定。

2. 操作方法

使用"角度标注"命令的具体操作方法如下。

Step01: ❶使用"直线"命令 L 绘制两条呈夹角的直线；❷创建标注样式；❸在"注释"选项卡单击"标注"下拉按钮 ⊞▾；❹单击"角度"按钮 △角度，如下图所示。

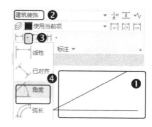

Step02: 选择构成角的第一个对象，如下图所示。

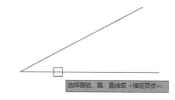

Step03: 选择构成角的第二个对象，如下图所示。

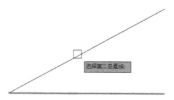

Step04: 单击指定标注弧线位置，如下图所示。

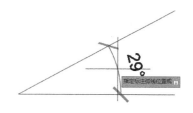

8.2.8 公差标注

"公差标注"命令主要用于标注机械设计中的形位公差。

1. 执行方式

在 AutoCAD 2022 中，公差标注命令有以下几种执行方式。

- 菜单命令：单击"标注"菜单，再单击"公差"命令。
- 命令按钮：单击"注释"选项卡，再单击"标注"下拉面板 ⊟·，然后单击"公差"按钮 ⊞1 。
- 快捷命令：在命令行输入"公差标注"命令 TOL，按空格键确定。

2. 操作方法

公差标注的具体操作方法如下。

Step01：❶创建标注样式；❷在"注释"选项卡单击"标注"下拉按钮 标注；❸单击"公差"按钮 ⊞1，打开"形位公差"对话框，如下图所示。

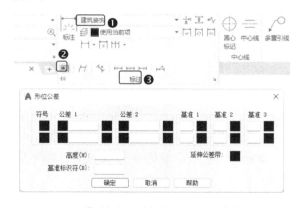

Step02：❶单击"符号"区的方框，打开"特征符号"窗口；❷选择特征符号，如下图所示。

Step03：❶"公差 1"文本框内输入参数"0.2"；❷单击"确定"按钮，如下图所示。

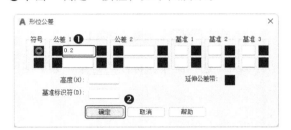

Step04：在绘图区适当位置单击，输入公差位置，如下图所示。

Step05：设置效果如下图所示。

8.2.9 实例：标注盖形螺母

本实例主要介绍标注命令的具体应用。本实例的最终效果如下图所示。

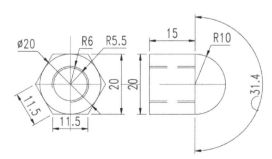

具体操作方法如下。

Step01: 打开"素材文件\第8章\标注盖形螺母.dwg",输入命令D,按空格键确定,打开"标注样式管理器"对话框;❶新建"机械"标注样式;❷单击"置为当前"按钮;❸单击"关闭"按钮,如下图所示。

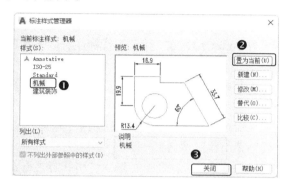

Step02: 输入"线性标注"命令DLI,按空格键确定;单击指定尺寸标注的起点,再单击指定尺寸标注的终点;左移光标,输入尺寸线位置,如"5",按空格键确定,如下图所示。

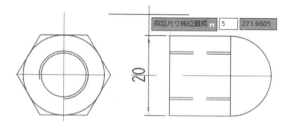

Step03: 按空格键激活"线性标注"命令,创建线性标注,如下图所示。

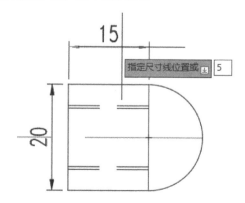

Step04: 输入"半径标注"命令DRA,按空格键确定,选择圆弧,如下图所示。

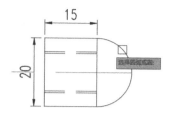

Step05: 单击指定尺寸线位置,如下图所示。

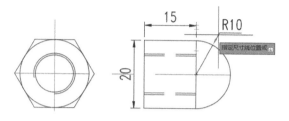

Step06: 单击"标注"下拉按钮 ⊟ ▾,再单击"弧长"按钮 ⌒ 弧长,如下图所示。

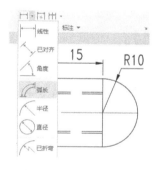

Step07: 选择要标注的圆弧,如下图所示。

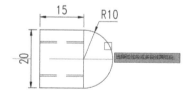

Step08: 单击指定弧长标注的位置,如下图所示。

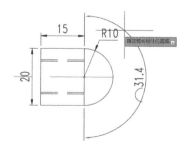

Step09: 输入"对齐标注"命令 DAL，按空格键确定，创建对齐标注，如下图所示。

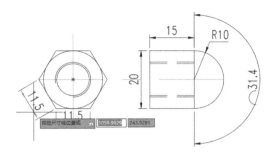

Step10: 输入"直径标注"命令 DDI，按空格键确定，创建直径标注，如下图所示。

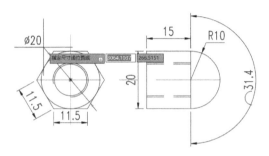

Step11: 使用"半径标注"命令 DRA，创建半径标注，如下图所示。

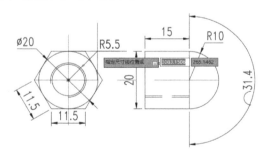

Step12: 再使用"线性标注"命令 DLI 创建线性标注，"半径标注"命令 DRA 创建半径标注，如下图所示。

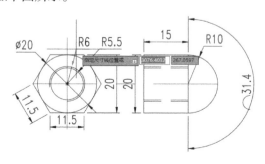

8.2.10 引线标注

"引线标注"命令用于快速地创建引线标注和引线注释。引线是一条连接注释与特征的线。引线标注通常和公差一起用来标注机械设计中的形位公差，也常用来标注建筑装饰设计中材料等内容。

1. 执行方式

在 AutoCAD 2022 中，引线标注有以下几种执行方式。

- 菜单命令：单击"标注"菜单，再单击"多重引线"命令。
- 命令按钮：单击"注释"选项卡，再单击"多重引线"按钮。
- 快捷命令：在命令行输入"引线标注"命令 lE，按空格键确定。

2. 操作方法

引线标注的具体操作方法如下。

Step01: 使用"矩形"命令 REC 绘制一个矩形；输入"引线标注"命令 LE，按空格键确定；在矩形内单击指定第一个引线点（引线起点），如下图所示。

Step02: 上移光标，在矩形外单击指定引线的下一点，如下图所示。

Step03: 右移光标，单击指定下一点，如下图所示。

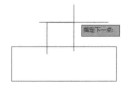

Step04: 输入文字宽度，如"20"，按空格键

确定，如下图所示。

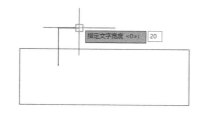

Step05: 按空格键确定，如下图所示。

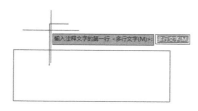

Step06: 打开文本框，在"高度"数值框中输入文字高度"20"，按空格键确定，如下图所示。

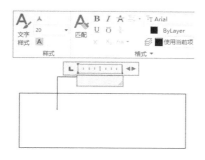

Step07: 在文本框中输入文字内容"玻璃茶几"，如下图所示。

Step08: 在空白处单击，结束"引线标注"命令，效果如下图所示。

在对图形进行标注时，通常会使用到快速标注、连续标注和基线标注等标注方法。下面将介绍快速标注、连续标注和基线标注的应用方法。

8.3.1　快速标注

"快速标注"命令用于快速创建标注，其中包含了创建基线标注、连续标注、半径标注和直径标注等。

1. 执行方式

在 AutoCAD 2022 中，快速标注有以下几种执行方式。

- 菜单命令：单击"标注"菜单，再单击"快速"命令。
- 命令按钮：单击"注释"选项卡，再单击"快速"按钮 。
- 快捷命令：在命令行输入"快速标注"命令 QD，按空格键确定。

2. 操作方法

快速标注的具体操作方法如下。

Step01: 打开"素材文件\第8章\8-3-1.dwg"，选择标注样式；输入命令 QD，按空格键确定；选择要标注的几何图形，如下图所示。

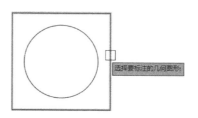

Step02: 移动光标，单击指定尺寸线位置，如下图所示。

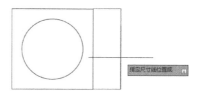

Step03: 按空格键激活"快速标注"命令，

选择要标注的几何图形，如下图所示。

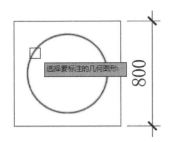

Step04：移动光标，单击指定尺寸线位置，如下图所示。

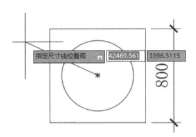

Step05：效果如下图所示。

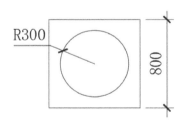

8.3.2　连续标注

"连续标注"命令用于标注在同一方向上连续的线型或角度尺寸。该命令是在从上一个或选定标注的第二条尺寸界线处创建新的线性、角度或坐标的连续标注的。

1. 执行方式

在 AutoCAD 2022 中，连续标注有以下几种执行方式。

- 菜单命令：单击"标注"菜单，再单击"连续"命令。
- 命令按钮：单击"注释"选项卡，再单击"连续"按钮。
- 快捷命令：在命令行输入"连续标注"命

令 DCO，按空格键确定。

2. 操作方法

连续标注的具体操作方法如下。

Step01：打开"素材文件\第 8 章\8-3-2.dwg"，选择标注样式；使用"线性标注"命令 DLI，创建线性标注，如下图所示。

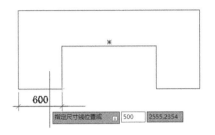

Step02：单击"连续"按钮，如下图所示。

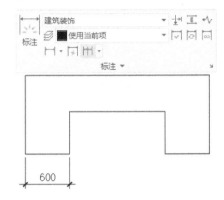

Step03：单击指定第二个尺寸标注的终点，如下图所示。

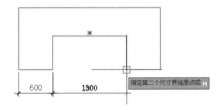

Step04：继续单击指定下一个尺寸标注的终点，如下图所示；按空格键结束"连续标注"命令。

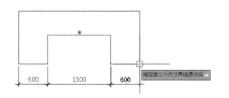

8.3.3　实例：标注支架图形尺寸

　　本实例主要给支架图形标注尺寸，并介绍标注命令的具体应用。本实例最终效果如下图所示。

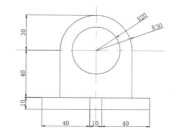

　　具体操作方法如下。

　　Step01：打开"素材文件\第8章\标注支架.dwg"，选择标注样式；使用"半径标注"命令 DRA 创建两个圆的半径标注；使用"线性标注"命令 DLI 创建线性标注；输入"连续标注"命令 DCO，按空格键确定，如下图所示。

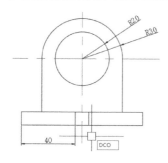

　　Step02：移动光标，单击指定标注的第二个点，如下图所示。

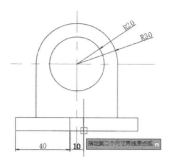

　　Step03：继续移动光标，单击指定标注的第三个点，如下图所示。

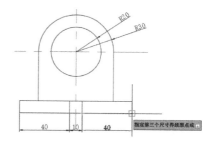

　　Step04：输入"快速标注"命令 QD，按空格键确定，如下图所示。

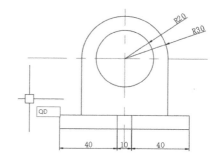

　　Step05：选择要标注的几何图形，按空格键确定；左移光标，单击指定尺寸线位置，如下图所示。

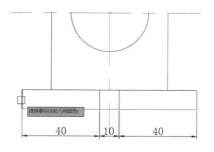

　　Step06：输入"连续标注"命令 DCO，按空格键确定，如下图所示。

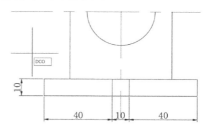

　　Step07：继续移动光标，单击指定标注的第二个点，如下图所示。

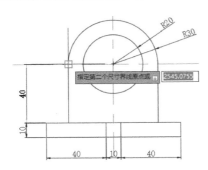

Step08：继续移动光标，单击指定标注的第三个点，如下图所示。

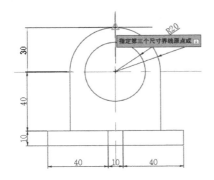

8.3.4 基线标注

基线标注用于标注图形中有一个共同基准的线型、坐标或角度。基线标注是以某一点、线、面作为基准的，而其他尺寸按照该基准进行定位。因此，在进行基线标注之前，需要指定一个线性标注，以确定基线标注的基准点，否则无法进行基线标注。

1. 执行方式

在 AutoCAD 2022 中，基线标注有以下几种执行方式。

- 菜单命令：单击"标注"菜单，再单击"基线"命令。
- 命令按钮：单击"注释"选项卡，再单击"连续"的下拉按钮，然后单击"基线"按钮。
- 快捷命令：在命令行输入"基线标注"命令 DBA，按空格键确定。

2. 操作方法

基线标注的具体操作方法如下。

Step01：打开"素材文件\第 8 章\8-3-2.

dwg"；❶选择标注样式；❷用"线性标注"命令 DLI 创建线性标注；❸单击"连续"下拉按钮；❹单击"基线"按钮，如下图所示。

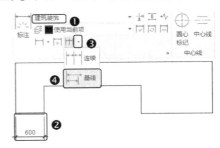

Step02：单击指定第一个基线标注的终点，如下图所示。

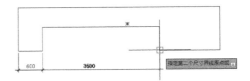

Step03：继续单击指定下一个基线标注的终点，按空格键确定，如下图所示。

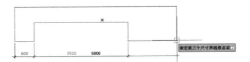

Step04：选择创建的第一个基线标注，再使用"移动"命令将其向下移动，如下图所示。

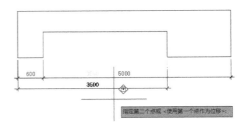

Step05：选择创建的第二个基线标注，再使用移动命令将其向下移动，如下图所示。

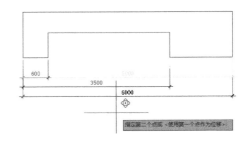

8.4 编辑与修改标注

在图形上创建标注后，可能需要对其进行多次修改。修改标注可以确保尺寸界限或尺寸线不会遮挡任何对象，也可以重新放置标注文字，还可以调整线性标注的位置从而使其均匀分布。最简单的修改标注方法是使用多功能标注夹点。

8.4.1 对齐文字

为了方便操作，经常要对标注的文字进行编辑与修改。"对齐文字"命令用于移动和旋转标注的文字。

1. 执行方式

在 AutoCAD 2022 中，对齐标注的文字有以下几种执行方式。

- 菜单命令：单击"标注"菜单，再单击"对齐文字"命令，然后单击相应的命令。
- 命令按钮：单击"注释"选项卡，再单击"标注"下拉按钮，然后单击相应的命令按钮 ⊢⊣ ⊢⊣ ⊢⊣。
- 快捷命令：在命令行输入"对齐文字"命令 DIMTEDIT，按空格键确定。

2. 操作方法

对齐标注的文字的具体操作方法如下。

Step01：打开"素材文件\第 8 章\8-4-1.dwg"；选择标注样式；使用"线性标注"命令创建线性标注，如下图所示。

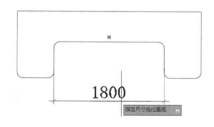

Step02：单击"标注"下拉按钮；在打开的"标注"面板中单击"左对正"按钮 ⊢⊣；选择标注，如下图所示。

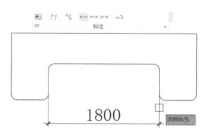

> **新手注意**
> "标注"面板还包括了"居中对正"按钮和"右对正"按钮。通过这些按钮可进行相应操作。

Step03：文字即可被左对齐显示，效果如下图所示。

Step04：单击"标注"下拉按钮；在"标注"面板中单击"文字角度"按钮 ⊱，如下图所示。

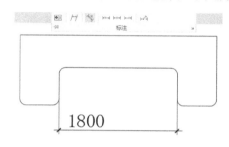

Step05：选择标注，如下图所示。

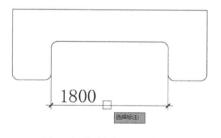

Step06：输入文字的角度，如"45"；按空格键确定，如下图所示。

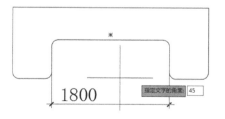

Step07：输入"对齐文字"命令 DIMT，按空格键确定，如下图所示。

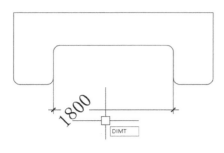

Step08：选择标注，如下图所示。

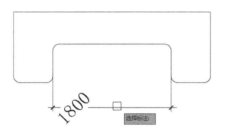

Step09：移动光标，单击指定文字的新位置，如下图所示。

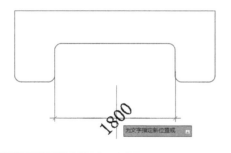

8.4.2　夹点编辑标注

在 AutoCAD 2022 中，可以使用夹点编辑图形对象，同样可以使用夹点编辑标注。具体操作方法如下。

Step01：打开"素材文件\第 8 章\8-4-2.dwg"；单击已有标注，显示夹点；单击线性标注右侧尺寸线起点夹点，如下图所示。

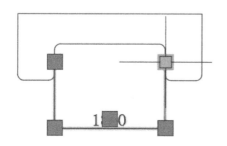

Step02：右移光标，将该夹点移动至适当位置单击，如下图所示。

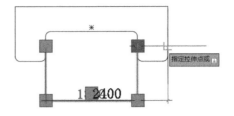

Step03：单击线性标注左侧尺寸线起点夹点；下移光标，移动该夹点至适当位置单击，如下图所示。

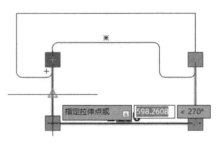

Step04：单击尺寸标注右侧箭头夹点；下移光标，移动该夹点至适当位置单击，如下图所示。

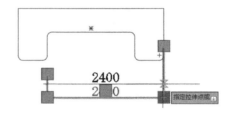

Step05：单击文字夹点，打开的快捷菜单如下图所示。

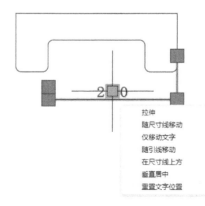

Step06：单击夹点；下移光标，在适当位置

单击即可调整尺寸线位置，如下图所示。

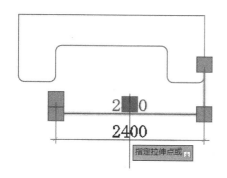

在径向型标注中，选择该标注会有且只有3个夹点框；使用这些夹点框可以更改直径或半径的值，也可将文字与标注对象的位置进行调整。不同的标注类型，其每个夹点的精确位置和作用会有差别。

8.4.3 编辑与修改文字

除了可以对尺寸线的各部分进行更改外，还可以编辑与修改标注的文字。

1. 执行方式

在 AutoCAD 2022 中，编辑与修改文字有以下几种执行方式。

- 菜单命令：单击"修改"菜单，再单击"对象"→"文字"→"编辑"命令。
- 快捷命令：在命令行输入"编辑文字"命令 DDE，按空格键确定。

2. 操作方法

编辑与修改文字的具体操作方法如下。

Step01：绘制圆，使用"直径标注"命令 DDI，创建圆的直径标注；输入"编辑文字"命令 DDE，按空格键确定；选择注释对象，如下图所示。

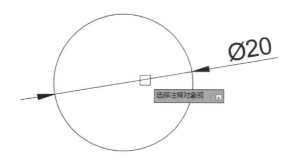

Step02：按【Ctrl+A】组合键选中当前文本框的全部文字内容，如下图所示。

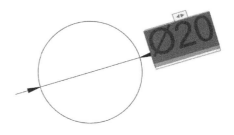

Step03：输入新的文字高度，如"5"，按空格键确定，如下图所示。

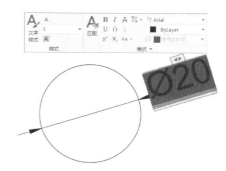

Step04：单击"倾斜"按钮 *I*，效果如下图所示。

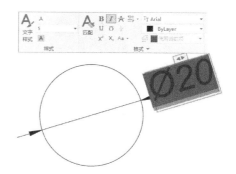

Step05：按"向右"方向键【→】，使光标跳转到文字后，这时即可在光标处添加内容，如下图所示。

Step06：单击"符号"下拉按钮 ；单击"正 / 负 %%P"选项，即可添加正 / 负符号；在空白处单击确定，如下图所示。

Step07：选择注释对象，如下图所示。

☀新手注意·◦

双击标注可以对文字进行相应编辑与修改。

Step08：按【Ctrl+A】组合键全中当前文本框的全部文字内容，如下图所示。

Step09：输入文字，如"100"，再在绘图区空白处单击；按【Esc】键退出编辑模式，如下图所示。

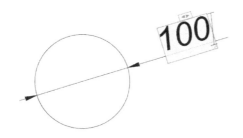

8.4.4 标注编辑类型

在 AutoCAD 2022 中，可以编辑多种标注编辑类型以方便对标注的外观进行调整，如默认、

新建、旋转、倾斜等。

1. 执行方式

在 AutoCAD 2022 中，编辑尺寸标注类型有以下几种执行方式。

- 菜单命令：单击"标注"菜单，再单击"倾斜"命令。
- 快捷命令：在命令行输入"标注编辑类型"命令 DED，按空格键确定。

2. 命令提示与选项说明

执行"标注编辑类型"命令后，命令行显示如下图所示的命令提示和选项。

```
命令：_dimedit
输入标注编辑类型 [默认(H)/新建(N)/旋转(R)/倾斜(O)] <默认>：_o
选择对象：找到 1 个
选择对象：
输入倾斜角度（按 ENTER 表示无）：15
```

选项说明如下。

（1）默认 (H)：将旋转的标注文字移回默认位置。

（2）新建 (N)：使用"多行文字编辑器"修改与编辑标注文字。

（3）旋转 (R)：旋转标注文字。

（4）倾斜 (O)：调整线性标注尺寸界线倾斜角度。

3. 操作方法

使用"标注编辑类型"命令的具体操作方法如下。

Step01：绘制圆，创建线性标注；输入"标注编辑类型"命令 DED，按空格键确定，如下图所示。

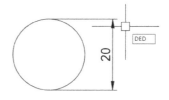

Step02：输入"倾斜"子命令 O，按空格键确定，如下图所示。

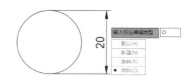

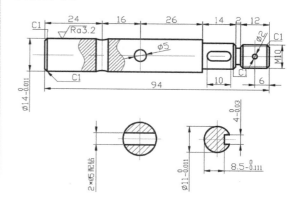

剖切符号。

Step03: 选择对象，按空格键确定，如下图所示。

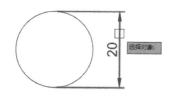

Step04: 输入倾斜角度，如"15"，按空格键确定，如下图所示。

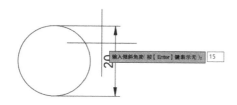

Step05: 完成标注编辑，如下图所示。

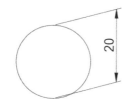

综合演练：标注泵轴图形尺寸

✖ 演练介绍

　　此实例主要标注泵轴图形尺寸，并综合运用本章所学的标注命令，包括"线性标注""引线标注""公差标注"等命令来完成泵轴图形尺寸的标注，最后利用绘制和编辑二维图形命令及"单行文字"命令，为该图形添加粗糙度和

✖ 操作方法

　　本实例的具体操作方法如下。

　　Step01: 打开"素材文件\第8章\泵轴.dwg"，创建"尺寸标注"图层并将其设置为当前图层，如下图所示。

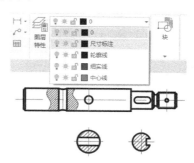

　　Step02: 输入命令 D，按空格键确定，打开"标注样式管理器"对话框；❶单击"创建"按钮，打开"创建新标注样式"对话框；❷输入新样式名"机械制图"；❸单击"继续"按钮，如下图所示。

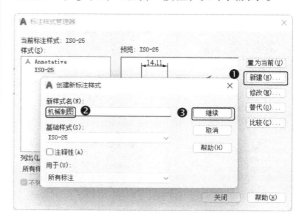

　　Step03: 单击"线"选项卡，并在"线"选

项卡中设置内容，如下图所示。

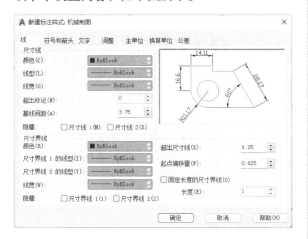

Step04: 单击"文字"选项卡，并在"文字"选项卡中设置内容，如下图所示。

Step05: 单击"公差"选项卡，并在"公差"选项卡中设置内容，如下图所示。

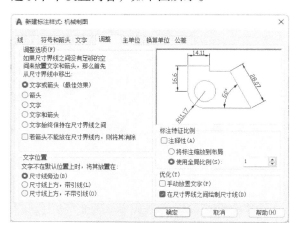

Step06: 使用"线性标注"DLI命令，创建

线性标注；输入"连续标注"命令DCO，按空格键确定，如下图所示。

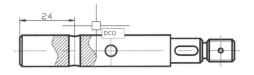

Step07: 单击指定尺寸线下一点，如下图所示。

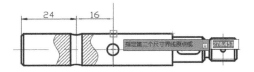

Step08: 依次单击指定尺寸线下一点；标注完成后按空格键结束"连续标注"命令，如下图所示。

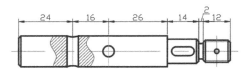

Step09: 创建右侧线性标注；双击文字，修改文字为"M10"，如下图所示。

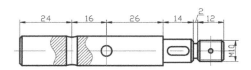

Step10: 使用"直径标注"命令DDI，创建两个圆的直径标注，如下图所示。

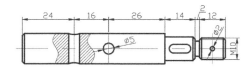

Step11: 使用"线性标注"DLI命令，依次创建线性标注，如下图所示。

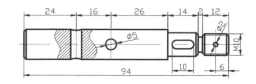

Step12：使用"线性标注"DLI 命令，创建线性标注，如下图所示。

Step13：双击文字，输入文字内容"2×%%c5配钻"；在空白处单击确定；按【Esc】键退出文字编辑模式，如下图所示。

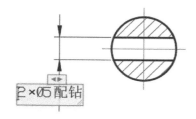

Step14：使用"线性标注"命令 DLI，为对象创建线性标注，如下图所示。

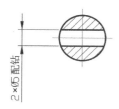

Step15：输入命令 D，按空格键确定，打开"标注样式管理器"对话框；单击"替代"按钮，如下图所示。

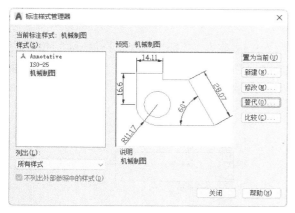

Step16：单击"主单位"选项卡，再将"线性标注"区中的"精度"设置为"0.000"，如下图所示。

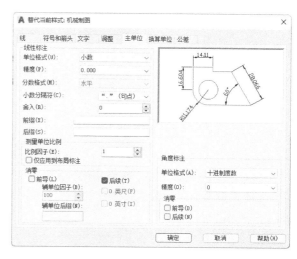

Step17：单击"公差"选项卡；在"公差格式"区中，将"方式"设置为"极限偏差"，将"上偏差"设置为"0"，将下偏差设置为"0.111"，将"高度比例"设置为"0.7"；设置完成后单击"确定"按钮，如下图所示。

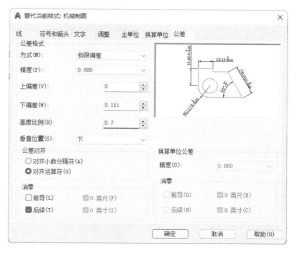

Step18：在"注释"选项卡的"标注"面板中，单击"更新"按钮，如下图所示。

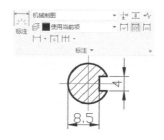

Step19：选择标注对象，按空格键确定，如

下图所示。

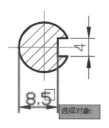

Step20：输入命令 D，按空格键确定，打开"标注样式管理器"对话框；单击"替代"按钮，如下图所示。

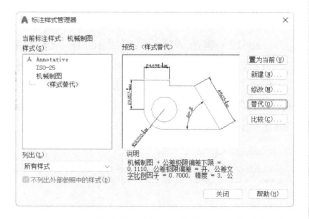

Step21：单击"公差"选项卡；在"公差格式"选项区中，将"上偏差"设置为"0"，将下偏差设置为"0.03"，将"高度比例"设置为"0.7"；设置完成后单击"确定"按钮，如下图所示。

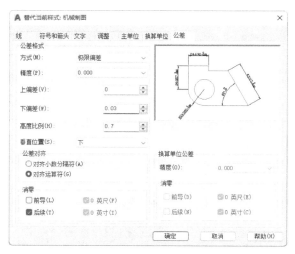

Step22：在"注释"选项卡的"标注"面板中，单击"更新"按钮🗖；选择标注对象，按空

格键确定，如下图所示。

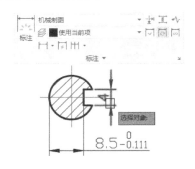

Step23：输入命令 D，按空格键确定，打开"标注样式管理器"对话框；单击"替代"按钮；单击"公差"选项卡；在"公差格式"区中，将"上偏差"设置为"0"，将下偏差设置为"0.011"，将"高度比例"设置为"0.7"；设置完成后单击"确定"按钮，如下图所示。

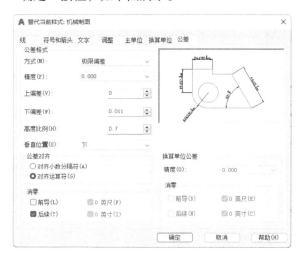

Step24：在"注释"选项卡的"标注"面板中，单击"更新"按钮🗖；选择标注对象，按空格键确定，如下图所示。

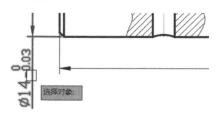

Step25：使用"线性标注"命令 DLI，创建右下角视图左侧线性标注；输入"引线标注"命令 LE，按空格键确定，如下图所示。

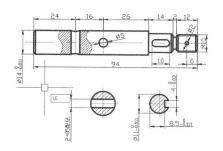

Step26：输入"设置"子命令 S，按空格键确定，如下图所示。

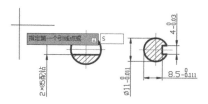

Step27：打开"引线设置"对话框；单击"引线和箭头"选项卡，并在其中设置内容，如下图所示。

Step28：单击"附着"选项卡，选中"最后一行加下画线"选项，再单击"确定"按钮，如下图所示。

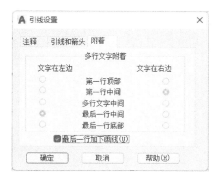

Step29：使用"直线"命令 L，创建粗糙度符号；使用"定义属性块"命令创建"粗糙度"块，

如下图所示。

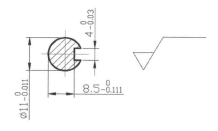

Step30：输入"插入块"命令 I，按空格键确定，打开"块"面板；在"选项"区中，单击"提示"下拉按钮，然后在下拉列表中选择"统一比例"选项，并将其设置为"0.5"；拖动"粗糙度"块到绘图区，如下图所示。

Step31：在"编辑属性"对话框的"粗糙度"文本框中输入"Ra3.2"，再单击"确定"按钮，如下图所示。

Step32：将块移动到主视图左上方适当位置，完成标注，如下图所示。

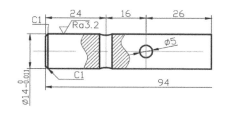

新手问答

❷ No.1：为什么创建尺寸标注后，图形中会出现一些小点且无法被删除？

在 AutoCAD 2022 中标注图形尺寸时，会自动生成一个 DEFPOINTS 图层。该图层用于保存有关标注点的位置等信息，且一般是被冻结的。因为系统原因，这些点有时会显示出来。要删掉这些点，可先将 DEFPOINTS 图层解冻后再删除这些点。但要注意的是，如果删除了与尺寸标注还有关联的点，将同时删除对应的尺寸标注。

❷ No.2：创建尺寸标注时怎么统一尺寸线与图形的距离？

在创建尺寸标注时，执行相应标注命令后，会先提示指定标注的起点，再提示指定标注的终点，然后会提示指定标注的尺寸线位置，而此时输入的数值就是尺寸线与图形的距离。每次提示指定标注的尺寸线位置时，输入相同的数值，即可统一尺寸线与图形的距离。

❷ No.3：如何修改尺寸标注的比例？

方法一：DIMSCALE 决定了尺寸标注的比例。其值为整数，默认为 1。在图形有了一定的尺寸标注的比例，在缩放图形时应最好将其改为缩放比例。

方法二：在"标注样式管理器"对话框中选择要修改的标注样式，单击"修改"按钮；在打开的"修改标注样式"对话框中单击"主单位"选项卡；在该选项卡的"比例因子"文本框中输入要修改的尺寸标注比例即可。

❷ No.4：为什么剖面线或尺寸线不是连续线型？

AutoCAD 2022 绘制的剖面线、尺寸标注都可以具有线型属性。如果当前的线型不是连续线型，那么绘制的剖面线和尺寸标注就不会是连续线。

上机实验

✏️【练习1】标注窗户图形尺寸。

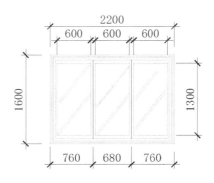

1. 目的要求

本实例主要使用线性标注、连续标注、快速标注，将窗户图形的各部分尺寸标注完整。

2. 操作提示

（1）创建并选择标注样式。

（2）使用"线性标注"命令指定窗户图形中的镜面尺寸。

（3）使用"线性标注"命令依次将窗户图形中的各镜面尺寸标注完整。

（4）使用"线性标注"命令将窗户图形中的水平长度标注出来。

（5）使用"线性标注"命令将窗户图形中的扇面尺寸标注出来。

（6）使用"连续标注"命令依次指定窗户图形中的各扇面尺寸

（7）使用"线性标注"命令标注窗户图形中的镜面侧面的高度尺寸。

（8）使用"快速标注"命令标注窗户图形中的外框高度。

✏️【练习2】标注衣柜图形尺寸

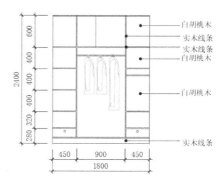

1. 目的要求

本练习首先使用"线性标注"和"连续标注"

命令将衣柜图形中的各部分尺寸标注完整，接着使用"引线标注"命令标注衣柜图形中的各部分材质。

2. 操作提示

（1）创建并选择标注样式，使用"线性标注"命令创建衣柜左侧柜体图形，再使用"连续标注"命令沿柜体图形依次创建尺寸标注。

（2）通过夹点调整标注的文字位置。

（3）标注衣柜图形的高度。

（4）标注衣柜图形的横向长度尺寸。

（5）设置文字高度为"100"，创建引线标注，输入标注的文字。

（6）使用"引线标注"命令依次标注衣柜材料。

思考与练习

一、填空题

1."引线标注"命令用于快速地创建引线标注和_____。

2. 尺寸标注类型大致分为_____、_____、_____、_____。

3._____命令可以标注线段之间的夹角，也可以标注圆弧所包含的弧度。

二、选择题

1.（　　）中公用一条基线。

A. 基线标注　　　　B. 连续标注

C. 公差标注　　　　D. 引线标注

2. 将图形和已标注的尺寸同时放大 2 倍，其结果是（　　）。

A. 尺寸值是原来的 2 倍

B. 尺寸值不变，文字高度是原来的 2 倍

C. 尺寸箭头是原来的 2 倍

D. 原尺寸不变

3. 直径标注的快捷命令是（　　）。

A. DDI　　　　　　B. DRA

C. DCO　　　　　　D. QD

4. 一个完整的尺寸标注由（　　）组成。

A. 尺寸界限、文字、尺寸箭头

B. 尺寸界限、文字、尺寸箭头和主单位

C. 尺寸线、尺寸界限、文字、尺寸箭头

D. 尺寸线、尺寸界限、文字、尺寸箭头和主单位

5. 基线标注和连线标注的共同点是（　　）。

A. 都是起始标注

B. 在已有标注上才能开始创建

C. 将已经标注的起点作为基准点开始创建

D. 将已有标注终点作为下一个标注的起点

本章小结

本章重点掌握尺寸标注的各项内容和编辑标注的相关知识。这些内容在整个 AutoCAD 2022 软件的学习中主要起着补充和完善的作用。

第 8 章　尺寸标注

🖉 读书笔记

_____

_____

_____

_____

_____

_____

_____

第 9 章 三维绘图入门

本章导读

　　在 AutoCAD 中，不仅可以绘制二维图形，还可以绘制三维图形。本章将介绍在 AutoCAD 2022 中将二维图形创建为三维图形必须掌握的一些基础知识和基本操作，此类操作是绘制、编辑三维图形的前提。

学完本章后应知应会的内容

- 理解三维坐标系
- 设置视口与观察三维模型
- 使用导航工具

9.1 理解三维坐标系

三维坐标系也称为空间直角坐标系，由 x 轴、y 轴、z 轴构成，且两两轴垂直，用于描述三维空间的物体位置。在 AutoCAD 2022 中，三维世界坐标系是在二维世界坐标系的基础上根据右手定则增加 z 轴而形成的。同二维世界坐标系一样，三维世界坐标系是其他三维坐标系的基础，不能被重新定义。

9.1.1 三维坐标系简介

AutoCAD 2022 提供了下列几种三维坐标系形式。

1. 直角坐标系

直角坐标系是笛卡儿坐标系的一种。在 AutoCAD 2022 的三维空间，任意一点都可以用直角坐标（x,y,z）的形式表示。其中，x、y 和 z 分别表示该点在直角坐标系中 x 轴、y 轴和 z 轴上的坐标值。

例如，点（5,4,3）表示一个沿 x 轴正方向 5 个单位、沿 y 轴正方向 4 个单位、沿 z 轴正方向 3 个单位的点。该点在直角坐标系中位置如下图所示。

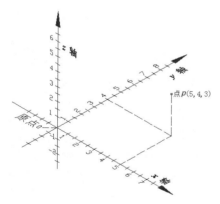

※高手点拨※

三维笛卡儿坐标（x, y, z）与二维笛卡儿坐标（x, y）相似，即在 x 和 y 值基础上增加 z 值。同样，还能使用基于当前坐标系原点绝对坐标值或基于上个输入点的相对坐标值。

2. 圆柱坐标系

圆柱坐标系与二维极坐标系类似。圆柱坐标与二维极坐标相比，增加了从所要确定的点到 xy 平面的距离值，即三维点的圆柱坐标可通

过该点与用户坐标系（User Coordingate System. UCS）原点连线在 xy 平面上的投影长度、该投影与 x 轴夹角、该点垂直于 xy 平面的 z 值来确定。例如，坐标"10<60，20"表示某点与原点的连线在 xy 平面上的投影长度为 10 个单位，其投影与 x 轴的夹角为 60°，在 z 轴上投影点的值为 20。

圆柱坐标也有相对的坐标形式，如圆柱坐标"@ 6<30，4"的位置如下图所示。

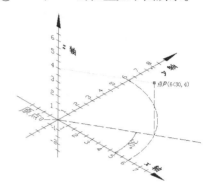

3. 球面坐标系

球面坐标系也类似于二维极坐标系。在球面坐标系确定某点时，应分别指定该点与当前坐标系原点的距离、二者连线在 xy 平面上的投影与 x 轴的角度、二者连线与 xy 平面的角度。例如，点（6<30<25）的位置如下图所示。

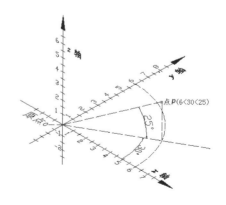

同样，圆柱坐标的相对形式表明了某点与上个输入点的距离、二者连线在 xy 平面上的投影与 x 轴的角度、二者连线与 xy 平面的角度。

9.1.2 世界坐标系

在 AutoCAD 2022 的每个图形文件中，都

包含一个唯一的、固定不变的、不可删除的基本三维坐标系，这个坐标系称为世界坐标系。世界坐标系为图形中所有的图形对象提供了一个统一的度量，是 AutoCAD 2022 的基本坐标系。世界坐标系的原点和坐标轴是保持不变的。世界坐标系由三个互相垂直并相交的坐标轴 x，y，z 组成。

在 AutoCAD 2022 中的三维坐标系中，世界坐标系是固定坐标系，具有下列特点。

（1）世界坐标系定义：带有小圆的圆心为原点，"x" 轴水平向右，"y" 轴垂直向下，"z" 轴由右手法则确定。

（2）世界坐标系是系统的绝对坐标系。在没有建立用户坐标系之前画面上所有点的坐标都是以世界坐标系的原点来确定各自位置的。

（3）世界坐标系用于图形转换的起始坐标空间，支持缩放、平移、旋转、变形、投射等转换操作。

9.1.3 用户坐标系

在 AutoCAD 2022 中的三维坐标系中，用户坐标系是可移动坐标系。移动的用户坐标系对于输入坐标、建立绘图平面和设置视图非常有用。改变用户坐标系并不改变视点，只会改变用户坐标系的方向和倾斜度。

1. 执行方式

设置用户坐标系有以下几种执行方式。

- 菜单命令：单击"工具"菜单，再单击"UCS（W）"命令，然后单击相应命令。
- 命令按钮：单击"视图"选项卡，在"视口工具"面板中，单击"UCS 图标"命令。
- 快捷命令：在命令行输入"用户坐标系"命令 UCS，按空格键确定。

2. 操作方法

设置用户坐标系的具体操作方法如下。

Step01：输入"用户坐标系"命令 UCS，按空格键确定，如下图所示。

Step02：输入"轴"子命令 ZA，按空格键确定，如下图所示。

Step03：输入"X"轴上的点"0,90,45"，按空格键确定，如下图所示。

Step04：输入"Z"轴指定点，如"90,0,45"，如下图所示。

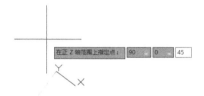

Step05：按空格键确定，坐标以指定点和角度显示，如下图所示。

9.1.4 动态 UCS 功能

使用动态 UCS 功能，可以在创建对象时使用用户坐标系的"XY"平面自动与实体模型上的平面临时对齐。单击状态栏的"DUCS"按钮，即可启动动态 UCS 功能。当使用绘图命令时，可以通过在面的一条边上移动指针对齐用户坐标系，而无须使用"用户坐标系"命令 UCS。当结束该命令后，用户坐标系将恢复原来的位置和方向。

9.2 设置视口与观察三维模型

在 AutoCAD 2022 中，当完成视口设置后，可以通过指定观察方向、视口观察和动态观察 3 种方法观察模型。用户可以根据需要来选择适当的观察方法。

9.2.1 视口

在绘制三维图形对象时，可以通过切换视图从不同角度观察三维模型，但是操作起来不够简便明了。为了更直观地了解图形对象，用户可以根据自己的需要新建多个视口，同时使用不同的视图来观察三维模型，以提高绘图精确度。

1. 执行方式

设置视口有以下几种执行方式。

- 菜单命令：单击"视图"菜单，再单击"视口"命令，然后单击相应命令。
- 命令按钮：在"视图"面板中单击"视口配置"下拉按钮 ，再单击相应命令。
- 快捷按钮：单击绘图窗口左上角的"视口控件"按钮[−]，再单击"视口配置列表"，然后单击相应命令。

2. 操作方法

设置视口的具体操作方法如下。

Step01：单击"视口配置"下拉按钮 视口 配置，再单击"两个：垂直"命令，如下图所示。

Step02：绘图区即以 3 个垂直的视口显示，如下图所示。

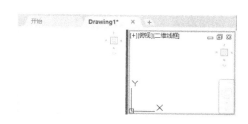

Step03：单击左上角"视口控件"按钮[−]，再单击"视口配置列表"命令，然后单击"四个：相等"命令，如下图所示。

Step04：绘图区即以 4 个相等的视口显示，如下图所示。

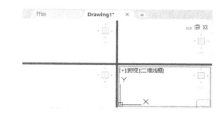

9.2.2 视图

如果要观察具有立体感的三维模型，用户可以使用系统提供的西南、西北、东南和东北 4 个等轴测视图观察三维模型，从而使观察效果更加形象和直观。

1. 执行方式

设置视图有以下几种执行方式。

- 菜单命令：单击"视图"菜单，再单击"三维视图"命令，然后单击相应命令。
- 命令按钮：单击"视图"选项卡，再单击"恢复视图"下拉按钮 未保存的视图，然后单击相应命令。
- 快捷按钮：单击窗口左上角的"视图控件"按钮，再单击相应命令。

2. 操作方法

设置视图的具体操作方法如下。

Step01：将绘图区设置为 4 个窗口，再在"视图"选项卡中单击"恢复视图"下拉按钮 [未保存的视图 ▾]，然后单击"右视"选项，如下图所示。

Step02：单击左下侧窗口中"视图控件"按钮[俯视]，单击"前视"命令，如下图所示。

Step03：单击右下侧窗口中"视图控件"按钮[俯视]，单击"西南等轴测"命令，如下图所示。

Step04：三维视口设置完成，其效果如下图所示。

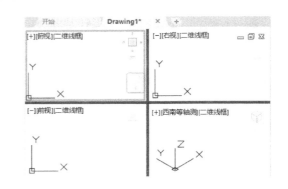

9.2.3 视觉样式

在 AutoCAD 2022 中，要在二维平面中观察三维图形，就必须掌握三维对象的视觉样式设置，即线条的显示与消隐、模型的明暗颜色处理选项等内容。

1. 执行方式

设置视觉样式有以下几种执行方式。

- 菜单命令：单击"视图"菜单，再单击"视觉样式"命令，然后单击相应命令。
- 命令按钮：单击"可视化"选项卡，再单击"视觉样式"下拉按钮[二维线框 ▾]，然后单击相应命令。
- 快捷按钮：单击窗口左上角的"视觉样式"按钮[二维线框]，再单击相应命令。

2. 操作方法

设置视觉样式的具体操作方法如下。

Step01：打开"素材文件\第 9 章\9-2-3.dwg"，再单击"视图控件"按钮[俯视]，在展开的下拉菜单中单击"西南等轴测"命令，如下图所示。

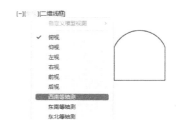

Step02: 当前文件中的对象即以三维图形显示, 如下图所示。

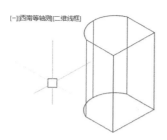

Step03: 单击"视觉样式"按钮[二维线框], 再单击"隐藏"命令, 当前对象即以三维实体显示, 如下图所示。

Step04: 设置视觉样式为"真实", 其效果如下图所示。

·☆·高手点拨·◦-

　　此处的"隐藏"命令即是 AutoCAD 前期版本中的"消隐"(HIDE)命令。消隐图形即是将当前图形对象用三维线框模式显示, 是将当前二维线框模型重生成且不显示隐藏线的三维模型。

9.2.4 视觉样式管理器

　　视觉样式管理器是查找、创建和修改视觉样式的管理面板。视觉样式管理器包含图形中可用的视觉样式的样例图像。可直接将这些样式应用到当前视口中的对象。使用视觉样式管理器的具体操作方法如下。

　　Step01: ❶单击"可视化"选项卡;❷单击"二维线框"下拉按钮;❸单击"视觉样式管理器"

命令, 如下图所示。

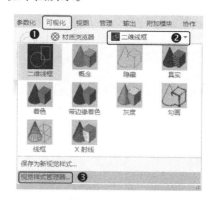

Step02: 打开"视觉样式管理器"面板, 如下图所示。

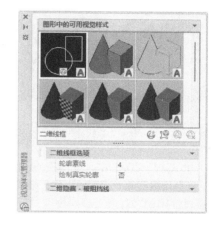

Step03: 选择"勾画"选项, 即可将当前文件中的对象以"勾画"显示, 如下图所示。

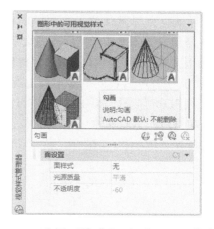

Step04: 选择"隐藏"选项, 即可将当前文件中的对象以"隐藏"状态显示, 如下图所示。

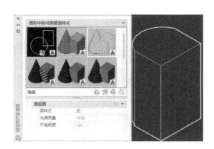

Step05: 选择"X 射线"选项，即可将当前文件中的对象以"X 射线"状态显示，如下图所示。

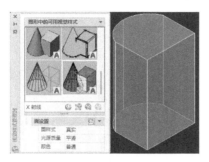

9.3 使用导航工具

在 AutoCAD 2022 中，使用三维动态的方法可以从任意角度实时、直观地观察三维模型。用户可以通过使用动态观察工具对模型进行动态观察。在进行三维动态观察时，通常会用到 3D 导航立方体和导航栏两种工具。

9.3.1 3D 导航立方体

3D 导航立方体默认位于绘图区的右上角。单击 3D 导航立方体上或者其周围的文字，可以切换到相应的视图。选择并拖动 3D 导航立方体上的任意文字，可以在同一个平面上旋转当前视图。使用 3D 导航立方体的具体操作方法如下。

Step01: 打开"素材文件 \ 第 9 章 \ 支座 .dwg"，再单击 3D 导航立方体下方的"南"字，如下图所示。

Step02: 视图转换为"前视图"，如下图所示。

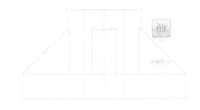

Step03: 在 3D 导航立方体上按住左键不放移动鼠标，3D 导航立方体旋转至所需视图时释放左键，如下图所示。

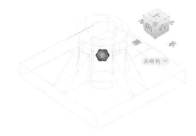

Step04: 单击"未命名"下拉按钮，再选择"新UCS"选项，如下图所示。

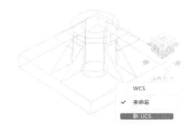

Step05: 依次指定新的坐标点，给当前视图坐标系命名，如下图所示。

9.3.2 导航栏

导航栏位于绘图区右侧、3D 导航立方体下方，包括"全导航控制盘"、"平移"、"范围缩放"和"动态观察"4 个按钮。导航栏上每个按钮都代表一种导航工具。可以使用不同的导航工具方式平移、缩放或动态观察三维模型。

1."全导航控制盘"下拉按钮

用户可以通过"全导航控制盘"下拉按钮使用二维和三维导航工具。在没有带滚轮的定点设备时，"全导航控制盘"下拉按钮特别有用。使用"全导航控制盘"下拉按钮具体操作方法如下。

Step01:打开"素材文件\第9章\支座.dwg"，再单击导航栏上侧的"全导航控制盘"下拉按钮，然后单击"查看对象控制盘"选项，如下图所示。

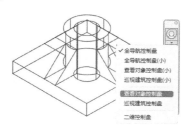

Step02:打开的控制盘上分为4个部分，默认选择"动态观察"按钮，如下图所示。

Step03:单击"缩放"按钮，其效果如下图所示。

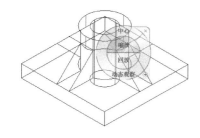

Step04:单击右下角的"菜单"按钮，在打开的快捷菜单中单击"布满窗口"命令，即可将当前视口中的对象布满当前窗口，如下图所示。

Step05:单击"关闭"按钮，如下图所示。

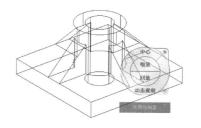

Step06:显示导航栏，如下图所示。

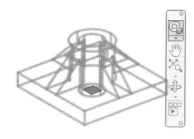

2."平移"按钮

通过"平移"按钮可以沿屏幕方向平移视图，从而快速观察浏览对象。使用"平移"按钮的具体操作方法如下。

Step01:打开"素材文件\第9章\支座.dwg"，在导航栏单击"平移"按钮，如下图所示。

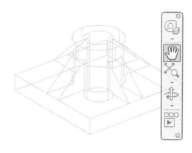

Step02:在对象上单击并移动光标即可平移对象，如下图所示。

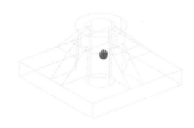

Step03:按空格键退出"平移"命令，如下图所示。

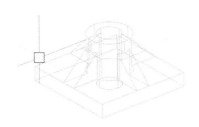

3."范围缩放"下拉按钮

可以根据需要使用"范围缩放"下拉按钮对对象进行缩放。使用"范围缩放"下拉按钮的具体操作方法如下。

Step01: 打开"素材文件\第9章\支座.dwg"，再在导航栏中单击"范围缩放"下拉按钮，然后单击"缩放对象"命令，如下图所示。

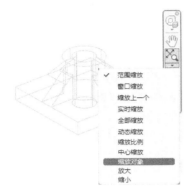

Step02: 选择要缩放的对象，再按空格键确定，如下图所示。

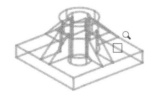

Step03: 所选对象即被放大显示，如下图所示。

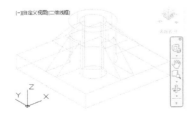

4."动态观察"下拉按钮

由于 AutoCAD 2022 只默认提供了西南、东南、西北、东北等轴测图，没有提供如西南偏

10°的轴测图,故增加了"动态观察"下拉按钮。通过"动态观察"下拉按钮可以用鼠标控制其所画的三维图形各个角度的三维视图。使用"动态观察"下拉按钮的具体操作方法如下。

Step01: 打开"素材文件\第9章\支座.dwg"；❶在导航栏中单击"动态观察"下拉按钮；❷单击"自由动态观察"命令，如下图所示。

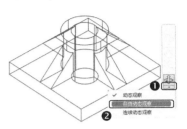

Step02: 当前窗口即显示可旋转的动态观察图标，如下图所示。

Step03: 将动态观察图标移动至左侧旋转点上,控制光标向右移动旋转观察对象,如下图所示。

❈ 新手注意 ❀

"动态观察"下拉按钮主要用于观察三维实体的效果。当使用"动态观察"相关命令时,按住左键,并拖动画面,实体会按照光标移动的方向进行旋转,从而全方位地观察三维实体的效果。

Step04: 也可以将动态观察图标移动至对象上，并通过控制鼠标移动、旋转观察对象，如下图所示。

Step05: 在动态观察图标内右击，并在打开的快捷菜单中单击"其他导航模式"，然后单击"连续动态观察"命令，如下图所示。

Step06: 在对象上拖动光标，对象不需要拖动控制即会自由连续旋转；按空格键即可结束"连续动态观察"命令，如下图所示。

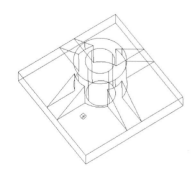

综合演练：在三维环境中工作

✖ 演练介绍

在 AutoCAD 2022 中，将绘图环境设置为三维建模工作空间，并设置需要的视口、视图、视觉样式，从而可以在多个视图中切换以观察、调整模型对象。

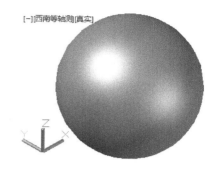

[-][西南等轴测][真实]

✖ 操作方法

本实例的具体制作方法如下。

Step01: 单击"工作空间"下拉按钮，再单击"三维建模"命令，切换到三维环境中工作，如下图所示。

Step02: 单击"可视化"选项卡，再单击"视口配置"下拉按钮，然后单击"四个：相等"命令，如下图所示。

Step03: 绘图区即以 4 个视口显示，然后依次设置左上角视图为"俯视"，右上角视图为"左视"，左下角视图为"前视"，右下角视图为"西南等轴测"，如下图所示。

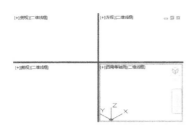

Step04: 单击"实体"选项卡，再单击"球体"按钮○球体；在绘图区单击指定球体中心点，再拖动光标在适当位置单击指定球体半径，如下图所示。

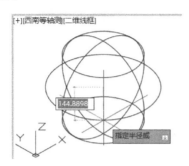

Step05: 单击"视觉样式"按钮[二维线框]，在展开的下拉菜单中单击"真实"命令，如下图所示。

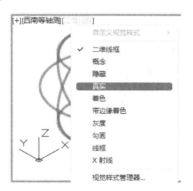

Step06: 所绘制的球体即以真实状态显示，如下图所示。

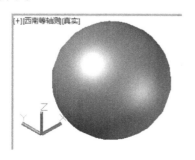

新手问答

❷ No.1: 什么是轴测图?

通过轴测投影图（简称轴测图），可以用二维图形来模拟三维对象。轴测图绘制简单，且具有较好的立体感，便于直观表达设计人员的空间构思方案。

1. 轴测图的概念

轴测图是采用特定的投射方向，将空间的立体按平行投影的方法在投影面上得到的投影图。因为采用了平行投影的方法，所以形成的轴测图有以下两个特点。

（1）若两直线在空间相互平行，则其轴测投影仍相互平行。

（2）两平行线段的轴测投影长度与空间实长的比值相等。

2. 轴测图的表达

在轴测投影中，坐标轴的轴测投影称为"轴测轴"；轴测轴之间的夹角称为"轴间角"。在等轴测图中，3 个轴向的缩放比例相等，并且 3 个轴测轴与水平方向所成的角度分别为 30°、90° 和 150°。在 3 个轴测轴中，每两个轴测轴定义一个"轴测面"。这些轴测面如下。

● 右视平面：即右视图，由 x 轴和 z 轴定义。
● 左视平面：即左视图，由 y 轴和 z 轴定义。
● 俯视平面：即俯视图，由 x 轴和 y 轴定义。

轴测轴和轴测面的构成如下图所示。

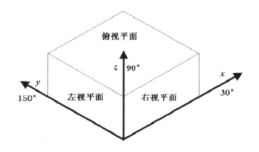

3. 轴测图的变化

在绘制轴测图时，选择 3 个轴测面之一将导致"正交"和十字光标沿相应的轴测轴对齐，按【Ctrl+E】组合键或者按【F5】键可以循环切换各轴测面。设置等轴测模式之后，原来的十字光标将随当前所处的不同轴测面而改变成夹角各异的交叉线，如下图所示。

4. 绘制轴测图的注意事项

当绘制轴测图时，必须注意以下几个问题。

（1）任何时候用户只能在一个轴测面上绘图。因此，当绘制不同方位的立体面时，必须切换到不同的轴测面上去作图。

（2）当切换到不同的轴测面上作图时，都会相应地在不同的轴测面调整十字准线、捕捉与栅格显示，以便它们看起来仍像位于当前轴测面上。

（3）正交模式也要被调整。如果要在某一轴测面上绘制正交线，首先应使该轴测面成为当前轴测面，然后再开启正交模式。

用户只能沿轴测轴的方向进行长度的测量，而沿非轴测轴方向的测量是不正确的。

❓ No.2："消隐"视觉样式是什么？

消隐图形是将当前图形对象用三维线框模型显示，即将当前二维线框模型重生成且不显示隐藏线。具体操作方法如下。

Step01：❶单击"实体"选项卡；❷单击"球体"按钮○球体，如下图所示。

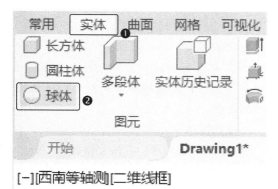

Step02：在绘图区单击指定球体中心点，再输入球体半径"100"，然后按空格键确定，如下图所示。

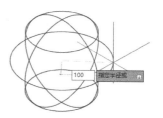

Step03：输入"消隐"命令 HIDE，再按空格键确定，如下图所示。

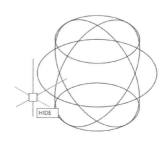

Step04：当前球体以消隐状态显示，如下图所示。

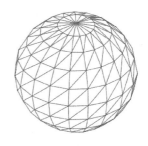

❓ No.3：如何理解三维坐标系的构成？

三维坐标系的构成如下图所示。

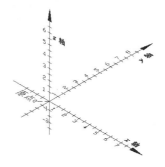

在三维坐标系中，3 个坐标轴的正方向可以根据右手定则来确定。其具体方法是将右手背对着屏幕放置，然后伸出拇指、食指和中指。其中，拇指和食指的指向分别表示 x 轴和 y 轴的正方向，而中指所指向的方向表示 z 轴的正方向，如下图所示。

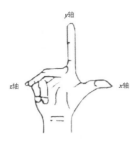

在三维坐标系中，3 个坐标轴的正旋转方向也可以根据右手定则确定。其具体方法是用右手的拇指指向某一坐标轴的正方向，且弯曲其他 4 个手指。其中，手指的弯曲方向表示该坐标轴的正旋转方向，如下图所示。例如，用右手握 z 轴，握 z 轴的 4 根弯曲手指的指向代表从正 x 轴到正 y 轴的旋转方向，而拇指指向为正 z 轴轴方向。

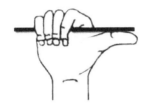

❷ No.4：什么是相对坐标？

相对坐标是指在连续指定两个点的位置时，第二个点以第一个点为基点所得到的坐标形式。

❖ **高手点拨。。**
直角坐标、圆坐标、球面坐标这 3 种坐标形式都是相对于坐标系原点而言的，也可以称为绝对坐标。

相对坐标可以用直角坐标、圆坐标或球坐标表示，但要在坐标前加"@"符号。例如，某条直线起点的绝对坐标为（1,2,2），终点的绝对坐标为（5,6,4），则终点相对于起点的相对坐标为（@4,4,2），如下图所示。

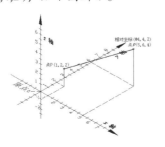

上机练习

✏【练习 1】动态改变用户坐标系。

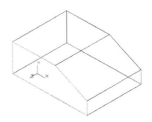

1. 目的要求

本实例主要给当前文件重新创建动态用户坐标系，让用户更加清晰地了解三维空间的概念。

2. 操作提示

（1）打开素材文件。

（2）在命令行输入命令 UCS 并按回车键，然后移动坐标系原点，将坐标系原点定位于实体模型上。

（3）使用命令 UCS，将用户坐标系定位于三维实体的表面来设定新的用户坐标系。

✏【练习 2】绘制滚筒。

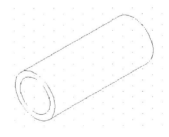

1. 目的要求

本实例主要通过二维命令绘制等轴测图。通过本实例，读者将熟悉二维模型向三维模型转换的过程。

2. 操作提示

（1）输入命令 DS，再按空格键，打开"草图设置"对话框；在"捕捉和栅格"选项卡中选择"启用栅格""等轴测捕捉"和"二维模型空间"选项，再设置"捕捉 Y 轴间距"和"栅格 Y 轴间距"为 10。

（2）勾选"启用栅格""等轴测捕捉"和"二维模型空间"选项之后，系统进入等轴测绘图环境并且在绘图区显示栅格点。

（3）首先绘制左视平面的轴测圆：输入命令EL，再按空格键，从而绘制出一个半径为20mm的轴测圆，其效果如下图所示。

（4）按F5键切换到右视平面，再绘制滚筒轴线，其效果如下图所示。

（5）将轴测圆复制一份到直线的另一个端点上，如下图所示。

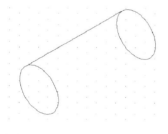

（6）将直线复制一份到轴测圆下部的另外一个象限点上，如下图所示。

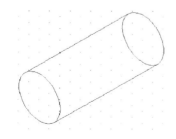

（7）使用"修剪"功能修剪掉多余的部分，如下图所示。

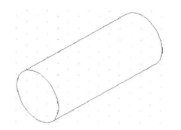

（8）绘制滚筒内部的轴测圆：输入命令C并按回车键，再捕捉左视平面上等轴测圆的圆心，从而绘制出同心圆，其效果如下图所示。

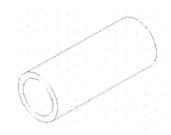

思考与练习

一、填空题

1._____是采用特定的投射方向，将空间的立体按平行投影的方法在投影面上得到的投影图。

2.直角坐标系是_____的一种。在AutoCAD 2022三维空间，任意一点都可以用直角坐标（x,y,z）的形式表示。

3._____上每个按钮都代表一种导航工具，可以使用不同的导航工具平移、缩放或动态观察三维模型。

二、选择题

1.导航栏默认放置在绘图窗口的（　　　）位置。

A.右上　　　　　　B.右下

C.左上　　　　　　D.左下

2.UCS图标默认样式中，下面说明不正确的是（　　　）。

A.三维图标样式

B.线宽为0

C.模型空间的图标颜色为白

D.布局选项卡图标颜色为颜色160

3. 在对三维模型进行操作时，错误的是（　　　）。

A. 消隐指的是显示用三维线框表示的对象并隐藏表示后向面的直线

B. 在三维模型使用着色后，使用"重画"命令可停止着色图形以网格显示

C. 用于着色操作的工具条名称是视觉样式

D. SHADEMODE 命令配合参数实现着色操作

4. 在控制盘中，单击"动态观察"按钮，可以围绕轴心进行动态观察，且动态观察的轴心使用鼠标加（　　　）键可以调整。

A. Shift   B. Alt

C. Ctrl   D. Tab

5. "动态观察"下拉按钮主要用于观察三维实体的效果。当使用"动态观察"相关命令时，按住（　　　），并拖动画面，实体会按照光标移动的方向进行旋转，从而全方位地观察三维实体的效果。

A. 右键   B. 滚轮

C. 左键 + 滚轮   D. 左键

本章小结

本章主要内容是为三维绘图做准备的。视图控制、设置视口、使用导航工具等都是系统设定的固有方法。只有在掌握了这些方法的前提下，才能在绘图时选择最快捷的方法，以提高绘图效率。

✎ 读书笔记

第10章 将二维图形创建为三维实体对象

 本章导读

　　本章主要讲解在三维视图中创建二维图形的相关命令，以及将二维图形创建为三维实体对象的命令和操作方法。将二维图形创建为三维实体对象不仅能使初学者更快地入门，而且在实际操作时还能使初学者更直观地了解对象各个构成部分的情况。

📖 学完本章后应知应会的内容

- 绘制二维图形
- 对二维图形的操作
- 对象的三维操作

10.1 绘制二维图形

在三维视图的 4 个视图窗口中绘制二维图形，必须先确定一个主视图，以方便调整对象在各个视图中的形状和位置。

10.1.1 设置绘图环境

为了更直观地了解所绘制图形各个面的效果，在绘图前要先设置绘图环境。具体操作方法如下。

Step01：单击"工作空间"下拉按钮，再单击"三维基础"命令，切换到三维环境中，如下图所示。

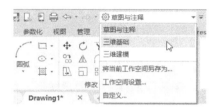

Step02：当前界面显示为三维工作空间，如下图所示。

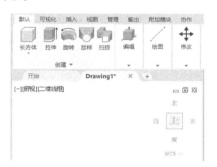

Step03：将当前绘图区设置为 4 个视口显示，然后依次设置左上角视图为"俯视"，右上角视图为"右视"，左下角视图为"前视"，右下角视图为"西南等轴测"，如下图所示。

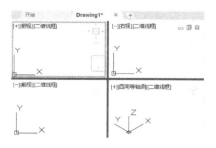

10.1.2 绘制二维线型对象

接下来，在三维视图中绘制二维开放或闭合的各种线型对象。具体操作方法如下。

Step01：输入"直线"命令 L，按空格键确定；在前视图中单击指定起点，再上移光标输入直线距离"1200"，按空格键确定，如下图所示。

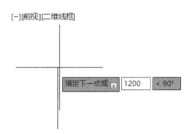

Step02：输入"多段线"命令 PL，按空格键确定；在直线上单击指定起点，再左移光标输入距离"100"，按空格键确定，如下图所示。

Step03：上移光标输入距离"400"，按空格键确定，如下图所示。

Step04：输入至下一点的距离，如"@300,120"，按空格键确定，如下图所示。

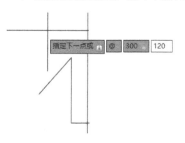

Step05：右移光标在直线上单击指定下一点，

如下图所示。

Step06: 输入"闭合"子命令 C，按空格键确定，如下图所示。

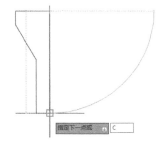

Step07: 选择绘制的多段线，再指向中点夹点，然后单击"转换为圆弧"命令，如下图所示。

Step08: 移动光标至适当位置时单击，指定夹点新位置，如下图所示。

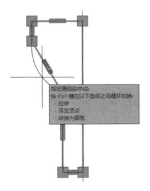

Step09: 指向中点夹点，再单击"转换为圆弧"命令，然后移动光标至适当位置时单击，指定夹点新位置，如下图所示。

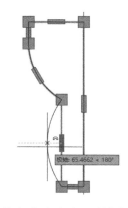

Step10: 指向中点夹点，再单击"转换为圆弧"命令，然后右移光标至适当位置时单击，指定夹点新位置，如下图所示。

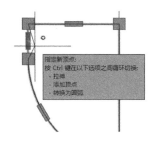

Step11: 完成多段线的绘制后，其效果如下图所示。

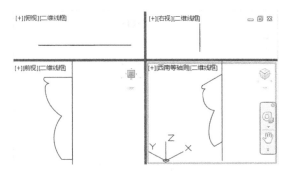

10.1.3 绘制二维几何对象

在 AutoCAD 2022 的"三维基础"工作空间模式中，可以通过"绘图"面板中的命令按钮绘制二维几何对象，以便更清晰地观察对象由长和宽组成的面。绘制二维几何对象的具体操作方法如下。

Step01: 单击"多边形"下拉按钮 多边形 ，再单击"矩形"按钮 □ 矩形 ，如下图所示。

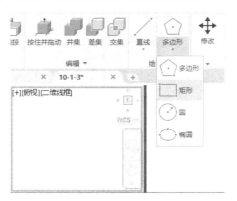

Step02: 在"俯视"视图中，绘制长为"500"、宽为"300"的矩形，如下图所示。

Step03: 单击"多边形"下拉按钮 多边形 ，再单击"圆"按钮 ⊙ 圆 ，如下图所示。

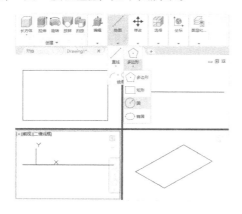

Step04: 在前视图中单击指定圆心，如下图所示。

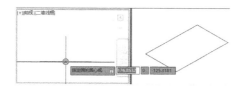

Step05: 输入半径"200"，按空格键确定，

其效果如下图所示。

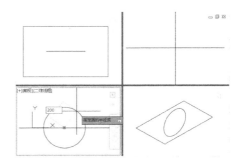

10.1.4 在三维视图中编辑二维对象

二维图形是两轴坐标的平面图。如果要在三维视图中对二维图形进行编辑，就必须在各个视图中进行调整。具体操作方法如下。

Step01: 在"俯视"视图中绘制矩形；在"左视"视图中沿矩形中点绘制垂直线段；在"前视"视图中绘制圆弧，如下图所示。

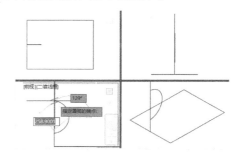

Step02: 输入"延伸"命令 EX，再依次单击圆弧各起点和终点，将各圆弧的起点和终点延伸到直线上，如下图所示。

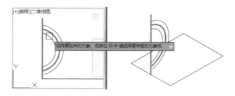

Step03: 使用"修剪"命令 TR 将多余的线段依次修剪掉，如下图所示。

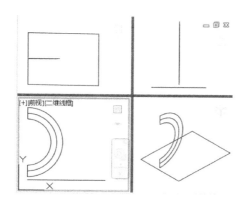

Step04：选择圆弧对象，再使用"镜像"命令 MI，在俯视图中指定镜像线镜像对象，如下图所示。

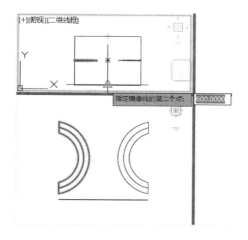

Step05：完成镜像后的效果如下图所示。

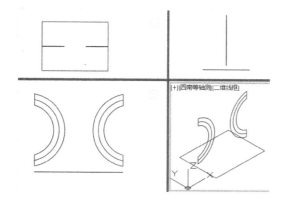

本实例主要介绍二维命令创建三维模型的具体应用——绘制弹片。本实例的最终效果如下图所示。

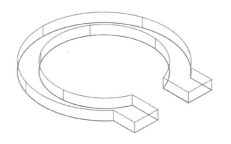

绘制弹片的具体操作方法如下。

Step01：执行"直线"命令 L，绘制一条水平线段和一条垂直线段；执行"圆"命令 C，以线段的交点为圆心，绘制半径分别为"15"和"20"的同心圆，如下图所示。

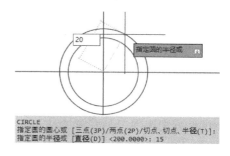

Step02：执行"偏移"命令 O，将水平直线向下偏移"22.5"，如下图所示。

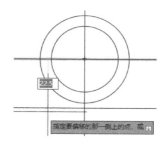

Step03：执行"偏移"命令 O，将垂直线段分别向左和向右各偏移"5"，如下图所示。

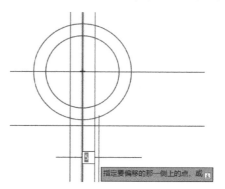

Step04: 执行"偏移"命令 O，将垂直线段分别向左和向右各偏移"12.5"，如下图所示。

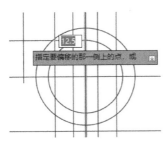

Step05: 使用"修剪"命令 TR，依次修剪多余的线段，如下图所示。

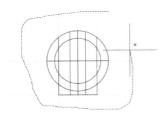

Step06: 分别执行"修剪"命令 TR 和"删除"命令 E，对图形进行修剪和删除，如下图所示。

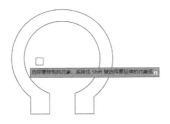

Step07: 使用"合并"命令 JOIN，并选择要合并的对象，如下图所示。

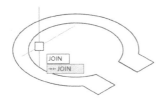

Step08: 单击要合并的线段，如下图所示。

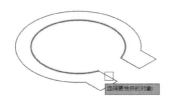

Step09: 依次单击要合并的线段，如下图所示。

Step10: 按空格键确定，合并所选对象，如下图所示。

Step11: 单击"按住并拖动"命令按钮；在合并后的闭合区域内单击，如下图所示。

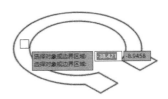

Step12: 上移光标，输入拉伸高度"3"；对所选对象进行拉伸，按空格键确定，如下图所示。

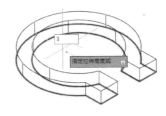

Step13: 完成弹片的绘制，其效果如下图所示。

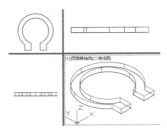

10.2　对二维图形的操作

在创建三维实体对象的操作中，可以直接创建三维基本实体对象，也可以通过对二维图形进行三维拉伸、三维旋转、扫掠和放样等操作来创建三维实体对象。

10.2.1　拉伸对象

"拉伸"命令可以沿指定路径拉伸对象或按指定高度值和倾斜角度拉伸对象，从而将二维图形拉伸为三维实体对象。通过将二维图形拉伸为三维实体对象的方法，可以方便地创建外形不规则的三维实体对象。使用该方法，必须先用二维绘图命令绘制不规则的截面，然后将其拉伸即可创建出三维实体对象。

1. 执行方式

拉伸对象有以下几种执行方式。

- 菜单命令：单击"绘图"菜单，再单击"建模"命令，然后单击"拉伸"命令。
- 命令按钮：在"创建"面板中单击"拉伸"按钮▤。
- 快捷命令：在命令行输入"拉伸"命令EXT，按空格键确定。

2. 命令提示与选项说明

执行拉伸命令后，会显示如下图所示的命令提示和选项。

```
命令: extrude
当前线框密度:  ISOLINES=4, 闭合轮廓创建模式 = 实体
选择要拉伸的对象或 [模式(MO)]:_MO闭合轮廓创建模式[实体(SO)/曲面(SU)]<实体>:_SO
选择要拉伸的对象或 [模式(MO)]: 找到 1 个
选择要拉伸的对象或 [模式(MO)]:
指定拉伸的高度或 [方向(D)/路径(P)/倾斜角(T)/表达式(E)] <3.0000>:
```

选项说明如下。

（1）模式（MO）：指定拉伸对象是实体对象还是曲面对象。

（2）拉伸的高度：按指定的高度来拉伸出三维实体对象或曲面对象。输入高度值后，根据实际需要，指定拉伸倾斜角度。如果指定的角度为0，系统则把二维对象按指定的高度拉伸成柱体；如果输入角度值，则拉伸后实体截面沿拉伸方向按此角度变化，从而成为一个棱台或圆台体。

（3）方向（D）：通过指定两点确定拉伸的长度和方向。

（4）路径（P）：拉伸现有图形对象来创建三维实体对象或曲面对象。

（5）倾斜角（T）：用于拉伸的倾斜角是两个指定点间的距离。

（6）表达式（E）：输入公式或方程式以指定拉伸高度。

3. 操作方法

使用"拉伸"命令的具体操作方法如下。

Step01: 在"西南等轴测"视图中使用"椭圆"命令EL绘制一个椭圆，再单击"拉伸"命令按钮▤，然后选择需要拉伸的对象，按空格键确定，如下图所示。

Step02: 输入拉伸高度，如"1000"，按空格键确定，即可完成对象的拉伸，如下图所示。

Step03: 设置视觉样式为"真实"，如下图所示。

新手注意

在默认情况下，三维实体对象表面以线框的形式表示；线框密度由系统变量 ISOLINES 控制。系统变量 ISOLINES 的数值范围为 4 ~ 2047，系统默认的数值为 4；数值越大，线框越密。

第10章　将二维图形创建为三维实体对象

10.2.2 实例：绘制轴承座

本实例主要介绍"拉伸"命令的具体应用。在绘制轴承座的过程中，首先创建两个长方体，并对其进行移动，从而绘制出轴承座的底部；然后创建圆柱体，并对其进行移动和复制；最后通过拉伸同心圆，并对该实体进行并集与差集运算。本实例的最终效果如下图所示。

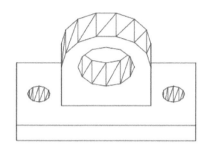

具体操作方法如下。

Step01：在"西南等轴测"视图中，输入"矩形"命令 REC，按空格键确定；绘制一个长为"80"、宽为"160"的矩形，如下图所示。

Step02：按空格键激活"矩形"命令，以上一个矩形左上角的角点为起点，绘制一个长为"30"、宽为"80"的矩形，如下图所示。

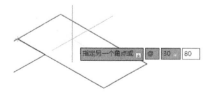

Step03：使用"移动"命令 M，将小矩形左边的中点移动到大矩形的左边中点，再将小矩形向右下角移动"40"，按空格键确定，如下图所示。

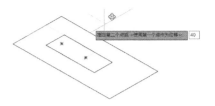

Step04：输入"圆"命令 C，按空格键确定；以大矩形底面一条边的中点为圆心，绘制一个半径为"10"的圆，如下图所示。

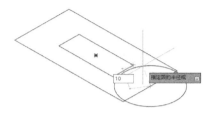

Step05：使用"移动"命令 M，将绘制的圆向"Y"轴移动"20"，如下图所示。

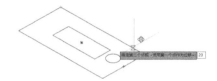

Step06：单击"拉伸"命令按钮，再选择需要拉伸的对象，按空格键确定；上移光标，输入拉伸高度"50"，按空格键确定，如下图所示。

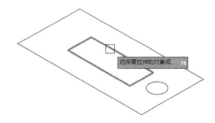

Step07：按空格键激活"拉伸"命令，再选择需要拉伸的对象，按空格键确定，如下图所示。

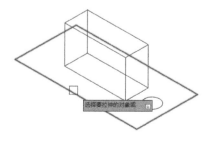

Step08：下移光标，输入拉伸高度"20"，按

空格键确定，如下图所示。

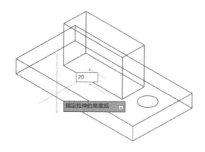

Step09：按空格键激活"拉伸"命令，再选择需要拉伸的圆，按空格键确定；上移光标，输入拉伸高度"20"，按空格键确定，如下图所示。

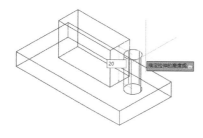

Step10：输入"镜像"命令MI，按空格键确定；选择圆柱体，再镜像圆柱体，如下图所示。

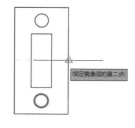

Step11：输入"设置网格密度"命令ISOLINES，按空格键确定；输入新值"20"，按空格键确定，如下图所示。

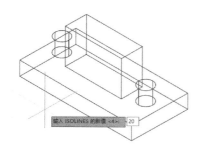

Step12：切换到"左视"视图中，输入"圆"命令C，按空格键确定；单击矩形上方的中点以将其指定为圆心，再输入半径"25"，按空格键

确定，如下图所示。

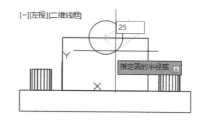

Step13：按空格键激活圆命令，以相同的圆心绘制半径为"40"的同心圆，如下图所示。

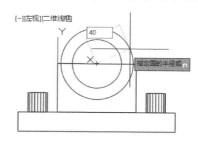

Step14：单击"拉伸"命令按钮，再依次选择需要拉伸的对象，按空格键确定，如下图所示。

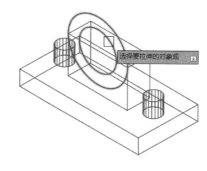

Step15：向右移动光标，输入拉伸高度"30"，按空格键确定，如下图所示。

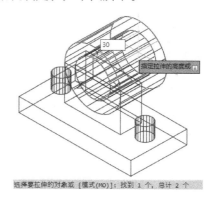

选择要拉伸的对象或 [模式(MO)]：找到 1 个，总计 2 个

Step16：输入"移动"命令M,按空格键确定；

选择两个圆柱体，再将它们向下移动"20"，如下图所示。

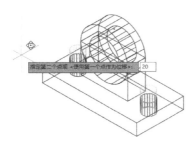

Step17：单击"差集"按钮，再选择要保留的对象，如下图所示。

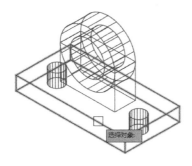

Step18：依次选择要减去的对象，按空格键确定，如下图所示。

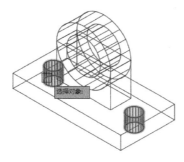

Step19：按空格键激活"复制"命令，再选择要复制的对象，按空格键确定，如下图所示。

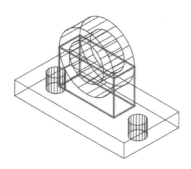

Step20：单击指定复制基点，如下图所示。

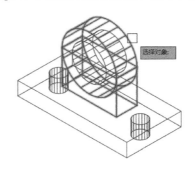

Step21：单击"差集"按钮，再选择要保留的两个长方体与半径为"40"的圆柱体；依次选择半径为"10"和半径为"25"的圆柱体作为要减去的模型，按空格键确定，如下图所示。

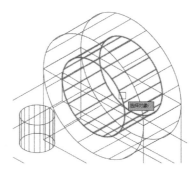

Step22：将视觉样式修改为"真实"样式，如下图所示。

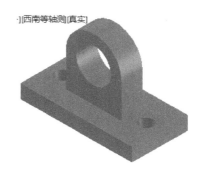

10.2.3　旋转对象

"旋转"命令可以通过绕轴旋转开放或闭合的平面曲线来创建新的实体或曲面对象，并且可以旋转多个对象。接下来，通过绕轴旋转一条开放线段和一条封闭的线段来创建实体对象。

1. 执行方式

旋转对象有以下几种执行方式。

- 菜单命令：单击"绘图"菜单，再单击"建模"命令，然后单击"旋转"命令。
- 命令按钮：在"创建"面板中单击"旋转"按钮。
- 快捷命令：在命令行输入"旋转"命令REV，按空格键确定。

2. 命令提示与选项说明

执行"旋转"命令后，命令行会显示如下图所示的命令提示和选项。

```
命令：_revolve
当前线框密度：ISOLINES=4，闭合轮廓创建模式 = 实体
选择要旋转的对象或 [模式(MO)]：_MO 闭合轮廓创建模式[实体(SO)/曲面(SU)]<实体>：_SO
选择要旋转的对象或 [模式(MO)]：找到 1 个
选择要旋转的对象或 [模式(MO)]：
指定轴起点或根据以下选项之一定义轴 [对象(O)/X/Y/Z] <对象>：
指定轴端点：
指定旋转角度或 [起点角度(ST)/反转(R)/表达式(EX)] <360>：
```

选项说明如下。

（1）模式（MO）：指定旋转的对象是实体对象还是曲面对象。

（2）指定轴起点 / 端点：通过两个点指定旋转轴。系统将按指定的角度和旋转轴旋转二维对象。

（3）对象（O）：选择已经绘制好的直线或用"多段线"命令绘制的直线段作为旋转轴。

（4）X/Y/Z：将二维对象绕当前坐标系（UCS）的"X"或"Y"或"Z"轴旋转。

3. 操作方法

使用"旋转"命令的具体操作方法如下。

Step01：在"俯视"视图中使用"直线"命令 L 绘制一条长为"1200"的水平线，如下图所示。

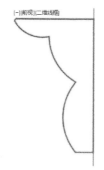

Step02：将视图切换到"前视"视图中，使用"多段线"命令 PL 创建多段线，如下图所示。

Step03：单击"旋转"按钮，再选择多段

线以将其作为要旋转的对象，按空格键确定，如下图所示。

Step04：单击指定轴起点，如下图所示。

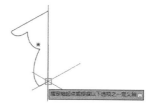

Step05：单击指定轴端点，如下图所示。

Step06：输入旋转角度，如"360"，按空格键确定，如下图所示。

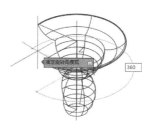

Step07：设置视觉样式为"真实"，如下图所示。

第10章　将二维图形创建为三维实体对象

的单一路径。

3. 操作方法

放样对象的具体操作方法如下。

Step01: 使用"圆"命令 C，在"俯视"视图中绘制 2 个半径为"10"的同心圆，再绘制一个半径为"6"的同心圆，如下图所示。

Step02: 切换到"前视"视图中，选择一个半径为"10"的圆，再使用"移动"命令 M，将其向上移动 60；按空格键激活"移动"命令，再选择半径为"6"的圆，并向上移动 30，如下图所示。

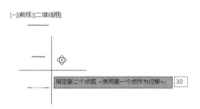

Step03: 输入"直线"命令 L，按空格键确定；沿上下两个圆的圆心创建一条垂直线，如下图所示。

Step04: 单击"放样"按钮，再选择要放样的第一个截面，如下图所示。

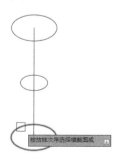

☼ 高手点拨·

在旋转实体对象的操作中，首先绘制一条线作为旋转对象的中心线以方便实体对象的创建；作为基础线段的二维线段，可以是连续开放的，也可以是闭合段线。当开放的二维线条通过"旋转"命令创建为三维对象后，该三维对象只是作为一个面存在；当闭合线段通过"旋转"命令创建为三维对象后，该三维对象则是有厚度的三维实体。

10.2.4 放样对象

"放样"命令可以通过对包含两条或两条以上横截面曲线的一组曲线进行放样来创建三维实体或曲面对象。其中，横截面决定了放样生成的实体或曲面对象的形状，可以是开放的线段，也可以是闭合的图形，如圆、椭圆、多边形和矩形等。

1. 执行方式

放样对象有以下几种执行方式。

- 菜单命令：单击"绘图"菜单，再单击"建模"命令，然后单击"放样"命令。
- 命令按钮：在"创建"面板中单击"放样"按钮。
- 快捷命令：在命令行输入"放样"命令 LOFT，按空格键确定。

2. 命令提示与选项说明

执行"放样"命令后，命令行会显示如下图所示的命令提示和选项。

```
命令: loft
当前线框密度: ISOLINES=20, 闭合轮廓创建模式 = 实体
按放样次序选择横截面或 [点(PO)/合并多条边(J)/模式(MO)]:
MO 闭合轮廓创建模式 [实体(SO)/曲面(SU)]<实体>:_SO
按放样次序选择横截面或 [点(PO)/合并多条边(J)/模式(MO)]:找到 1 个
按放样次序选择横截面或 [点(PO)/合并多条边(J)/模式(MO)]:找到 1 个, 总计 2 个
按放样次序选择横截面或 [点(PO)/合并多条边(J)/模式(MO)]:
选中了 2 个横截面
输入选项 [导向(G)/路径(P)/仅横截面(C)/设置(S)] <仅横截面>: P
选择路径轮廓:
```

选项说明如下。

（1）设置（S）：当选择该选项后，系统打开"放样设置"对话框。其中，有 4 个单选按钮选项："直纹"单选按钮、"平滑拟合"单选按钮、"法线指向"单选按钮，"拔模斜度"单选按钮。

（2）导向（G）：指定控制放样实体或曲面对象的形状的导向曲线。如果导向曲线是直线或曲线，则可通过将其他线框信息添加至对象进一步定义实体或曲面对象的形状。

（3）路径（P）：指定放样实体或曲面对象

Step05: 选择要放样的第二个截面, 如下图所示。

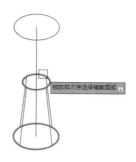

Step06: 选择要放样的下一个截面, 按空格键确定, 如下图所示。

Step07: 输入"路径"子命令 P, 按空格键确定, 如下图所示。

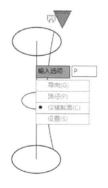

Step08: 选择路径轮廓, 如下图所示。

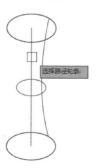

Step09: 完成放样操作, 如下图所示。

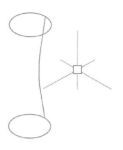

Step10: 设置视觉样式为"真实", 其效果如下图所示。

Step11: 输入"设置网格密度"命令 ISOLINES, 按空格键确定, 如下图所示。

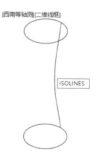

Step12: 输入新值"20", 按空格键确定, 如下图所示。

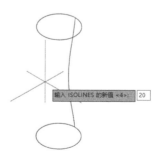

Step13: 设置完成后的效果如下图所示。

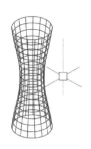

10.2.5 实例：绘制酒杯

本实例主要介绍"圆""移动""放样"命令的具体应用。通过这些命令绘制酒杯。本实例的最终效果如下图所示。

绘制酒杯的具体操作方法如下。

Step01: 输入"设置网格密度"命令 ISOLINES，按空格键确定；输入新值为 20，按空格键确定；使用"圆"命令 C，在俯视图中使用相同的圆心，依次绘制半径为"10""30""35""40"的圆，如下图所示。

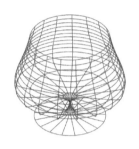

Step02: 输入"移动"命令 M，按空格键确定；选择半径为"35"的圆，并在"西南等轴测"视图中将其向上移动"150"，如下图所示。

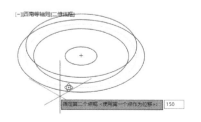

Step03: 按空格键激活"移动"命令，将半径为"40"的圆向上移动"50"，如下图所示。

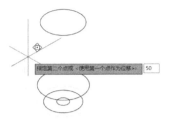

Step04: 按空格键激活"移动"命令，将半径为"10"的圆向上移动"5"，如下图所示。

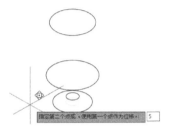

Step05: 输入"复制"命令 CO，按空格键确定；复制半径为"10"的圆，并向上移动"30"，按空格键确定，如下图所示。

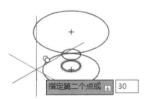

Step06: 使用"直线"命令 L，沿上下两个圆的圆心绘制一条垂直线，如下图所示。

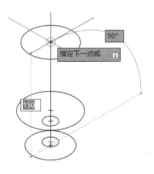

Step07: 单击"放样"命令按钮，再选择要放样的第一个截面，如下图所示。

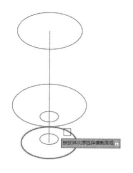

Step08：选择要放样的第二个截面，如下图
所示。

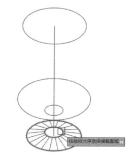

Step09：选择要放样的下一个截面，如下图
所示。

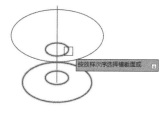

Step10：依次选择要放样的下一个截面；当
选择所有要放样的截面后，按空格键确定，如
下图所示。

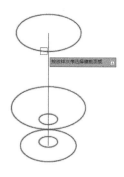

Step11：输入"路径"子命令 P，按空格键
确定，如下图所示。

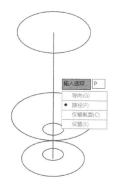

Step12：选择路径轮廓，如下图所示。

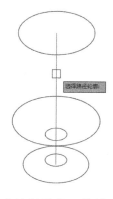

Step13：完成放样操作，其效果如下图所示。

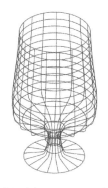

Step14：选择对象，显示对象夹点；单击上
方夹点，并移动光标，调整杯口形状，如下图
所示。

Step15：单击下方夹点，并移动光标，调整杯肚形状，从而完成酒杯的绘制，如下图所示。

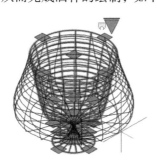

10.2.6 扫掠对象

"扫掠"命令可以通过沿路径扫掠二维或三维曲线来创建三维实体或曲面对象，且扫掠对象会自动与路径对象对齐。

1. 执行方式

扫掠对象有以下几种执行方式。

- 菜单命令：单击"绘图"菜单，再单击"建模"命令，然后单击"扫掠"命令。
- 命令按钮：在"创建"面板中单击"扫掠"按钮。
- 快捷命令：在命令行输入"扫掠"命令 SWEEP，按空格键确定。

2. 命令提示与选项说明

执行"扫掠"命令后，命令行会显示如下图所示的命令提示和选项。

```
命令: sweep
当前线框密度: ISOLINES=4, 闭合轮廓创建模式 = 实体
选择要扫掠的对象或 [模式(MO)]: MO 闭合轮廓创建模式 [实体(SO)/曲面(SU)]<实体>:_SO
选择要扫掠的对象或 [模式(MO)]:找到 1 个
选择要扫掠的对象或 [模式(MO)]:
选择扫掠路径或 [对齐(A)/基点(B)/比例(S)/扭曲(T)]:
```

选项说明如下。

（1）模式（MO）：指定扫掠对象为实体对象还是曲面对象。

（2）对齐（A）：指定是否对齐轮廓。在默认情况下，轮廓是对齐的。

（3）基点（B）：指定要扫掠对象的基点。如果指定的点不在选定对象所在的平面上，则该点将被投影到该平面上。

（4）比例（S）：指定比例因子以进行扫掠操作。从扫掠路径的开始到结束，比例因子将统一应用到扫掠的对象。

（5）扭曲（T）：设置正被扫掠的对象的扭曲角度。该扭曲角度将指定沿扫掠路径全部长度的旋转量。

3. 绘制方法

使用"扫掠"命令的具体操作方法如下。

Step01：使用"矩形"命令 REC，在"俯视"视图中绘制矩形，如下图所示。

Step02：切换到"前视"视图中，使用"圆"命令 C 绘制半径为"500"的圆，如下图所示。

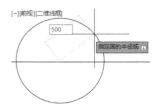

Step03：单击"扫掠"按钮，再选择要扫掠的对象，按空格键确定，如下图所示。

Step04：选择扫掠路径，如下图所示。

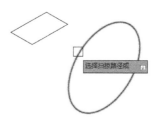

Step05: 完成对象扫掠，如下图所示。

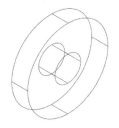

Step06: 输入"网格密度"命令 ISOLINES，按空格键确定；输入新值为"20"，按空格键确定，其效果如下图所示。

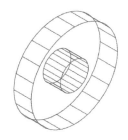

10.2.7 按住并拖动

"按住并拖动"命令可以按住或拖动有边界区域。当使用"按住并拖动"命令时，在选择二维对象以及由闭合边界或三维实体面形成的区域后，移动光标时可获取视觉反馈。

1. 执行方式

"执行按住并拖动"命令有以下几种执行方式。

- 命令按钮：在"编辑"面板中单击"按住并拖动"按钮 。
- 快捷命令：在命令行输入"按住并拖动"命令 PRES，按空格键确定。

2. 操作方法

使用"按住并拖动"命令的具体操作方法如下。

Step01: 使用"矩形"命令 REC，在俯视图中绘制正方形，如下图所示。

[-][俯视][二维线框]

Step02: 切换到"西南等轴测"视图中，单击"按住并拖动"按钮 ，再选择要拉伸的对象，如下图所示。

Step03: 上移光标并输入"100"，按空格键确定，如下图所示。

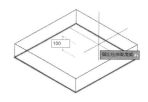

Step04: 按空格键激活"按住并拖动"命令，选择要拉伸对象的面，如下图所示。

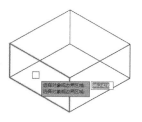

Step05: 左移光标并输入"200"，按空格键确定，如下图所示。

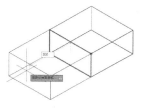

Step06: 按空格键激活"按住并拖动"命令，

选择要拉伸对象的面，如下图所示。

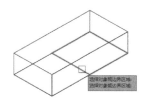

Step07：上移光标并输入"300"，按空格键确定，如下图所示。

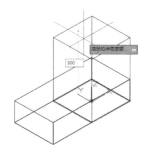

Step08：设置视觉样式为"真实"，如下图所示。

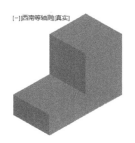

10.2.8 实例：绘制六角螺栓

本实例主要介绍"多边形"命令、"圆"命令、"拉伸"命令、"螺旋"命令的具体应用。本实例的最终效果如下图所示。

绘制六角螺栓的具体操作方法如下。

Step01：在"俯视"视图中，使用"多边形"命令 POL，指定多边形边数为"6"，设置内接于圆的半径为"8"，按空格键确定，如下图所示。

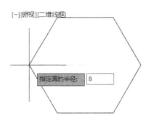

Step02：单击"拉伸"按钮，再选择要拉伸的对象，然后下移光标并输入拉伸值"–5"，按空格键确定，如下图所示。

Step03：以底面中心点为圆心，使用"圆"命令 C 绘制半径为"7"的圆，按空格键确定，如下图所示。

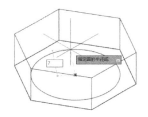

Step04：使用"移动"命令 M，将圆向上移动到六边形上边的中点，如下图所示。

Step05：单击"拉伸"按钮，再选择要拉伸的对象圆，然后上移光标并输入拉伸值"1"，按空格键确定，如下图所示。

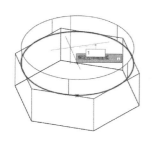

Step06: 以圆柱体顶面中心点为圆心，使用"圆"命令 C 绘制半径为"5"的圆，按空格键确定，如下图所示。

Step07: 单击"拉伸"按钮，再选择要拉伸的对象圆，然后上移光标并输入拉伸值"25"，按空格键确定，如下图所示。

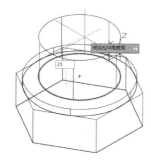

Step08: 切换到"三维建模"工作空间，单击"绘图"下拉按钮 绘图 ▾ ，再单击"螺旋"命令按钮，然后单击圆柱体顶面中心点以将其作为螺旋线的底面中心点，如下图所示。

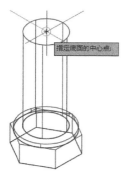

Step09: 输入底面半径"4.9176"，按空格键确定；输入顶面半径"4.9176"，按空格键确定，如下图所示。

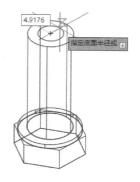

Step10: 上移光标并输入"圈高"子命令 H，按空格键确定，如下图所示。

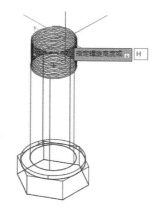

Step11: 输入圈间距"2"，按空格键确定，如下图所示。

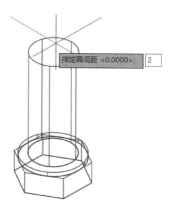

Step12: 输入螺旋高度"20"，按空格键确定，如下图所示。

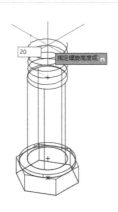

Step13: 使用"多边形"命令 POL 绘制一个三角形，并进行圆角；单击"绘图"下拉按钮，再单击"面域"按钮◎，然后选择三角形，按空格键即可将其转换为面域，如下图所示。

Step14: 单击"扫掠"按钮，再选择三角形面域以将其作为要扫掠的对象，按空格键确定，如下图所示。

Step15: 输入"基点"子命令 B，按空格键确定，如下图所示。

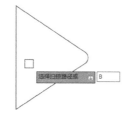

Step16: 单击指定基点，再选择三角形以将

其作为扫掠路径，然后完成螺旋线的绘制，如下图所示。

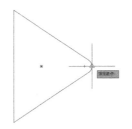

Step17: 选择螺旋线以将其作为扫掠路径，按空格键确定，如下图所示。

Step18: 使用"圆"命令 C，以螺旋线的圆心为圆心，绘制半径为"4.5"的圆，如下图所示。

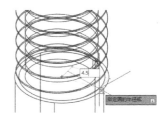

Step19: 单击"拉伸"按钮，再选择需要拉伸的圆，按空格键确定；上移光标至螺旋线顶面轴端点处并单击，如下图所示。

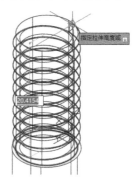

Step20: 单击"差集"按钮，再选择要保留的圆柱体，按空格键确定，如下图所示。

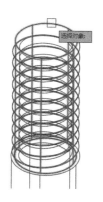

Step21：单击要被删掉的螺旋线，按空格键确定，如下图所示。

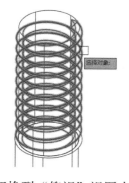

Step22：切换到"仰视"视图中，输入"圆角"子命令 F，按空格键确定；输入圆角半径"1"，按空格键确定，如下图所示。

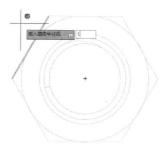

Step23：选择要圆角的第一个对象，再选择要圆角的第二个对象，如下图所示。

Step24：使用"圆角"命令 F，依次选择对象进行圆角，如下图所示。

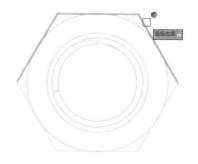

Step25：使用"圆角"命令 F，依次选择对象进行圆角，如下图所示。

Step26：完成圆角后的效果如下图所示。

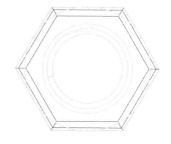

Step27：切换到"西南等轴测"视图中，设置视觉样式为"真实"，如下图所示。

10.3 对象的三维操作

本节主要讲解将实体对象进行"三维移动""三维对齐""三维旋转""三维阵列""三维镜像"等命令。这些命令可以使实体对象在总体形状保持不变的情况下被移动或复制。

10.3.1 三维移动

"三维移动"命令可以自由移动三维对象和子对象的选择集，也可以将移动约束到轴或平面上。要移动三维对象和子对象，也可以单击三维小控件并将其拖动到三维空间的任意位置。

1. 执行方式

"三维移动"命令有以下几种执行方式。

- 菜单命令：单击"修改"菜单，再单击"三维操作"，然后单击"三维移动"命令。
- 命令按钮：在"修改"面板中单击"三维移动"按钮 ⊕。
- 快捷命令：在命令行输入"三维移动"命令 3DMOVE，按空格键确定。

2. 操作方法

使用"三维移动"命令的具体操作方法如下。

Step01: 打开"素材文件 \ 第 10 章 \10-3-1.dwg"，单击"三维移动"按钮 ⊕，再选择要移动的对象，按空格键确定，如下图所示。

Step02: 单击指定基点，如下图所示。

Step03: 单击指定要移动到的目标点，如下图所示。

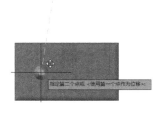

Step04: 输入"移动"命令 M,按空格键确定；单击指定基点，如下图所示。

Step05: 单击指定要移动到的目标点，如下图所示。

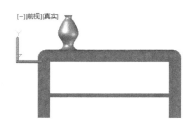

10.3.2 三维对齐

"三维对齐"命令可以在二维和三维空间将对象与其他对象对齐。在使用"三维对齐"命令时，可以为源对象指定一个、两个或三个点，接着为目标指定一个、两个或三个点，即可将两个对象对齐。

1. 执行方式

"三维对齐"命令有以下几种执行方式。

- 菜单命令：单击"修改"菜单，再单击"三维操作"，然后单击"三维对齐"命令。
- 命令按钮：在"修改"面板中单击"三维对齐"按钮 ⌷。
- 快捷命令：在命令行输入"三维对齐"命

令 3DALIGN，按空格键确定。

2. 命令提示和选项

执行"三维对齐"命令后，命令行会显示如下图所示的命令提示和选项。

```
命令： 3dalign
选择对象: 找到 1 个
选择对象:
 指定源平面和方向 ...
指定基点或 [复制(C)]:
INTERSECT 所选对象太多
指定第二个点或 [继续(C)] <C>:
指定第三个点或 [继续(C)] <C>:
 指定目标平面和方向 ...
指定第一个目标点:
指定第二个目标点或 [退出(X)] <X>:
指定第三个目标点或 [退出(X)] <X>:
```

3. 操作方法

使用"三维对齐"命令的具体操作方法如下。

Step01: 打开"素材文件 \ 第 10 章 \10-3-2.dwg"，单击"三维对齐"按钮 ，再选择要对齐的源对象，按空格键确定，如下图所示。

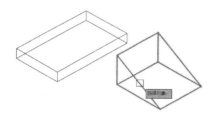

Step02: 单击指定基点，如下图所示。

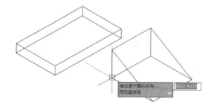

Step03: 单击指定第二个点，如下图所示。

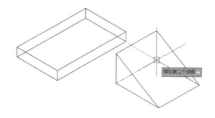

Step04: 单击指定第三个点，如下图所示。

Step05: 单击指定第一个目标点，如下图所示。

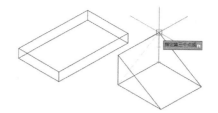

Step06: 单击指定第二个目标点，如下图所示。

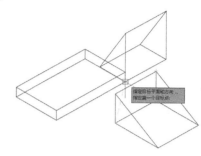

Step07: 单击指定第三个目标点，如下图所示。

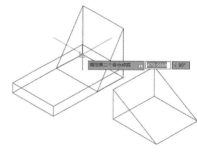

Step08: 对象对齐的效果如下图所示。

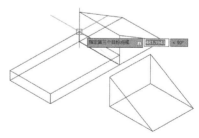

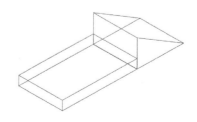

10.3.3 三维旋转

"三维旋转"命令可以自由旋转选定的对象和子对象，或将旋转约束到轴。当激活此命令后，将在三维视图中显示三维旋转小控件。通过这个三维旋转小控件，可以将三维对象绕基点旋转。

1. 执行方式

"三维旋转"命令有以下几种执行方式。

- 菜单命令：单击"修改"菜单，再单击"三维操作"，然后单击"三维旋转"命令。
- 命令按钮：在"修改"面板中单击"三维旋转"按钮 ⊕。
- 快捷命令：在命令行输入"三维旋转"命令 3DROTATE，按空格键确定。

2. 命令提示和选项

执行三维旋转命令后，命令行会显示如下图所示的命令提示和选项。

```
命令：_3drotate
UCS 当前的正角方向：ANGDIR=逆时针  ANGBASE=0
选择对象：找到 1 个
选择对象：
指定基点：
INTERSECT 所选对象太多
** 旋转 **
指定旋转角度或 [基点(B)/复制(C)/放弃(U)/参照(R)/退出(X)]：正在重生成模型。
命令：
3DROTATE
UCS 当前的正角方向：ANGDIR=逆时针  ANGBASE=0
选择对象：
正在重生成模型。
```

3. 操作方法

使用"三维旋转"命令的具体操作方法如下。

Step01：打开"素材文件\第 10 章\10-3-3.dwg"，单击"三维旋转"按钮 ⊕，选择要旋转的对象，如下图所示。

Step02：按空格键确定，显示三维旋转轴小

控件，如下图所示。

Step03：选择要旋转的轴，再指定基点，如下图所示。

Step04：输入旋转角度，如"280"，如下图所示。

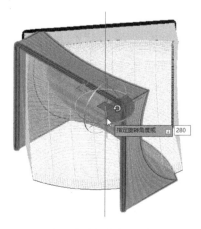

- Step05：按空格键确定，完成对象的三维旋转，如下图所示。

10.3.4 三维阵列

"三维阵列"命令可以将所选对象进行矩形或环形阵列。

1. 执行方式

"三维阵列"命令有以下几种执行方式。

- 菜单命令：单击"修改"菜单，再单击"三维操作"，然后单击"三维阵列"命令。
- 快捷命令：在命令行输入"三维阵列"命令3DARRAY，按空格键确定。

2. 操作方法

使用"三维阵列"命令的具体操作方法如下。

Step01: 打开"素材文件 \ 第 10 章 \10-3-4. dwg"，输入"三维阵列"命令 3DARRAY，按空格键确定；选择要阵列的对象，按空格键确定，如下图所示。

Step02: 输入"环形"子命令 P，按空格键确定，如下图所示。

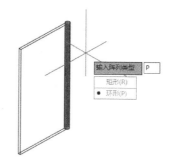

Step03: 输入阵列数目，如"5"，按空格键确定，如下图所示。

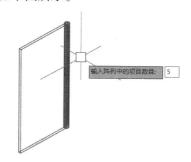

Step04: 输入旋转角度，如"360"，按空格键确定，如下图所示。

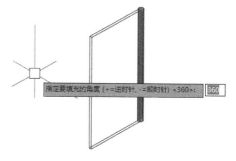

Step05: 选择"是"选项，按空格键确定；如下图所示。

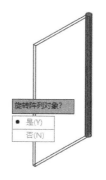

Step06: 单击指定阵列的中心点，如下图所示。

第10章 将二维图形创建为三维实体对象

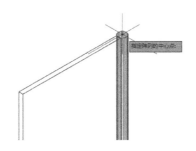

Step07: 单击指定旋转轴上的第二个点，如下图所示。

Step08: 完成阵列操作后的效果如下图所示。

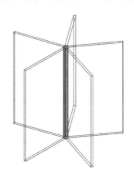

10.3.5 三维镜像

"三维镜像"命令可以在镜像平面上创建选定对象的镜像副本。

1. 执行方式

"三维镜像"命令有以下几种执行方式。

- 单击"修改"菜单，再单击"三维操作"，然后单击"三维镜像"命令。
- 命令按钮：在"修改"面板中单击"三维镜像"按钮。
- 快捷命令：在命令行输入"三维镜像"命令 MIRROR3D，按空格键确定。

2. 命令提示和选项

执行"三维镜像"命令后，命令行会显示如下图所示的命令提示和选项。

```
命令: _mirror3d
选择对象: 找到 1 个
选择对象:
指定镜像平面 (三点) 的第一个点或
[对象(O)/最近的(L)/Z 轴(Z)/视图(V)/XY 平面(XY)/YZ 平面(YZ)/ZX 平面(ZX)/三点(3)]<三点>:
在镜像平面上指定第二点: 在镜像平面上指定第三点:
是否删除源对象？[是(Y)/否(N)] <否>:
```

3. 操作方法

使用"三维镜像"命令的具体操作方法如下。

Step01: 打开"素材文件 \ 第 10 章 \10-3-5.dwg"，单击"三维镜像"按钮，再选择对象，按空格键确定，如下图所示。

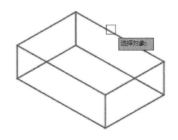

Step02: 单击指定镜像平面（三点）的第一个点，如下图所示。

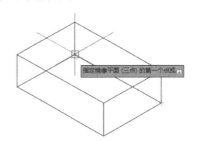

Step03: 单击指定镜像平面的第二个点，如下图所示。

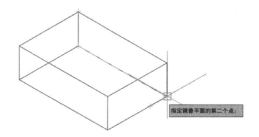

Step04: 单击指定镜像平面的第三个点，如下图所示。

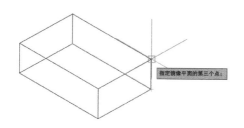

Step05: 按空格键确定，再选择"否"选项，如下图所示。

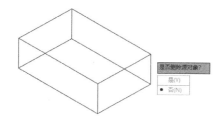

Step06: 完成镜像操作后的效果如下图所示。

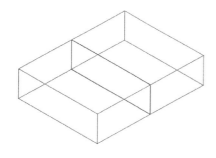

10.3.6 实例：绘制直角支架

本实例主要介绍"矩形""圆""拉伸""差集""三维镜像"等命令的具体应用——绘制直角支架。本实例的最终效果如下图所示。

绘制直角支架的具体操作方法如下。

Step01: 使用"矩形"命令 REC，创建长度为"100"的正方形，如下图所示。

Step02: 执行"圆角"命令 F，设置圆角半径为"15"，按空格键确定，如下图所示。

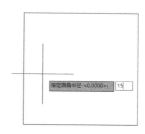

Step03: 选择第一个对象，如下图所示。

Step04: 选择第二个对象，如下图所示。

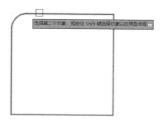

Step05: 按空格键激活"圆角"命令，选择第一个对象，再选择第二个对象，如下图所示。

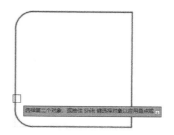

Step06: 使用"圆"命令 C，在矩形的左上

方绘制一个半径为"5"的圆形，如下图所示。

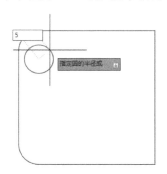

Step07: 用"镜像"命令 MI 镜像圆，如下图所示。

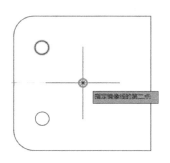

Step08: 单击"实体"选项卡，再单击"差集"按钮，然后单击要被减去的对象，按空格键确定，如下图所示。

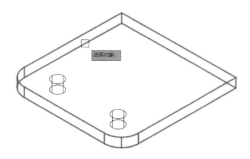

Step09: 依次单击要被减去的对象，按空格键确定，如下图所示。

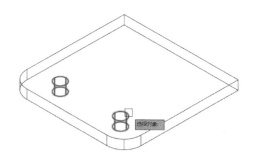

Step10: 复制对象，如下图所示。

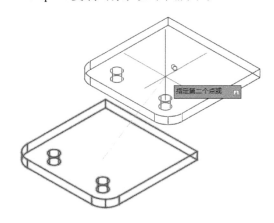

Step11: 单击"常用"选项卡，再单击"三维对齐"按钮，然后选择复制得到的对象，按空格键确定，如下图所示。

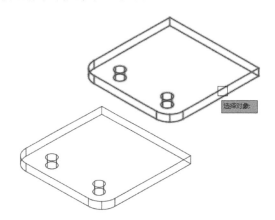

Step12: 单击指定第一个点（基点），如下图所示。

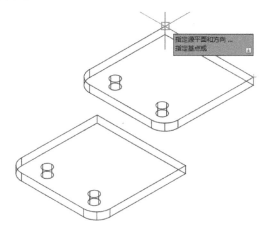

Step13: 单击指定第二个点，如下图所示。

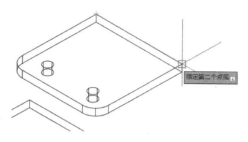

Step14: 单击指定第三个点，如下图所示。

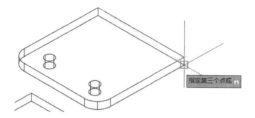

Step15: 单击指定第一个目标点，如下图所示。

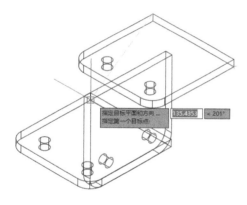

Step16: 单击指定第二个目标点，如下图所示。

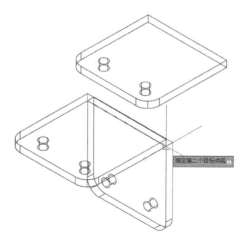

Step17: 单击指定第三个目标点，如下图所示。

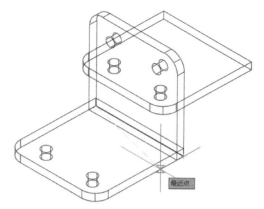

Step18: 切换到"前视"视图中，以对象交点为起点，绘制长度为"50"的正方形，如下图所示。

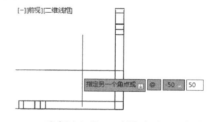

Step19: 选择矩形，再单击左上角夹点，然后移动光标到右上角夹点处单击，从而完成三角形的绘制，如下图所示。

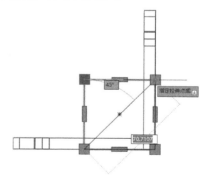

Step20: 单击"拉伸"按钮🗇，再选择需要拉伸的对象，按空格键确定，如下图所示。

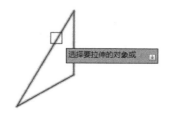

Step21: 输入拉伸高度，如"8"，按空格键确定，如下图所示。

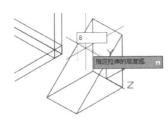

Step22: 输入"移动"命令 M, 按空格键确定；单击中点以将其指定为移动起点，如下图所示。

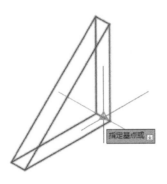

Step23: 单击指定要移动到的点，完成直角支架的绘制，如下图所示。

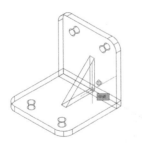

Step24: 切换到"真实"视觉样式，如下图所示。

综合演练：绘制法兰盘

演练介绍

在绘制法兰盘的过程中，首先设置网格密度，然后绘制创建三维实体对象所需要的二维图形，再使用"拉伸"命令对二维图形进行拉伸，创建出三维实例，并使用"三维阵列"命令对三维实体对象进行阵列，最后对其进行差集和倒角，完成法兰盘的绘制。

操作方法

本实例的具体制作方法如下。

Step01: 输入"网格密度"命令 ISO，按空格键确定，设置网格密度为 24；切换到"俯视"视图中，使用"圆"命令 C 绘制一个半径为"80"的圆，如下图所示。

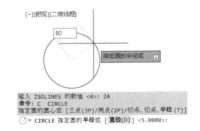

Step02: 使用"偏移"命令 O，将圆向内偏移"40"，如下图所示。

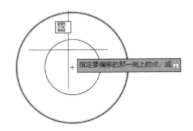

Step03: 使用"偏移"命令 O，将内圆向内偏移"10"，如下图所示。

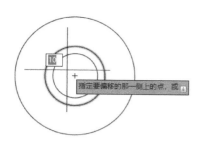

Step04: 输入 "圆" 命令 C，按空格键确定；输入命令 FROM，按空格键确定；在圆心处指定绘图的基点，如下图所示。

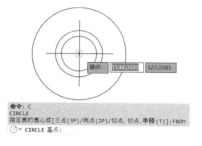

Step05: 输入偏移坐标 "@0,60"，按空格键确定，如下图所示。

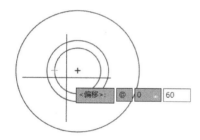

Step06: 输入圆半径 "10"，按空格键确定，如下图所示。

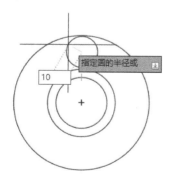

Step07: 按空格键激活 "圆" 命令，在圆心处单击指定圆心，输入半径 "7"，按空格键确定，如下图所示。

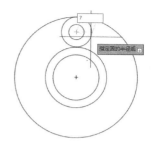

Step08: 切换到 "西南等轴测" 视图中，单击 "常用" 选项卡，再单击 "拉伸" 按钮，如下图所示。

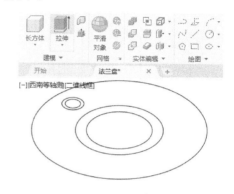

Step09: 选择要拉伸的对象，如下图所示。

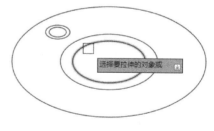

Step10: 选择要拉伸的对象，按空格键确定，如下图所示。

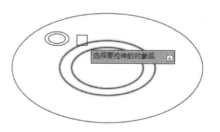

Step11：上移光标，输入拉伸高度 "60"，按空格键确定，如下图所示。

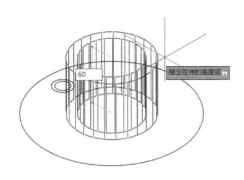

Step12：按空格键激活"拉伸"命令，选择要拉伸的对象，如下图所示。

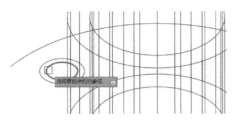

Step13：选择要拉伸的对象，按空格键确定，如下图所示。

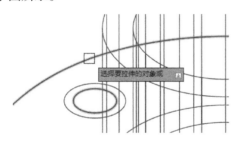

Step14：上移光标，输入拉伸高度"20"，按空格键确定，如下图所示。

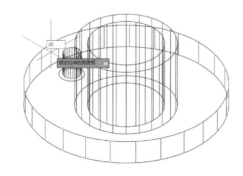

Step15：按空格键激活"拉伸"命令，选择要拉伸的对象，按空格键确定，如下图所示。

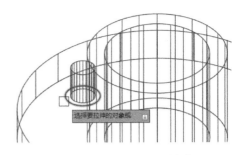

Step16：上移光标，输入拉伸高度"6"，按空格键确定，如下图所示。

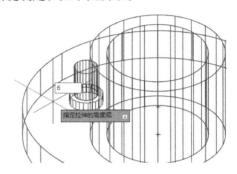

Step17：选择要移动的对象，输入"移动"命令 M，按空格键确定；单击指定基点，如下图所示。

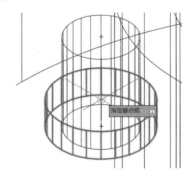

Step18：上移光标，单击上方圆的圆心以将其指定为移动目标点，如下图所示。

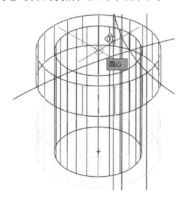

Step19：输入"三维阵列"命令 3DARRAY，按空格键确定；依次选择要阵列的对象，按空格键确定，如下图所示。

Step20：输入"环形"子命令 P，按空格键确定；输入项目数"6"，按空格键确定；输入旋转角度"360"，按空格键确定；按空格键确定旋转阵列对象，单击大圆下方的圆心以将其指定为阵列中心点，如下图所示。

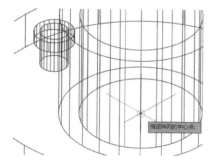

Step21：上移光标，单击"Y"轴上任意点以将其指定第二点，如下图所示。

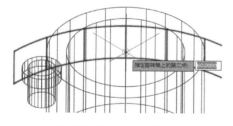

Step22：阵列效果如下图所示。

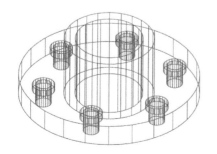

Step23：单击"差集"按钮 ，再选择要保留的对象，如下图所示。

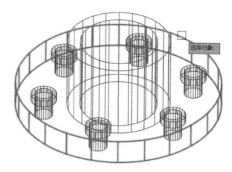

Step24：选择要保留的对象，如下图所示。

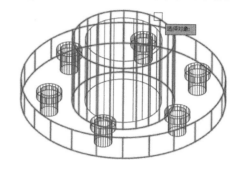

Step25：依次单击要被减去的对象，如下图所示。

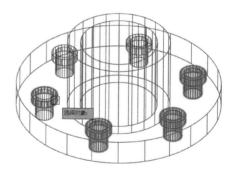

Step26：依次单击要被减去的对象，如下图所示。

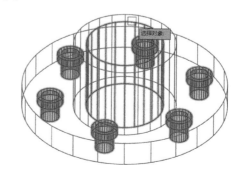

Step27: 输入"圆角"命令 F, 按空格键确定; 输入"半径"命令 R, 按空格键确定; 输入半径"3", 按空格键确定, 如下图所示。

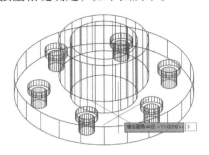

Step28: 选择对象, 按空格键确定, 如下图所示。

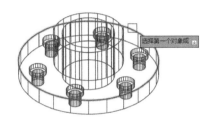

Step29: 依次选择要圆角的边, 按空格键确定, 如下图所示。

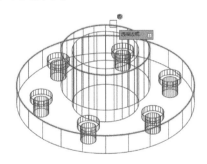

Step30: 对实体对象的外边缘进行圆角处理, 如下图所示。

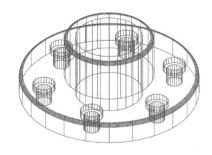

Step31: 设置视觉样式为"真实", 如下图

所示。

新手问答

❓ No.1: 为什么所绘制的三维实体对象边缘有棱角?

在线框模式下, 三维实体对象的曲面（如球面、圆柱面等）用曲线来表示。表示曲线的网格越密集, 数量越多, 越接近真实效果, 但计算量越大, 花费时间越多。

用户可以使用系统变量 ISOLINES 来设置曲面网格数量, 也可以在"真实"等视觉样式下, 通过"渲染对象的平滑度"和"圆弧和圆的平滑度"选项来控制对象显示的光滑程度。这两个选项可以在"选项"对话框的"显示"选项卡中找到, 如下图所示。

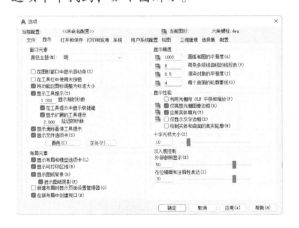

"渲染对象的平滑度"值的变化范围是 0.01 ~ 10, 默认值为 0.5;"圆弧和圆的平滑度"值的变化范围是 1 ~ 20000, 默认值为 1000。

当"渲染对象的平滑度"值为 0.01 和 10 时, 同一个球体显示的不同效果如下图所示。

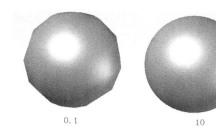

0.1   10

❓ No.2：绘制三维阵列的注意事项有哪些？

三维阵列的绘制要注意以下几点。

（1）3DARRAY 命令已替换为增强的 ARRAY 命令。ARRAY 命令可以创建关联或非关联、二维或三维、矩形、路径或环形阵列。

（2）在绘制三维阵列时，整个选择集将被视为单个阵列元素。

（3）在绘制三维阵列时，要选择排列的对象。

（4）在行（"X"轴）、列（"Y"轴）和层（"Z"轴）矩形阵列中复制对象时，一个阵列必须具有至少两个行、列或层。

（5）对于三维矩形阵列，除行数和列数外，用户还可以指定"Z"轴方向的层数。对于三维环形阵列，用户可以通过空间的任意两点指定旋转轴。当输入正值时，将沿"X""Y""Z"轴的正方向生成阵列。当输入负值时，将沿"X""Y""Z"轴的负方向生成阵列。

（6）层，指定三维阵列的层数和层间距。"层数"指定阵列中的层数。"层间距"指定层级之间的距离。"表达式"使用数学公式或方程式获取值。"全部"指定第一层和最后一层之间的总距离。

（7）当绕旋转轴复制对象时，指定的角度用于确定对象距旋转轴的距离。

❓ No.3：三维旋转小控件有哪些使用技巧？

在三维视图中，显示的三维旋转小控件可以协助绕基点旋转三维对象。

用户在使用三维旋转小控件时，可以自由地通过拖动来旋转选定的对象和子对象，或将旋转约束到轴。

在默认情况下，三维旋转小控件显示在选定对象的中心。可以通过使用快捷菜单更改三维旋转小控件的位置来调整旋转轴。

当显示三维旋转小控件后，"三维旋转小控件"快捷菜单将提供用于对齐、移动或更改为

其他小控件的选项。

上机实验

✏ 【练习1】绘制书本。

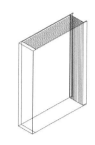

1. 目的要求

本练习首先使用"矩形"命令绘制书本的封底、封面和书脊，接着使用"多段线"命令绘制书页的长度和书本的厚度，然后绘制书页，最后使用"复制"命令将书页依次复制完，从而完成书本的绘制。

2. 操作提示

（1）绘制长度为"190"、宽度为"260"的矩形。

（2）在"西南等轴测"视图中，单击矩形左上角以将其指定为第一个角点，并指定尺寸"@10,-50"。

（3）在"左视"视图中，单击垂直线下端点以将其指定为第一个角点，再单击水平线右端点以将其指定为矩形的另一个角点。此矩形即可作为书脊。

（4）使用"复制"命令将封底复制并移动到适当位置，以将其作为封面。

（5）使用"多段线"命令，绘制书页的长度和书本的厚度。

（6）使用"多段线"命令，绘制书页的形状。

（7）使用"复制"命令，复制书页。

（8）使用"复制"命令，依次将书页复制完。

✏ 【练习2】绘制弯管。

1. 目的要求

本练习绘制的图形比较简单，主要用到"多段线"命令、"圆角"命令、"圆"命令和"扫掠"命令。通过本练习，读者将熟悉这些命令的操作方法。

2. 操作提示

（1）在"西南等轴测"视图中，设置实体线框密度值为"12"。

（2）使用"多段线"命令，上移光标绘制长度为"20"的线段，再右移光标绘制长度为"60"的转角直线，然后上移光标绘制长度为"20"的转角直线。

（3）使用"圆角"命令 F，设置圆角半径为"6"，对线段进行圆角。

（4）在"前视"视图中，创建半径为"3"的圆。

（5）单击"扫掠"按钮，选择圆以将其作为扫掠对象，按空格键确定。

（6）单击多段线以将其作为扫掠路径，完成对象的扫掠，将该实体对象以"真实"视觉样式显示。

思考与练习

一、填空题

1. 在 AutoCAD 2022 中，"三维阵列"命令包括____、____两种。

2. 使用____命令可以通过沿路径扫掠二维或三维曲线来创建三维实体或曲面对象，且扫掠对象会自动与路径对象对齐。

3. ____命令可以按住或拖动有边界区域。当使用该命令时，在选择二维对象以及由闭合边界或三维实体面形成的区域后，移动光标时可获取视觉反馈。

二、选择题

1. 当使用"三维旋转"命令生成图形时，不正确的是（　　）。

　A. 可以对面域旋转

　B. 旋转对象可以跨域旋转轴两侧

　C. 可以旋转特定角度

　D. 按照所选轴的方向进行旋转

2. 在 AutoCAD 2022 中，使用二维命令创建三维图形的关键是（　　）。

　A. 绘制命令

　B. 编辑命令

　C. 视图切换

　D. 命令按钮

3. 使用"三维镜像"命令需要指定（　　）点。

　A. 1 个　　　　　　　B. 2 个

　C. 3 个　　　　　　　D. 4 个

4. "二维移动"命令和"三维移动"命令的区别是（　　）。

　A. 可以使用三维移动小控件将移动约束到轴上

　B. 可以自由移动对象和子对象的选择集

　C. 可以指定移动距离

　D. 可以指定移动方向

本章小结

本章是从二维绘图到三维绘图的过渡章节。本章主要介绍了在三维视图中绘制二维图形，并将其创建为三维实体对象。在此过程中，不仅可以了解二维平面对象在各个视图中的显示效果，还可以非常形象地培养观察图形对象的三维空间感。

✏ 读书笔记

第 11 章　直接创建三维实体对象

 **本章导读**

　　本章主要讲解的是创建并编辑三维实体对象的命令。只有学习并掌握好这些命令，才能熟练创建各类三维实体对象。

学完本章后应知应会的内容

- 创建基本三维实体对象
- 编辑三维实体对象
- 编辑三维实体对象边
- 布尔运算

11.1 创建基本三维实体对象

在 AutoCAD 2022 中，除了可以用二维图形创建出三维实体对象外，还可以直接创建三维实体对象。在创建三维实体对象之前，要将文件中的网格密度（ISOLINES）设置为"20"，以便实时观察。

11.1.1 长方体

"长方体"命令可以创建长度、宽度、高度相等的正方体或长度、宽度、高度不相等的长方体。

1. 执行方式

"长方体"命令有以下几种执行方式。

- 菜单命令：单击"绘图"菜单，再单击"建模"命令，然后单击"长方体"命令。
- 命令按钮：在"创建"面板中单击"长方体"按钮 。
- 快捷命令：在命令行输入"长方体"命令 BOX，按空格键确定。

2. 命令提示与选项说明

执行"长方体"命令后，命令行会显示如下图所示的命令提示和选项。

```
命令：_box
指定第一个角点或 [中心(C)]:
指定其他角点或 [立方体(C)/长度(L)]:
指定高度或 [两点(2P)]:
```

选项说明如下。

（1）指定第一个角点：确定长方体一个顶点的位置。选择该选项后，系统会继续提示"指定其他角点或 [立方体 (C)/ 长度 (L)]"。

（2）指定其他角点：输入另一角点的数值，即可确定该长方体。如果输入的是正值，则沿着当前用户坐标系的"X""Y"和"Z"轴的正方向绘制。如果输入的是负值，则沿着用户坐标系的"X""Y"和"Z"轴的负方向绘制。

（3）立方体（C）：创建一个长度、宽度、高度相等的长方体。

（4）长度（L）：要求输入长度、宽度、高度的数值。

（5）中心（C）：用指定中心点创建长方体。

3. 操作方法

绘制长方体的具体操作方法如下。

Step01： 将视图设置为"西南等轴测"视图，再单击"长方体"按钮 ，然后单击指定长方体第一个角点，并移动光标至合适的位置单击以指定另一个角点，如下图所示。

Step02： 上移光标至合适的位置单击以指定长方体高度，如下图所示。

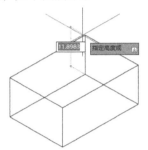

> **新手注意**
>
> 可以使用指定中心点，再确定长度、宽度、高度的方法来创建长方体；也可以在"XY"平面上，指定一个角点，再指定另一个角点，接着指定高度来创建长方体；还可以确定长方体的一个角点，再指定另一个角点来完成长方体的创建。

11.1.2 圆柱体

"圆柱体"命令可以创建三维实心圆柱体，且创建的三维实心圆柱体的底面始终在与工作平面平行的平面上。

1. 执行方式

"圆柱体"命令有以下几种执行方式。

- 菜单命令：单击"绘图"菜单，再单击"建模"命令，然后单击"圆柱体"命令。
- 命令按钮：在"创建"面板中单击"长方体"下拉按钮 长方体 ，再单击"圆柱体"按钮 圆柱体 。
- 快捷命令：在命令行输入"圆柱体"命令 CYL，按空格键确定。

2. 命令提示与选项说明

执行"圆柱体"命令后，命令行会显示如下图所示的命令提示和选项。

```
命令：cylinder
指定底面的中心点或 [三点(3P)/两点(2P)/切点、切点、半径(T)/椭圆(E)]:
指定底面半径或 [直径(D)]: 10
指定高度或 [两点(2P)/轴端点(A)] <10.3022>: 30
```

选项说明如下。

（1）指定底面的中心点：输入底面圆心的坐标。此选项为系统的默认选项。当此选项设置好后，就要指定底面的半径和高度，然后系统按指定的高度创建圆柱体，且圆柱体的中心线与当前坐标系的"Z"轴平行。也可以通过指定另一个端面的圆心来指定高度，然后系统根据圆柱体两个端面的圆心位置来创建圆柱体，且该圆柱体的中心线就是两个端面的圆心连线。

（2）椭圆（E）：绘制椭圆柱体。其中，端面椭圆的绘制方法与平面椭圆的一样。

3. 操作方法

绘制圆柱体的具体操作方法如下。

Step01：单击"长方体"下拉按钮 长方体，再单击"圆柱体"按钮 圆柱体，然后单击指定底面的中心点，如下图所示。

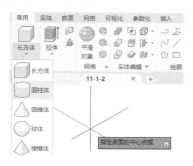

Step02：输入底面半径，如"10"，按空格键确定，如下图所示。

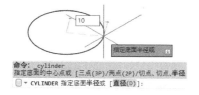

Step03：输入高度，如"30"，按空格键确定，即可完成圆柱体的绘制，如下图所示。

11.1.3 球体

"球体"命令可以创建三维实心球体，也可以通过指定球体的中心点和半径上的点创建球体。

1. 执行方式

"球体"命令有以下几种执行方式。

- 菜单命令：单击"绘图"菜单，再单击"建模"命令，然后单击"球体"命令。
- 命令按钮：单击"长方体"下拉按钮 长方体，单击"球体"按钮 球体。
- 快捷命令：在命令行输入"球体"命令 SPH，按空格键确定。

2. 操作方法

创建球体的具体操作方法如下。

Step01：单击"长方体"下拉按钮 长方体，再单击"球体"按钮 球体，然后单击指定中心点，如下图所示。

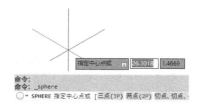

Step02：输入半径，如"20"，按空格键确定，即可完成球体的创建，如下图所示。

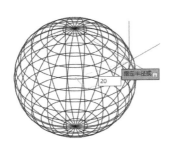

11.1.4 实例：绘制支架

本实例主要介绍"长方体"命令、"圆柱体"命令和三维操作命令的具体应用。本实例的最终效果如下图所示。

绘制支架的具体操作方法如下。

Step01：单击"长方体"按钮▢，再单击指定长方体第一个角点，然后输入"长度"子命令L，按空格键确定，如下图所示。

Step02：输入长度，如"240"，按空格键确定，如下图所示。

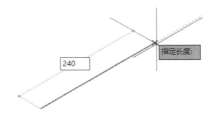

Step03：输入宽度，如"120"，按空格键确定，如下图所示。

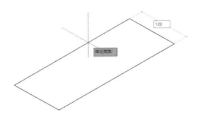

Step04：输入高度，如"18"，按空格键确定，如下图所示。

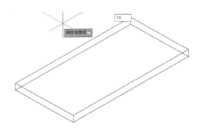

Step05：切换到"仰视"视图，单击"长方体"下拉按钮 长方体，再单击"圆柱体"按钮▢圆柱体；单击指定底面中心点，再输入底面半径"18"，按空格键确定，如下图所示。

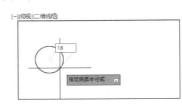

Step06：输入高度，如"18"，按空格键确定，如下图所示。

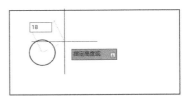

Step07：切换到"西南等轴测"视图，输入"直线"命令L，按空格键确定；单击指定直线第一个点，如下图所示。

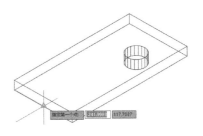

Step08: 单击指定直线第二个点，如下图所示。

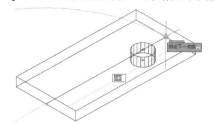

Step09: 输入"移动"命令 M，按空格键确定；选择圆柱体，按空格键确定；单击指定基点，如下图所示。

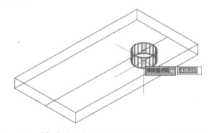

Step10: 单击指定移动目标点，如下图所示。

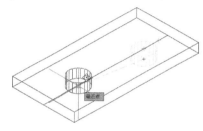

Step11: 输入"镜像"命令 MI，按空格键确定；选择并镜像圆柱体，如下图所示。

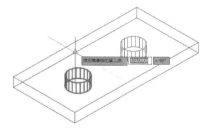

Step12: 单击"差集"按钮 ⬚，再选择要保留的对象，按空格键确定，如下图所示。

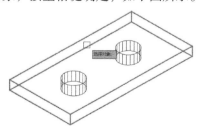

Step13: 选择要被减去的对象，如下图所示。

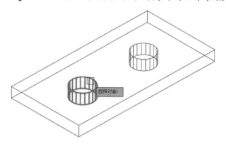

Step14: 选择要被减去的下一个对象，按空格键确定，如下图所示。

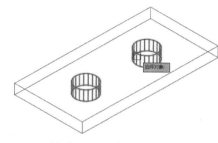

Step15: 单击"长方体"按钮 ⬚，再单击指定长方体第一个角点，然后输入"长度"子命令 L，按空格键确定；输入长度"120"，按空格键确定，如下图所示。

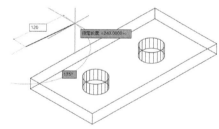

Step16: 输入宽度"18"，按空格键确定，如下图所示。

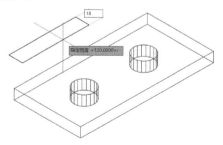

Step17: 上移光标，输入高度"80"，按空格键确定，如下图所示。

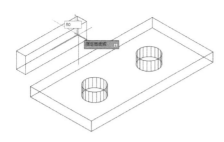

Step18: 单击"三维对齐"按钮，再选择要对齐的源对象，按空格键确定，如下图所示。

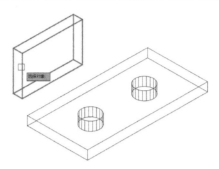

Step19: 单击指点源对象的基点，如下图所示。

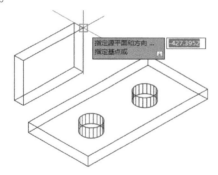

Step20: 单击指定源对象的第二个点，如下图所示。

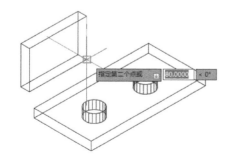

Step21: 单击指定源对象的第三个点，如下图所示。

Step22: 单击指定第一个目标点，如下图所示。

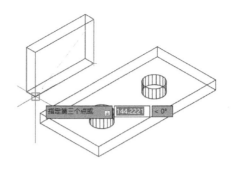

Step23: 单击指定第二个目标点，如下图所示。

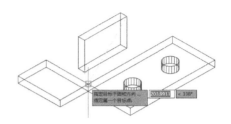

Step24: 单击指定第三个目标点，如下图所示。

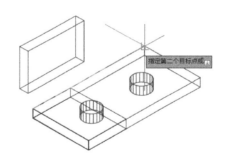

Step25: 单击"圆柱体"按钮，再单击指定圆柱体底面的中心点，如下图所示。

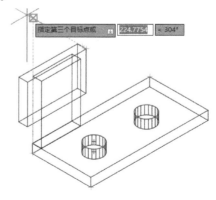

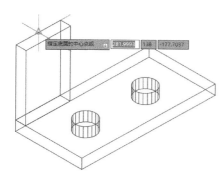

Step26: 输入底面半径"40",按空格键确定,如下图所示。

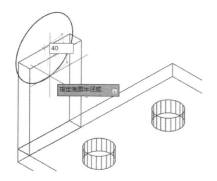

Step27: 输入高度"18",按空格键确定,如下图所示。

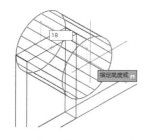

Step28: 按空格键激活"圆柱体"命令,再单击圆柱体底面的中心点,然后输入底面半径"30",按空格键确定,如下图所示。

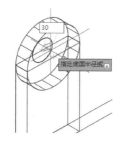

Step29: 输入高度"18",按空格键确定,即可完成内圆柱体的绘制,如下图所示。

Step30: 单击"并集"按钮 ,再选择要合并的对象,如下图所示。

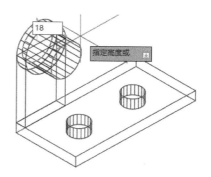

Step31: 选择要合并的下一个对象外圆柱体,按空格键确定,如下图所示。

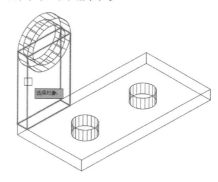

Step32: 单击"差集"按钮 ,再选择要保留的对象,按空格键确定,如下图所示。

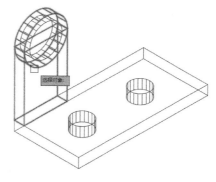

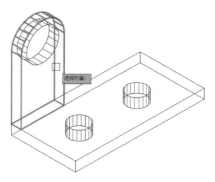

Step33：选择要被减去的对象内圆柱体，按空格键确定，如下图所示。

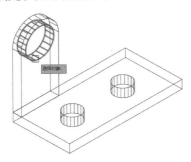

Step34：选择要移动的对象，再输入"移动"命令 M，按空格键确定；单击指定基点，如下图所示。

Step35：单击指定移动目标点，如下图所示。

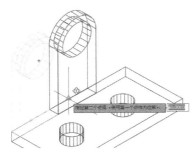

Step36：单击"三维镜像"按钮，再选择要镜像的对象，按空格键确定，如下图所示。

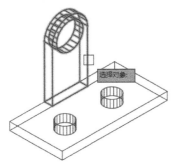

Step37：单击指定镜像平面（三点）的第一个点，如下图所示。

Step38：单击指定镜像平面的第二个点，如下图所示。

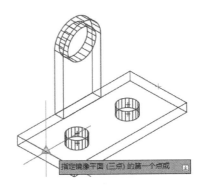

Step39：上移光标，单击指定镜像平面的第三个点，按空格键确定，如下图所示。

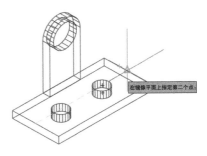

Step40：完成支架的绘制，如下图所示。

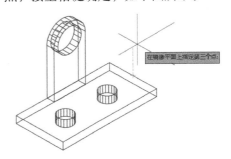

11.1.5 圆锥体

"圆锥体"命令可以创建三维实心圆锥体。

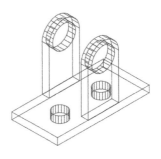

该实体以圆或椭圆为底面,以对称方式形成锥体表面,最后交于一点或一个圆或椭圆平面。

1. 执行方式

"圆锥体"命令有以下几种执行方式。

- 菜单命令:单击"绘图"菜单,再单击"建模"命令,然后单击"圆锥体"命令。
- 命令按钮:单击"长方体"下拉按钮 长方体,再单击"圆锥体"按钮 △ 圆锥体。
- 快捷命令:在命令行输入"圆锥体"命令 CONE,按空格键确定。

2. 操作方法

创建圆锥体的具体操作方法如下。

Step01:单击"长方体"下拉按钮 长方体,再单击"圆锥体"按钮 △ 圆锥体,然后单击指定底面的中心点,如下图所示。

Step02:输入半径,如"10",按空格键确定,如下图所示。

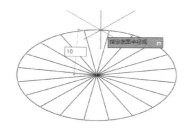

Step03:输入高度,如"30",按空格键确定,如下图所示。

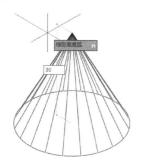

11.1.6 棱锥体

"棱锥体"命令创建三维实体棱锥体。在默

认情况下,使用基点的中心、边的中点、可以确定高度的另一个点来定义棱锥体。

1. 执行方式

"棱锥体"命令有以下几种执行方式。

- 菜单命令:单击"绘图"菜单,再单击"建模"命令,然后单击"棱锥体"命令。
- 命令按钮:单击"长方体"下拉按钮 长方体,再单击"棱锥体"按钮 △ 棱锥体。
- 快捷命令:在命令行输入"棱锥体"命令 PYR,按空格键确定。

2. 操作方法

创建棱锥体的具体操作方法如下。

Step01:单击"长方体"下拉按钮 长方体,再单击"棱锥体"按钮 △ 棱锥体,然后输入"边"子命令 E,按空格键确定,如下图所示。

Step02:输入边的第二个端点,如"100",按空格键确定,如下图所示。

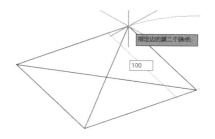

Step03:输入棱锥体的高度,如"300",按空格键确定,如下图所示。

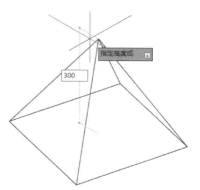

11.1.7 楔体

"楔体"命令可以创建三维实心楔体，绘制楔体时，倾斜方向始终是用户坐标系的"X"轴正方向。

1. 执行方式

"楔体"命令有以下几种执行方式。

- 菜单命令：单击"绘图"菜单，再单击"建模"命令，然后单击"楔体"命令。
- 命令按钮：单击"长方体"下拉按钮 长方体，再单击"楔体"按钮 楔体。
- 快捷命令：在命令行输入"楔体"命令 WE，按空格键确定。

2. 命令提示与选项说明

执行"楔体"命令后，命令行会显示如下图所示的命令提示和选项。

```
命令：_wedge
指定第一个角点或 [中心(C)]:
指定其他角点或 [立方体(C)/长度(L)]: L
指定长度 <120.0000>: 100
指定宽度 <18.0000>: 200
指定高度或 [两点(2P)] <300.0000>: 100
```

3. 操作方法

创建楔体的具体操作方法如下。

Step01：单击"长方体"下拉按钮 长方体，再单击"楔体"按钮 楔体；单击指定第一个角点，再输入"长度"子命令 L，按空格键确定，如下图所示。

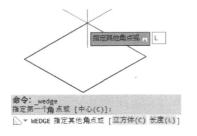

```
命令：_wedge
指定第一个角点或 [中心(C)]:
◇▼ WEDGE 指定其他角点或 [立方体(C) 长度(L)]
```

Step02：输入长度"100"，按空格键确定，如下图所示。

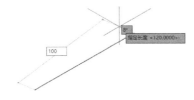

Step03：输入宽度"200"，按空格键确定，

如下图所示。

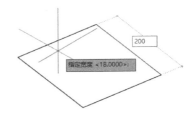

Step04：输入高度"100"，按空格键确定，如下图所示。

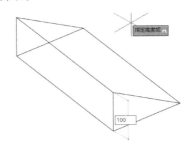

11.1.8 圆环体

"圆环体"命令可以创建圆环形三维实体对象。可以通过指定圆环体的圆心、半径或直径，以及围绕圆环体圆管的半径或者直径创建圆环体。

1. 执行方式

"圆环体"命令有以下几种执行方式。

- 菜单命令：单击"绘图"菜单，再单击"建模"命令，然后单击"圆环体"命令。
- 命令按钮：单击"长方体"下拉按钮 长方体，再单击"圆环体"按钮 圆环体。
- 快捷命令：在命令行输入"圆环体"命令 TOR，按空格键确定。

2. 命令提示与选项说明

执行"圆环体"命令后，命令行会显示如下图所示的命令提示和选项。

```
命令：_torus
指定中心点或 [三点(3P)/两点(2P)/切点、切点、半径(T)]:
指定半径或 [直径(D)] <89.2639>: 50
指定圆管半径或 [两点(2P)/直径(D)] <22.3335>: 20
```

3. 操作方法

创建圆环体的具体操作方法如下。

Step01：单击"长方体"下拉按钮 长方体，再单击"圆环体"按钮 圆环体，然后单击指定中心点，如下图所示。

Step02: 输入半径, 如 "50", 按空格键确定, 如下图所示。

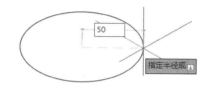

Step03: 输入圆管半径, 如 "20", 按空格键确定, 即可完成圆环体的绘制, 如下图所示。

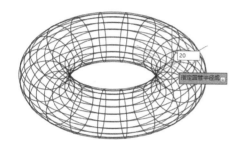

11.1.9 多段体

"多段体"命令可以创建具有固定高度和宽度的直线段和曲线段的三维墙状多段体。

1. 执行方式

"多段体"命令有以下几种执行方式。

- 菜单命令: 单击"绘图"菜单, 再单击"建模"命令, 然后单击"多段体"命令。
- 命令按钮: 在"常用"选项卡中单击"多段体"按钮 。
- 快捷命令: 在命令行输入"多段体"命令 POLYSOLID, 按空格键确定。

2. 操作方法

创建多段体的具体操作方法如下。

Step01: 在"常用"选项卡中单击"多段体"按钮 , 再输入"高度"子命令 H, 按空格键确定, 如下图所示。

Step02: 输入高度, 如 "1200", 按空格键确定; 单击指定多段线的起点, 如下图所示。

Step03: 输入至下一点的距离, 如 "3200", 按空格键确定, 如下图所示。

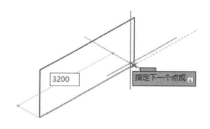

Step04: 移动光标, 输入至下一点的距离, 如 "2000", 按空格键确定, 如下图所示。

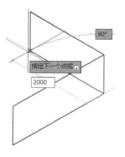

Step05: 依次单击指定下一个点, 如下图所示。

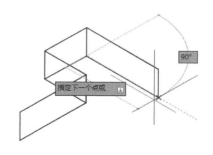

11.2 编辑三维实体对象

在实际应用中，设计的三维实体对象十分复杂，比基本三维实体对象和由拉伸或旋转生成的三维实体对象复杂得多。本节将介绍通过编辑得到需要的三维实体对象。

11.2.1 剖切对象

"剖切"命令可以通过剖切或分割现有对象创建新的三维实体和曲面对象。从而达到编辑三维实体对象的目的。

1. 执行方式

"剖切"命令有以下几种执行方式。

- 菜单命令：单击"修改"菜单，再单击"三维操作"，然后单击"剖切"命令。
- 命令按钮：在"实体编辑"面板中单击"剖切"按钮。
- 快捷命令：在命令行输入"剖切"命令SL，按空格键确定。

2. 命令提示与选项说明

执行剖切命令后，命令行会显示如下图所示的命令提示和选项。

```
命令：_slice
选择要剖切的对象：找到 1 个
选择要剖切的对象：
指定切面的起点或[平面对象(O)/曲面(S)/Z轴(Z)/视图(V)/XY/YZ/ZX/三点(3)]<三点>：
指定平面上的第二个点：
在所需的侧面上指定点或 [保留两个侧面(B)] <保留两个侧面>：
该点不可以在剖切平面上。
在所需的侧面上指定点或 [保留两个侧面(B)] <保留两个侧面>：
```

选项说明如下。

（1）平面对象（O）：将所选择的对象所在的平面作为剖切面。

（2）曲面（S）：将剪切平面与曲面对齐。

（3）Z轴（Z）：通过在平面上指定的一点和在平面的"Z"轴（法线）上指定的另一点来定义剖切平面。

（4）视图（V）：以平行于当前视图的平面作为剖切面。

（5）XY / YZ /ZX：将剖切平面与当前用户坐标系的"XY"平面或"YZ"平面或"ZX"平面对齐。

（6）三点（3）：将由空间 3 个点确定的平面作为剖切面。确定剖切面后，系统会提示保留剖切面的一侧或两侧。

3. 操作方法

使用"剖切"命令的具体操作方法如下。

Step01：创建一个长方体，然后在"实体编辑"面板中单击"剖切"按钮，再选择要剖切的对象，按空格键确定，如下图所示。

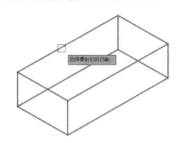

Step02：单击指定剖切平面上的起点，如下图所示。

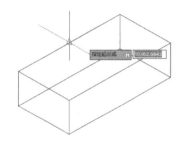

Step03：单击指定剖切平面上的第二个点，如下图所示。

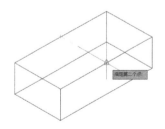

Step04：在需要留下剖切面的一侧面上单击，如下图所示。

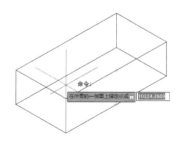

Step05：将对象剖切后的效果如下图所示。

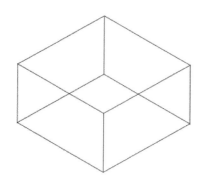

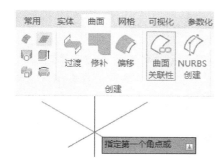

新手注意

剖切平面是通过 2 个或 3 个点定义的。

11.2.2 加厚对象

"加厚"命令可以将曲面转换为具有指定厚度的三维实体对象。

1. 执行方式

"加厚"命令有以下几种执行方式。

- 菜单命令：单击"修改"菜单，再单击"三维操作"，然后单击"加厚"命令。
- 命令按钮：在"实体编辑"面板中单击"加厚"按钮 ◈。
- 快捷命令：在命令行输入"加厚"命令 THICKEN，按空格键确定。

2. 操作方法

使用"加厚"命令的具体操作方法如下。

Step01：单击"曲面"选项卡，再单击"平面曲面"按钮 ▨，然后单击指定曲面第一个角点，如下图所示。

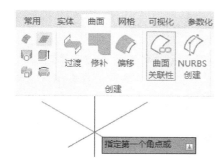

Step02：移动光标，输入另一个角点，如 "100"，按空格键确定，如下图所示。

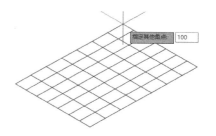

Step03：单击"实体"选项卡，再单击"加厚"命令按钮 ◈ 加厚，然后选择要加厚的曲面，按空格键确定，如下图所示。

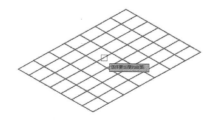

Step04：输入厚度，如"20"，按空格键确定，如下图所示。

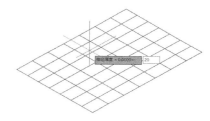

Step05：加厚效果如下图所示。

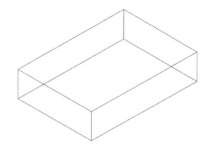

11.2.3 压印对象

使用"压印"命令可将二维几何图形压印到三维实体对象上，从而在该对象的某一平面上创建更多的边。

1. 执行方式

"压印"命令有以下几种执行方式。

- 菜单命令：单击"修改"菜单，再单击"实体编辑"命令,然后单击"压印边"命令。

● 命令按钮：单击"压印"按钮 回 压印。

● 快捷命令：在命令行输入"压印"命令 IMPR，按空格键确定。

2. 命令提示与选项说明

执行"压印"命令后，命令行会显示如下图所示的命令提示和选项。

```
命令：_imprint
选择三维实体或曲面：
选择要压印的对象：
是否删除源对象[是(Y)/否(N)]<N>:Y
选择要压印的对象：
```

3. 操作方法

压印对象的具体操作方法如下。

Step01：绘制一个长方体,输入"圆"命令 C, 按空格键确定；在长方体的一个侧面上单击指定圆心，输入半径"20"，按空格键确定，如下图所示。

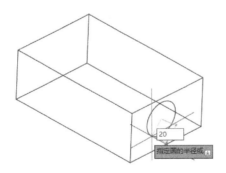

Step02：在"实体"选项卡中单击"压印"按钮 回 压印，再选择三维实体，如下图所示。

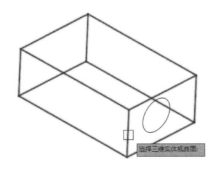

Step03：选择要压印的圆，如下图所示。

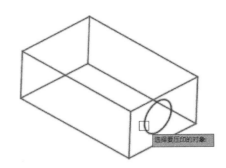

Step04：输入子命令 Y，确定删除源对象，按空格键确定，如下图所示。

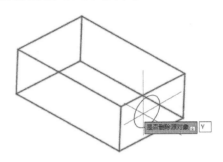

Step05：完成压印的效果如下图所示，按空格键结束"压印"命令。

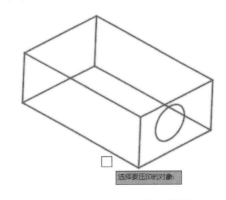

11.2.4 抽壳对象

"抽壳"命令可以将三维实体对象转换为中空壳体，且留下的外壳部分具有指定厚度。

1. 执行方式

"抽壳"命令有以下几种执行方式。

● 菜单命令：单击"修改"菜单，再单击"实体编辑"命令，然后单击"抽壳"命令。

● 命令按钮：单击"抽壳"按钮 。

● 快捷命令：在命令行输入"抽壳"命令 SOLIDEDIT，按空格键确定。

2. 命令提示与选项说明

执行"抽壳"命令后，命令行会显示如下图所示的命令提示和选项。

```
命令: solidedit
实体编辑自动检查: SOLIDCHECK=1
输入实体编辑选项 [面(F)/边(E)/体(B)/放弃(U)/退出(X)] <退出>: _body
输入体编辑选项
[压印(I)/分割实体(P)/抽壳(S)/清除(L)/检查(C)/放弃(U)/退出(X)]<退出>:_shell
选择三维实体:
删除面或 [放弃(U)/添加(A)/全部(ALL)]: 找到一个面, 已删除 1 个。
删除面或 [放弃(U)/添加(A)/全部(ALL)]:
输入抽壳偏移距离: 20
已开始实体校验。
已完成实体校验。
输入体编辑选项
[压印(I)/分割实体(P)/抽壳(S)/清除(L)/检查(C)/放弃(U)/退出(X)] <退出>:
实体编辑自动检查: SOLIDCHECK=1
输入实体编辑选项 [面(F)/边(E)/体(B)/放弃(U)/退出(X)] <退出>:
```

3. 操作方法

使用"抽壳"命令的具体操作方法如下。

Step01: 绘制一个长方体，单击"抽壳"按钮，然后选择要抽壳的三维实体，如下图所示。

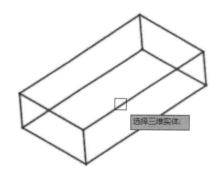

Step02: 单击连接两个面的线段，即可选中要删除的两个面，按空格键确定，如下图所示。

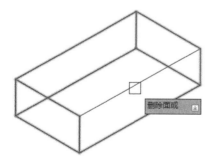

Step03: 输入抽壳距离"20"，按空格键确定，如下图所示。

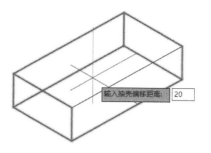

Step04: 按空格键两次即可结束"抽壳"命令，如下图所示。

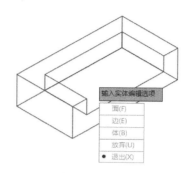

Step05: 设置视觉样式为"真实"，如下图所示。

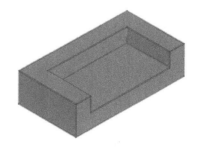

11.2.5 分割对象

"分割"命令可以将具有多个不连续部分的三维实体对象分割为独立的三维实体。

1. 执行方式

"分割"命令有以下几种执行方式。

- 菜单命令：单击"修改"菜单，再单击"实体编辑"命令，然后单击"分割"命令。
- 命令按钮：在"实体编辑"面板中单击"抽壳"下拉按钮 抽壳，再单击"分割"按钮 分割。
- 快捷命令：在命令行输入"分割"命令 SOLIDEDIT，按空格键确定。

2. 命令提示与选项说明

执行"分割"命令后，命令行会显示如下图所示的命令提示和选项。

```
命令: _solidedit
实体编辑自动检查: SOLIDCHECK=1
输入实体编辑选项 [面(F)/边(E)/体(B)/放弃(U)/退出(X)] <退出>: _body
输入体编辑选项
[压印(I)/分割实体(P)/抽壳(S)/清除(L)/检查(C)/放弃(U)/退出(X)] <退出>: _separate
选择三维实体:
选定的对象中不能有多个块。
输入体编辑选项
[压印(I)/分割实体(P)/抽壳(S)/清除(L)/检查(C)/放弃(U)/退出(X)] <退出>:
实体编辑自动检查: SOLIDCHECK=1
输入实体编辑选项 [面(F)/边(E)/体(B)/放弃(U)/退出(X)] <退出>: F
输入面编辑选项
[拉伸(E)/移动(M)/旋转(R)/偏移(O)/倾斜(T)/删除(D)/复制(C)/颜色(L)/材质(A)] <退出>: T
选择面或 [放弃(U)/删除(R)]: 找到一个面。
选择面或 [放弃(U)/删除(R)/全部(ALL)]:
指定基点:
指定沿倾斜轴的另一个点:
指定倾斜角度: 45
已开始实体校验。
已完成实体校验。
```

3. 操作方法

使用"分割"命令的具体操作方法如下。

Step01: 绘制一个长方体，再单击"抽壳"下拉按钮 抽壳 ，然后单击"分割"按钮 分割；选择要分割的三维实体，如下图所示。

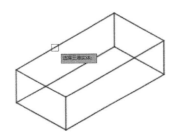

Step02: 按空格键确定，如下图所示。

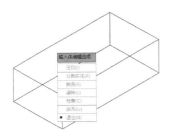

Step03: 输入"面"子命令 F，按空格键确定，如下图所示。

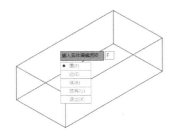

Step04: 输入"倾斜"子命令 T，按空格键

确定，如下图所示。

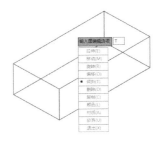

Step05: 选择要倾斜的面，如下图所示。

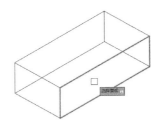

Step06: 单击指定倾斜轴的基点，如下图所示。

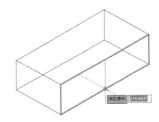

Step07: 单击指定倾斜轴的另一个点，如下图所示。

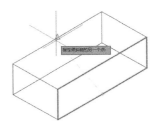

Step08: 输入倾斜角度，如"45"，按空格键确定，如下图所示。

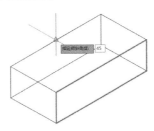

Step09: 按空格键两次结束"分割"命令, 其效果如下图所示。

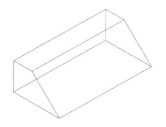

11.2.6 实例: 绘制子弹头

本实例主要介绍"直线"命令、"圆"命令、"圆柱体"命令、"拉伸"命令、"旋转"命令的具体应用。本实例的最终效果如下图所示。

绘制子弹头的具体操作方法如下。

Step01: 使用"直线"命令 L, 在"前视"视图中绘制长度为"150"的垂直线, 如下图所示。

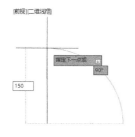

Step02: 切换到"西南等轴测"视图中, 输入"圆"命令 C, 按空格键确定; 单击直线下端点以将其指定为圆的圆心, 如下图所示。

Step03: 输入圆的半径"30", 按空格键确定, 如下图所示。

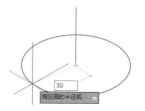

Step04: 使用"直线"命令 L, 在"西南等轴测"视图中以圆的象限点为起点, 绘制一条高度为"6"的垂直线段, 如下图所示。

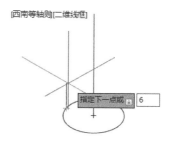

Step05: 按下【F8】键打开正交模式, 在"前视"视图中使用"复制"命令 CO, 将圆向上复制至"6"的位置, 按空格键确定, 如下图所示。

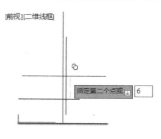

Step06: 选择复制得到的圆, 使用"复制"命令 CO, 将圆向上复制至"48"的位置, 按空格键确定, 如下图所示。

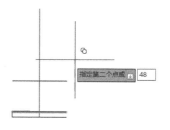

Step07: 选择最上方的圆, 使用"复制"命令 CO, 将圆向上复制至"40"的位置, 按空格键确定, 如下图所示。

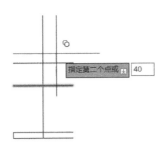

Step08: 选择最上方的圆，使用"复制"命令 CO，将圆向上复制至"5"的位置，按空格键确定，如下图所示。

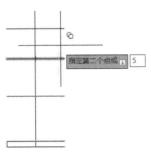

Step09: 选择最上方的圆，再单击象限夹点，向圆内移动，然后输入拉伸值"20"，按空格键确定，如下图所示。

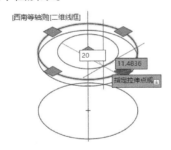

Step10: 选择下一个圆，再单击象限夹点，向圆内移动，然后输入拉伸值"22"，按空格键确定，如下图所示。

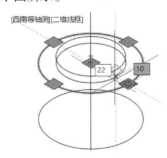

Step11: 输入"直线"命令 L，在中间圆的象限点上单击以将其指定为线段起点，如

下图所示。

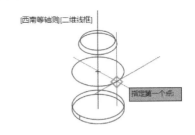

Step12: 上移光标，在上一个的象限点单击指定线段的终点，按空格键结束"直线"命令，如下图所示。

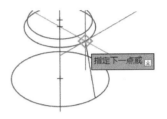

Step13: 切换到"前视"视图中，输入"圆"命令 C，在下方两个圆中间的直线中点上单击以将其指定为圆心，如下图所示。

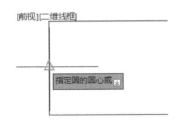

Step14: 输入圆半径"3"，按空格键确定，如下图所示。

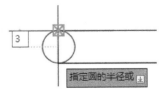

Step15: 删除垂直线，输入"打断"命令 BR，按空格键确定，如下图所示。

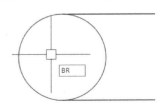

Step16: 单击指定打断点，如下图所示。

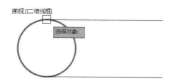

Step17: 下移光标，单击指定第二个打断点，如下图所示。

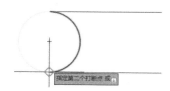

Step18: 这时的效果如下图所示。

Step19: 单击"旋转"按钮 旋转，选择半径为"3"的圆，选择上方两个圆之间的线段以将其作为要旋转的对象，按空格键确定，如下图所示。

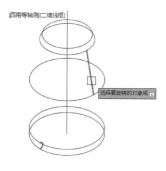

Step20: 单击指定旋转轴起点，如下图所示。

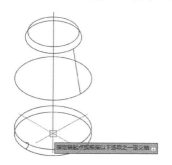

Step21: 上移光标，单击指定旋转轴端点，如下图所示。

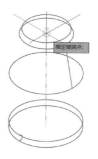

Step22: 输入旋转角度"360"，按空格键确定，如下图所示。

Step23: 单击"圆柱体"按钮 圆柱体，再选择最下方圆的圆心以将其作为底面的中心点，如下图所示。

Step24: 输入底面半径"30"，按空格键确定，如下图所示。

Step25: 下移光标，输入圆柱体高度"6"，按空格键确定，如下图所示。

Step26: 按空格键激活"圆柱体"命令，单击底面上方圆的圆心以将其指定为底面的中心点，如下图所示。

Step27: 输入底面半径"30"，按空格键确定，如下图所示。

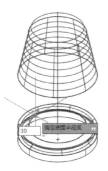

Step28: 上移光标，输入圆柱体高度"48"，按空格键确定，如下图所示。

Step29: 输入"直线"命令 L，在垂直线段的上端点处单击以将其指定为线段起点，如下图所示。

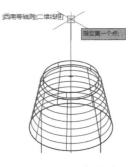

Step30: 在下一个圆的象限点上单击以将其指定为线段终点，按空格键确定，如下图所示。

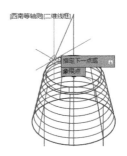

Step31: 单击"旋转"按钮 旋转，再选择绘制的线段以将其作为要旋转的对象，按空格键确定，如下图所示。

Step32: 单击指定旋转轴起点，如下图所示。

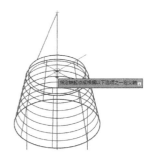

Step33：上移光标，单击指定旋转轴端点，如下图所示。

Step34：输入旋转角度"360"，按空格键确定，如下图所示。

Step35：设置视觉样式为"隐藏"，如下图所示。

11.3 编辑三维实体对象边

在 AutoCAD 2022 中，除了可以对三维实体对象进行相应编辑外，还可以对三维实体对象的边进行编辑。本节主要讲解编辑三维实体对象边的各种命令。

11.3.1 提取边

"提取边"命令可以快速提取对象的边，即通过三维实体、曲面、网格、面域或子对象的边创建线框几何图形。

1. 执行方式

"提取边"命令有以下几种执行方式。

- 菜单命令：单击"修改"菜单，再单击"三维操作"命令，然后单击"提取边"命令。
- 命令按钮：单击"实体"选项卡，在"实体编辑"面板中单击"提取边"按钮 🗗。
- 快捷命令：在命令行输入"提取边"命令 XEDGES，按空格键确定。

2. 操作方法

使用"提取边"命令的具体操作方法如下。

Step01：绘制一个正方体，然后在"实体"选项卡中单击"提取边"按钮 🗗，再选择要提取边的对象，按空格键确定，如下图所示。

Step02：单击"视觉样式控件"按钮，再单击"勾画"选项，如下图所示。

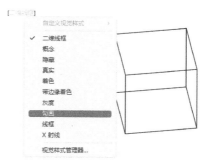

Step03：使用"移动"命令 M，选择立方体进行移动，如下图所示。

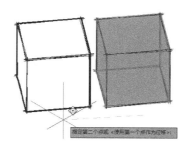

Step04: 即可显示源位置提取到的对象边，如下图所示。

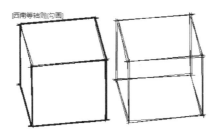

11.3.2 偏移边

"偏移边"命令可以按指定的距离和角度偏移对象的边。

1. 执行方式

"偏移边"命令有以下几种执行方式。

- 命令按钮：单击"实体"选项卡，然后在"实体编辑"面板中单击"偏移边"按钮⬜。
- 快捷命令：在命令行输入"偏移边"命令 OFFSETEDGE，按空格键确定。

2. 操作方法

使用"偏移边"命令的具体操作方法如下。

Step01: 单击"实体"选项卡，再单击"偏移边"按钮⬜，然后选择面，如下图所示。

Step02: 输入"距离"子命令 D，按空格键确定，如下图所示。

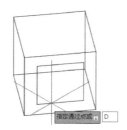

Step03: 输入偏移距离"20"，按空格键确定，如下图所示。

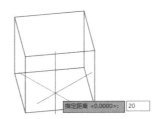

Step04: 在要偏移边的面上单击，如下图所示。

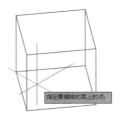

Step05: 在其他需要偏移边的面上单击，再单击指定偏移距离，按空格键结束"偏移边"命令，如下图所示。

11.3.3 圆角边

"圆角边"命令可以为三维实体对象的边制作圆角。在"圆角边"的操作中，可以直接输入圆角半径，也可以通过单击并拖动圆角夹点确定圆角半径。

1. 执行方式

"圆角边"命令有以下几种执行方式。

- 菜单命令：单击"修改"菜单，再单击"实体编辑"命令，然后单击"圆角边"命令。
- 命令按钮：单击"实体"选项卡，然后在"实体编辑"面板中单击"圆角边"按钮⬤。
- 快捷命令：在命令行输入圆角边命令

FILLETEDGE，按空格键确定。

2. 命令提示与选项说明

执行"圆角边"命令后，命令行会显示如下图所示的命令提示和选项。

```
命令: _FILLETEDGE
半径 = 0.0000
选择边或 [链(C)/环(L)/半径(R)]:
选择边或 [链(C)/环(L)/半径(R)]:
已选定 1 个边用于圆角。
按 Enter 键接受圆角或 [半径(R)]:R
指定半径或 [表达式(E)] <0.0000>: 10
按 Enter 键接受圆角或 [半径(R)]:
```

选项说明如下。

（1）选择边：选择对象上的一条边。此选项为系统的默认选项。

（2）链（C）：表示与此边相邻的边都被选中并进行倒圆角的操作。

（3）环（L）：对一个面上的所有边建立圆角。

（4）半径（R）：指定圆角半径。

3. 操作方法

使用"圆角边"命令的具体操作方法如下。

Step01: 设置"网格密度"ISOLINES 为"20"，如下图所示。

Step02: 绘制一个长方体，再单击"实体"选项卡，然后单击"圆角边"按钮 ；选择对象需要圆角的边，按空格键确定，如下图所示。

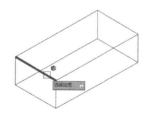

Step03: 输入"半径"子命令 R，按空格键确定，如下图所示。

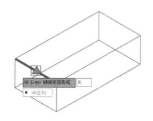

Step04: 输入圆角半径，如"10"，按空格键确定，如下图所示。

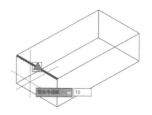

Step05: 按空格键两次结束"圆角边"命令，如下图所示。

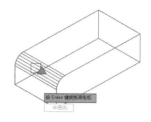

Step06: 按空格键激活"圆角边"命令，依次选择要圆角的边，再设置半径为"5"，圆角所选对象，如下图所示。

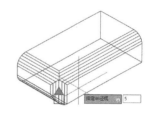

⁑新手注意·◦

当给三维实体对象的边圆角时，可以先选择一个或多个边。在激活"倒角边"命令并指定半径，将所选对象的边圆角后，可以继续选择边进行圆角，完成后按空格键两次结束"圆角"命令。当再次使用"圆角"命令时，系统自动按照上一次指定的圆角半径进行圆角。

11.3.4 倒角边

"倒角边"命令可以为三维实体对象的边制作倒角。该命令在操作中可以同时选择属于相同面的多条边，输入倒角距离值，或单击并拖动倒角夹点。

1. 执行方式

"倒角边"命令有以下几种执行方式。

● 菜单命令：单击"修改"菜单,再单击"实体编辑"命令,然后单击"倒角边"命令。

- 命令按钮:在"实体"选项卡中单击"圆角边"下拉按钮 圆角边 ,再单击"倒角边"按钮 。
- 快捷命令:在命令行输入"倒角边"命令 CHA,按空格键确定。

2. 命令提示与选项说明

执行"倒角边"命令后,命令行会显示如下图所示的命令提示和选项。

```
命令: _CHAMFEREDGE 距离 1 = 1.0000, 距离 2 = 1.0000
选择一条边或 [环(L)/距离(D)]:
选择同一个面上的其他边或 [环(L)/距离(D)]:
按 Enter 键接受倒角或 [距离(D)]:D
指定基面倒角距离或 [表达式(E)] <1.0000>: 10
指定其他曲面倒角距离或 [表达式(E)] <1.0000>: 30
按 Enter 键接受倒角或 [距离(D)]:
```

选项说明如下。

（1）选择一条边:选择对象的一条边。此选项为系统的默认选项。

（2）环(L):对一个面上的所有边建立倒角。

（3）距离（D）:如果选择此选项,则要输入倒角距离。

3. 操作方法

使用"倒角边"命令的具体操作方法如下。

Step01:绘制长方体,再单击"圆角边"下拉按钮 圆角边 ;单击"倒角边"按钮 ,再选择要倒角的一条边,如下图所示。

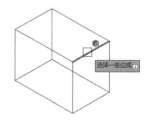

Step02:输入"距离"子命令 D,按空格键确定,如下图所示。

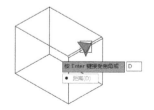

Step03:输入基面倒角距离"10",按空格键确定,如下图所示。

Step04:输入其他曲面倒角距离"30",按空格键确定,如下图所示。

Step05:按 Enter 键接受倒角,如下图所示。

Step06:单击夹点,如下图所示。

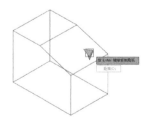

Step07:拖动夹点位置即可调整对象形状,如下图所示。

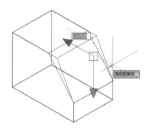

Step08:拖动其他夹点位置也可调整对象形

状，如下图所示。

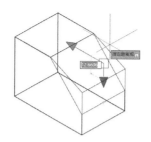

本实例主要介绍"长方体"命令、"圆柱体"命令、"球体"命令、"剖切"命令、"倒角边"命令等三维实体对象创建和编辑命令的具体应用。本实例的最终效果如下图所示。

绘制阀杆的具体操作方法如下。

Step01：设置网格密度 ISOLINES 为"20"，并将视图调整为"西南等轴测"视图；单击"圆柱体"按钮，再单击指定坐标原点为底面的中心点，然后输入底面半径"7"，按空格键确定，如下图所示。

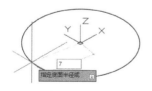

Step02：上移光标，输入圆柱体高度"14"，按空格键确定，如下图所示。

Step03：按空格键激活"圆柱体"命令，以上一个圆心为圆心，输入底面半径"14"，按空格键确定；上移光标，输入高度"24"，按空格键确定，如下图所示。

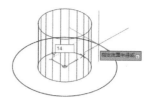

Step04：输入"移动"命令 M，然后选择半径为"14"的圆柱体，并将其向上移动"14"，按空格键确定，如下图所示。

Step05：单击"圆柱体"按钮，再单击指定坐标原点为底面的中心点，如下图所示。

Step06：输入底面半径"18"，按空格键确定，如下图所示。

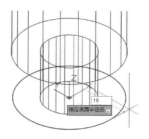

Step07：上移光标，输入圆柱体高度"5"，按空格键确定，如下图所示。

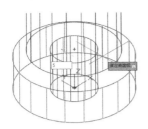

Step08: 输入"复制"命令 CO，按空格键确定；选择最后绘制的圆柱体，并将其向上复制移动"43"，按空格键确定，如下图所示。

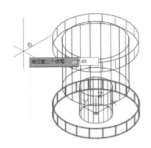

Step09: 输入"移动"命令 M，然后选择最后绘制的圆柱体，并将其向上移动"38"，按空格键确定，如下图所示。

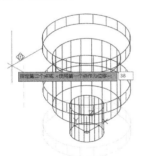

Step10: 单击"球体"按钮○球体，再单击指定球体的中心点，如下图所示。

Step11: 输入球体半径"20"，按空格键确定，如下图所示。

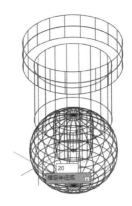

Step12: 输入"移动"命令 M，然后将球体向上移动"30"，如下图所示。

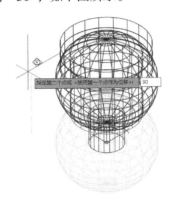

Step13: 单击"剖切"按钮，再选择要剖切的球体，按空格键确定，如下图所示。

Step14: 单击指定切面的起点，如下图所示。

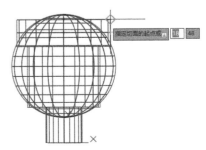

Step15: 单击指定剖切平面上的第二个点，如下图所示。

Step16: 在需要留下的侧面上单击，如下图所示。

Step17: 按空格键激活"剖切"命令，选择要剖切的圆柱体，按空格键确定，如下图所示。

Step18: 单击指定切面的起点，如下图所示。

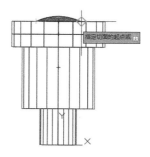

Step19: 单击指定剖切平面上的第二个点，

如下图所示。

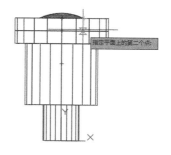

Step20: 在需要留下的侧面上单击，如下图所示。

Step21: 按空格键激活"剖切"命令，选择要剖切的对象，按空格键确定，如下图所示。

Step22: 单击指定切面的起点，如下图所示。

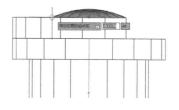

Step23: 单击指定剖切平面上的第二个点，如下图所示。

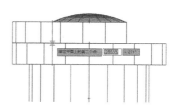

Step24：在需要留下的侧面上单击，如下图所示。

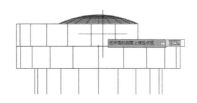

Step25：完成剖切的效果如下图所示。

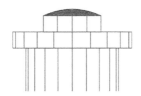

Step26：切换到"俯视"视图中，单击"长方体"按钮□，输入"中心点"子命令 C，按空格键确定，如下图所示。

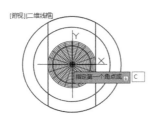

Step27：单击指定长方体的中心点，如下图所示。

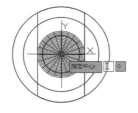

Step28：输入"长度"子命令 L，按空格键确定，如下图所示。

Step29：输入长度"11"，按空格键确定，如下图所示。

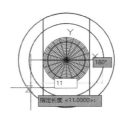

Step30：输入宽度"11"，按空格键确定，如下图所示。

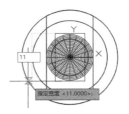

Step31：输入高度"14"，按空格键确定，如下图所示。

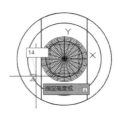

Step32：输入"移动"命令 M，按空格键确定；选择绘制的长方体，并在空白处单击指定移动起点，如下图所示。

Step33：上移光标，输入移动距离"7"，按空格键确定，如下图所示。

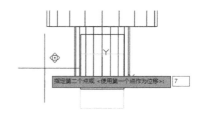

Step34：单击"圆角边"下拉按钮 圆角边，再

单击"倒角边"按钮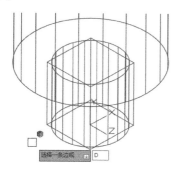；选择要倒角的一条边，再输入"距离"子命令D，按空格键确定，如下图所示。

Step35: 输入基面倒角距离"3"，按空格键确定，如下图所示。

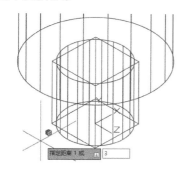

Step36: 输入其他曲面倒角距离"3"，按空格键确定，如下图所示。

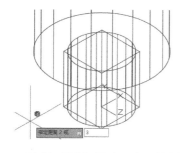

Step37: 选择要倒角的边，如下图所示。

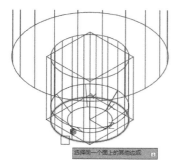

Step38: 按空格键确定，如下图所示。

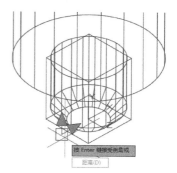

Step39: 单击"交集"按钮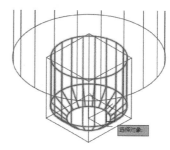，再选择第一个对象，如下图所示。

Step40: 选择第二个对象，按空格键确定，即可完成阀杆的绘制，如下图所示。

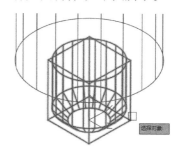

Step41: 设置视觉样式为"隐藏"，如下图所示。

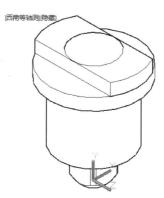

11.4　布尔运算

通过对两个或两个以上的对象进行并集、差集、交集的布尔运算，可以得到一个新的对象。在 AutoCAD 2022 中，提供了 3 种布尔运算：并集、交集和差集。

11.4.1　并集运算

并集运算可以将选定的三维或二维对象合并，但必须选择类型相同的对象进行合并。

1. 执行方式

并集运算有以下几种执行方式。

- 菜单命令：单击"修改"菜单，再单击"实体编辑"命令，然后单击"并集运算"命令。
- 命令按钮：在"实体编辑"面板中单击"并集"按钮。
- 快捷命令：在命令行输入"并集"命令 UNI，按空格键确定。

2. 操作方法

执行并集运算的具体操作方法如下。

Step01：设置网格密度 ISOLINES 为"6"，再绘制半径为"10"的球体，如下图所示。

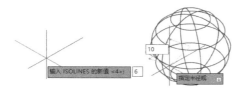

Step02：以球体的中心点为底面的中心点，绘制半径为"5"、高度为"50"的圆柱体，如下图所示。

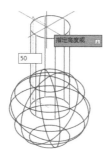

Step03：以圆柱体上底面的圆心为球体的中心点，绘制半径为"10"的球体，如下图所示。

Step04：在"实体"选项卡中单击"并集"按钮，再选择合并的第一个对象，如下图所示。

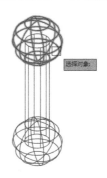

Step05：选择要合并的第二个对象，如下图所示。

Step06：选择要合并的第三个对象，按空格键确定，如下图所示。

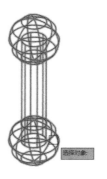

Step07: 将三个对象合并成一个对象，如下图所示。

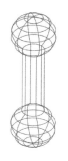

本实例主要介绍"长方体""圆柱体""拉伸"等三维操作命令，以及"矩形""复制""旋转""移动"等二维绘图和编辑命令的具体应用。本实例最终效果如下图所示。

绘制支座的具体操作方法如下。

Step01: 在"西南等轴测"视图中，单击"长方体"按钮，创建长度为"200"、宽度为"200"、高度为"30"的长方体，如下图所示。

Step02: 在"前视"视图中，创建长度为"200"、宽度为"60"的矩形，如下图所示。

Step03: 输入"拉伸"命令S，按空格键确定；从右向左框选矩形左上角，再单击矩形左上角以将其指定为拉伸基点；右移光标，输入拉伸距离"60"，按空格键确定，如下图所示。

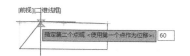

Step04: 按空格键激活"拉伸"命令，使用同样的方法将矩形右上角向左拉伸"60"；切换到"西南等轴测"视图中，单击"拉伸"按钮 拉伸，再选择矩形，输入拉伸高度"30"，按空格键确定，如下图所示。

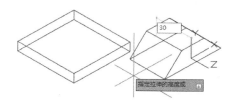

Step05: 输入"复制"命令CO，按空格键确定；选择对象，按空格键确定；单击指定复制基点，如下图所示。

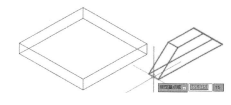

Step06: 单击指定要复制到的目标点，如下图所示。

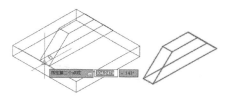

Step07: 输入"旋转"命令RO，按空格键确定；选择对象，按空格键确定；单击指定旋转基点，如下图所示。

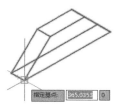

Step08: 输入旋转角度"90"，按空格键确定，

如下图所示。

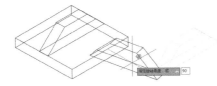

Step09: 输入"移动"命令 M, 按空格键确定; 选择对象, 按空格键确定; 单击指定移动基点, 如下图所示。

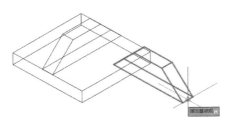

Step10: 单击指定要移动到的目标点, 如下图所示。

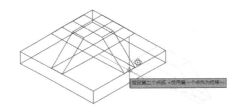

Step11: 输入"直线"命令 L, 按空格键确定; 单击指定直线的起点, 如下图所示。

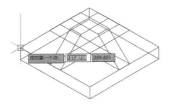

Step12: 在长方体对角处单击指定直线下一点, 按空格键结束"直线"命令, 如下图所示。

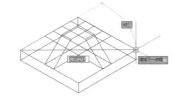

Step13: 单击"圆柱体"按钮, 单击直线中点以将其指定为圆柱体底面的中心点, 如

下图所示。

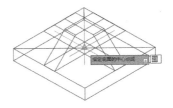

Step14: 输入底面半径"45", 按空格键确定, 如下图所示。

Step15: 上移光标, 输入圆柱体高度"80", 按空格键确定, 如下图所示。

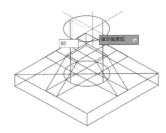

Step16: 设置网格密度 ISOLINES 为"10", 如下图所示。

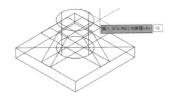

Step17: 单击"实体"选项卡, 再单击"并集"按钮, 然后选择要合并的第一个对象, 如下图所示。

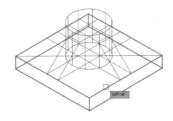

Step18: 选择要合并的第二个对象, 按空格

键确定，即可将两个所选对象合并为一个对象，如下图所示。

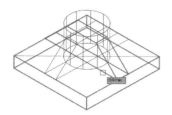

Step19: 按空格键激活"并集"命令，选择要合并的第一个对象，如下图所示。

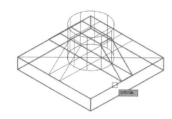

Step20: 选择要合并的第二个对象，如下图所示。

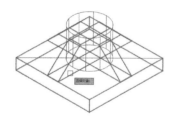

Step21: 选择要合并的第三个对象，按空格键确定，即可将所选对象合并为一个对象，如下图所示。

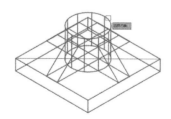

Step22: 选择并删除辅助线，如下图所示。

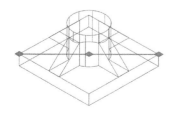

Step23: 设置视觉样式为"隐藏"，如下图所示。

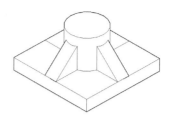

11.4.3 差集运算

差集运算可以将先选择的三维对象减去后选择的三维对象部分。

1. 执行方式

差集运算有以下几种执行方式。

- 菜单命令：单击"修改"菜单，再单击"实体编辑"命令，然后单击"差集运算"命令。
- 命令按钮：在"实体编辑"面板中单击"差集"按钮 ⌷。
- 快捷命令：在命令行输入"差集"命令 SU，按空格键确定。

2. 命令提示与选项说明

执行"差集运算"命令后，命令行会显示如下图所示的命令提示和选项。

```
命令: _subtract 选择要从中减去的实体、曲面和面域...
选择对象: 找到 1 个
选择对象:  选择要减去的实体、曲面和面域...
选择对象: 找到 1 个
选择对象:
```

3. 操作方法

执行差集运算的具体操作方法如下。

Step01: 绘制圆锥体和圆柱体，如下图所示。

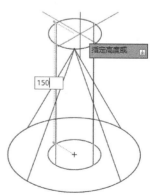

Step02：单击"差集"按钮，再选择要保留的对象，按空格键确定，如下图所示。

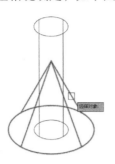

Step03：选择要被减去的对象，按空格键确定，如下图所示。

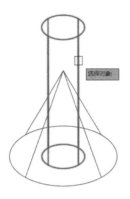

Step04：完成圆锥体和圆柱体差集运算的效果如下图所示。

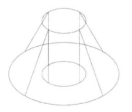

11.4.4 实例：绘制底座

本实例主要介绍"长方体"命令、"圆柱体"命令的具体应用。本实例的最终效果如下图所示。

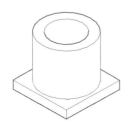

绘制底座的具体操作方法如下。

Step01：设置网格密度 ISOLINES 为"20"，再切换到"西南等轴测"视图中，单击"长方体"命令按钮，创建长度为"100"、宽度为"100"、高度为"15"的长方体，如下图所示。

Step02：输入"直线"命令 L，按空格键确定；沿长方体顶面对角点绘制一条直线，如下图所示。

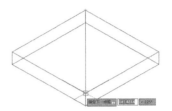

Step03：单击"圆柱体"按钮，再单击直线中点以将其指定为底面的中心点，如下图所示。

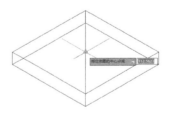

Step04：输入底面半径"45"，按空格键确定，如下图所示。

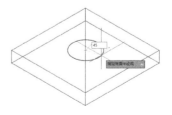

Step05：上移光标，输入高度"80"，按空格键确定，即可完成圆柱体的绘制，如下图所示。

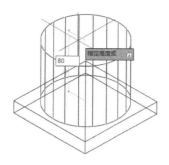

Step06: 按空格键激活"圆柱体"命令，单击上一个圆柱体下底面的中心点以将其指定为新圆柱体下底面的中心点，如下图所示。

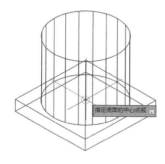

Step07: 输入底面半径"30"，按空格键确定，如下图所示。

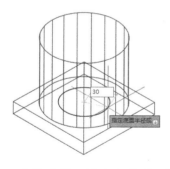

Step08: 上移光标，输入高度"80"，按空格键确定，即可完成这个圆柱体的绘制，如下图所示。

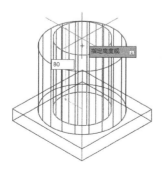

Step09: 选择并删除辅助直线，如下图所示。

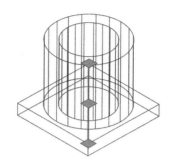

Step10: 单击"差集"按钮 🔲，再选择要保留的对象，按空格键确定，如下图所示。

Step11: 选择要被减去的对象，按空格键确定，即可完成两个圆柱体的差集运算，如下图所示。

Step12: 底座绘制完成的效果如下图所示。

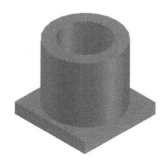

11.4.5　交集运算

使用交集运算可以从选定的重叠的三维或二维对象中创建新的三维或二维对象。

1. 执行方式

交集运算有以下几种执行方式。

- 菜单命令：单击"修改"菜单，再单击"实体编辑"命令，然后单击"交集运算"命令。
- 命令按钮：在"实体编辑"面板中单击"交集"按钮 。
- 快捷命令：在命令行输入"交集"命令 IN，按空格键确定。

2. 操作方法

执行交集运算的具体操作方法如下。

Step01：绘制一个圆柱体，再复制圆柱体到适当位置，如下图所示。

Step02：单击"交集"按钮 ，再选择对象，如下图所示。

Step03：选择另一个有相交的对象，如下图所示。

Step04：按空格键确定，即可完成两个对象

的交集运算，其效果如下图所示。

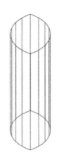

11.4.6　实例：绘制六角头螺栓和螺母

本实例主要介绍"多边形"命令、"拉伸"命令，以及并集、差集、交集等命令的具体应用。本实例的最终效果如下图所示。

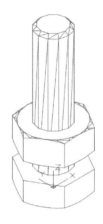

绘制六角头螺栓和螺母的具体操作方法如下。

Step01：新建一个图形文件，再设置网格密度 ISOLINES 为"20"；将视图调整为"西南等轴测"视图，再输入"多边形"命令 POL，按空格键确定；输入边数"6"，按空格键确定；输入多边形的中心点位置"0,0,0"，按空格键确定，如下图所示。

Step02：输入半径"16.6"，按空格键确定，如下图所示。

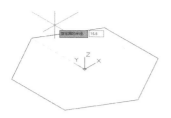

Step03: 单击"拉伸"按钮 ▦ ,再输入"模式"子命令 MO,按空格键确定,如下图所示。

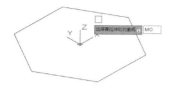

Step04: 按空格键确定选择"实体"选项,如下图所示。

Step05: 选择要拉伸的对象,如下图所示。

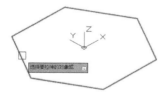

Step06: 上移光标,输入拉伸高度"–11.62",按空格键确定,如下图所示。

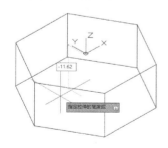

Step07: 接下来创建螺帽上的过渡圆角。单击"球体"按钮 ◯球体 ,输入球体的中心点位置"0,0,30",按空格键确定,如下图所示。

Step08: 单击六边形边线中点,则该点与球体的中心点连线即为球体半径,如下图所示。

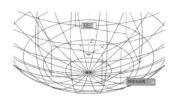

Step09: 单击"交集"按钮 ▱ ,选择对象,如下图所示。

Step10: 依次选择需要进行交集的对象,如下图所示。

Step11: 按空格键确定,其效果如下图所示。

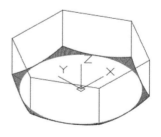

Step12: 单击"圆柱体"按钮 ▭圆柱体 ,输入底面的中心点位置"0,0,0",按空格键确定,如下图所示。

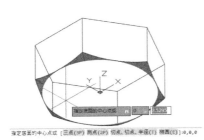

指定底面的中心点或 [三点(3P) 两点(2P) 切点、切点、半径(T) 椭圆(E)]:0,0,0

Step13: 输入底面半径 "8.3", 按空格键确定, 如下图所示。

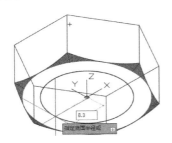

Step14: 上移光标, 输入圆柱体高度 "80", 按空格键确定, 即可完成圆柱体的绘制, 如下图所示。

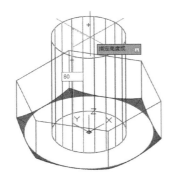

Step15: 输入 "倒角" 命令 CHA, 按空格键确定, 如下图所示。

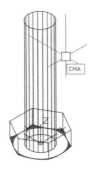

Step16: 选择要倒角的对象, 按空格键确定选择 "当前" 选项, 如下图所示。

Step17: 输入基面倒角距离 "1.66", 按空格键确定, 如下图所示。

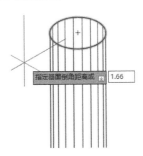

Step18: 按空格键确定其他曲面倒角距离, 如下图所示。

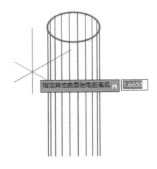

Step19: 选择边, 如下图所示。

Step20: 按空格键确定, 其效果如下图所示。

Step21: 输入"多边形"命令 POL，按空格键确定；输入边数"6"，按空格键确定；输入多边形的中心点位置"0,0,20"，按空格键确定，如下图所示。

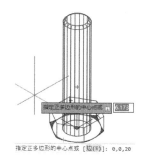

指定正多边形的中心点或 [边(E)]: 0,0,20

Step22: 输入半径"16.6"，按空格键确定，如下图所示。

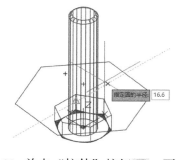

Step23: 单击"拉伸"按钮，再输入"模式"子命令 MO，按空格键确定；按空格键确定选择"实体"选项，再选择要拉伸的对象六边形；上移光标，输入拉伸高度"13.28"，按空格键确定，如下图所示。

Step24: 接下来创建螺母下端的过渡圆角。单击"球体"按钮，再输入球体的中心点位置"0,0,60"，按空格键确定，如下图所示。

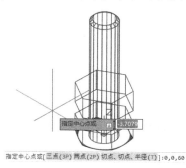

指定中心点或[三点(3P) 两点(2P)切点、切点、半径(T)]:0,0,60

Step25: 单击新建六边形下侧边线中点，则该点与球体的中心点连线即为球体半径，如下图所示。

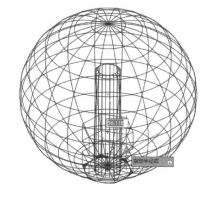

Step26: 单击"交集"按钮，再选择需要交集的对象，如下图所示。

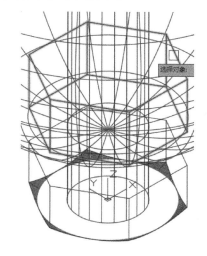

Step27: 依次选择需要进行交集的对象，按空格键确定，如下图所示。

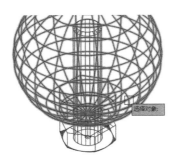

Step28: 接下来创建螺母上端的过渡圆角。单击"球体"按钮⚪ 球体，指定球体的中心点位置"0,0,–6.72"，按空格键确定，如下图所示。

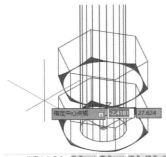

Step29: 单击新建六边形上侧边线中点，则该点与球体的中心点连线即为球体半径，如下图所示。

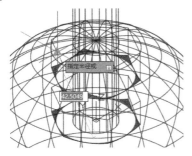

Step30: 单击"交集"按钮⬚，再选择需要交集的对象，如下图所示。

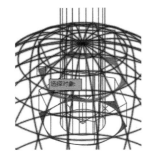

Step31: 依次选择需要进行交集的对象，如

下图所示。

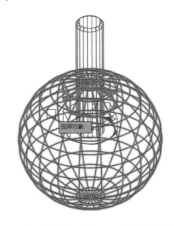

Step32: 按空格键确定，其效果如下图所示。

Step33: 输入"复制"命令 CO，按空格键确定；选择螺纹，并在下端圆心处单击以将其指定为复制基点，如下图所示。

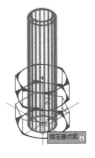

Step34: 在该圆心处单击以将其指定为第二个点，即可将螺纹在原位置复制一份，如下图所示。

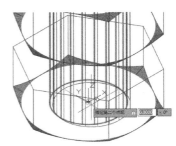

Step35: 单击"差集"按钮 🖵，再选择要保留的对象，按空格键确定，如下图所示。

Step36: 选择要被减去的对象，按空格键确定，如下图所示。

Step37: 单击"并集"按钮 🖺，再选择螺帽，然后选择螺纹，按空格键确定，如下图所示。

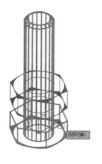

Step38: 完成所选螺帽和螺纹的合并，其效果如下图所示。

Step39: 调整视觉样式为"隐藏"，如下图所示。

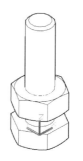

综合演练：创建转轴

✖ 演练介绍

本实例首先使用"多段线"命令绘制转轴的细节，接着使用"长方体"命令创建长方体，然后使用"圆角"命令对转轴的细节和长方体边缘进行圆角，最后使用"旋转"命令完成转轴的实体旋转，从而完成转轴的绘制。

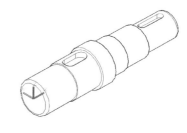

✖ 操作方法

本实例的具体操作方法如下。

Step01: 新建一个图形文件；将用户坐标系移动到新的原点位置，设立新的用户坐标系；单击"常用"选项卡，然后在"坐标"面板中单击"原点"按钮 🖾，再输入新原点位置"100,100,0"，按空格键确定，如下图所示。

Step02: 输入"多段线"命令 PL，按空格键确定；指定多段线起点，按空格键确定，如下图所示。

Step03: 输入至下一点的距离 "@0,15"，按空格键确定，如下图所示。

Step04: 输入至下一点的距离 "@31,0"，按空格键确定，如下图所示。

Step05: 输入至下一点的距离 "@0,1"，按空格键确定，如下图所示。

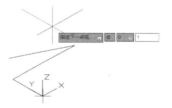

Step06: 输入至下一点的距离 "@25,0"，按空格键确定，如下图所示。

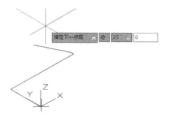

Step07: 输入至下一点的距离 "@0,2"，按空格键确定，如下图所示。

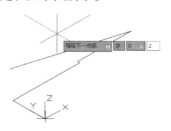

Step08: 输入至下一点的距离 "@13,0"，按空格键确定，如下图所示。

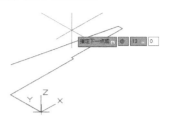

Step09: 输入至下一点的距离 "@0,–6"，按空格键确定，如下图所示。

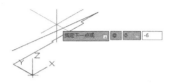

Step10: 输入至下一点的距离 "@2,0"，按空格键确定，如下图所示。

Step11：输入至下一点的距离 "@0,3"，按空格键确定，如下图所示。

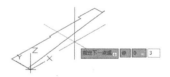

Step12：输入至下一点的距离 "@14,0"，按空格键确定，如下图所示。

Step13：输入至下一点的距离 "@0,–1"，按空格键确定，如下图所示。

Step14：输入至下一点的距离"@23,0"，按空格键确定，如下图所示。

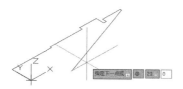

Step15：输入至下一点的距离"@0,-2"，按空格键确定，如下图所示。

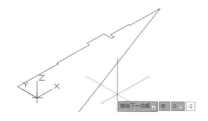

Step16：输入至下一点的距离"@0,-2"，按空格键确定，如下图所示。

Step17：输入至下一点的距离"@34,0"，按空格键确定，如下图所示。

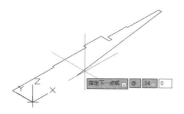

Step18：输入至下一点的距离"@0,-12"，按空格键确定，如下图所示。

Step19：输入"闭合"子命令C，按空格键确定，如下图所示。

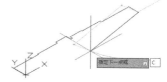

Step20：单击"长方体"按钮，再输入第一个角点位置"32,-5,0"，按空格键确定，如下图所示。

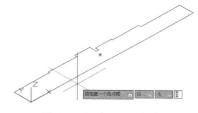

Step21：输入"长度"子命令L，按空格键确定，如下图所示。

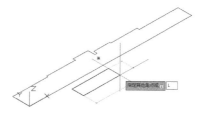

Step22：输入长度"22"，按空格键确定；输入宽度"10"，按空格键确定；输入高度"10"，按空格键确定，如下图所示。

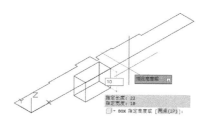

Step23：按空格键激活"长方体"命令，再输入第一个角点位置"111,-3,0"，按空格键确定，如下图所示。

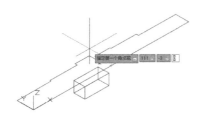

Step24：输入长方体另一个角点位置"25,6,10"，按空格键确定，即可完成长方体的绘制，如下图所示。

```
命令: _box
指定第一个角点或 [中心(C)]: 32,-5
指定其他角点或 [立方体(C)/长度(L)]: L
指定长度: 22
指定宽度: 10
指定高度或 [两点(2P)]: 10
命令: BOX
指定第一个角点或 [中心(C)]: 111,-3
指定其他角点或 [立方体(C)/长度(L)]: @25,6,10
```

Step25：输入"圆角"命令 F，按空格键确定；输入"半径"子命令 R，按空格键确定；输入圆角半径"2"，按空格键确定，如下图所示。

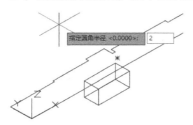

Step26：依次单击多段线需要圆角的两条相邻边，如下图所示。

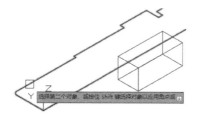

Step27：按空格键激活"圆角"命令，再依次单击多段线需要圆角的两条相邻边以对其进行圆角，如下图所示。

Step28：按空格键激活"圆角"命令，再输入"半径"子命令 R，按空格键确定；输入圆角半径"3"，按空格键确定；如下图所示。

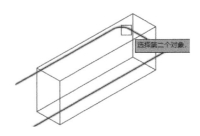

Step29：选择要圆角的对象，按空格键确定，如下图所示。

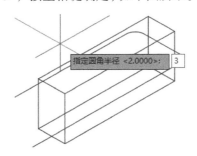

Step30：选择边，按空格键确定，如下图所示。

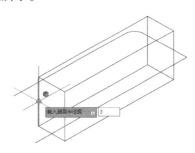

Step31：按空格键激活"圆角"命令，再选择要圆角的对象，按空格键确定；依次选择要圆角的边，按空格键确定，如下图所示。

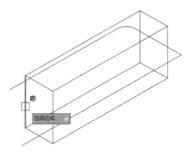

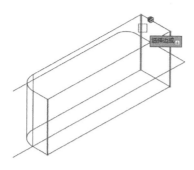

Step32: 按空格键激活"圆角"命令,再输入"半径"子命令R,按空格键确定;输入圆角半径"5",按空格键确定;选择要圆角的对象,按空格键确定,如下图所示。

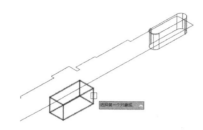

Step33: 依次选择要圆角的边,按空格键确定,即可完成长方体的圆角,如下图所示。

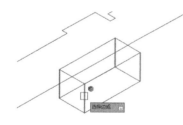

Step34: 输入"移动"命令M,按空格键确定;将左边的立方体垂直向上移动"11",按空格键确定,如下图所示。

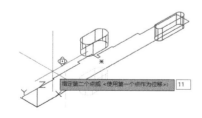

Step35: 按空格键激活"移动"命令,再将右边的立方体垂直向上移动"8",按空格键确定,如下图所示。

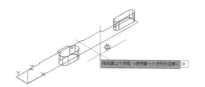

Step36: 单击"旋转"按钮,输入"模式"子命令MO,按空格键确定,如下图所示。

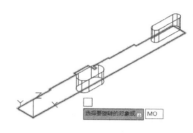

Step37: 按空格键确定选择"实体"选项;选择要旋转的对象多段线,按空格键确定,如下图所示。

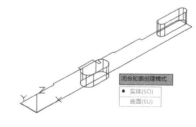

Step38: 单击指定旋转轴的起点,如下图所示。

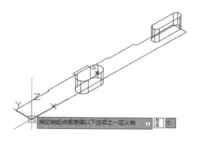

Step39: 单击指定旋转轴的端点,如下图所示。

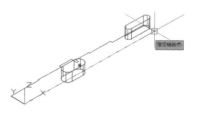

Step40: 输入旋转角度"360",按空格键确定;完成多段线对象的旋转,如下图所示。

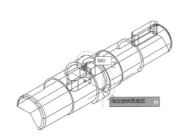

Step41: 单击"差集"按钮 🗗 ，再选择要保留的对象，按空格键确定，如下图所示。

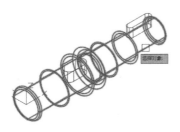

Step42: 依次选择要被减去的对象，按空格键确定，如下图所示。

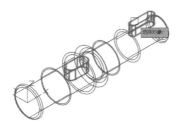

Step43: 设置网格密度 ISOLINES 为"20"，如下图所示。

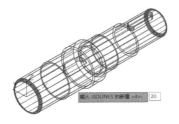

Step44: 将视觉样式设置为"隐藏"，如下图所示。

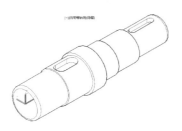

新手问答

❷ No.1: 如何在实际中应用工作空间？

工作空间是由分组组织的菜单、工具栏、选项卡和功能面板组成的集合，使用户可以在专门的、面向任务的绘图环境中工作。

使用工作空间时，只会显示与任务相关的菜单、工具栏和选项卡。此外，工作空间还可以自动显示带有特定于任务的功能面板。

用户可以轻松地切换工作空间。例如，在创建三维对象时，可以使用"三维建模"工作空间，其中仅包含与三维相关的工具栏、菜单和选项卡。三维建模不需要的界面项会被隐藏，从而使得用户的工作屏幕区域最大化。

如果当前的工作空间不能满足操作需求，要更改图形显示，如移动、隐藏或显示工具栏或功能面板，并希望将当前设置保存到工作空间。

❷ No.2: 如何应用螺旋线？

螺旋线就是开口的二维或三维螺旋线。应用螺旋线的具体操作方法如下。

Step01: 新建图形文件，在"三维建模"工作空间，❶单击"常用"选项卡中的"绘图"下拉按钮；❷单击"螺旋"按钮 🗃 ，如下图所示。

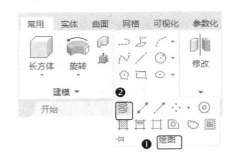

Step02: 单击指定底面的中心点，如下图所示。

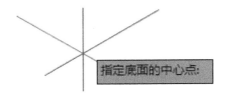

Step03: 指定底面半径，如下图所示。

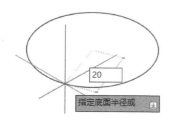

Step04：再指定顶面半径，如下图所示。

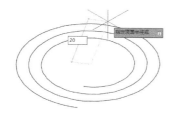

Step05：指定螺旋高度，如下图所示。

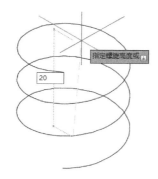

❋新手注意❋

可以使用夹点或特性选项板来修改螺旋的形状和大小，如修改底面半径、顶面半径、高度、位置等特性。当使用夹点修改螺旋的底面半径时，顶面半径缩放要保持当前比例。

❓ No.3：网格对象是三维实体对象吗？

网格对象由使用多边形（包括三角形和四边形）定义的三维形状的顶点、边和面组成。

与三维实体对象模型不同，网格对象没有质量特性。但是，与三维实体对象一样，可以创建长方体、圆锥体和棱锥体等图元网格对象。

可以通过不适用于三维实体或曲面对象的方法修改网格对象，如可以应用锐化、分割及增加平滑度。可以拖动网格子对象（面、边和顶点）建立网格对象的形状。要获得更细致的效果，可以在修改网格对象之前优化特定区域的网格。

创建网格对象有以下几种方法。

（1）创建图元网格对象。如创建长方体、圆锥体、圆柱体、棱锥体、球体、楔体和圆环体等标准形状。

（2）从其他对象创建网格对象：可以创建直纹网格对象、平移网格对象、旋转网格对象或边界定义的网格对象，而这些对象的边界内插在其他对象或点中。

（3）将现有三维实体或曲面对象（包括复合对象）转换为网格对象。

（4）创建自定义网格对象（传统项）：可以使用 3DMESH 命令可创建多边形网格对象；通常可以通过 AutoLISP 语言编写程序，以创建开口网格对象；可以使用 PFACE 命令创建具有多个顶点的网格对象，而这些顶点是由指定的坐标定义的。

尽管可以继续创建传统多边形网格对象和多面网格对象，但是建议用户将其转换为增强的网格对象类型，以保留增强的编辑功能。

上机实验

✏️【练习1】绘制积木组合。

1. 目的要求

本练习主要先使用"矩形"命令、"圆"命令、"修剪"命令绘制扇叶，接着使用"阵列"命令阵列扇叶，最后将扇面中的扇叶修剪掉，从而完成折扇的绘制。

2. 操作提示

（1）新建图形文件，绘制一个楔体。

（2）将以楔体左下角指定为第一个角点，绘制一个长方体。

（3）以长方体为镜像线的中心镜像楔体。

（4）绘制一个圆柱体。

（5）在圆柱体顶部绘制一个圆锥体。

（6）在圆柱体旁边绘制球体。

（7）设置视觉样式。

✒ 【练习2】绘制卡通货车模型。

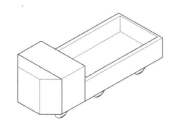

1.目的要求

本练习绘制的图形比较简单，主要用到"移动"和"旋转"命令。通过本练习，读者将熟悉这两个图形编辑命令的操作方法。本练习首先使用"楔体"和"剖切"命令绘制车头，接着使用"长方体"命令绘制车体，然后使用"长方体"和"抽壳"命令绘制驾驶座，最后绘制车轮，从而完成卡通货车的绘制。

2.操作提示

（1）绘制一个楔体并剖切出车头模型。

（2）绘制一个长方体，将其移动到适当位置。

（3）使用"抽壳"命令抽壳出车头玻璃位置。

（4）在车身绘制一个矩形，将其移动到适当位置。

（5）使用"压印"命令将其压印到车身中。

（6）使用"检查"命令拉伸出一定高度的货车车厢。

（7）绘制长方体并进行抽壳。

（8）使用"圆环"命令绘制车轮，将其移动到相应位置。

思考与练习

一、填空题

1.使用布尔运算中的"交集"命令可以提取一组_____的公共部分，并将其创建为新的组合。

2.在默认情况下，使用基点、边的中点和可以确定高度的另一个点来定义_____。

3.使用_____命令可以将曲面转换为具有指定厚度的三维实体对象。

二、选择题

1.为了创建穿过三维实体对象的相交截面，应用（　　　　）。

　　A.剖切命令

　　B.切割命令

　　C.设置轮廓

　　D.差集命令

2.三维实体对象中的"拉伸"命令和三维实体对象编辑中的"拉伸"命令（　　　　）。

　　A.没什么区别

　　B.前者是对多段线拉伸，后者是对面域拉伸

　　C.前者是由二维线框转为三维实体对象，后者是拉伸三维实体对象中的一个面

　　D.前者是拉伸三维实体对象中的一个面，后者是由二维线框转为三维实体对象

3.抽壳是用指定的厚度创建一个空的薄层。可以为所有面指定一个固定的薄层厚度，再通过选择面可以将这些面排除在壳外。一个三维实体对象有（　　　　）个壳。通过将现有面偏移出其原位置创建新的面。

　　A.1　　　　　　　　　　B.2

　　C.3　　　　　　　　　　D.4

4.关于实体"倒角边"命令的描述正确的是（　　　　）。

　　A.只能对一个边进行倒角

　　B.可以使用夹点调整倒角距离

　　C.两个倒角距离必须一致

　　D.选择一条边以对一个面上的所有边建立倒角

本章小结

本章主要是讲解基本三维实体对象的创建，对三维实体对象及其边的编辑，以及使用布尔运算和对三维实体对象的三维操作等。这些知识是创建三维实体对象的基础和重点、难点内容。

第 12 章　动画、灯光、渲染

📖 **本章导读**

　　本章主要给读者讲解的是三维模型后期制作内容。在 AutoCAD 2022 中，不仅可以创建二维图形和三维模型，也可以创建动画。在完成三维模型的创建以后，还能使用灯光及渲染将三维模型存储为图片并输出打印。

📑 **学完本章后应知应会的内容**

- 创建动画
- 设置灯光
- 设置材质
- 渲染

12.1 创建动画

在使用 AutoCAD 2022 绘制图形的过程中，同样可以通过创建对象创建出简单的动画。本节主要讲解创建动画的方法和过程。

12.1.1 创建运动路径动画

在 AutoCAD 2022 中，创建动画主要使用"运动路径动画"命令，且可以创建动画的对象包括直线、圆弧、椭圆弧、椭圆、圆、多段线、三维多段线或样条曲线。具体操作方法如下。

Step01：使用"圆"命令 C 绘制一个大圆，再切换视图，然后在圆上绘制一个小圆，效果如下图所示。

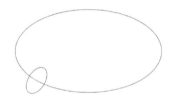

Step02：使用"阵列"命令 AR 将小圆阵列为 8 个，再使用"分解"命令 X 将阵列对象分解为独立的小圆，如下图所示。

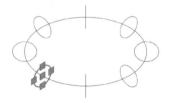

Step03：在"三维建模"工作空间单击"可视化"选项卡，然后在空白处单击打开快捷菜单，再单击"动画"命令，如下图所示。

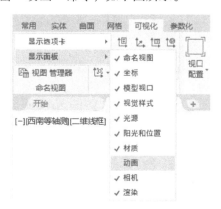

Step04：打开"动画"面板，再单击"运动路径动画"命令，如下图所示。

Step05：打开"运动路径动画"对话框，❶选择"路径"单选项；❷单击"相机"选区中"选择对象"按钮，如下图所示。

Step06：选择相机路径，如下图所示。

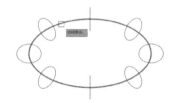

Step07：打开"路径名称"对话框，❶输入名称，如"相机路径1"；❷单击"确定"按钮，如下图所示。

Step08：❶选择"路径"单选项；❷单击"目标"选区中"选择对象"按钮，如下图所示。

Step09: 选择目标路径, 如下图所示。

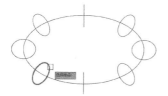

Step10: 打开"路径名称"对话框, ❶输入名称, 如"路径1"; ❷单击"确定"按钮; ❸单击"预览"按钮, 如下图所示。

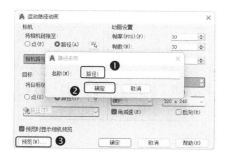

Step11: 打开"动画预览"对话框, 观看对象的动画效果, 如下图所示。

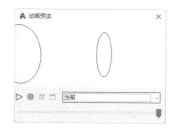

12.1.2 动画设置

在"运动路径动画"对话框的右侧, 是动画设置的相关内容; 调整其中的选项, 可以改变动画效果。具体操作方法如下。

Step01: 在"运动路径动画"对话框中, 设置"动画设置"选区的内容, 如下图所示。

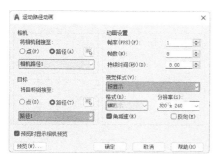

Step02: 单击"反向"复选框,再单击"预览"按钮, 效果如下图所示。

Step03: 关闭"动画预览"对话框, ❶单击"视觉样式"下拉按钮; ❷单击"真实"选项; ❸单击"预览"按钮, 如下图所示。

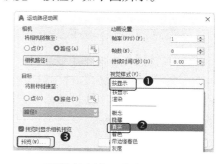

Step04: 预览效果如下图所示。

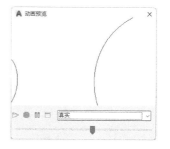

Step05: 关闭"动画预览"对话框,再单击"确定"按钮,在打开的"另存为"对话框中, ❶在"保存于"文本框中设置保存的位置; ❷在"文件名"文本框中输入文件名;❸单击"保存"按钮, 如下图所示。

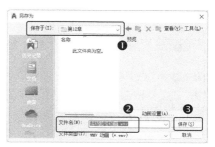

新手注意

保存绘制的动画时，文件名默认为"wmv1.wmv"；可以直接使用默认文件名，也可以更改文件名；保存格式默认为"WMV 动画"。

12.1.3 实例：创建滚动的小球

本实例主要介绍"运动路径动画"命令的具体应用。最终效果如下图所示。

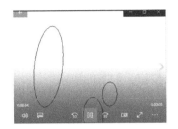

本实例的具体操作方法如下。

Step01：打开"素材文件\第 12 章\小球.dwg"，然后在"动画"面板单击"运动路径动画"命令🎞，如下图所示。

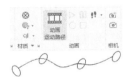

Step02：打开"运动路径动画"对话框，❶选择"点"单选项；❷单击"相机"选区中"选择对象"按钮🖱，如下图所示。

Step03：单击拾取点以将其指定为相机链接点，如下图所示。

Step04：❶在"点名称"对话框中输入点名称"点1"；❷单击"确定"按钮；❸选择"路径"单选项；❹单击"目标"选区中"选择对象"按钮🖱，如下图所示。

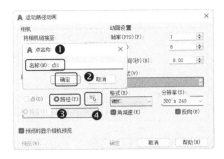

Step05：选择运动路径，如下图所示。

Step06：打开"路径名称"对话框，❶输入路径名称，如"路径1"；❷单击"确定"按钮；❸单击"预览"按钮，如下图所示。

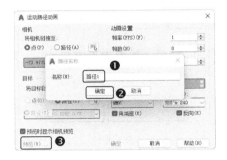

Step07：显示预览效果，如下图所示。

Step08：保存创建的动画，并设置相关的保存内容，如下图所示。

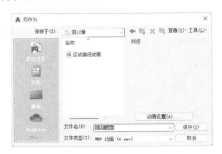

12.2 设置灯光

在 AutoCAD 2022 中，用户可以根据需要创建相应的光源。本节将对灯光的设置进行详细的介绍。

12.2.1 点光源

点光源可以从其位置向所有方向发射光线。可以使用点光源来获得基本照明效果。

1. 执行方式

创建点光源有以下几种执行方式。

- 菜单命令：单击"视图"菜单，再单击"渲染"命令，然后单击"光源"命令，最后单击"新建点光源"命令。
- 命令按钮：单击"渲染"选项卡，再单击"创建光源"下拉按钮，然后单击"点"按钮。

2. 命令提示与选项说明

【命令提示】

执行"点光源"命令后，命令行会显示如下图所示的命令提示与选项。

```
命令: _pointlight
指定源位置 <0,0,0>:
INTERSECT 所选对象太多
输入要更改的选项[名称(N)/强度因子(I)/状态(S)/光度(P)/阴影(W)/衰减(A)/过滤颜色(C)/退出(X)]<退出>:I
输入强度(0.00 - 最大浮点数) <1>: 5
输入要更改的选项[名称(N)/强度因子(I)/状态(S)/光度(P)/阴影(W)/衰减(A)/过滤颜色(C)/退出(X)]<退出>:
```

选项说明如下。

（1）名称（N）：点光源的名称。

（2）强度因子（I）：包括以下几个内容。

①灯的强度：指定光源的固有亮度，如灯的强度、光通量或照度。

②结果强度：指定光源的最终亮度，由灯的强度与强度因子的乘积确定。

③灯的颜色：指定开氏温度或标准温度下光源的固有颜色。

④结果颜色：指定光源的最终颜色，由过滤颜色和灯的颜色共同确定。

（3）衰减（A）：是指点光源的强度减小。当图形光源单位为光度控制单位时，将禁用衰减类型特性。

在传统标准光源工作流程中，可以手动设定点光源，使其强度随距离线性衰减（与距离的平方成反比）或者不衰减。在默认情况下，衰减设定为"无"。

3. 操作方法

创建点光源的具体操作方法如下。

Step01：打开"素材文件\第 12 章\12-2-1.dwg"，单击"创建光源"下拉按钮，再单击"点"按钮，如下图所示。

☀新手注意•

点光源不以某个对象为目标，而是照亮其周围的所有对象。可以使用点光源来获得基本光源效果并模拟光源，如蜡烛和灯泡。

Step02：在打开的对话框中，单击"关闭默认光源（建议）"选项，如下图所示。

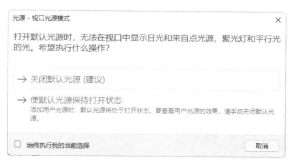

Step03：单击指定光源的源位置，如下图所示。

Step04：输入"强度因子"子命令 I，按空格键确定，如下图所示。

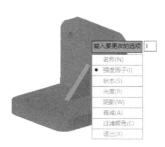

Step05：输入强度值，如"5"，按空格键两次，如下图所示。

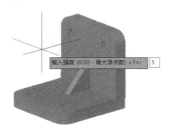

Step06：点光源创建完成，其效果如下图所示。

新手注意

点光源具有光度控制分布特性。

12.2.2 聚光灯

创建聚光灯是指该光源发射出一个圆锥形光柱，聚光灯分布投射一个聚集光束。

1. 执行方式

"聚光灯"命令有以下几种执行方式。

- 菜单命令：单击"视图"菜单，再单击"渲染"命令，然后单击"光源"命令，最后单击"新建聚光灯"命令。
- 命令按钮：单击"创建光源"下拉按钮，再单击"聚光灯"按钮。

2. 命令提示与选项说明

执行"聚光灯"命令后，命令行会显示如下图所示的命令提示和相关选项。

```
命令：_spotlight
指定源位置 <0,0,0>:
指定目标位置 <0,0,-10>:
输入要更改的选项 [名称(N)/强度因子(I)/状态(S)/
光度(P)/聚光角(H)/照射角(F)/阴影(W)/衰减(A)/过滤颜色(C)/退出(X)]:
```

3. 操作方法

创建聚光灯的具体操作方法如下。

Step01：打开"素材文件\第12章\12-2-2.dwg"，再单击"创建光源"下拉按钮，然后单击"聚光灯"按钮，并在绘图区单击指定源位置，如下图所示。

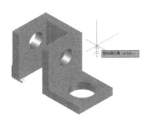

Step02：移动光标，单击指定光源目标位置；按空格键两次确定，即可创建"聚光灯"光源，如下图所示。

Step03：效果如下图所示。

Step04：选择聚光灯，再移动夹点调整光效，如下图所示。

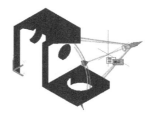

Step05: 在光源上右击,再单击"特性"命令,打开"特性"面板;设置灯的强度为"100",再设置灯的颜色为"白荧光",如下图所示。

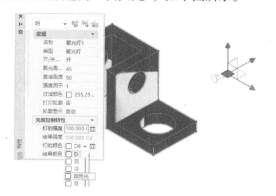

Step06: 设置强度因子为"0.5",如下图所示。

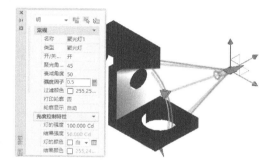

Step07: 设置完成的效果如下图所示。

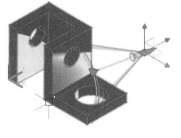

Step08: 返回4个视口的效果如下图所示,可以调整聚光灯的源位置夹点和目标位置夹点。

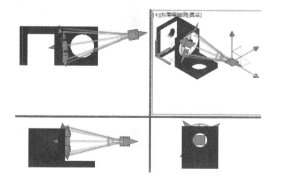

Step09: 调整完成后的效果如下图所示。

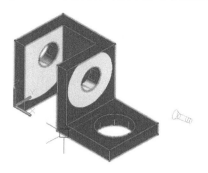

高手点拨

在 AutoCAD 2022 中,在"创建光源"的类型中,除了"点光源"和"聚光灯"之外,还可以创建"平行光"。在完成光源的创建之后,为了得到更好的观看效果,可以打开阴影效果和光源一起使用。

12.2.3 平行光

平行光的光束可以辐射很远,而其宽度却没有明显的增加。平行光的光线是平行的,如激光和太阳光的光线。

1. 执行方式

创建平行光有以下几种执行方式。

● 菜单命令:单击"视图"菜单,再单击"渲染"命令,然后单击"光源"命令,最后单击"新建平行光"命令。

● 命令按钮:单击"创建光源"下拉按钮,再单击"平行光"按钮。

2. 命令提示与选项说明

执行"平行光"命令后,命令行会显示如下图所示的命令提示和选项。

```
命令: distantlight
指定光源来向 <0,0,0> 或 [矢量(V)]:
指定光源去向 <1,1,1>:
输入要更改的选项 [名称(N)/强度因子(I)/状态(S)
/光度(P)/阴影(W)/过滤颜色(C)/退出(X)] <退出>:
```

3. 操作方法

创建平行光的具体操作方法如下。

Step01: 打开"素材文件\第 12 章\12-2-3. dwg",单击"创建光源"下拉按钮,再单击"平行光"按钮,然后单击"允许平行光"选项,如下图所示。

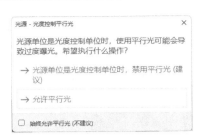

Step02：在适当位置单击指定光源来向，如下图所示。

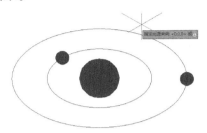

Step03：移动光标至对象适当位置，单击指定光源去向，如下图所示。

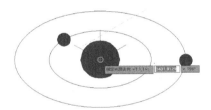

Step04：按空格键确定，如下图所示。

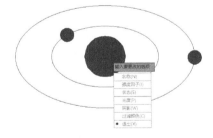

Step05：效果如下图所示。

Step06：按空格键激活"平行光"命令，再单击"允许平行光"选项，如下图所示。

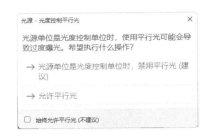

Step07：在适当位置单击指定光源的来向，如下图所示。

Step08：移动光标至对象适当位置，单击指定光源的去向，如下图所示。

Step09：按空格键确定，如下图所示。

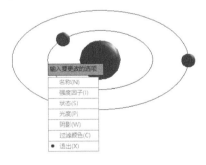

Step10：效果如下图所示。

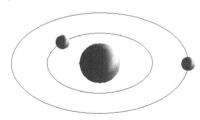

高手点拨

在创建"平行光"时，如果一次创建的光源达不到想要的效果，可以再次创建"平行光"，并注意方向和角度的协调。

12.2.4 实例：给茶具添加灯光

本实例主要介绍"点光源""聚光灯""平行光"等命令的具体应用。本实例的最终效果如下图所示。

给茶具添加灯光的具体操作方法如下。

Step01：打开"素材文件\第12章\茶具.dwg"，❶单击"创建光源"下拉按钮 ；❷单击"聚光灯"按钮 ，如下图所示。

Step02：在打开的对话框中单击"关闭默认光源（建议）"选项，如下图所示。

Step03：在绘图区适当位置单击指定光源的源位置，如下图所示。

Step04：移动光标至茶具适当位置，单击指定目标位置，如下图所示。

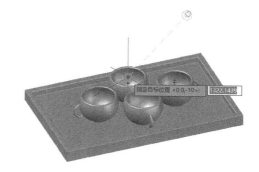

Step05：按空格键确定，如下图所示。

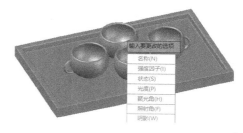

Step06：单击"创建光源"下拉按钮 ，再单击"点"按钮 ；在绘图区适当位置单击指定光源的源位置，如下图所示。

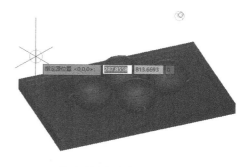

Step07：按空格键确定，如下图所示。

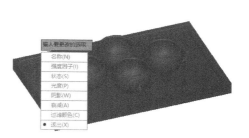

Step08：效果如下图所示。

Step12：在适当位置单击指定光源来向，如下图所示。

Step09：选择"点光源"对象，再指向夹点并单击；移动光标观察光源移动时茶具的光源效果，如下图所示。

Step13：移动光标至对象适当位置，单击指定光源去向，如下图所示。

Step10：移动光标至适当位置，单击确定光源位置，如下图所示。

Step14：按空格键确定，如下图所示。

Step11：单击"创建光源"下拉按钮，再单击"平行光"按钮，然后单击"允许平行光"选项，如下图所示。

Step15：效果如下图所示。

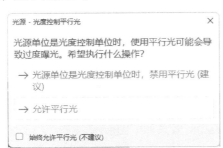

Step16: 选择聚光灯，再指向夹点并单击；移动光标观察光源移动时茶具的光源效果；移动光标至适当位置，单击确定光源位置，如下图所示。

Step17:光源设置完成后的效果如下图所示。

12.2.5 编辑光源

当光源创建完成后，其特性都是默认的，在很多情况下并不适用于当前对象。在AutoCAD 2022 中，同样可以对光源进行编辑，使当前创建的光源符合实际使用情况。编辑光源的具体操作方法如下。

Step01: 打开"素材文件 \ 第 12 章 \12-2-5.dwg"，再单击"创建光源"下拉按钮 ，然后单击"点"按钮 ；在打开的对话框中单击"关闭默认光源（建议）"选项，如下图所示。

Step02: 在绘图区适当位置单击指定光源的源位置，按空格键确定，如下图所示。

Step03: ❶单击"无阴影"下拉按钮 ；❷单击"全阴影"按钮 ，如下图所示。

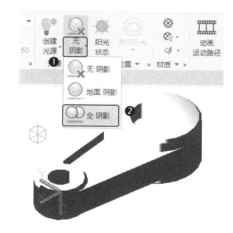

Step04: ❶单击"光源"下拉按钮；❷单击"光线轮廓显示"选项；❸单击"模型中的光源"按钮 ，如下图所示。

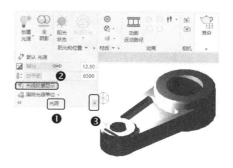

Step05: 打开"模型中的光源"面板,选择"点光源1",如下图所示。

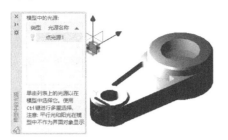

Step06: ❶单击"灯的强度"按钮,打开"灯的强度"对话框; ❷设置"光通量"为"500"; ❸单击"确定"按钮,如下图所示。

Step07: 效果如下图所示。

Step08: 复制光源并移动到相应位置,如下图所示。

Step09: 选择聚光灯,再指向夹点并单击;

移动光标观察光源移动时茶具的光源效果;移动光标至适当位置,单击确定光源位置,如下图所示。

⊱☼高手点拨⊶

在"模型中的光源"面板中列出了图形中的光源。单击"类型"列中的图标,可以指定光源类型(如点光源、聚光灯或平行光),并可以指定它们处于打开还是关闭状态的;选择列表中的光源名称便可以在图形中选择它;单击"类型"或"光源名称"列标题可对列表进行排序。

12.2.6 光线轮廓

光线轮廓是光源的图形表示。通过光线轮廓显示命令启用和禁用表示光线的轮廓显示。设置光线轮廓的具体操作方法如下。

Step01: 打开"素材文件 \ 第 12 章 \12-2-6. dwg",单击"可视化"选项卡; ❶单击"光源"下拉面板; ❷单击"光线轮廓显示"按钮,如下图所示。

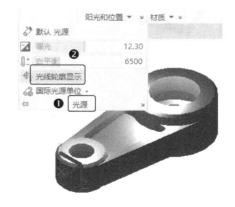

Step02: 输入"选项"命令 OP,按空格键确定; ❶单击"绘图"选项卡; ❷单击"光线轮廓设置"按钮,如下图所示。

Step03：❶在打开的对话框中拖动"轮廓大小"按钮，调整轮廓大小；❷单击"确定"按钮，如下图所示。

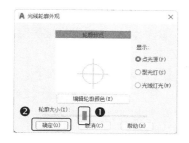

Step04：在"选项"对话框中单击"确定"按钮；❶单击"光源"下拉按钮；❷单击"光线轮廓显示"选项，当前视图中光线轮廓即按设置的外观显示，如下图所示。

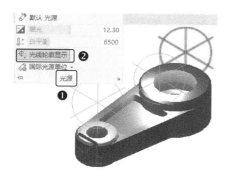

⚡高手点拨⚡

在打印图形中显示光线轮廓是可选操作，并可以通过打印轮廓特性设置控制光线轮廓显示。通过打印轮廓特性，用户可以指定光线轮廓一次显示一个光源。视口的打印轮廓设置会对所有光源产生全局性的影响。

12.2.7 阳光状态

阳光状态可以在当前视口中打开或关闭日光的光照效果。打开"阳光状态"后，可以对太阳光的位置、日期、时间等内容进行相应设置。

1. 执行方式

"阳光状态"命令有以下几种执行方式。

- 菜单命令：单击"视图"菜单，再单击"渲染"命令，然后单击"光源"命令，最后单击"阳光特性"命令。
- 命令按钮：单击"可视化"选项卡，单击
- "阳光状态"按钮 。

2. 操作方法

使用"阳光状态"命令的具体操作方法如下。

Step01：打开"素材文件\第12章\12-2-7.dwg"，单击"可视化"选项卡，再单击"阳光状态"按钮 ，如下图所示。

Step02：打开"光源 – 视口光源模式"对话框，单击"关闭默认光源（建议）"选项，如下图所示。

Step03：单击"调整曝光设置（建议）"选项，如下图所示。

Step04：打开"渲染环境和曝光"面板，如

下图所示。

Step05: 在"曝光"文本框中输入"7.8"，在"白平衡"文本框中输入"6500"，如下图所示。

Step06: 单击"阳光和位置"下拉按钮，显示内容如下图所示。

Step07: 拖动"日期"按钮调整日期，拖动"时间"按钮调整时间，如下图所示。

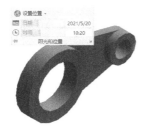

12.3 设置材质

将材质添加到图形对象上，可以使其产生逼真的效果。在材质的选择过程中，不仅要了解对象本身的材质属性，还要配合场景的实际用途、采光条件等。本节将介绍设置材质的方法。

12.3.1 创建材质

打开"材质浏览器"面板可以创建材质，并可以将新创建的材质赋予模型对象，为渲染视图提供逼真效果。

1. 执行方式

创建材质有以下几种执行方式。

- 菜单命令：单击"视图"菜单，再单击"渲染"命令，然后单击"材质浏览器"命令。
- 命令按钮：单击"可视化"选项卡，再单击"材质浏览器"按钮⊗。
- 快捷命令：在命令行输入打开"材质浏览器"命令 MAT，按空格键确定。

2. 操作方法

创建材质的具体操作方法如下。

Step01: 打开"素材文件 \ 第 12 章 \12-3-1. dwg"，在"可视化"选项卡中，单击"材质浏览器"按钮⊗，如下图所示。

Step02: 打开"材质浏览器"面板，如下图所示。

Step03: 单击"AutoCAD 2022"库，再单击"金属漆"命令，并选择类别颜色，然后单击"添加到文档"按钮，如下图所示。

Step04：选择需要创建材质的对象，然后在添加到文档中的材质类型上右击，再单击"指定给当前选择"命令，如下图所示。

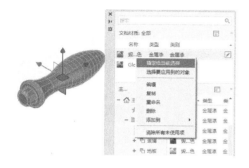

Step05：所选模型对象即完成材质的创建，如下图所示。

12.3.2 编辑材质

在实际操作中，当已创建的材质不能满足当前模型的需要时，就需要打开材质编辑器，对材质进行相应的编辑。

1. 执行方式

编辑材质有以下几种执行方式。

- 菜单命令：单击"视图"菜单，再单击"渲染"命令，然后单击"材质编辑器"命令。
- 命令按钮：单击"可视化"选项卡，单击"材质"面板右下角的"模型中的光源"对话框启动器按钮 。
- 快捷命令：在命令行输入打开"材质编辑

器"命令 MATEDITOROPEN，按空格键确定。

2. 操作方法

编辑材质的具体操作方法如下。

Step01：打开"素材文件 \ 第 12 章 \12-3-1. dwg"，在"可视化"选项卡中，单击"材质浏览器"按钮 ，打开"材质浏览器"面板；单击"AutoCAD 2022"库，再选择"织物"材质，然后单击"添加到文档"按钮 ，如下图所示。

Step02：在新添加的材质名称上单击并按住左键不放，将其拖动到需要添加材质的对象上，释放左键，如下图所示。

Step03：给对象添加指定的材质，然后在该材质名称上双击，如下图所示。

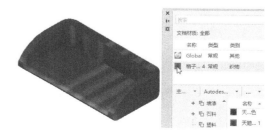

Step04：打开"材质编辑器"面板，如下

图所示。

Step05：单击"选择缩略图形状和渲染质量"下拉按钮 💻，再单击"对象"选项，如下图所示。

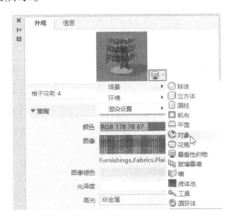

Step06：单击"颜色"下拉按钮，再单击"编辑颜色"选项，如下图所示。

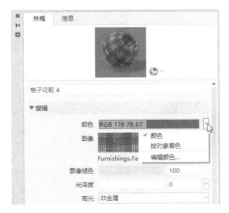

Step07：打开"选择颜色"对话框，可以根

据需要设置相应颜色，如下图所示。

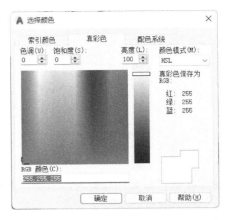

Step08：单击"图像"下拉按钮，选择相应的纹理效果，再单击"编辑图像"选项，如下图所示。

Step09：打开"纹理编辑器"面板，可选择变换、位置、比例等内容，然后单击勾选"反转图像"复选框，如下图所示。

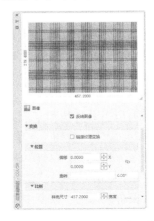

Step10：单击取消勾选"反转图像"复选框，如下图所示。

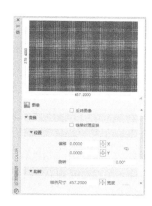

Step11: 返回"材质编辑器"面板，可对所选材质的反射率、透明度、剪切、自发光、凹凸、染色等内容进行相应设置，如下图所示。

Step12: 编辑后的效果依然不是理想中的效果，可返回"材质浏览器"面板，重新选择需要的材质，并将新添加的材质拖动到对象上，如下图所示。

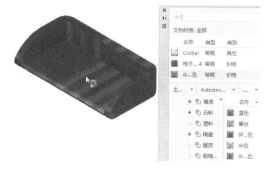

Step13: 效果如下图所示。

12.4 渲染

与线框模型、曲面模型相比，渲染出来的实体模型能够更好地表达出三维对象的形状和大小，并且更容易表达其设计思想。

12.4.1 设置渲染环境

通过"渲染环境"命令可以将模型对象的光照效果、材质效果、环境效果等完美地展现出来。

1. 执行方式

"渲染环境"命令有以下几种执行方式。

● 菜单命令：单击"视图"菜单，再单击"渲染"命令，然后单击"渲染环境"命令。
● 命令按钮：单击"可视化"选项卡，再单击"渲染"下拉按钮，然后单击"渲染环境和曝光"按钮 ○ 渲染环境和曝光 。
● 快捷命令：在命令行输入"渲染环境"命令 RENDEREN，按空格键确定。

2. 操作方法

设置渲染环境的具体操作方法如下。

Step01: ❶单击"渲染"下拉按钮；❷单击"渲染环境和曝光"按钮，如下图所示。

Step02: 打开"渲染环境和曝光"面板，如下图所示。

Step03: 将"环境"栏设置为"开"；单击"基于图像的照明"下拉按钮，再单击"曝光"选项，

第12章 动画、灯光、渲染

如下图所示。

Step04: 单击"背景"按钮，如下图所示。

Step05: 打开"基于图像的照明"对话框，❶单击"类型"下拉按钮；❷单击"图像"选项；❸单击"浏览"按钮，选择图像；❹单击"确定"按钮，如下图所示。

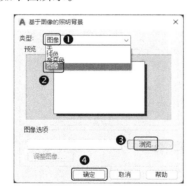

Step06: 设置曝光和白平衡，如下图所示。

12.4.2 渲染

将渲染环境设置完成后，即可对当前视图中的模型对象进行渲染。

1. 执行方式

渲染命令有以下几种执行方式。

- 菜单命令：单击"视图"菜单，再单击"渲染"命令，然后单击"渲染"命令。
- 命令按钮：单击"可视化"选项卡，单击"渲染"按钮。
- 快捷命令：在命令行输入"渲染"命令RENDER，按空格键确定。

2. 操作方法

使用"渲染"命令的具体操作方法如下。

Step01: 绘制一个球体，再创建材质，并将创建的材质赋予该球体；单击"渲染"按钮，如下图所示。

Step02: 单击"安装中等质量图像库"选项，如下图所示。

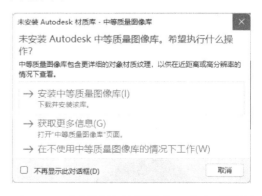

Step03: 在打开的对话框中，单击"级别 5"下拉按钮，如下图所示。

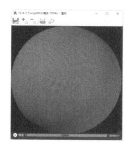

Step04：打开 5 种级别的效果如下图所示。

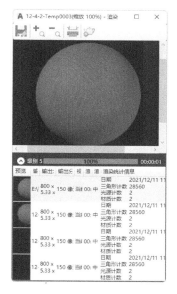

Step05：打开"渲染输出文件"对话框，设置文件存储位置，并在"文件名"文本框中输入文件名，然后单击"保存"按钮，如下图所示。

Step06：单击"32 位（24 位 +Alpha）"单选项，再单击"确定"按钮，如下图所示。

综合演练：渲染饮料瓶

演练介绍

　　本实例首先打开素材文件，接着使用添加材质的图像为饮料瓶添加图像，最后进行图像的调整，从而完成饮料瓶的渲染。

操作方法

　　本实例的具体制作方法如下。

　　Step01：打开"素材文件 \ 第 12 章 \ 饮料瓶 .dwg"，在"可视化"选项卡中，单击"材质浏览器"按钮 ；在打开的"材质浏览器"面板中，选择"塑料"材质，再单击材质名称为"黄灯亮"选项；指向类别颜色，单击"添加到文档"按钮 ，如下图所示。

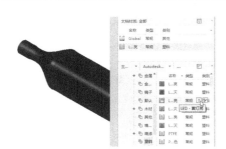

Step02: 将添加的材质拖动到塑料瓶上，如下图所示。

Step03: 在"材质浏览器"面板中双击材质名称，如下图所示。

Step04: 打开"材质编辑器"面板，再单击"图像"后的空白框，如下图所示。

Step05: 打开"材质编辑器打开文件"对话框，选择查找范围，再选择图片文件"山楂"，然后单击"打开"按钮，如下图所示。

Step06: 单击图像后的下拉按钮，然后在快捷菜单中单击"编辑图像"选项，如下图所示。

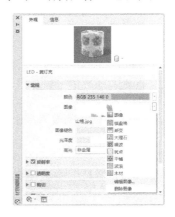

Step07: 设置调整内容，观察调整效果，如下图所示。

Step08: 观察设置效果，如下图所示。

Step09: 选择"塑料"材质，选择材质名称为"平滑 – 焦黄色"的选项，如下图所示。

Step10：将该材质添加到瓶盖上，如下图所示。

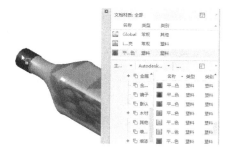

Step11：给饮料瓶添加点光源，并将点光源移动到适当位置，如下图所示。

Step12：在点光源上右击，打开"特性"面板，设置相应内容，如下图所示。

Step13：设置完成后的效果如下图所示。

新手问答

❷ No.1：默认光源是什么？

当场景中没有光源时，可使用默认光源对场景进行渲染。在围绕模型对象动态观察时，默认光源来源于视点后面的一个或两个平行光源。模型对象中所有的面均被照亮，以使其可见。可以调整渲染图像的曝光，而无须自己创建或放置光源。

当放置用户定义的光源或启用太阳光源时，可以有选择地禁用默认光源。默认光源是基于每个视口设置的。然而，在将用户定义的光源放置在场景中时，建议禁用默认光源。

❷ No.2：创建运动路径动画有什么技巧？

在使用运动路径动画时，用户可以指定将相机保留在同一位置，但相机将旋转以跟随该路径通过图形，或相机自己沿路径移动。

首先创建路径对象，然后选择该对象作为相机路径或目标路径。路径对象可以是直线、圆弧、椭圆弧、圆、多段线、三维多段线或样条曲线。

在创建运动路径时，将自动创建相机。如果删除指定为运动路径的对象，也将同时删除命名的运动路径。

❷ No.3：材质的作用是什么？

使用材质可以为三维模型提供真实外观。材质代表物质，如钢、棉和玻璃。可以将材质应用于三维模型来为对象提供真实外观。可以调整材质的特性来增强反射、透明度和纹理。

Autodesk 提供了一个预定义的材质库，如陶瓷、混凝土、石材和木材。使用材质浏览器可以浏览材质，并将它们应用于图形中的三维模型，还可以创建和修改纹理。

上机实验

✏【练习1】绘制子弹。

1. 目的要求

本练习要给子弹添加材质，主要使用材质编辑器进行材质的创建和调整。

2. 操作提示

（1）打开素材文件。

（2）选择并添加金属漆"薄片反射—米色"材质。

（3）调整该材质的相应数据进行观察。

（4）完成材质的添加。

✏【练习2】绘制茶具材质。

1. 目的要求

本练习要给茶盘和杯子添加材质和灯光，主要用到"材质"命令和"光源"命令。通过本练习，读者将熟悉这些操作方法。

2. 操作提示

（1）打开素材文件。

（2）为托盘添加材质。

（3）为杯子添加材质。

（4）观察效果并进行调整。

思考与练习

一、填空题

1. 在创建动画时，默认保存格式为_____。

2. _____的光束辐射很远，宽度却没有明显的增加，且其光线是平行的。

3. 当已创建的材质不能满足当前模型对象的需要时，就需要打开_____，对材质进行相应的编辑。

二、选择题

1. 在 AutoCAD 2022 中，创建动画主要使用"运动路径动画"命令，可以创建动画的对象包括（　　　）。

A. 直线、圆弧、椭圆弧、椭圆、圆、多段线、三维多段线或样条曲线

B. 直线、圆弧、椭圆弧、椭圆、圆、多段线、三维多段线、螺旋线

C. 直线、圆弧、椭圆弧、椭圆、圆、多段线、三维多段线、曲面

D. 线和面

2.（　　　）可以从其位置向所有方向发射光线，从而获得基本照明效果。

A. 点光源　　　　　　B. 聚光灯

C. 平行光　　　　　　D. 太阳光

3. 打开（　　　）后，可以对太阳光的位置、日期、时间等内容进行相应设置。

A. 点光源　　　　　　B. 聚光灯

C. 阳光状态　　　　　D. 平行光

4. 打开（　　　）可以创建材质，并可以将新创建的材质赋予模型对象，为渲染视图提供逼真效果。

A. 材质/纹理

B. 材质浏览器

C. 贴图

D. 图像

5. 渲染前可以设置渲染质量，包括（　　　）。

A. 低、中、高

B. 草稿、低、中、高、质量

C. 草稿、低、中、高、演示

D. 低、中、高、茶歇、午餐、夜间

本章小结

本章通过动画、灯光、材质、渲染等实例，使读者能够熟练运用三维模型后期制作的工具。掌握好本章内容是能打造优良的产品视觉效果的关键。

第13章 综合实战：建筑设计实例

📖 **本章导读**

在本章的学习中，将详细讲解 AutoCAD 2022 在建筑设计中的应用，其中包括平面门窗、平面楼梯、轴号、立面门窗、剖面门窗、剖面楼梯等图形的绘制。本章实例将绘制 6 层建筑平面图及立面图。通过本章的学习，读者会对建筑设计有一个新的认识。

📖 **学完本章后应知应会的内容**

- 建筑制图概述
- 绘制建筑平面图
- 绘制建筑立面图

13.1　建筑制图概述

建筑设计（Architectural Design）是指在建筑物建造之前，设计者按照建设任务，把施工过程和使用过程中所存在的或可能发生的问题，事先做好通盘的设想，将拟定好解决这些问题的办法、方案用图纸和文件表达出来，并将其作为备料、施工组织工作和各工种在制作、建造工作中互相配合协作的共同依据，以便整个工程在预定的投资额范围内，按照周密考虑的预定方案顺利进行，并使建成的建筑物充分满足使用者和社会所期望的各种要求。

13.1.1　建筑基本构成要素

建筑设计的前提是建筑构成。建筑基本构成要素包括建筑功能、建筑技术和建筑艺术形象。

（1）建筑功能：是指所造建筑物的用途和使用要求。建筑物应满足保温、隔热、隔声、采光通风等性能。

（2）建筑技术：是指建筑物建造的技术，包括设计理论、建筑材料、建筑结构、建筑物理、建筑构造、建筑设备与建筑工程施工等各项技术。建筑物不可能脱离建筑技术而存在。

（3）建筑艺术形象：是指包括建筑物群体和单位的体型、内部和外部的空间组合、建筑立面构图、材料的色彩和质感、光影变化等综合因素所创造的综合艺术效果。不同社会时代、不同地域和民族的建筑物形象及风格均不同。建筑物同时反映了时代的生产水平、文化传统、民俗风格、建筑文化等。

以上三要素相互联系、约束，又不可分割，形成辩证统一的关系。但三要素有主次之分，建筑功能起主导作用；建筑技术是达到目的的手段，但对建筑功能又有约束和促进的作用；建筑艺术形象是建筑功能和建筑技术的反映。如果充分发挥建筑设计的主观作用，在一定建筑功能的建筑技术条件下，可以把建筑物设计得更加美观。

> **※新手注意·◦**
> 建筑设计追求的是建筑物的"实用、坚固、美观"。而建筑物的"实用、坚固、美观"主要通过建筑功能、建筑技术和建筑艺术形象加以体现。

13.1.2　建筑的分类

建筑的对象是建筑物。房子是建筑物。但建筑物不仅仅是房子，还包括一些其他对象。由于年代和技术的多种原因，我国的建筑可以从多个方面进行分类。

1. 按使用功能分类

按建筑的使用功能，可以把建筑分为民用建筑、工业建筑和农业建筑三大类。

（1）民用建筑：是供人们居住和进行公共活动的建筑物的总称。民用建筑又分为居住建筑和公共建筑两大类。民用建筑还可以按建筑层数和建筑高度来分类。

（2）工业建筑：是工业生产所需的建筑物，如厂房车间、仓储等。

（3）农业建筑：是各类农业、牧业、渔业生产和加工所需的建筑物，如种植暖房、农副产品仓库等。

2. 按主要承重结构材料分类

按主要承重结构材料可以把建筑分为砖木结构房屋设计建筑、砌体结构房屋设计建筑、钢筋混凝土结构房屋设计建筑、钢结构房屋设计建筑、其他结构房屋设计建筑等。

3. 按房屋设计建筑层数或总高度分类

住宅房屋设计建筑：1～3层为低层建筑、4～6层为中层建筑、7～9层为中高层建筑、10层及以上为高层建筑。

公共房屋设计建筑：超过24m，为高层建筑。（但不包括高度超过24m的单层公共房屋设计建筑）。

当房屋设计建筑总高度超过100m时，无论其是住宅或公共房屋设计建筑均为超高层建筑。

4. 按房屋设计建筑物的规模分类

按房屋设计建筑物的规模，可以把建筑分为大量性房屋设计建筑、大型性房屋设计建筑。

5. 按施工方法分类

按施工方法，可以把建筑分为现浇现砌式建筑、预制装配式建筑、部分现浇现砌式建筑、部分装配式建筑 。

6. 按房屋设计建筑物的等级分类

按房屋设计建筑物的等级，可以把建筑分

为耐久年限建筑、耐火等级建筑。

13.2　绘制建筑平面图

　　本节首先绘制建筑原始平面图，接着绘制门窗，然后绘制楼梯，再标注建筑平面图，最后创建轴号，从而完成一个6层建筑平面图的绘制，其效果如下图所示。

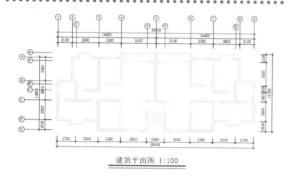

建筑平面图 1:100

13.2.1　绘制建筑原始平面图

　　绘制建筑原始平面图的具体操作方法如下。

　　Step01：执行"图层特性面板"命令LA，然后在"图层特性管理器"面板依次创建图层，如"中心线""墙线""门窗线""辅助线"和"文字说明"等图层，并设置图层效果，如下图所示。

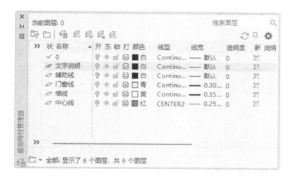

　　Step02：选择"中心线"图层为当前图层；打开正交模式，使用"构造线"命令XL绘制水平构造线，再使用"偏移"命令O将水平构造线依次向下偏移"3500""2900""2900""1500"，如下图所示。

　　Step03：使用"构造线"命令XL绘制垂直构造线；在垂直构造线上右击，打开"特性"面板，设置线型比例为"20"，如下图所示。

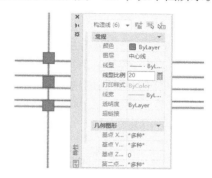

　　Step04：使用"偏移"命令O将垂直构造线依次向右偏移"2100""3900""3300""5100"，如下图所示。

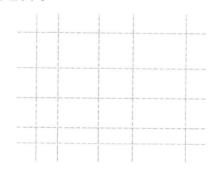

　　Step05：使用"偏移"命令O将水平构造线向上偏移"720"，并在"特性"面板中将其设置为紫色，将紫色水平构造线依次向下偏移"1200""3520""900"，如下图所示。

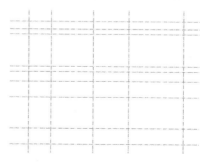

Step06: 使用"偏移"命令 O 将左起第二条垂直构造线向右偏移"600"，如下图所示。

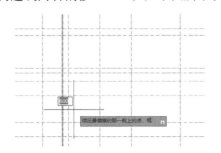

Step07: 将该垂直构造线设置为紫色；使用"偏移"命令 O 将右起第一条垂直构造线向左偏移"1300"，并将偏移得到的构造线设置为紫色，如下图所示。

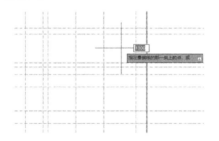

Step08: 选择"墙线"图层，再使用"多段线"命令 PL 沿中心线绘制墙体，如下图所示。

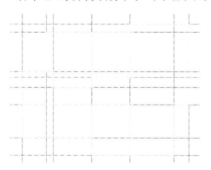

Step09: 使用"偏移"命令 O，将墙线向内、向外各偏移"120"，如下图所示。

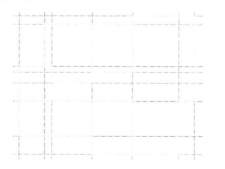

Step10: 设置墙线颜色为"211"，然后关闭"中心线"图层，效果如下图所示。

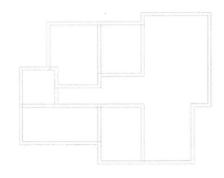

Step11: 使用"修剪"命令 TR，依次修剪墙线中的多余线段，如下图所示。

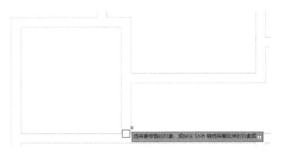

Step12: 修剪完成后的效果如下图所示。

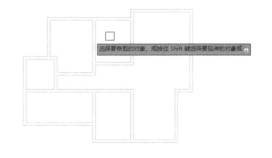

13.2.2 绘制门、窗

绘制门、窗的具体操作方法如下。

Step01: 设置"墙线"图层为当前图层；使用"直线"命令 L，在左上角房间水平中点处绘制垂直线，如下图所示。

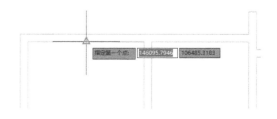

Step02: 使用"移动"命令 M，将垂直线向右移动"900"，如下图所示。

Step03: 使用"复制"命令 CO，将垂直线向左复制"1800"，如下图所示。

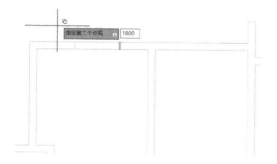

Step04: 使用"修剪"命令 TR，将两条垂直线之间的线段修剪掉，如下图所示。

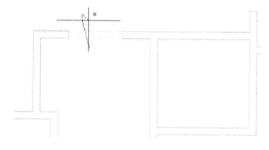

Step05: 修剪后的效果如下图所示。

Step06: 使用"直线"命令 L、"移动"命令 M、"复制"命令 CO、"修剪"命令 TR，依次绘制建筑平面图中的窗洞，其效果如下图所示。

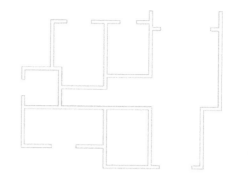

Step07: 选择"门窗线"图层；使用"直线"命令 L、多段线命令 PL，绘制窗线，其效果如下图所示。

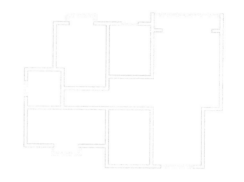

Step08: 选择"墙线"图层；使用"直线"命令 L，沿门洞墙体绘制水平线，如下图所示。

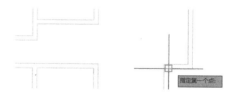

Step09: 使用"移动"命令 M，将水平线向下移动"120"，如下图所示。

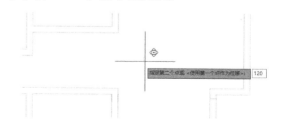

Step10: 使用"复制"命令 CO，将水平线复制到向下"1200"的位置，如下图所示。

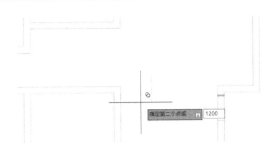

Step11: 使用"修剪"命令 TR，将两条水平线之间的线段修剪掉，如下图所示。

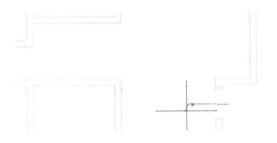

Step12: 进户门洞修剪完成的效果如下图所示。

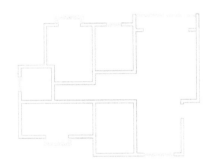

Step13: 使用"直线"命令 L、"移动"命令 M、"复制"命令 CO、"修剪"命令 TR，依次绘制建筑平面图中的门洞，效果如下图所示。

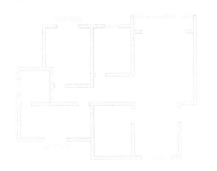

Step14: 输入"插入块"命令 I，按空格键确定；打开"插入"面板，再选择"门"图块，并将其拖动到当前图形中，如下图所示。

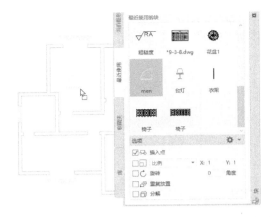

Step15: 使用"旋转"命令 RO 旋转门的方向，并将其移动到进户门位置；使用"复制"命令 CO 复制"门"图块；选择复制得到的"门"图块，并使用"缩放"命令 SC 将该"门"图块按"0.2"的比例因子进行缩放，然后将其移动到适当位置，如下图所示。

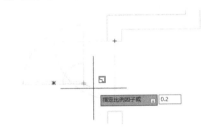

Step16: 使用"复制"命令 CO、"缩放"命令 SC、"移动"命令 M、"旋转"命令 RO，依次创建各门洞位置的门，如下图所示。

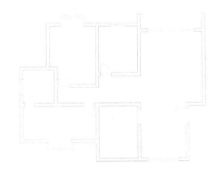

13.2.3 绘制楼梯

在建筑平面图中，楼梯是必不可少的一部分。绘制楼梯的具体操作方法如下。

Step01: 选择"辅助线"图层；使用"直线"命令 L 绘制水平直线，如下图所示。

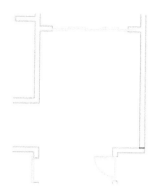

Step02: 选择建筑平面图, 输入"镜像"命令 MI, 按空格键确定; 单击水平线段的中点以将其指定为镜像线第一点, 再下移光标, 单击指定镜像线第二点, 按空格键确定, 如下图所示。

Step03: 选择"门窗线"图层; 输入"矩形"命令 REC, 按空格键确定; 输入"@100,2050", 按空格键确定, 如下图所示。

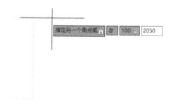

Step04: 使用"偏移"命令 O 将矩形向内偏移"50", 如下图所示。

Step05: 使用"直线"命令 L, 在矩形右下

角单击指定直线起点; 右移光标, 输入直线长度"1080", 按空格键确定, 如下图所示。

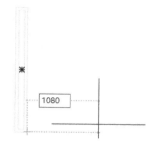

Step06: 使用"移动"命令 M, 将线段向上移动"200", 如下图所示。

Step07: 输入"阵列"命令 AR, 按空格键确定; 在"行数"文本框中输入"10"; 在"介于"文本框中输入"200", 如下图所示。

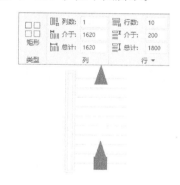

Step08: 选择右侧阵列对象, 输入"镜像"命令 MI, 按空格键确定; 单击矩形水平线段中点以将其作为镜像线第一点, 再单击矩形另一条水平线段中点以将其作为镜像线第二点, 然后镜像阵列对象, 如下图所示。

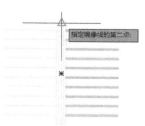

Step09：使用"多段线"命令 PL，绘制箭头符号，如下图所示。

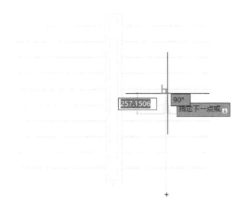

Step10：使用"多段线"命令 PL，绘制折断符号，如下图所示。

Step11：使用"多段线"命令 PL，绘制箭头符号；使用"文字"命令输入文字，并将楼梯移动到适当位置，效果如下图所示。

13.2.4 标注建筑平面图

给建筑平面图创建标注的具体操作方法如下。

Step01：打开"图层特性管理器"面板，再打开"中心线"图层，然后选择"标注线"图层，如下图所示。

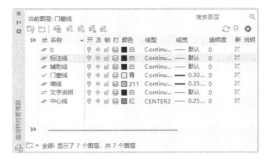

Step02：效果如下图所示。

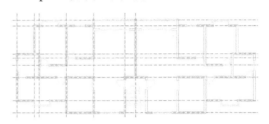

Step03：输入"标注样式管理器"命令 D，按空格键确定；在打开的"标注样式管理器"对话框中，创建"室内装饰设计"标注样式，再单击"置为当前"按钮，如下图所示。

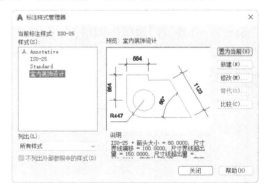

Step04：使用"线性"标注命令 DLI，沿中心线创建线性标注，如下图所示。

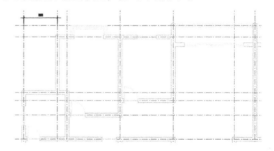

Step05：打开标注样式管理器，再选择"室内装饰设计"标注样式，然后单击"修改"按钮；在打开的对话框中，单击"文字"选项卡，再

设置文字高度为"400",然后单击"确定"按钮,如下图所示。

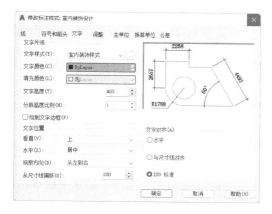

Step06: 输入"连续"标注命令 DCO,按空格键确定;沿中心线依次单击,创建线性标注,如下图所示。

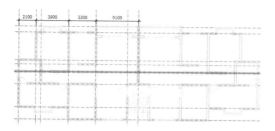

Step07: 使用"线性"标注命令 DLI,沿中心线创建线性标注,如下图所示。

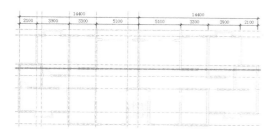

Step08: 使用"线性"标注命令 DLI,创建水平总标注,如下图所示。

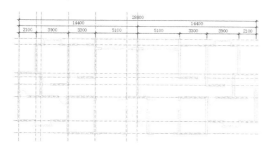

Step09: 使用"线性"标注命令 DLI,沿中心线创建水平线性标注,如下图所示。

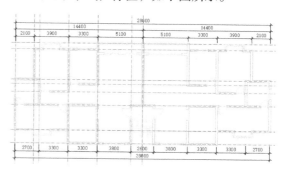

Step10: 使用"线性"标注命令 DLI,沿中心线创建垂直线性标注,如下图所示。

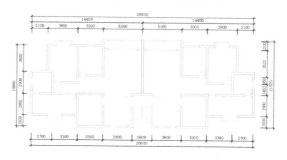

Step11: 使用"多段线"命令 PL 绘制直线;使用"文字"命令 T,创建文字"建筑平面图 1 : 100",如下图所示。

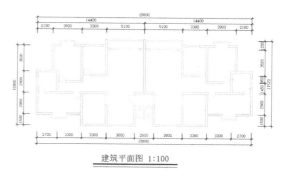

建筑平面图 1:100

13.2.5 创建轴号

当建筑平面图绘制完成后,就要创建轴号。具体操作方法如下。

Step01: 输入命令 D,打开"图层特性管理器"面板,再关闭"标注线"图层,如下图所示。

Step02: 创建属性块，如下图所示。

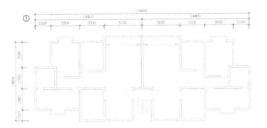

Step03: ❶使用"直线"命令 L 沿标注线左侧绘制垂直线，将属性块移动至垂直线上方；❷复制垂直线和属性块，并将复制得到的垂直线和属性块移动到标注线右侧；❸双击属性块打开"增加属性编辑器"对话框；❹在"值"文本框中输入"2"；❺单击"确定"按钮，如下图所示。

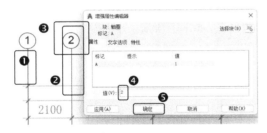

Step04: 复制垂直线和轴号，输入相应的值，如下图所示。

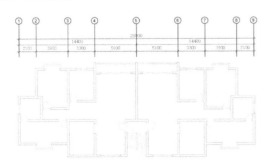

Step05: 打开"标注线"图层，绘制垂直线并复制轴号，并将复制得到的轴号沿中心线移

动到适当位置，如下图所示。

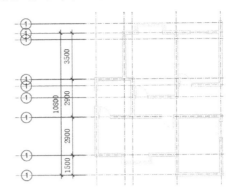

Step06: 双击轴号，打开"增加属性编辑器"对话框，在"值"文本框中输入"A"；单击"确定"按钮，如下图所示。

Step07: 依次双击轴号，输入相应的行标，如下图所示。

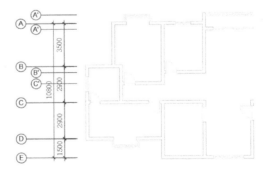

Step08: 轴号行标设置完成后的效果如下图所示。

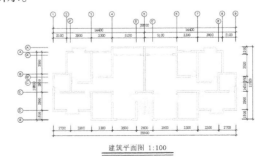

建筑平面图 1:100

13.3 绘制建筑立面图

本节首先根据建筑平面图绘制建筑物的墙体，接着绘制建筑立面图中的门窗，最后对建筑立面图进行标注，从而完成建筑立面图的绘制，其效果如下图所示。

建筑立面图 1:100

13.3.1 绘制墙体

要绘制建筑立面图必须根据建筑平面图绘制建筑物的墙体。具体操作方法如下。

Step01：打开"素材文件\第13章\建筑平面图.dwg"，将该图形作为绘制建筑立面图的参照对象；选择"辅助线"图层，使用"直线"命令 L 绘制一条水平线，如下图所示。

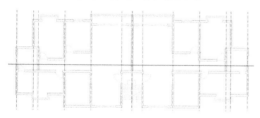

Step02：打开"中心线"图层，将"墙线"图层设置为当前层，使用"直线"命令 L 绘制一条水平线，如下图所示。

Step03：输入"多线"命令 ML，按空格键确定；输入"对正"子命令 J，按空格键确定；输入对

正类型"Z"，按空格键确定，如下图所示。

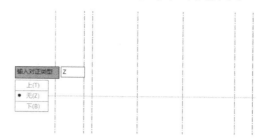

Step04：输入"比例"子命令 S，按空格键确定，如下图所示。

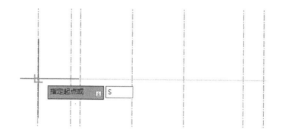

Step05：输入多线比例"240"，按空格键确定，如下图所示。

Step06：在左起第一条垂直线左下角单击指定起点；上移光标，绘制一条宽度为"240"、长度为"20000"的多线图形以将其作为墙线，如下图所示。

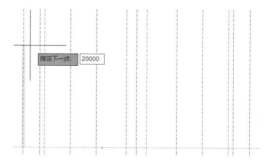

Step07：沿右起第一条垂直线绘制宽度为"240"、长度为"20000"的多线图形以将其作

为墙线，如下图所示。

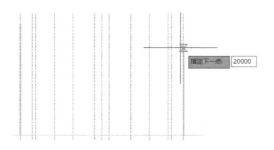

Step08: 使用"偏移"命令 O 将水平线向上依次偏移"3400"，如下图所示。

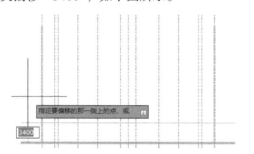

Step09: 使用"偏移"命令 O 将上方水平线向上依次偏移"100"，如下图所示。

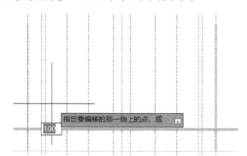

Step10: 选择偏移得到的两条水平线，使用"阵列"命令 AR；设置矩形阵列的行数为"6"、列数为"1"，再设置间距为"3000"；阵列后的效果如下图所示。

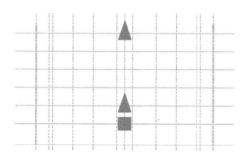

Step11: 输入"分解"命令 X，按空格键确定；

将阵列对象进行分解，如下图所示。

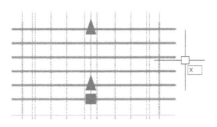

Step12: 使用"偏移"命令 O 将最上方水平线向上偏移"900"，如下图所示。

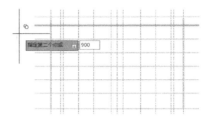

Step13: 使用"修剪"命令 TR，对图形进行修剪，如下图所示。

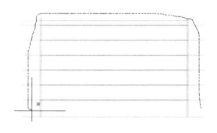

Step14: 修剪完成后的效果如下图所示。

Step15: 根据建筑平面图绘制建筑立面图的垂直线，如下图所示。

13.3.2 绘制门、窗

绘制建筑立面门、窗的操作。主要包括以下几个环节：使用"矩形"命令绘制窗户图形；使用"图案填充"命令对窗户玻璃进行图案填充；再阵列一层立面门、窗。具体操作方法如下。

Step01：打开前面绘制好的墙体图形，执行"矩形"命令 REC，再输入"自"命令 from，按空格键确定；启用"捕捉自"功能，在左下角单击指定基点，如下图所示。

Step02：输入偏移距离"@1050,1100"，按空格键确定，如下图所示。

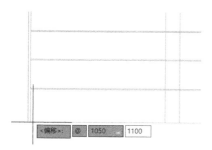

Step03：输入矩形另一个角点的相对坐标"@2200,100"，按空格键确定，如下图所示。

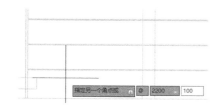

Step04：绘制的矩形效果如下图所示。

Step05：执行"矩形"命令 REC，再输入"自"命令 from，按空格键确定；启用"捕捉自"功能，在矩形左上角单击指定绘图基点，如下图所示。

Step06：输入偏移距离"@100,0"，按空格键确定，如下图所示。

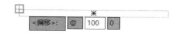

Step07：输入矩形另一个角点的相对坐标"@1000,1800"，按空格键确定，如下图所示。

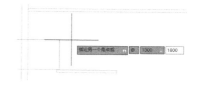

Step08：执行"偏移"命令 O，选择矩形，将其向内偏移"60"，如下图所示。

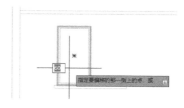

Step09：执行"复制"命令 CO，选择偏移得到的两个矩形，并在外侧矩形左垂直线中点处单击指定复制基点，如下图所示。

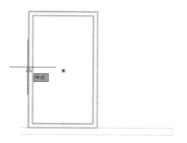

Step10：右移光标，在内侧矩形右垂直线中点处单击指定复制的第二个点，如下图所示。

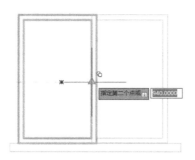

Step11：执行"修剪"命令 TR，对复制后的矩形进行修剪，其效果如下图所示。

Step12：将左侧多线使用"分解"命令 X 分解；选择分解的右垂直线，输入"复制"命令 CO，按空格键确定；在空白处单击指定复制基点；右移光标，输入距离"5400"，按空格键确定，如下图所示。

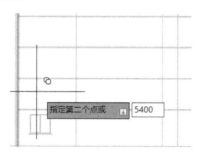

Step13：右移光标，输入距离"6000"，按空格键确定，如下图所示。

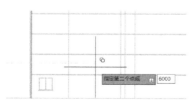

Step14：右移光标输入距离"6600"，按空格键确定；按空格键结束"复制"命令，如下图所示。

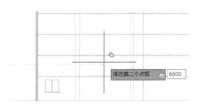

Step15：使用"偏移"命令 O，将下方水平线向上偏移"1500"，如下图所示。

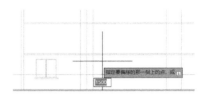

Step16：按空格键激活"偏移"命令，将偏移得到的水平线向上偏移"1100"，如下图所示。

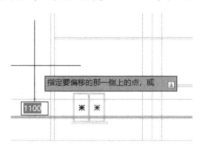

Step17：使用"修剪"命令 TR，对偏移得到的水平线进行修剪，如下图所示。

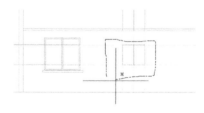

Step18：修剪完成后的效果如下图所示。

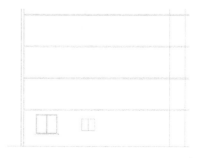

Step19：使用"偏移"命令 O 将下方的水平线向上偏移"500"，如下图所示。

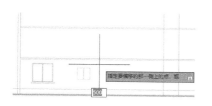

Step20: 将偏移得到的水平线向上偏移"400"，如下图所示。

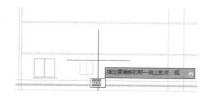

Step21: 将偏移得到的水平线向上偏移"860"，如下图所示。

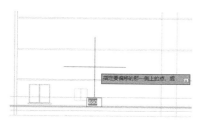

Step22: 使用"偏移"命令O，将左方墙线内侧的垂直线向右偏移"7400"，如下图所示。

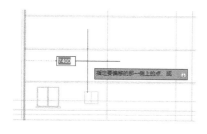

Step23: 将偏移得到的垂直线向右偏移"3600"，如下图所示。

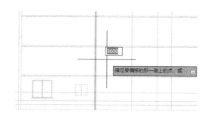

Step24: 使用"修剪"命令TR，对偏移得到的垂直线进行修剪，如下图所示。

Step25: 修剪完成后的效果如下图所示。

Step26: 执行"偏移"命令O，将偏移得到的左垂直线向右偏移"400"，如下图所示。

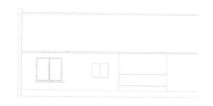

Step27: 使用"修剪"命令TR，对偏移得到的垂直线进行修剪，如下图所示。

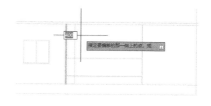

Step28: 执行"偏移"命令O，选择水平线，并将其向上偏移"170"，如下图所示。

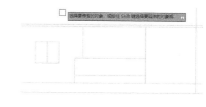

Step29: 将偏移得到的水平线向上偏移"40"，如下图所示。

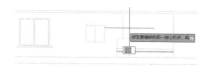

Step30: 执行"偏移"命令O，依次选择上一次偏移得到的水平线，依次向上偏移

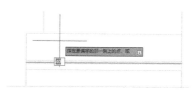

"170""40""170""40""170"，如下图所示。

Step31：执行"偏移"命令 O，选择垂直线，将其向右偏移"1160"，如下图所示。

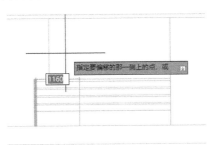

Step32：选择偏移得到的垂直线，将其向右偏移"40"，如下图所示。

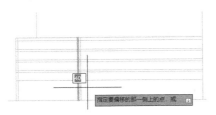

Step33：选择偏移得到的垂直线，将其向右偏移"1160"，如下图所示。

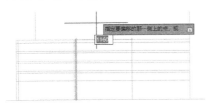

Step34：选择偏移得到的垂直线，将其向右偏移"40"，如下图所示。

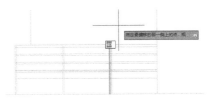

Step35：使用"修剪"命令 TR，对线段进行修剪，如下图所示。

Step36：执行"偏移"命令 O，选择水平线，将其向上偏移"2400"，如下图所示。

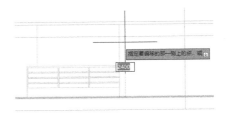

Step37：使用"修剪"命令 TR，对偏移得到的水平线进行修剪，如下图所示。

Step38：选择绘制的窗户，并将其更换为"门窗线"图层，如下图所示。

Step39：将当前绘图颜色设置为"青"；执行"填充"命令 H，打开"图案填充创建"面板；选择"AR–RROOF"图案，并将图案角度设置为"45"、比例设置为"40"，如下图所示。

Step40：单击"拾取点"按钮，在窗户图形中指定填充的区域，按空格键确定；填充图案的效果如下图所示。

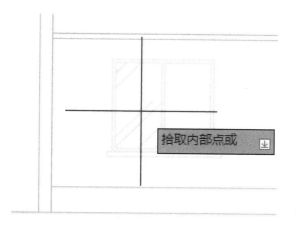

Step41：使用同样的图案和参数对其他的窗户进行填充，如下图所示。

Step42：选择填充图案；切换到"辅助线"图层，并选择图层"8"，如下图所示。

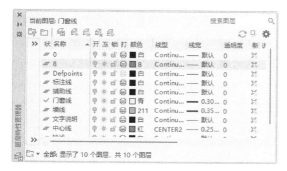

Step43：执行"直线"命令 L，绘制两条垂直线，如下图所示。

Step44：选择窗户和阳台图形，执行"镜像"命令 MI；单击水平线中点以将其指定镜像线的第一点，如下图所示。

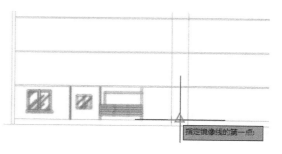

Step45：向上指定镜像线的第二点，按空格键确定；对图形进行镜像复制，如下图所示。

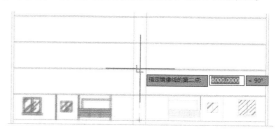

Step46：选择一楼窗户和阳台，执行"阵列"命令 AR；选择"矩形"选项，依次设置阵列的行数为"6"、列数为"1"，再设置间距为"3000"，如下图所示。

列数：	1	行数：	6
介于：	39690	介于：	3000
总计：	39690	总计：	15000
列		行 ▼	

Step47：阵列的效果如下图所示。

Step48：使用"多段线"命令 PL 绘制线段；

使用"文字"命令 T 在线段上方创建文字，如下图所示。

建筑立面图 1:100

13.3.3 创建标注

当建筑立面图形绘制完成后，即可创建建筑立面图的标注。具体操作方法如下。

Step01: 设置"标注线"图层为当前图层；输入命令 D，按空格键确定；打开"标注样式管理器"对话框，单击"新建"按钮；打开"创建新标注样式"对话框，在"新样式名"文本框中输入"建筑立面"；单击"继续"按钮，如下图所示。

Step02: 打开"新建标注样式"对话框，在"线"选项卡中，设置超出尺寸线的值为"300"、起点偏移量的值为"500"，如下图所示。

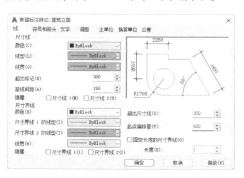

Step03: 选择"符号和箭头"选项卡，设置相关选项，如下图所示。

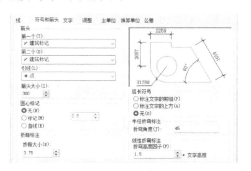

Step04: 选择"文字"选项卡，在"文字高度"文本框中输入"400"，在"垂直"文本框中输入"上"，在"从尺寸线偏移"文本框中输入"200"，如下图所示。

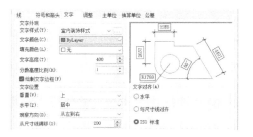

Step05: 选择"主单位"选项卡，在"精度"文本框中输入"0"，单击"确定"按钮；关闭"标注样式管理器"对话框，如下图所示。

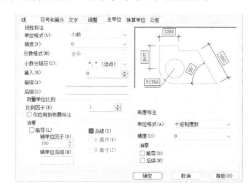

Step06: 执行"线性"标注命令 DLI，对建筑立面图进行尺寸标注，如下图所示。

Step07: 执行"连续"标注命令 DCO，依次单击指定标注下一点，创建尺寸标注，如下图所示。

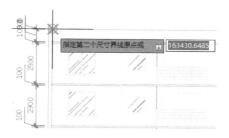

Step08: 选择标注，再单击文字夹点，并将其移动到标注线上单击，如下图所示。

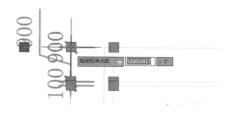

Step09: 使用同样的方法，完成建筑立面图的第一道尺寸标注，如下图所示。

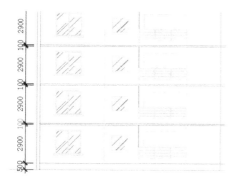

Step10: 使用同样的方法，对建筑立面图进行第二道尺寸标注，如下图所示。

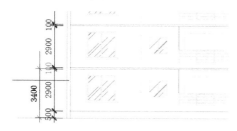

Step11: 使用同样的方法，对建筑立面图进行第二道尺寸标注，如下图所示。

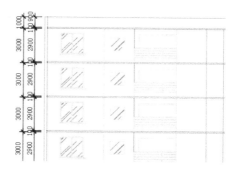

Step12: 执行 DLI 命令，对建筑立面图的总高度进行尺寸标注，如下图所示。

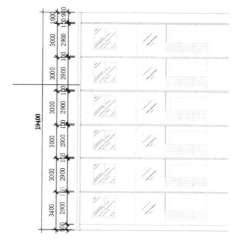

Step13: 执行"镜像"命令 MI，选择创建的标注对象，进行镜像复制，再创建图形的说明文字，即可完成建筑立面图的标注，如下图所示。

建筑立面图 1:100

13.3.4 创建标高

创建标高的操作可以使用插入属性的方法来完成。首先创建一个带属性的标高符号，设置属性值为"0.000"，然后在插入标高属性块时直接输入相应位置的标高值即可。具体操作方法如下。

Step01: 使用"直线"命令 L，绘制一条长度为"2000"的线段，然后绘制两条斜线作为标高符号，如下图所示。

Step02: 使用"定义属性块"命令 ATT，打开"属性定义"对话框，设置标记为"0.000"、提示为"标高"、文字高度为 300，如下图所示。

Step03: 单击"确定"按钮进入绘图区，指定创建属性的位置，如下图所示。

Step04: 输入"块"命令 B，打开"块定义"对话框，设置好图块的名称及单位参数，然后单击"选择对象"按钮，如下图所示。

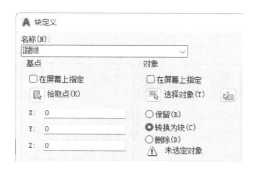

Step05: 进入绘图区，选择创建的标高和属性对象并确定，如下图所示。

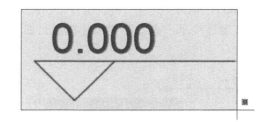

Step06: 在"块定义"对话框中单击"拾取点"按钮，如下图所示。

Step07: 进入绘图区，单击指定"标高"图块的基点位置，如下图所示。

Step08: 在"块定义"对话框中，单击"确定"按钮；在弹出的"编辑属性"对话框中，单击"确定"按钮，即可完成属性块的创建，如下图所示。

Step09: 使用"直线"命令 L，在建筑立面图每层楼的顶面绘制一条线段以将其作为标高的基线，如下图所示。

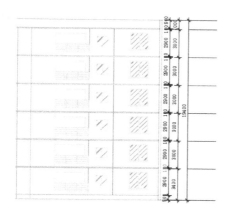

Step10: 执行"插入块"命令 I,在打开的"块"面板中将"标高"图块拖动到文件中,如下图所示。

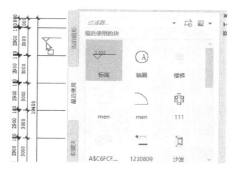

Step11: 当系统提示输入标高时,输入此处的标高"0.000",再单击"确定"按钮,如下图所示。

Step12: 插入标高符号,如下图所示。

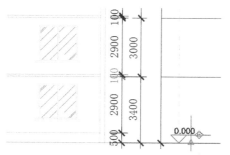

Step13: 使用"插入块"命令 I,在打开"块"面板中选择"标高"图块并确定,再单击指定插入图块的基点,如下图所示。

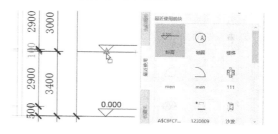

Step14: 输入标高"3.400",单击"确定"按钮,如下图所示。

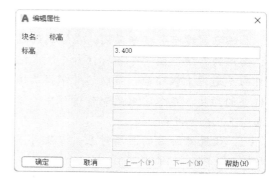

Step15: 创建标高的效果如下图所示。

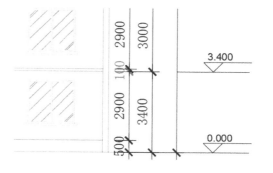

Step16: 使用同样的方法在其他位置插入标高,并输入标高值,如下图所示。

建筑立面图 1:100

上机实验

✏️【练习1】创建如下图所示的宿舍楼平面图。

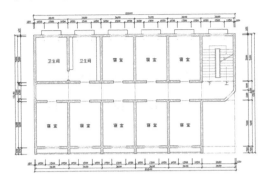

1. 目的要求

本练习创建宿舍楼平面图。在绘制的过程中，要用到二维绘图命令和标注命令。本练习的目的是通过上机实验，帮助读者掌握二维绘图命令的用法。在本实例的制作过程中，需要注意以下几个关键点。

（1）设置好所需的图层对象，以便对图形进行统一管理。

（2）设置好对象捕捉方式，以便在绘图时快速、准确捕捉到需要的点。

（3）使用"多线"命令绘制墙体线。

2. 操作提示

（1）执行"图层特性管理器"命令LA，创建绘制宿舍楼平面图所需的图层。

（2）执行"直线"命令L，绘制宿舍楼平面图轴线。

（3）执行"多线"命令ML，在轴线的基础上绘制墙线，并对多线进行分解和修剪等操作。

（4）执行"矩形""直线"命令绘制窗户平面示意图，并将其定义为图块，再用"插入块"命令插入"窗户"图块。

（5）执行"直线""圆弧""修剪"等命令，完成门的绘制。

（6）执行"矩形""多线""直线""阵列""多段线"等命令，完成楼梯等图形的绘制，并隐藏轴线。

（7）通过"文字"和"尺寸"标注命令对宿舍楼平面图进行文字标注和尺寸标注。

✏️【练习2】创建如下图所示的宿舍楼立面图。

宿舍立面图 1:100

1. 目的要求

本练习主要根据宿舍楼平面图绘制宿舍楼立面图，主要用到二维绘图命令。通过本练习，读者将熟悉这些图形创建命令的操作方法。绘制宿舍立面图时，需要注意以下几个关键点。

（1）参照宿舍楼平面图绘制宿舍楼立面图的墙体。

（2）绘制其中的一个窗户立面图，然后对其进行阵列，创建出其他窗户立面图。

（3）对过道处的窗户和墙体进行单独绘制。

2. 操作提示

（1）复制建筑平面图，使用"直线"命令L在复制的图形中绘制一条水平线。

（2）执行"修剪""删除"命令，将宿舍楼平面图中多余的线条进行修剪和删除。

（3）执行"直线"命令L绘制单个寝室的墙线；使用"偏移"命令O对线段进行偏移。

（4）执行"偏移"命令，对水平辅助线进行偏移，然后执行"矩形""偏移"等命令，完成窗户的绘制。

（5）执行"阵列"命令，将绘制的墙线及窗户进行阵列复制。

（6）执行"直线"和"偏移"命令，绘制楼道窗户辅助线。

（7）执行"直线""矩形""修剪"命令绘制出楼道窗户图形，然后对其进行阵列操作。

（8）执行"偏移""修剪"等命令，绘制宿舍楼立面图楼道墙面，再对宿舍楼立面图进行尺寸标注，即可完成宿舍楼立面图的绘制。

第14章 综合实战：机械设计实例

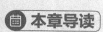 本章导读

　　本章主要给读者讲解的是机械设计。机械设计是一门集实用技术学和营销学为一体的设计科学。它不仅使产品具有既安全又实用的"外衣"，在今天更是一种强有力的营销工具。本章将详细讲解 AutoCAD 2022 在机械设计中的应用。

　　学完本章后应知应会的内容

- 机械设计概述
- 绘制机座轴测图
- 绘制球轴承二视图
- 绘制支承座三维模型

14.1 机械设计概述

机械设计是根据使用要求对机械的工作原理、结构、运动方式、力和能量的传递方式、各个零件的材料和形状尺寸、润滑方法等进行构思、分析和计算并将其转化为具体的描述以作为制造依据的工作过程。

14.1.1 机械

机械设计是机械工程的重要组成部分，是机械生产的第一步，是决定机械性能的最主要的因素。机械是机构和机器的总称。机构是指一种用来传递与变换运动和力的可动装置。常见的机构有带传动机构、链传动机构、齿轮机构、凸轮机构、连杆机构、螺旋机构等。机器是指一种执行机械运动装置，可用来变换和传递能量、物料和信息，一般由原动件、传动部分、执行部分三个部分组成。

机器应满足的基本要求有使用性要求、经济性要求、安全性要求、工艺性要求、可靠性要求等。

14.1.2 机械设计的分类

机械设计可分为以下 3 类。

- 新型设计：应用成熟的科学技术或经过实验证明可行的新技术，设计过去没有过的新型机械。
- 继承设计：根据使用经验和技术发展对已有的机械进行设计更新，以提高其性能、降低其制造成本或减少其运用费用。
- 变型设计：为适应新的需要对已有的机械进行部分修改或增删而发展出不同于标准型的变型产品。

14.1.3 机械设计的准则

一部机器的质量基本上决定于设计质量。机器制造过程对机器质量所起的作用，本质上就在于实现机械设计时所规定的质量。因此，机械的设计是决定机器好坏的关键。

机械设计具有众多的约束条件。机械设计准则就是机械设计所应满足的约束条件。

1. 技术性能准则

技术性能准则是指机械设计所应满足的技术性能要求。技术性能包括产品功能、制造和运行状况在内的一切性能，既指静态性能，也指动态性能。

2. 标准化准则

标准化准则就是在设计的全过程中的所有行为，都要满足下列标准化的要求。从运用范围上来讲，标准化准则可以分为国家标准、行业标准和企业标准三个等级。从使用强制性来说，标准化准则可分为必须执行标准和推荐使用标准两种。

3. 可靠性准则

可靠性准则就是指所设计的产品、部件或零件应能满足规定的可靠性要求。

4. 安全性准则

安全性准则是指机器所应满足的安全性要求。机器的安全性一般包括零件安全性、整机安全性、工作安全性、环境安全性。

14.1.4 机械制图

图样是工程技术界的共同语言，是产品或工程设计结果的一种表达形式，是产品制造和工程施工的依据，是组织和管理生产的重要技术文件。因此，机械制图基础知识就是一种学好设备学的基本语言。在使用计算机辅助绘图软件 AutoCAD 2022 绘制机械类图样时，必须了解行业内的相关制图知识。下面就对这些相关制图知识进行详细介绍。

1. 图纸幅面

图纸幅面是指图纸宽度 B 和长度 L 所组成的图面，并分为基本幅面和加长幅面。

- 国家标准规定了 5 种基本幅面，如下图所示。

图纸幅面标准尺寸（单位：mm）

尺寸	幅面				
	A0	A1	A2	A3	A4
$B \times L$	841 × 1189	594 × 841	420 × 594	297 × 420	210 × 297

- 图框格式：图框是指图纸上限定绘图区域的线框，有不留装订边和留装订边两种格

式。同一个产品只能采用同一种图框格式。

- 图框线均用粗实线画出。

2. 比例

比例是指图样中图形与实物相应要素的线性尺寸之比。当绘制的图形与实物一样大时，比例为 1，称为原始比例；当绘制的图形比实物小时，比例小于 1，称为缩小比例；当绘制的图形比实物大时，比例小于 1，称为放大比例。同一个产品各个视图应采用同一种比例。

3. 字体

要求图样中的汉字、数字、字母等字体端正，笔画清楚、间隔均匀、排列整齐。字体的结构形式和基本尺寸由国家标准规定。

4. 图线

GB/T 17450—1998 规定了 15 种基本线型，以及多种线型的变形和图形的组合。常用的图线分为粗线、中粗线和细线 3 种。粗线宽度在 0.5~2mm 选择，粗线、中粗线、细线宽度之比为 4：2：1。在机械制图中，图样常采用的图线为粗线和细线两种，它们的宽度之比为 2：1。

5. 尺寸标注

一个完整的尺寸由尺寸界线、尺寸线、尺寸的起止符号和尺寸数字组成。尺寸标注的基本要求：正确、合理、完整统一、清晰整齐。尺寸标注的基本规则如下。

- 机件的真实大小应以图样上所标注的尺寸数据为依据，而与图形的大小及绘图的准确度无关。
- 如果图样中标注的尺寸以 mm 为单位，则无须标注计量单位的代号或名称。如果图样中标注的尺寸采用其他单位，则必须注明相应的计量单位的名称或代号。
- 图样中标注的尺寸应为该图样所示机件的最后完工尺寸，否则应另加说明。
- 机件的第一尺寸一般只标注一次，并应标注在反映该结构最清晰的图形上。

14.2 典型机械设计实例

在产品进行批量生产之前，使用 AutoCAD 2022 模拟产品的实际尺寸，可以监测其造型与机构在实际使用过程中的缺陷，从而及早做相应的改进，避免因设计失误造成的损失。本节将以典型实例对 AutoCAD 2022 在机械设计中的应用进行详细讲解。

14.2.1 绘制机座轴测图

正在绘制的轴测面称为"当前轴测面"。由于立体的不同表面必须在不同的轴测面上绘制，所以在绘制轴测图的过程中就要不断切换当前轴测面。按下【Ctrl+E】组合键或【F5】键可按顺时针方向在"左视平面""俯视平面"和"右视平面" 3 个轴测面之间进行切换。

绘制机座轴测图的具体操作方法如下。

Step01：新建一个图形文件，将图形界限设置为"190,148"；输入命令 Z，按空格键确定；输入命令 A，按空格键确定；将图形界限放大至全屏显示，如下图所示。

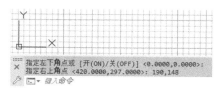

Step02：输入命令 DS，按空格键确定；打开"草图设置"对话框，设置具体内容和参数，如下图所示。

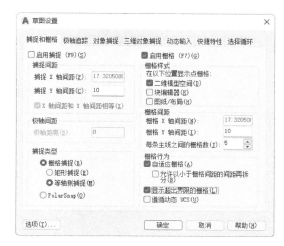

Step03: 输入命令 LA，按空格键确定，如下图所示。

Step04: 打开"图层特性管理器"面板，创建图层"底座上部"和"底座下部"，如下图所示。

Step05: 打开正交模式，输入"直线"命令 L，按空格键确定；单击指定直线起点，如下图所示。

Step06: 向左上方移动光标，输入"10"，按空格键确定，如下图所示。

Step07: 关闭正交模式，向右上方移动光标，输入"20"，按空格键确定，如下图所示。

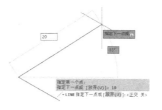

Step08: 打开正交模式，上移光标输入"10"，按空格键确定，如下图所示。

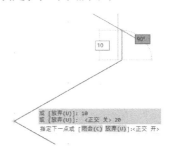

Step09: 选择第一条直线，输入"复制"命令 CO，按空格键确定；单击直线左上角端点以将其作为复制基点；单击垂直线上端点以将其作为目标点，按空格键确定，如下图所示。

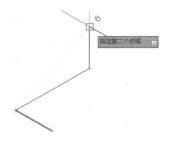

Step10: 按空格键激活"复制"命令，单击直线上端点以将其作为基点；单击直线下端点为目标点，按空格键确定，如下图所示。

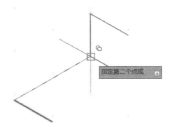

Step11: 使用"复制"命令，将左上角垂直线复制到右上角，如下图所示。

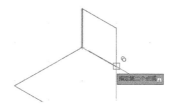

Step12: 单击右下角端点复制垂直线，如下图所示。

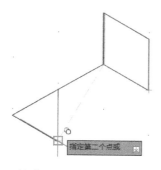

Step13: 单击左下角端点复制垂直线，如下图所示。

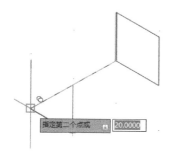

Step14: 使用"复制"命令复制左侧水平线，在右下角端点处单击复制，如下图所示。

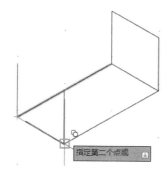

Step15: 在右上角端点处单击复制水平线，如下图所示。

Step16: 在左上角端点处单击复制水平线，如下图所示。

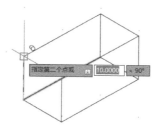

Step17: 复制完成后的效果如下图所示。

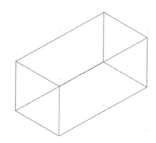

Step18: 单击直线，单击上夹点，向左上方移动光标，输入"25"，按空格键确定，如下图所示。

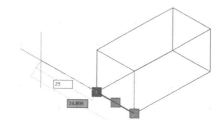

Step19: 复制拉长的直线到相应位置，如下图所示。

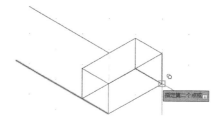

Step20: 复制矩形到左上角端点，如下图所示。

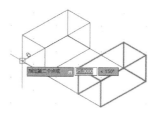

Step21: 单击上方矩形左下侧直线，单击夹点，向左下方移动光标，输入"5"，按空格键确定，如下图所示。

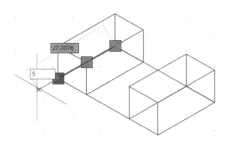

Step22: 复制拉长的直线到如下图所示的位置。

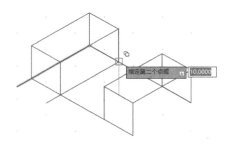

Step23: 复制拉长的直线到如下图所示的位置。

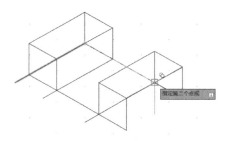

Step24: 复制拉长的直线到如下图所示的位置。

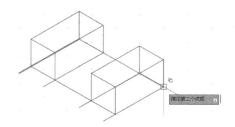

Step25: 输入"直线"命令 L，按空格键确定；单击指定直线的起点，如下图所示。

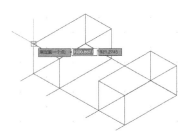

Step26: 单击指定直线下一点，按空格键确定，如下图所示。

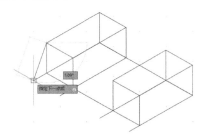

Step27: 依次绘制直线，如下图所示。

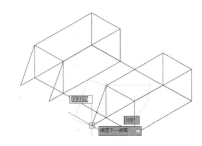

Step28: 选择左上角斜线，向下拉长"15"，如下图所示。

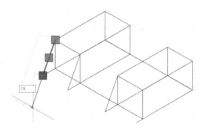

Step29: 执行"复制"命令 CO，单击指定复制基点，如下图所示。

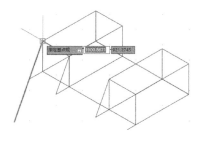

Step30: 单击指定复制目标点，如下图所示。

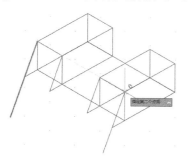

Step31: 输入"直线"命令 L, 按空格键确定；单击指定直线的起点，如下图所示。

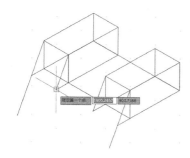

Step32: 单击指定直线下一点，按空格键确定，如下图所示。

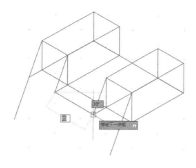

Step33: 输入"直线"命令 L, 按空格键确定；单击指定直线的起点，如下图所示。

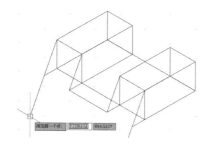

Step34: 单击指定直线下一点，按空格键确定，如下图所示。

Step35: 选择垂直线，向下拉长"20"，如下图所示。

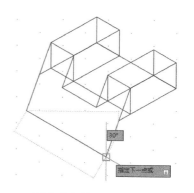

Step36: 按【F5】键两次切换视图，如下图所示。

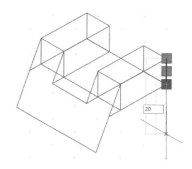

Step37: 绘制长为"50"的直线，如下图所示。

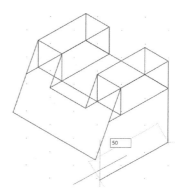

Step38: 按【F5】键两次切换视图，如下图所示。

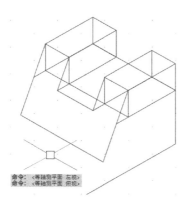

Step39: 输入"直线"命令 L，按空格键确定；单击指定直线的起点，如下图所示。

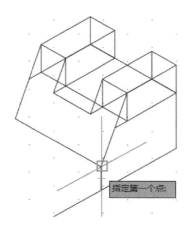

Step40: 单击指定直线下一点，按空格键确定，如下图所示。

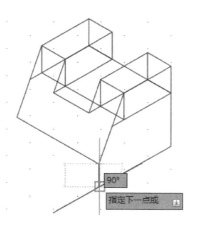

Step41: 执行"复制"命令，选择要复制的线段；单击指定复制的基点，如下图所示。

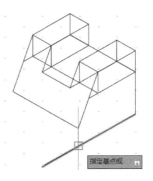

Step42: 单击指定复制的目标点，如下图所示。

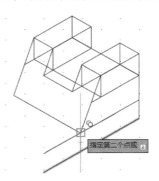

Step43: 选择垂直线，输入"复制"命令 CO，按空格键确定；单击指定复制的基点，如下图所示。

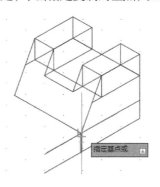

Step44: 左移光标，输入至下一点的距离"5"，按空格键确定，如下图所示。

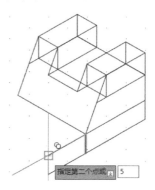

Step45: 按【F5】键切换到左视平面，输入"复制"命令CO，按空格键确定；选择直线，并指定复制的基点，如下图所示。

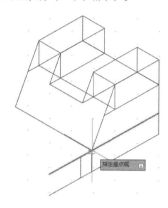

Step46: 向左上方移动光标，输入至第二个点的距离"5"，按空格键确定，如下图所示。

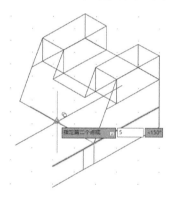

Step47: 按空格键激活"复制"命令，选择两条线段；单击指定复制的基点，如下图所示。

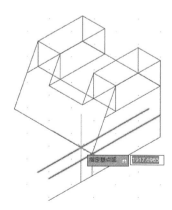

Step48: 单击指定复制的目标点，按空格键确定，如下图所示。

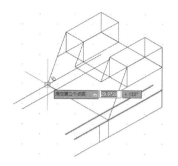

Step49: 按空格键激活"复制"命令，选择相交线；单击指定复制的基点，如下图所示。

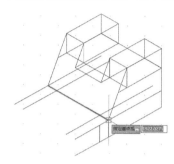

Step50: 单击指定复制的目标点，如下图所示。

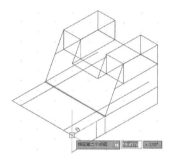

Step51: 按空格键激活"复制"命令，框选对象，按空格键确定，如下图所示。

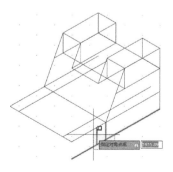

Step52: 单击指定复制的基点，如下图所示。

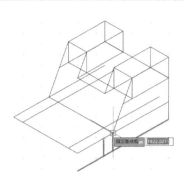

Step53：单击指定第二个点，按空格键结束"复制"命令，如下图所示。

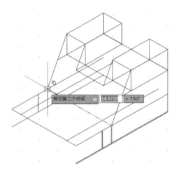

Step54：输入"直线"命令 L，按空格键确定；单击指定直线的起点，如下图所示。

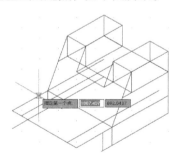

Step55：单击指定直线下一点，按空格键确定，如下图所示。

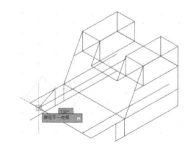

Step56：按空格键激活"直线"命令，绘制直线，如下图所示。

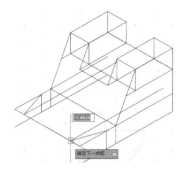

Step57：选择直线，使用"复制"命令 CO 将其向下复制，如下图所示。

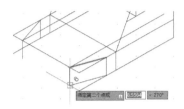

Step58：选择直线，输入"复制"命令 CO，按空格键确定；单击指定复制的基点，如下图所示。

Step59：单击指定复制的目标点，如下图所示。

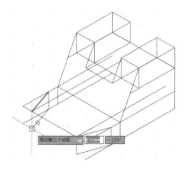

Step60：按空格键激活"复制"命令，选择直线，按空格键确定；单击指定复制的基点，如下图所示。

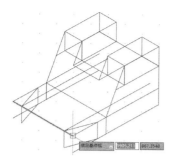

Step61：下移光标，单击指定复制的目标点，如下图所示。

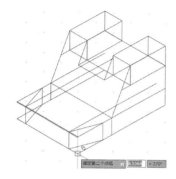

Step62：使用"修剪"命令 TR，依次将多余的线段进行修剪，如下图所示。

Step63：继续依次将多余的线段进行修剪，如下图所示。

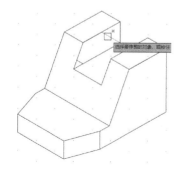

Step64：修剪完成后的效果如下图所示。

Step65：输入"直线"命令 L，按空格键确定；单击指定直线的起点，如下图所示。

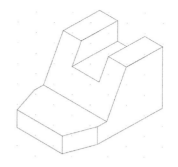

Step66：单击指定下一点，按空格键确定；绘制直线，如下图所示。

Step67：按【F5】键切换到俯视平面，输入"椭圆"命令 EL，按空格键确定；输入"等轴测图"子命令 I，按空格键确定，如下图所示。

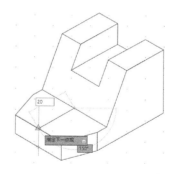

Step68: 单击指定圆心，如下图所示。

Step69: 输入半径"2.5"，按空格键确定，如下图所示。

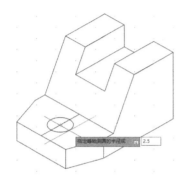

Step70: 选择并删除辅助线，效果如下图所示。

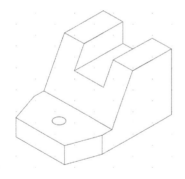

Step71: 选择直线，输入"复制"命令 CO，按空格键确定；单击指定复制的基点，如下图所示。

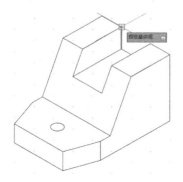

Step72: 单击指定复制的目标点，如下图所示。

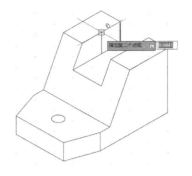

Step73: 单击指定复制的目标点，如下图所示。

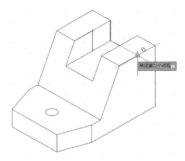

Step74: 按【F5】键切换到俯视平面，输入"椭圆"命令 EL，按空格键确定；输入"等轴测图"子命令 I，按空格键确定，如下图所示。

Step75: 单击指定圆心，如下图所示。

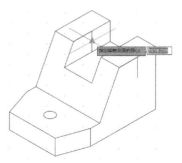

Step76: 输入半径"2.5",按空格键确定,如下图所示。

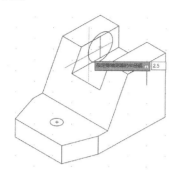

Step77: 绘制完成的效果如下图所示。

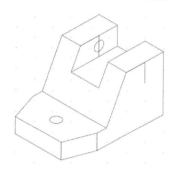

Step78: 选择绘制的圆,输入"复制"命令CO,按空格键确定;单击指定复制的基点,如下图所示。

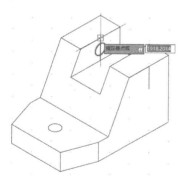

Step79: 单击指定复制的目标点,如下图所示。

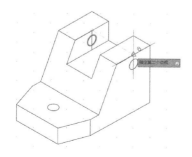

Step80: 删除辅助线;绘制完成的机座轴测图效果如下图所示。

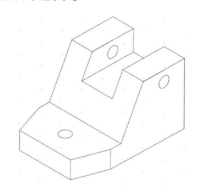

绘制球轴承二视图

在本实例的制作过程中,需要绘制球轴承的主视图和剖视图两个部分的图形。在绘图过程中,需要注意以下 3 个关键点。

(1)创建所需要的图层。

(2)使用常用的绘图和修改命令绘制好主视图轮廓,并对图形进行填充。

(3)参照主视图的各个轮廓线,绘制剖视图的辅助线,并绘制出剖面图。

绘制球轴承二视图的具体操作方法如下。

Step01: 输入命令 LA,按空格键确定;打开"图层特性管理器"面板,创建 6 个新图层,并设置各图层的颜色、线型和线宽,如下图所示。

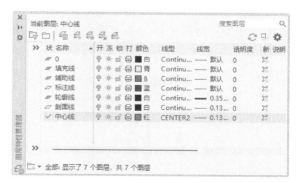

Step02: 右击状态栏的"线宽"按钮 ,再单击"线宽设置"选项,在打开的"线宽设置"对话框中勾选"显示线宽"复选项,然后单击"确定"按钮,如下图所示。

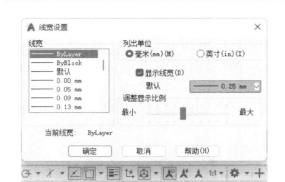

Step03：将"轮廓线"图层设置为当前图层；输入"矩形"命令 REC，按空格键确定；输入"圆角"子命令 F，按空格键确定；输入半径"1"，按空格键确定，如下图所示。

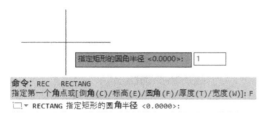

Step04：输入矩形尺寸"@26,100"，按空格键确定，如下图所示。

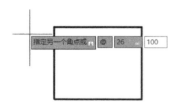

Step05：执行"分解"命令 X；选择所绘制的圆角矩形，将其分解为各个独立的对象，如下图所示。

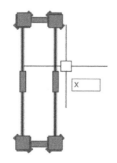

Step06：使用"偏移"命令 O，对矩形上方的边进行偏移复制，偏移距离为"10"，效果如下图所示。

Step07：执行"延伸"命令 EX；选择矩形的左右边线作为延伸边界，对偏移得到的线段进行延伸，如下图所示。

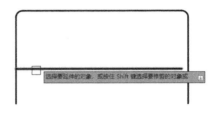

Step08：使用"偏移"命令 O 偏移延伸的线段，偏移距离为"10"，如下图所示。

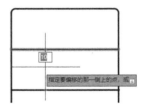

Step09：选择最上方的矩形线段和圆角，使用"复制"命令 CO，将其复制到向下"28"的位置，按空格键确定，如下图所示。

Step10：输入"圆"命令 C，按空格键确定；输入子命令 2P，按空格键确定；单击第二条水平线的中点以将其作为圆的第一个点，再输入第二个点的距离"12"，按空格键确定，如下图所示。

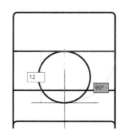

Step11: 打开正交模式,输入"移动"命令 M,按空格键确定;选择圆,按空格键确定;在空白处单击指定移动基点;上移光标,输入距离"1",按空格键确定,如下图所示。

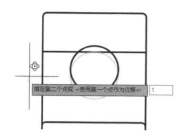

Step12: 执行"修剪"命令 TR,以绘制的圆作为剪切边界,修剪掉圆内的轮廓线,如下图所示。

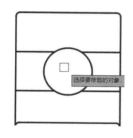

Step13: 执行"镜像"命令 MI,以矩形左右两边的中点确定镜像线,并对偏移得到的三条线段和圆进行镜像复制,如下图所示。

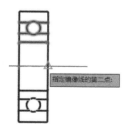

Step14: 将"剖面线"图层设置为当前图层;执行"图案填充"命令 H;在打开的"图案填充和渐变色"对话框中,设置填充图案为"ANSI31"、填充比例为"1.5",如下图所示。

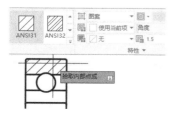

Step15: 选择要填充的主视图剖面部分,进行填充,如下图所示。

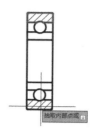

Step16: 重复执行"图案填充"命令 H;在"图案填充和渐变色"对话框中将填充角度修改为"90",其他参数保持不变,如下图所示。

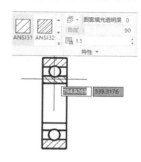

Step17: 继续对主视图进行填充;将"中心线"图层设置为当前图层;执行"构造线"命令 XL;根据球轴承主视图各轮廓线的位置,绘制辅助线,如下图所示。

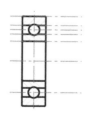

Step18: 使用"偏移"命令 O,将左方的垂直中心线向右偏移"100",如下图所示。

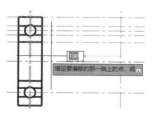

Step19: 设置"轮廓线"为当前图层;执行"圆"命令 C;以右侧水平和垂直构造线的相交点为圆心,如下图所示。

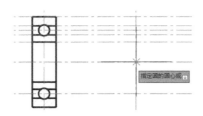

Step20: 绘制半径为"50"的圆,如下图所示。

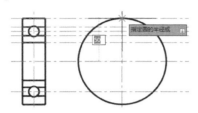

Step21: 按空格键激活"圆"命令,以相同的圆心绘制半径为"40"的圆,如下图所示。

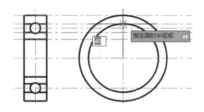

Step22: 按空格键激活"圆"命令,以相同的圆心依次绘制各个圆,如下图所示。

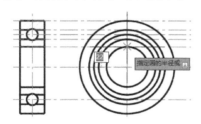

Step23: 按空格键激活"圆"命令,单击第三个圆与垂直构造线相交的上方象限点以将其作为圆心,如下图所示。

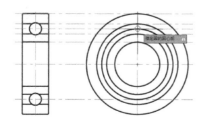

Step24: 绘制半径为"6"的圆,并将其作为滚珠轮廓线,如下图所示。

Step25: 执行"修剪"命令 TR,修剪圆的边缘,如下图所示。

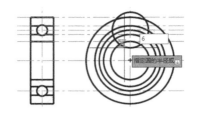

Step26: 执行"阵列→极轴"命令;选择修剪后的两段圆弧,以圆心为阵列中心点,如下图所示。

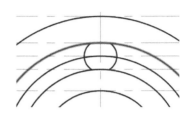

Step27: 对选择的图形进行环形阵列,并设置阵列的数目为"15",如下图所示。

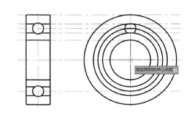

Step28: 删除不需要的中心线;选择阵列得到的圆,并将其放入"辅助线"图层,如下图所示。

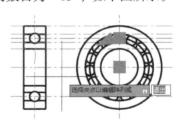

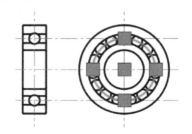

Step29: 将"标注线"图层设置为当前层图;

执行"线性"标注命令 DLI，创建左侧剖视图的线性标注，如下图所示。

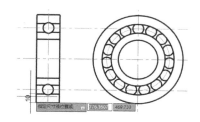

Step30: 输入"连续"标注命令 DCO；依次单击剖面图各线段以将其指定为标注线，并对球轴承各段的长度进行标注，如下图所示。

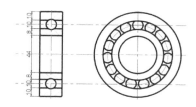

Step31: 使用"线性"标注命令 DLI，继续创建线性标注，如下图所示。

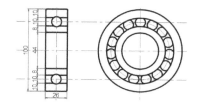

Step32: 使用"直径"标注命令 DDI 对球轴承的各个圆形进行直径标注，即可完成本实例的制作；本实例的最终效果如下图所示。

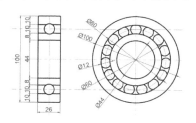

14.2.3　绘制支承座三维模型

本实例主要绘制支承座三维模型：首先创建支承座的底座部分，接着绘制其上部一侧的模型，并将绘制的模型按适当的位置镜像复制；最后绘制其细节部分，细节调整后即可完成整体制作。

绘制支承座三维模型的具体操作方法如下。

Step01: 新建文件并设置视图，选择"三维建模"工作空间，并切换到"西南等轴测"视图；使用"长方体"命令绘制长度为"130"、宽度为"60"、高度为"10"的长方体，如下图所示。

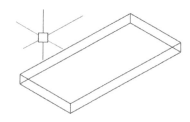

Step02: 按空格键激活"长方体"命令，在前视图中单击矩形右上角以将其指定为起点，如下图所示。

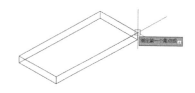

Step03: 输入"长度"子命令 L，按空格键激活确定；输入长度"40"，按空格键激活确定；输入宽度"20"，按空格键激活确定，如下图所示。

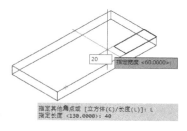

Step04: 上移光标，输入高度"40"，按空格键激活确定，如下图所示。

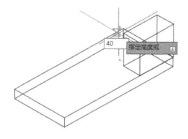

Step05: 切换到"后视"视图中，执行"圆柱体"命令；单击长方体上侧的中点以将其指定

为圆心，并输入半径"20"，按空格键确定，如下图所示。

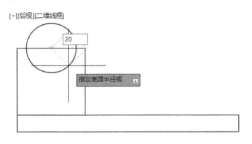

Step06: 输入圆柱体的高度，如"20"，按空格键确定，如下图所示。

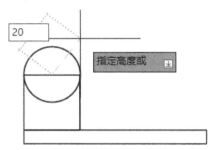

Step07: 设置网格密度 ISOLINES 为"20"，再单击"圆柱体"命令，然后单击上一个圆柱体的圆心以将其指定为圆心，并输入半径"10"，按空格键确定，如下图所示。

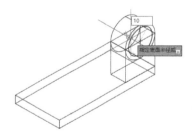

Step08: 移动光标，输入圆柱体高度"20"，按空格键确定，如下图所示。

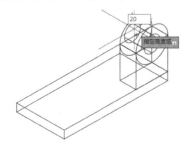

Step09: 设置后的效果如下图所示。

Step10: 单击"并集"按钮，合并上方长方体和外圆柱体；单击"差集"按钮，将内部圆柱体减去，如下图所示。

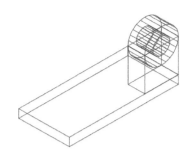

Step11: 单击"并集"按钮，合并上方长方体和外圆柱体；单击"差集"按钮，将内部圆柱体减去，如下图所示。

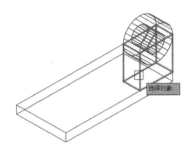

Step12: 单击"差集"按钮，再单击要保留的对象，按空格键确定，如下图所示。

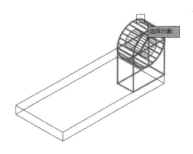

Step13: 单击要删除的对象，按空格键确定，将内部圆柱体减去，如下图所示。

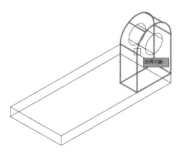

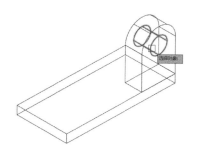

Step14: 切换到"俯视"视图，选择运算得到的对象，输入"镜像"命令 MI，按空格键确定；选择底面长方体的两点以将其作为镜像线，如下图所示。

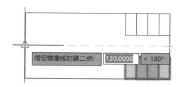

Step15: 在"俯视"视图中底面长方体的中点处绘制一条辅助线，输入"直线"命令 L，按空格键确定；单击矩形右垂直线中点以将其指定为直线起点；左移光标，单击矩形左垂直线中点以将其指定为直线下一点，如下图所示。

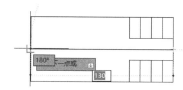

Step16: 切换到"西南等轴测"视图，单击"圆柱体"按钮 [圆柱体]；在辅助线中点处单击以将其指定为底面中心点，如下图所示。

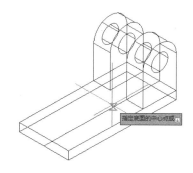

Step17: 输入底面半径"8"，按空格键确定，如下图所示。

Step18: 上移光标，输入高度"10"，按空格键确定，如下图所示。

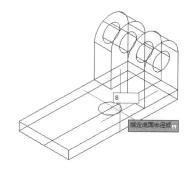

Step19: 执行"复制"命令 CO，将圆柱体向左复制，如下图所示。

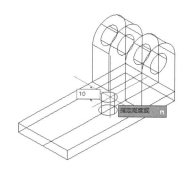

Step20: 继续左移光标，单击复制，如下图所示。

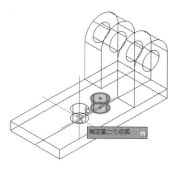

Step21: 单击"差集"按钮 [图]，再选择要保

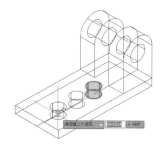

留的对象，按空格键确定，如下图所示。

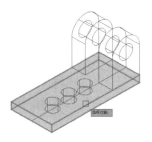

Step22：选择圆柱体，如下图所示。

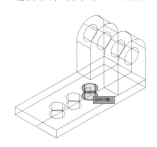

Step23：依次单击圆柱体，按空格键确定，即可完成差集运算，如下图所示。

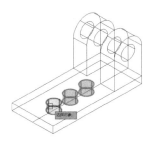

Step24：将"西南等轴测"视图最大化显示，并输入"消隐"命令 HIDE，按空格键确定，即可完成本实例的制作；本实例的最终效果如下图所示。

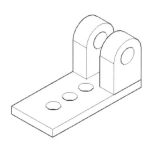

上机实验

✏️【练习1】绘制如下图所示的盘件二视图。

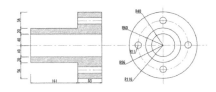

1. 目的要求

本练习主要绘制盘件二视图。在绘制的过程中，要用到"阵列"命令、"直线"命令、"偏移"命令、"修剪"命令，以及"图案填充"命令。本练习的目的是通过上机实验，帮助读者掌握机械图的绘制方法。

2. 操作提示

（1）新建文件，创建图层。

（2）绘制中心线。

（3）绘制圆。

（4）根据辅助线绘制剖面图。

✏️【练习2】绘制如下图所示的台阶螺钉。

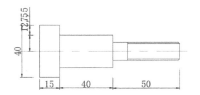

1. 目的要求

本练习绘制的图形比较简单，主要用到"直线"命令、"偏移"命令、"修剪"命令。通过本练习，读者将熟悉机械图的绘制方法。

2. 操作提示

（1）新建文件，创建图层。

（2）绘制中心辅助线。

（3）偏移辅助线。

（4）修剪图形、倒角图形、创建标注。

第15章 综合实战：室内设计实例

本章导读

室内设计旨在为满足人们使用功能及视觉感受的要求，而对目前现有的建筑物内部空间进行的加工、改造的过程。因此，AutoCAD 2022便在室内装修设计中得到了广泛的应用，也是室内设计师不可缺少的工具。

在本章的学习，将介绍 AutoCAD 2022 在室内设计中的具体应用，其中包括绘制室内平面图和立面图等内容。

学完本章后应知应会的内容

- 室内设计概述
- 绘制室内平面图
- 绘制室内立面图

15.1 室内设计概述

现代室内设计是一门实用艺术，也是一门综合性科学，是根据建筑物的使用性质、所处环境和相应标准，运用物质技术手段和建筑设计原理，创造功能合理、舒适优美、满足人们物质和精神生活需要的室内环境。

15.1.1 室内设计原则

需要注意的室内设计原则如下。

1. 功能性原则

功能性原则要求室内空间、装饰装修、物理环境、陈设绿化等应最大限度的满足功能所需，并使其与功能相和谐、统一。

在进行室内设计时，要结合室内空间的功能需求，使室内环境合理化、舒适化，同时还要考虑人们的活动规律，处理好空间关系、空间尺度、空间比例等，并且要合理配置陈设与家具，妥善解决室内通风、采光与照明等问题。

2. 安全性原则

在室内设计中，室内各空间的组合、功能区域的划分、材料的选择、结构技术的运用，无一不与安全挂钩。无论是墙面、地面或顶棚，其构造都要求有一定强度和刚度，符合计量要求，特别是各部分之间连接的节点，更要安全可靠。

3. 可行性原则

室内设计一定要具有可行性，力求施工方便、易于操作。在构思方案时，一定要根据使用者的生活习惯、活动特点采用合理的分级结构和适宜人活动居住的尺度，使空间内的公共服务半径最短，使来往的活动线路最顺畅，且有利于后期清扫等。

在进行室内设计时，要尽可能进行合理的绿化设计，还要注意室内设计与建筑、街道关系；在可行性原则下，在小环境中进行声音空间的营造，通过绿化来改善室内设计的形象、美化环境，满足使用者物质及精神等多方面的需要。

4. 经济性原则

从广义上来讲，经济性原则就是以最小的消耗达到所需的目的。一项设计要为大多数消费者所接受，必须在"代价"和"效用"之间谋求一个均衡点。但无论如何，降低成本不能以损害施工质量和效果为代价。根据预算的具体投资情况，选购恰当的材料，运用合适的技术手段，这属于室内设计在构造层面的内容。

15.1.2 室内设计要素

对人来讲，建筑立面设计尺度以满足审美需求为基本准则，而室内设计尺度则以满足功能需求为基本准则。建筑立面设计与室内设计的区别就在于尺度概念的不同。三种不同的行为心理尺度：亲昵尺度、私交尺度、社交尺度。随着社会的发展和时代的推移，现代室内设计的要点如下。

1. 人性化设计

室内设计的理念是以人为本的，这是室内设计永远的主题。未来室内设计也将延续和升华这一主题。室内空间环境的创造离不开使用者的切身需要。使用者积极参与不仅体现大众素质的提高，也使设计师能在倾听使用者想法和要求的过程中，把自己的设计构思与使用者进行沟通，达成共识，这将使室内设计的使用功能更具实效、更为完善，并有利于贴近生活、贴近大众的需求。

2. 生态、绿色及环保的设计理念

进入新世纪，自然、绿色、环保的环境意识已成了人们的共识。自然界中的素材、景物往往成了室内设计的素材。从可持续发展的宏观要求出发，人们也开始注意考虑节能问题与节省室内空间，同时更注意装饰材料的环保化，创造人工环境与自然环境的相互谐调，以利于身心健康。

3. 表现手法

室内设计是在以人为本的前提下，满足其功能实用的要求，并运用形式语言来表现题材、主题、情感和意境的。室内设计的表现方式如下。

- 对比：把两种或以上不同的事物、形体、色彩等进行对照。
- 和谐：在协调中成为一个和谐统一的整体。

- 对称：可分为绝对对称和相对对称。
- 均衡：以不等形而等量的形体、构件、色彩相配置，使室内环境具有活泼、生动、和谐、优美之韵味。
- 层次：层次变化可取得极其丰富的视觉效果。
- 呼应：属于均衡的形式美。
- 延续：是指连续伸延。
- 简洁：是指室内环境中没有华丽的修饰和多余的附加物。
- 独特：是在陪衬中产生出来的，是相互比较而存在的。
- 色调：不同颜色能引起视觉上不同色彩感觉。

4. 文化与艺术、时代感与历史文脉

室内设计与装饰艺术、工业设计的关系更为密切，并注重在室内空间体现精神因素及文化的内涵。

15.2 绘制室内平面布置图

本实例主要绘制室内平面布置图。本实例首先设置图层，通过图层创建户型图，接着创建门、窗并进行标注；然后绘制平面布置图，从而完成本实例的制作。本案例的最终效果如下图所示。

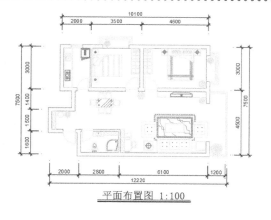

平面布置图 1:100

15.2.1 创建墙体

根据所得到的户型图或者根据在现场所丈量的尺寸绘制出原始平面布置图。具体操作方法如下。

Step01: 新建并保存文件；在"图形另存为"

对话框的"文件名"文本框中输入文件名，再单击"保存"按钮，如下图所示。

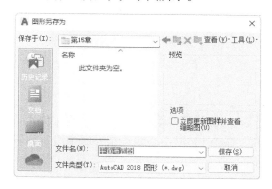

Step02: 输入"图层特性管理器"命令 LA，按空格键确定；依次创建图层，并设置相应内容；将"中心线"图层设置为当前图层，如下图所示。

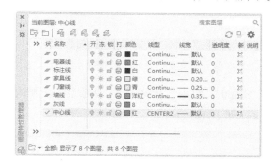

Step03: 使用"构造线"命令 XL 绘制水平线和垂直线，如下图所示。

Step04: 执行"偏移"命令 O，将水平线依次向上偏移"1600""1500""1400""3000"，如下图所示。

Step05: 将垂直线依次向右偏移"800""800""1200""2000""1500""4600"，如下图所示。

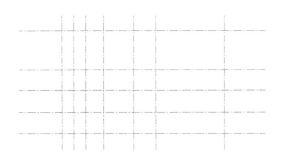

Step06: 设置"墙线"为当前图层；使用"多段线"命令 PL 沿中心线绘制外墙中线，如下图所示。

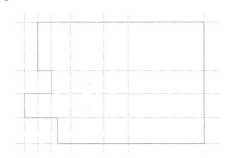

Step07: 使用"多段线"命令 PL 绘制内墙中线，如下图所示。

Step08: 使用"偏移"命令 O 将外墙中心和卧室的墙中线向内、外各偏移"120"，如下图所示。

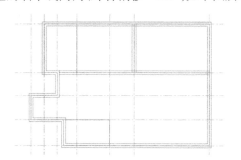

Step09: 将卫生间和厨房的墙中线向内、外各偏移"60"，如下图所示。

Step10: 关闭"中心线"图层，如下图所示。

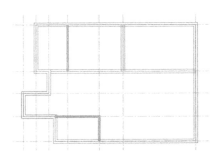

Step11: 删除墙中线，如下图所示。

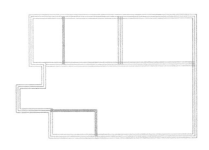

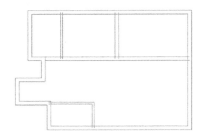

☀ 高手点拨 ◦

墙线尽可能使用"多段线"命令来绘制，以方便接下来进行的连接。将连接的墙线再进行偏移，可极大地节约绘制时间。

Step12: 使用"移动"命令 M，将左下角的墙体向上移动到与主墙体平齐的位置，如下图所示。

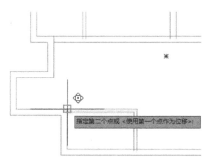

Step13: 使用"修剪"命令 TR 将墙体中多余的线段依次修剪掉，如下图所示。

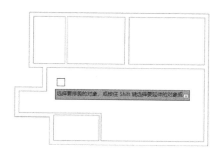

15.2.2 创建门、窗

当原始平面布置图绘制完成后，即可创建门、窗。具体操作方法如下。

Step01: 使用"直线"命令 L 在图形左下侧沿墙体绘制一条垂直线；使用"移动"命令 M 将其向左移动"100"，如下图所示。

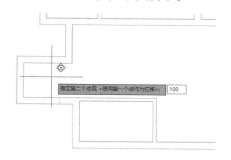

Step02: 使用"复制"命令 CO 将垂直线复制到向左"800"的位置，如下图所示。

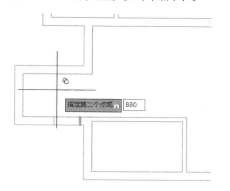

Step03: 使用"修剪"命令 TR 将垂直线之间的线段修剪掉，完成进户门的绘制；使用同样的方法绘制厨房门，设置门的宽度为"780"，如下图所示。

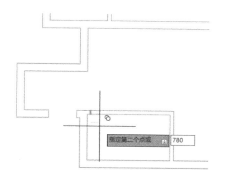

Step04: 使用同样的方法将各功能区的门绘制完成，如下图所示。

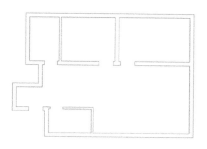

Step05: 使用"门窗线"图层创建门，将当前图形各功能区的门绘制完成，如下图所示。

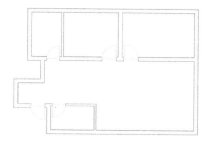

Step06: 选择"墙线"图层；使用"直线"命令 L 绘制垂直线，并复制垂直线到"1200"的位置；使用"修剪"命令 TR 修剪掉两条垂直线之间的部分以创建出图形中的窗洞，如下图所示。

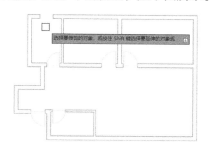

Step07: 使用同样的方法依次创建图形中的窗洞，如下图所示。

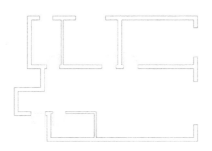

Step08: 选择"门窗线"图层，使用多段线命令 PL 完成窗户和阳台的绘制，如下图所示。

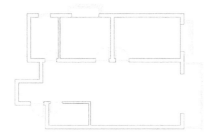

15.2.3 创建标注

本实例主要是根据辅助线绘制原始平面布置图中每个房间的内部尺寸标注。本实例使用线性尺寸标注和连续尺寸标注从进户门开始创建户型图尺寸标注。具体操作方法如下。

Step01: 当原始平面布置图创建完成后，输入命令 D,按空格键确定；打开"标注样式管理器"对话框，单击"新建"按钮；打开"创建新标注样式"对话框，在"新样式名"文本框中输入"室内装饰"，再单击"继续"按钮，如下图所示。

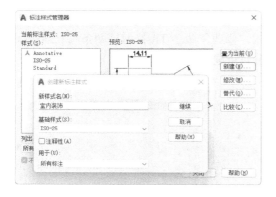

Step02: 单击"文字"选项卡，在"文字高度"文本框中输入"260"，在"从尺寸线偏移"文本框中输入"100"，如下图所示。

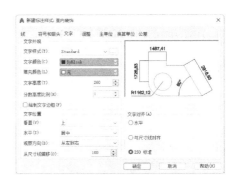

Step03: 单击"主单位"选项卡，在"单位格式"文本框中输入"小数"，在"精度"文本框中输入"0"，如下图所示。

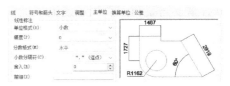

Step04: 单击"符号和箭头"选项卡，在"第一个"和"第二个"文本框中输入"建筑标记"，在"引线"文本框中输入"点"，在"箭头大小"文本框中输入"200"，如下图所示。

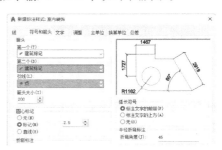

Step05: 单击"线"选项卡，在"超出标记"文本框中输入"150"，在"超出尺寸线"文本框中输入"200"，在"起点偏移量"文本框中输入"200"，再单击"确定"按钮；设置"室内装饰"标注样式为当前标注样式，如下图所示。

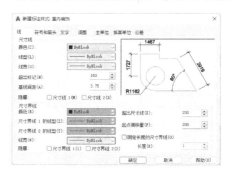

Step06: 选择"标注线"图层；使用"线性"标注命令 DLI，创建尺寸标注，如下图所示。

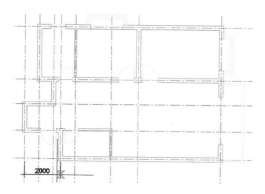

Step07: 输入"连续"标注命令 DCO，按空格键确定；依次沿中心线创建连续尺寸标注，如下图所示。

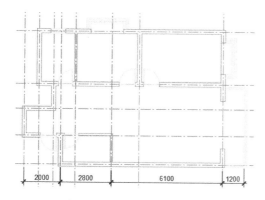

Step08: 使用"线性"标注命令 DLI 和"连续"标注命令 DCO，根据中心线依次创建各个方向的尺寸标注，如下图所示。

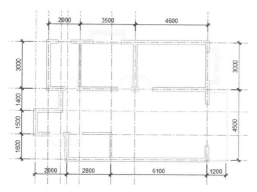

Step09: 使用"线性"标注命令 DLI 创建第二层尺寸标注，如下图所示。

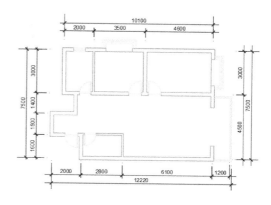

Step10: 创建线段和文字，如下图所示。

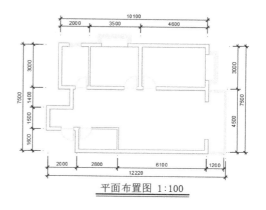

平面布置图 1:100

15.2.4 创建平面布置图

本实例主要根据原始平面布置图创建平面布置图。本实例的最终效果如下图所示。

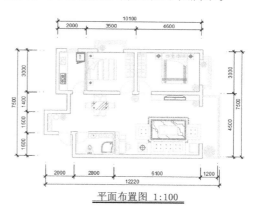

平面布置图 1:100

具体操作方法如下。

Step01: 当原始平面布置图绘制完成后，选择绘制的图形和标注，将其复制一份到右侧；双击标注名称，修改标注名称，如下图所示。

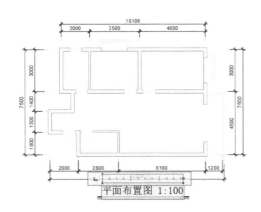

平面布置图 1:100

Step02: 选择 "家具线" 图层；使用 "多段线" 命令 PL 绘制鞋柜位置和尺寸，如下图所示。

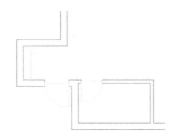

Step03: 使用 "多段线" 命令 PL 绘制鞋柜内部结构，如下图所示。

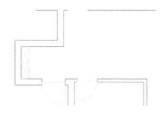

Step04: 使用 "圆" 命令 C 绘制鞋凳；使用 "多段线" 命令 PL 绘制厨房厨柜的位置和尺寸，如下图所示。

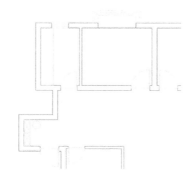

Step05: 使用 "多段线" 命令 PL 绘制卧室衣柜的位置和尺寸；使用 "直线" 命令 L 和 "矩

形" 命令 REC 绘制衣架，如下图所示。

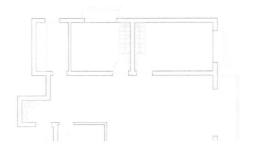

Step06: 打开 "素 材 文 件 \ 第 15 章 \ 图库 .dwg"，选择 "床" 图块，按下复制组合键 【Ctrl+C】，如下图所示。

Step07: 单击 "平面布置图" 名称，按下粘贴组合键 【Ctrl+V】，将两个卧室的床复制到文件中，如下图所示。

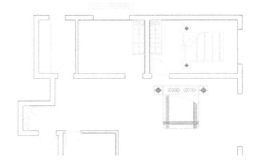

Step08: 使用 "移动" 命令 M 将两个床移动到适当位置，如下图所示。

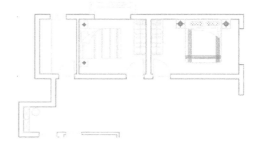

Step09: 使用同样的方法，将 "图库" 文件中的餐桌、沙发、书桌椅复制、粘贴到当前文件中，使用 "旋转" 命令 RO、"移动" 命令 M 将各家具移动到相应位置，如下图所示。

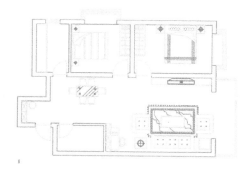

Step10: 将"图库"文件中的厨房用具和电视复制、粘贴到当前文件中，如下图所示。

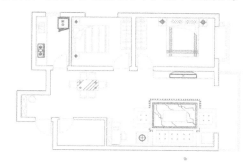

Step11: 将"图库"文件中的洗手间用具复制、粘贴到当前文件中，如下图所示。

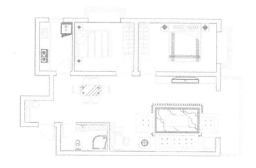

Step12: 将"图库"文件中的盆栽植物复制、粘贴到当前文件中；使用"复制"命令 CO 将盆栽植物复制到适当位置，如下图所示。

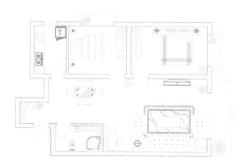

本实例主要根据室内平面布置图绘制室内立面图。本实例首先根据平面布置图绘制立面图的墙体和功能区的相应位置，接着绘制立面门和电视墙造型，最后绘制立面图的布置内容，从而完成本实例的制作。

15.3.1　绘制立面图

使用平面布置图表现室内设计效果，往往不够具体精确，所以需要将户型中最重要的几个墙面单独划出来创建立面图，以便于客户更清晰明了地了解室内设计效果。具体操作方法如下。

Step01: 打开"素材文件\第 15 章\平面布置图 .dwg"，复制当前图形，并将其移动到右侧适当位置；选择"辅助线"图层；使用"直线"命令 L 在图形中间位置绘制一条水平线，如下图所示。

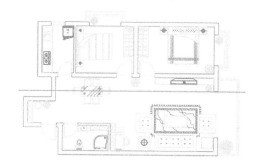

Step02: 使用"修剪"命令 TR，将水平线下方的图形修剪掉，如下图所示。

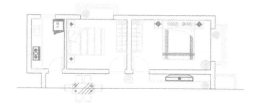

Step03: 选择"墙线"图层；执行"直线"命令 L，在图形下方绘制一条水平线；使用"偏移"命令 O，将水平线向上偏移"3000"，如下图所示。

第15章　综合实战：室内设计实例

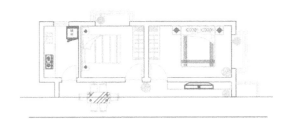

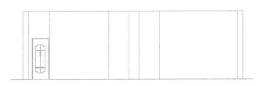

Step04: 使用"直线"命令 L，根据图形的墙线绘制垂直线，如下图所示。

Step07: 在"图库 .dwg"文件中，选择"门"图块，并将其复制到当前文件的相应位置，如下图所示。

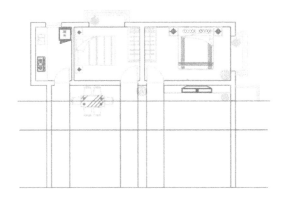

Step05: 使用"修剪"命令 TR，将多余的图形修剪掉，如下图所示。

Step08: 在"图库 .dwg"文件中，选择"餐桌椅"图块，并将其复制到当前文件的相应位置，如下图所示。

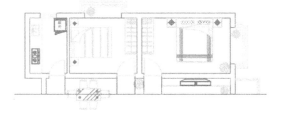

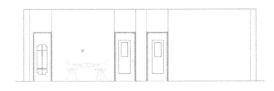

Step09: 使用"多段线"命令 PL、"矩形"命令 REC 绘制电视柜；在"图库 .dwg"文件中，选择"装饰画"图块、"电视"图块，并将其复制到当前文件的相应位置，如下图所示。

Step10: 使用"矩形"命令 REC 绘制电视背景墙装饰隔板，如下图所示。

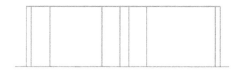

Step06: 打开"素材文件\第15章\图库 .dwg"，选择"门"图块，并将其复制到当前文件的相应位置，如下图所示。

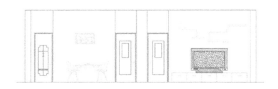

Step11: 使用"偏移"命令 O，将上方水平线向下偏移"200"；使用"修剪"命令 TR 修剪出吊顶形状，如下图所示。

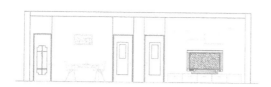

Step12: 将吊顶水平线向上偏移"50"，并将其设置为"红色"，将其线型设置为"ACAD—ISO03W100"，从而完成灯带的绘制，如下图所示。

Step13: 在"图库 .dwg"文件中，选择"装饰品"图块，依次将其复制到当前文件中；使用缩放命令 SC，将其按适当比例缩放并移动到相应位置，如下图所示。

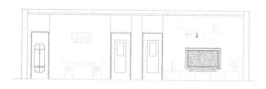

Step14: 在"图库 .dwg"文件中，选择"灯"图块，依次将其复制到当前文件中；使用缩放命令 SC，将其按适当比例缩放，然后将主灯和射灯移动到相应位置，如下图所示。

15.3.2 绘制立面图标注

立面图不仅需要标注图形中各部分的尺寸，还需要标注房间中各部分基装和软装的材料名称和内容。具体操作方法如下。

Step01: 在绘制的立面图中，使用线性标注命令 DLI，创建立面图侧面尺寸，并调整尺寸标注位置，如下图所示。

Step02: 输入"引线"标注命令 LE，按空格键确定；在餐厅灯上单击指定引线起点；上移光标，单击指定位置，并输入标注文字，如"餐厅主灯"，如下图所示。

Step03: 使用同样的方法，用"引线"标注命令 LE，创建"暗藏灯带"的标注，如下图所示。

Step04: 使用"引线"标注命令 LE，创建引线标注，如下图所示。

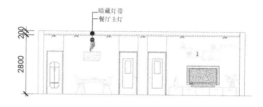

Step05: 使用"引线"标注命令 LE，创建引线标注，如下图所示。

Step06: 使用"多段线"命令 PL、"文字"命令 T 创建立面图名称，即可完成本实例的制作；本实例的最终效果如下图所示。

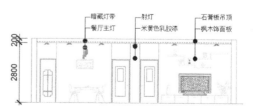

客厅餐厅A立面图

上机实验

✏️【练习1】绘制如下图所示的办公室平面布置图。

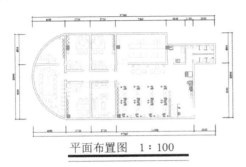

平面布置图　1：100

1.目的要求

本练习主要绘制办公室平面布置图。在绘制的过程中，要用到"复制"和"粘贴"命令，以及"旋转"命令、"移动"命令。本练习的目的是通过上机实验，掌握办公室平面布置图的绘制方法。

2.操作提示

（1）打开素材文件，从图库中复制相应的图块到当前文件中。

（2）调整图块的大小和方向，并将其移动到相应的位置。

✏️【练习2】绘制如下图所示的办公室地面布置图。

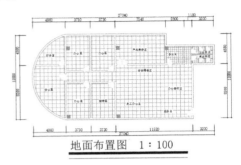

地面布置图　1：100

1.目的要求

地面布置是指地面的装修材料铺陈方式等。本练习绘制办公室地面布置图。通过本练习，读者将掌握办公室地面布置图的绘制方法。

2.操作提示

（1）打开素材文件，复制图形，选择图层。

（2）创建填充辅助线。

（3）使用"填充"命令 H 填充图案。

（4）创建文字内容并删除辅助线。

✏️ 读书笔记

_____

_____

_____

_____

_____

_____

_____

第16章 综合实战：电气工程设计实例

 本章导读

使用 AutoCAD 2022 进行电气设计结合了计算机辅助设计与电气设计两个学科。在现代电气设计中，应用 AutoCAD 2022 进行辅助设计可以提高设计的效率。本章将详细讲解电气设计方面的相关实例。

学完本章后应知应会的内容

- 电气设计概述
- 灯具布置图
- 开关布局图
- 插座布局图
- 电路连线图

16.1 电气设计概述

电气设计一般指建筑物内在技术、功能和造型上实现建筑物电气部分的设计。

16.1.1 电气控制电路设计的要求

一般来说，电气控制电路应满足生产机械加工工艺的要求，并要具有安全可靠、操作和维修方便、设备投资少等特点。为此，必须正确地设计电气控制电路，合理地选择元器件。电气控制电路设计应满足以下要求。

1. 电气控制电路应满足工艺的要求

在电气控制电路设计之前，必须对生产机械的工作性能、结构特点和实际加工情况有充分的了解，并在此基础上来考虑控制方式、启动、反向、制动及调速等要求，并设置各种联锁及保护装置。

2. 电气控制电路电源种类与电压数值的要求

对于比较简单的电气控制电路，往往直接采用交流 380V 或 220V 电源，不用控制电源变压器。对于比较复杂的电气控制电路，应采用控制电源变压器，以控制电压降到 110V 或 48V、24V，且对维修、操作及元器件的可靠工作均有利。

（1）对于操作比较频繁的直流电力传动的控制电路，常用 220V 或 110V 直流电源供电。

（2）交流电气控制电路的电压必须是下列规定电压（50Hz）的一种或几种：6V、24V、48V、110V（优选值）、220V、380V。

（3）直流控制电路的电压必须是下列规定电压的一种或几种：6V、12V、24V、48V、110V、220V。

3. 确保电气控制电路工作的可靠性、安全性

为保证电气控制电路可靠工作，应考虑以下几方面。

（1）元器件要工作稳定可靠，符合使用环境要求，并且其动作时间的配合不致引起"竞争"现象。

（2）元器件的线圈和触点的连接应符合国家有关标准规定。

- 正确连接电器线圈。

- 在直流电气控制电路中，对于电感较大的电器线圈，如电磁阀、电磁铁或直流电机励磁线圈等，不宜与同电压等级的接触器或中间继电器直接并联使用。
- 合理安排元器件和触点的位置。
- 防止出现寄生电路。

4. 电气控制电路应具有必要的保护措施

电气控制电路在事故情况下，应能保证操作人员、电气设备、生产机械的安全，并能有效地制止事故的扩大。为此，在电气控制电路中应采取一定的保护措施，必要时还可设置相应的指示信号。在电气控制电路中，常用的有漏电开关保护、过载、短路、过电流、过电压、失电压、联锁与行程等保护措施。

5. 电气控制电路操作、维修方便

电气控制电路应从操作与维修人员的工作出发，力求操作简单、维修方便。

6. 电气控制电路力求简单、经济

在满足工艺要求的前提下，电气控制电路应力求简单、经济，尽量选用标准电气控制环节和电路，缩减电器的数量，采用标准件，尽可能选用相同型号的元器件。

16.1.2 电气控制电路的保护

在电气控制电路中，有以下几种保护措施。

1. 短路保护

当电路发生短路时，短路电流会引起电气设备绝缘损坏和产生强大的电动力，使电动机和电路中的各种电气设备产生机械性损坏。因此，在电气控制电路中必须采取一定的短路保护措施。

2. 过电流保护

过电流保护可以防止不正确的启动和过大的冲击负载引起电动机出现很大的过电流现象。

3. 过载保护

过载保护可以防止电动机长期超载运行时其绕组温升超过额定值而发生损坏的现象。常采用热继电器作为过载保护的元器件。

4. 失电压保护

失电压保护可以防止电压恢复时电动机自启动。

5. 欠电压保护

电动机正常运转时，由于电压过分降低，将引起一些元器件造成控制电路工作失调，可能产生事故。因此，必须在电源电压降到一定值以下时切断电源，这就是欠电压保护。

16.2 电气设计案例

电路图是用来表达电器设备系统的组成、安装等内容的图样。本实例将通过创建基本的电路图，介绍 AutoCAD 2022 在电气设计中的应用方法和技巧，其中包括灯具布局图、开关布局图、插座布局图和电路连线图的制作。

16.2.1 灯具布置图

本实例创建灯具布局图，重点是如何制作灯带的效果，以及如何对灯具进行合理布局。例如，吊灯和花灯通常用于客厅、餐厅和卧室，而吸顶灯通常用于厨房和阳台。本实例的最终效果如下图所示。

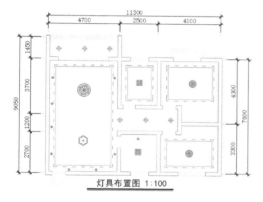

灯具布置图 1:100

具体操作方法如下。

Step01：打开"素材文件\第 16 章\电路元器件图例 .dwg"和"建筑顶面图 .dwg"，如下图所示。

图例	名称	图例	名称	图例	名称
	插座		吸顶灯		照明灯
	空调电源插座		吊灯		主灯
	洗衣机电源插座		筒灯		主灯
	电冰箱插座		射灯		主灯
	单控开关		浴霸		日光灯
	三控开关		花灯		软管灯
	多联多控开关	PL	电话	TV	电视

建筑顶面图 1:100

Step02：复制"建筑顶面图"图形，并将复制得到的图形中的文字对象删除，如下图所示。

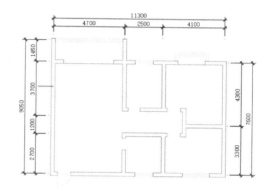

Step03：选择"辅助线"图层；使用"多段线"命令 PL，沿房间内墙绘制辅助线；使用"偏移"命令 O，将绘制的辅助线向线内侧偏移"400"，如下图所示。

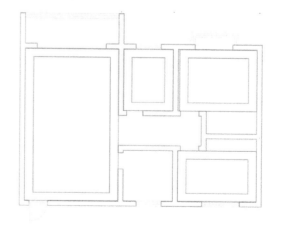

Step04：删除沿内墙绘制的辅助线；使用"偏移"命令 O，将偏移得到的辅助线向线外侧偏移"100"，如下图所示。

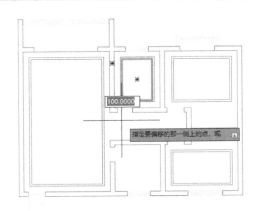

Step05: 设置复制得到图形为"红色"，其线型设置为"ACAD—ISO03W100"，即可完成灯带的绘制，如下图所示。

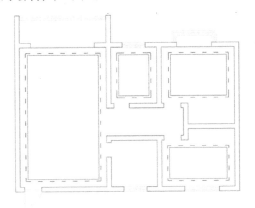

Step06: 将"电路元器件图例"中的花灯图形复制到"建筑顶面图"图形中，如下图所示。

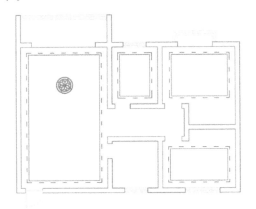

Step07: 将"电路元器件图例"中的吊灯图形分别复制到餐厅和两个卧室中，如下图所示。

Step08: 将"电路元器件图例"中的浴霸图形复制到卫生间中、厨房灯图形复制到厨房中，如下图所示。

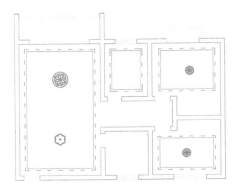

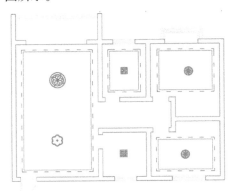

Step09: 将"电路元器件图例"中的筒灯和射灯图形复制到过道、阳台、吊顶的适当位置，如下图所示。

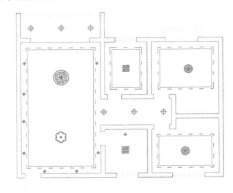

16.2.2 绘制开关布置图

在创建开关布局图的操作中，主要使用了"复制"命令将需要的开关图形复制到指定的位置。本实例的重点在于如何合理设计开关的位置。例如，对于客厅中的装饰花灯，可以使用多控开关对其进行分组控制；在卧室中，可以为同一盏灯设计多个开关，以便可以在不同的位置对其进行控制。本实例的最终效果如下图所示。

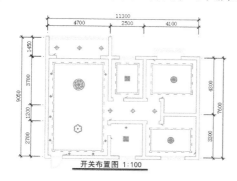

开关布置图 1:100

具体操作方法如下。

Step01：将"电路元器件图例"中的单控开关图形复制到"建筑顶面图"图形中，如下图所示。

开关布置图 1:100

Step02：使用"复制"命令CO，将"电路元器件图例"中的三控开关图形复制到客厅的墙面处，如下图所示。

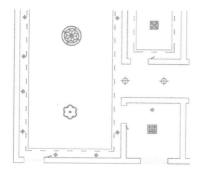

☀ 高手点拨 ·◦·

创建灯具开关时注意开关安放位置，不要将开关设计在门背后，不利于进行开关的控制操作。另外，在客厅中设计三控开关，可以通过对开关进行不同次数的操作，得到不同的灯光效果，这种开关一般用于可分组的灯具中。

Step03：使用"复制"命令CO，将"电路元器件图例"中的单控开关图形复制到厨房和

卫生间的墙面处，如下图所示。

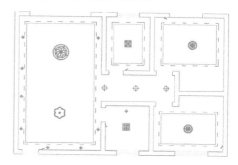

Step04：使用"复制"命令CO，将"电路元器件图例"中的单控开关图形复制到卧室的墙面处，如下图所示。

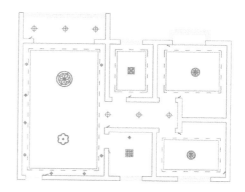

☀ 高手点拨 ·◦·

在卧室的进门处和床头处分别设计一个开关，方便使用者在不同位置对卧室中的灯具进行开关控制。

16.2.3 绘制插座布置图

在创建插座布局图的操作中，主要使用了"复制"命令将需要的插座复制指定的位置。本实例的重点在于如何安排各种插座的位置，以及掌握各种插座所表示的意义。本实例的最终效果如下图所示。

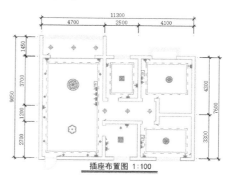

插座布置图 1:100

具体操作方法如下。

Step01: 复制图形到右侧,并修改图名为"插座布置图";执行"复制"命令 CO，将"电路元器件图例"中的普通插座图形复制到客厅进门处，如下图所示。

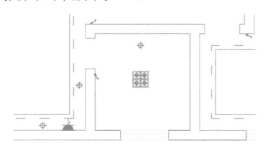

插座布置图 1:100

Step02: 执行"复制"命令 CO，将"电路元器件图例"中的普通插座图形复制到各个房间中，如下图所示。

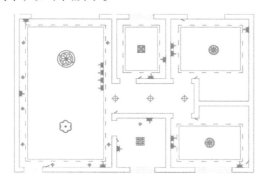

Step03: 执行"复制"命令 CO，将"电路元器件图例"中的空调插座图形复制到客厅中，如下图所示。

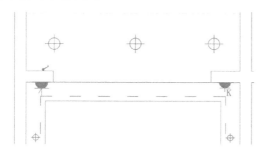

Step04: 执行"复制"命令 CO，将"电路元器件图例"中的空调插座图形复制到两个卧室中，如下图所示。

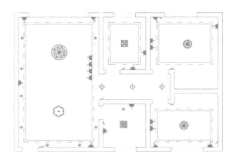

Step05: 执行"复制"命令 CO，将"电路元器件图例"中的冰箱插座图形复制到厨房中，如下图所示。

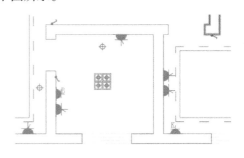

Step06: 执行"复制"命令 CO，将"电路元器件图例"中的洗衣机插座图形复制到卫生间中，如下图所示。

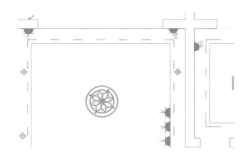

Step07: 执行"复制"命令 CO，将"电路元器件图例"中的电视插座图形复制到客厅电视墙的墙面和卧室的墙面上，如下图所示。

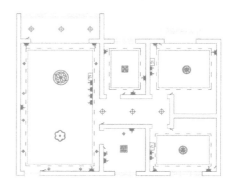

16.2.4 绘制电路连线图

在本实例的操作过程中，首先使用"圆弧"命令在各个房间中绘制多条圆弧线，连接室内的开关图形和灯具图形，然后使用"矩形""直线"和"图案填充"命令绘制出配电箱图形，从而完成本实例的制作。本实例的最终效果如下图所示。

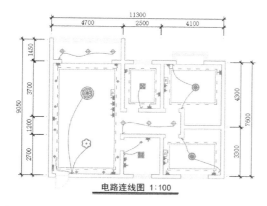

电路连线图 1:100

具体操作方法如下。

Step01: 执行"样条曲线"命令 SPL，在餐厅进门处绘制电路连线，如下图所示。

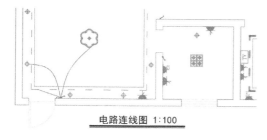

电路连线图 1:100

Step02: 使用"样条曲线"命令 SPL，绘制客厅电路连线，如下图所示。

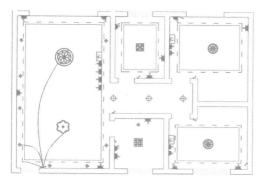

Step03: 使用"样条曲线"命令 SPL，绘制

阳台和厨房的电路连线，如下图所示。

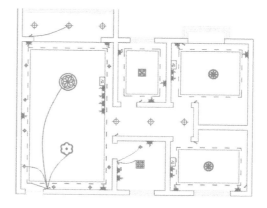

Step04: 使用"样条曲线"命令 SPL，在各个房间中绘制开关与灯具的电路连接，如下图所示。

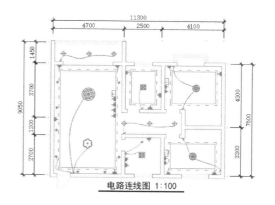

电路连线图 1:100

Step05: 执行"矩形"命令 REC，在餐厅进门处绘制一个矩形，再使用"直线"命令 L 在矩形中绘制一条对角线，如下图所示。

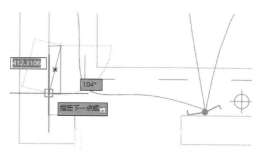

Step06: 执行"图案填充"命令 H，选择"SOLID"图案，对矩形中对角线的一方进行填充，创建出室内的配电箱图形，如下图所示。

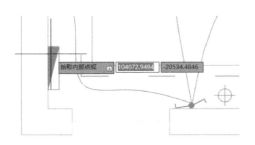

Step07: 绘制完成的配电箱图形如下图所示。

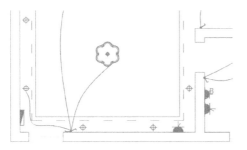

上机实验

✎【练习1】绘制如下图所示的三居室电路布置图。

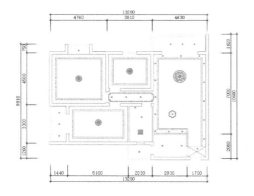

1. 目的要求

本练习的图形是三居室电路布置图。在绘制的过程中，要用到"复制"命令，以及"多

段线"命令、"偏移"命令等。本练习的目的是通过上机实验，帮助读者掌握三居室电路布置图的绘制方法。

2. 操作提示

（1）打开素材文件。

（2）创建过道、餐厅、客厅的吊顶及灯具布置。

（3）创建卧室和书房的顶面布置图。

（4）创建卫生间和厨房的灯具布置。

✎【练习2】绘制如下图所示的洗衣机插座。

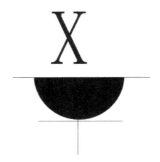

1. 目的要求

本练习绘制的图形比较简单，主要用到"直线"命令、"圆弧"命令、"文字"命令。通过本练习，读者将熟悉电路元器件图例图形的绘制方法。

2. 操作提示

（1）使用"直线"命令L绘制一条水平线。

（2）使用"圆弧"命令A绘制一段半圆弧。

（3）使用"直线"命令L以圆弧的下方弧线中点为起点，绘制两条相互垂直的线段。

（4）使用"图案填充"命令H，再选择"SOLID"图形，然后对该图形进行填充。

（5）使用"文字"命令T创建一个X字母文字。

附录 A: AutoCAD 2022 常用操作快捷键

功　　能	快捷键
帮助窗口	F1
显示命令行窗口	F2
开 / 关对象捕捉	F3
开 / 关三维对象捕捉	F4
切换等轴测平面	F5
开 / 关动态 UCS	F6
开 / 关栅格	F7
开 / 关正交	F8
开 / 关捕捉	F9
开 / 关极轴	F10
链接到 AUTOSNAP	F11
开 / 关动态输入	F12
全选对象	Ctrl+A
开 / 关捕捉	Ctrl+B
复制对象	Ctrl+C
开 / 关动态 UCS	Ctrl+D
切换等轴测平面	Ctrl+E
开 / 关对象捕捉	Ctrl+F
开 / 关栅格	Ctrl+G
复制对象	Ctrl+J
设置纬度和经度值	Ctrl+I
插入超链接	Ctrl+K
开 / 关正交	Ctrl+L
插入超链接	Ctrl+M
新建文件	Ctrl+N
打开文件	Ctrl+O
打印	Ctrl+P
保存文件	Ctrl+S
开 / 关数字化仪	Ctrl+T
开 / 关极轴	Ctrl+U
删除	Delete
粘贴对象	Ctrl+V

续表

功　　能	快捷键
开 / 关选择循环	Ctrl+W
剪切对象	Ctrl+X
恢复指定数目的动作	Ctrl+Y
返回上一步	Ctrl+Z
帮助窗口	Ctrl + F1
打开文本窗口	Ctrl + F2
开 / 关对象捕捉	Ctrl + F3
关闭文件	Ctrl + F4
切换等轴测平面	Ctrl + F5
切换到"开始"选项板	Ctrl + F6
开 / 关栅格	Ctrl + F7
开 / 关正交	Ctrl + F8
开 / 关捕捉	Ctrl + F9
添加手工造词	Ctrl +10
开 / 关对象捕捉追踪	Ctrl +11
打开"特性"面板	Ctrl+1
打开"设计中心"面板	Ctrl+2
打开"工具选项板"面板	Ctrl+3
打开"图纸集管理器"面板	Ctrl+4
打开"数据库连接管理器"面板	Ctrl+6
打开"标记集管理器"面板	Ctrl+7
打开"快速计算器"面板	Ctrl+8
关闭命令行窗口	Ctrl+9
全屏显示	Ctrl+0
开 / 关捕捉	Ctrl+Shift+B
指定复制对象的基点	Ctrl+Shift+C
另存文件	Ctrl+Shift+S
粘贴指定基点复制的对象	Ctrl+Shift+V
控制在选定对象时是否显示"快捷特性"选项板	Ctrl+Shift+P
跳到最后一帧	End

附录 B：AutoCAD 2022 常用工具 / 命令快捷键

工具名称及图标	快捷键	功　　能
新建	NEW	创建空白的图形文件
打开	OPEN	打开现有的图形文件
保存	SAVE	保存当前图形
另存为	CTRL+SHIFT+S	以新文件名保存当前图形的副本
圆弧	A	用三点创建圆弧
测量面积	AA	测量指定区域的面板和周长
设计中心	AD	打开"设计中心"面板
全部选择	AI	选择除冻结图层外，当前文件中所有对象
三维对齐	AL	在二维或三维空间将某对象与其他对象对齐
动画路径动画面板	AN	指定 3 个源点，再指定相应的 3 个目标点，对齐对象
加载 / 卸载应用程序	AP	在打开的面板中加载或者卸载应用程序
阵列	AR	沿行、列、层级，或沿路径，或沿中心点创建对象副本
选择块编辑	AT	选择块对象，进行编辑
更正错误	AU	检查并修复当前模型中的错误
定义属性块	ATT	创建带属性的图块
编辑块属性	ATTE	编辑属性块的属性内容
创建块	B	将指定对象创建为图块
管理属性	BA	管理属性块的属性
关闭块编辑器	BC	关闭图块编辑器
在块编辑器中打开选定块	BE	在块编辑器中打开选定的块
边界	BO	打开"边界创建"对话框
长方体	BOX	创建具有长、宽、高的三维实心长方体
打断	BR	在两点之间打断选定的对象
引线标注	BU	创建包括箭头、基线、文字的标注对象
圆	C	用圆心和半径创建圆
显示 / 隐藏对象	CB	显示或者隐藏选定的对象
特性面板	CH	打开"特性"面板
创建线段之间关联中心线	CE	创建两条线段之间的关联中心线
圆心标记	CM	创建圆心的标记
复制	CO	将对象复制到指定方向上的指定距离处
截面	CR	为三维实体对象、曲面、网格创建截面
约束设置	CS	打开"约束设置"对话框进行约束设置

续表

工具名称及图标	快捷键	功　　能
样条曲线 ∿	CU	使用拟合点绘制样条曲线
显示控制点	CV	显示曲面或曲线上的控制点
圆柱体 □ 圆柱体	CY	以圆心、半径、高度创建三维实心圆柱体
倒角 ⌐ 倒角	CHA	按照指定的距离和角度创建倒角
选择颜色	COL	打开"选择颜色"对话框
圆锥体 △ 圆锥体	CONE	创建三维实心圆锥体
标注样式管理器	D	打开"标注样式管理器"对话框
对齐标注 ↖ 已对齐	DA	创建对齐线性标注
点样式	DD	打开"点样式"对话框
输入文件	DG	打开"输入 DGN 文件"对话框
相机和目标定义平行投影或透视视图 📷	DV	相机和目标定义平行投影或透视视图
距离 ⟷ 距离	DI	测量两点之间或多段线上的距离
折弯标注 ⋏ 折弯	DJ	创建圆和圆弧的折弯标注
圆环 ◎	DO	创建实心圆或较宽的环
更改绘图次序	DR	设置选定对象的显示顺序
草图设置	DS	打开"草图设置"对话框
单行文字 A 单行文字	DT	创建单行文字
线性标注 ⊢⊣ 线性	DLI	创建线性标注
角度标注 △ 角度	DAN	创建角度标注
连续标注 ⊢⊢⊢	DCO	创建从一上次所创建标注的延伸线处开始的标注
基线标注 ⊢⊣ 基线	DBA	创建从上一个或选定标注的基线连续的线性、角度或坐标标注
坐标标注 ⊢⊣ 坐标	DOR	创建坐标标注
半径标注 ⋏ 半径	DRA	创建半径标注
直径标注 ⊘ 直径	DDI	创建直径标注
定数等分 ⋌	DIV	沿对象的长度或周长创建等间隔排列的点对象或块
编辑标注	DED	编辑标注对象
删除 ✎	E	删除选中的对象
椭圆 ◌	EL	创建椭圆
椭圆弧 ⌒ 椭圆弧	EL	创建椭圆弧
延伸 → 延伸	EX	延伸对象以适合其他对象的边
输出数据	EXP	打开"输出数据"对话框

工具名称及图标	快捷键	功　　能
三维拉伸	EXT	通过拉伸二维或三维曲线来创建三维实体或曲面
圆角	F	给对象加指定半径的圆角
对象选择过滤器	FI	打开"对象选择过滤器"对话框
平面摄影	FL	打开"平面摄影"对话框
渲染环境和曝光 渲染环境和曝光	FO	打开"渲染环境和曝光"面板
点光源	FR	创建"点光源"
编组	G	将选定的对象编组
约束两个点	GC	给指定的两个点创建约束
填充渐变色	GD	打开"填充渐变色"面板
生成截面 / 立面	GE	生成截面或立面
切换到"开始"选项卡	GO	切换到"开始"选项卡
射线	GU	创建开始于一点并无限延伸的线
填充	H	创建图案填充
修改图案填充	HE	修改图案填充
重生成模型（消隐）	HI	重生成模型并显示效果
视觉样式管理器	HL	打开"视觉样式管理器"面板
插入超链接	HY	插入超链接
插入块	I	插入指定的图块
打开参照文件	IA	打开参照文件
剪裁图像	IC	选择要剪裁图像进行裁剪
指定点的 X、Y 和 Z 值	ID	指定点的 X、Y 和 Z 值
外部参照	IM	打开"外部参照"面板
交集	IN	创建复合对象
插入对象	IO	打开"插入对象"对话框
压印 压印	IMPR	压印边或压印面
合并	J	合并相似对象以形成一个完整的对象
直线	L	创建直线段
图层特性	LA	打开"图层特性"面板
多重引线	LE	创建多重引线
显示列表	LI	显示所选对象的数据列表
图层状态管理器	LM	打开"图层状态管理器"面板
设置线型比例因子	LTS	设置所选线型的比例因子
设置线宽	LW	设置线宽

工具名称及图标	快捷键	功　　能
三维放样	LOFT	通过横截面和路径创建三维模型对象
移动	M	将对象在指定方向上移动指定距离
特性匹配	MA	将源对象的特性匹配给目标对象
定距等分	ME	沿对象的长度或周长按指定间隔创建点对象或块
多线	ML	创建大于 1 的平行线段组
编辑多重引线	MLE	编辑多重引线
多线编辑工具	MLED	打开"多线编辑工具"面板
镜像	MI	创建选定对象的镜像副本
偏移	O	创建同心圆、平行线或等距曲线
列出关于链接对象的信息	OL	列出关于链接对象的信息
"共享的视图"面板	ON	打开"共享的视图"面板
恢复上一次删除的对象	OO	恢复上一次删除的对象
"选项"面板	OP	打开"选项"面板
开 / 关正交	OR	打开或关闭正交模式
草图设置	OS	打开"草图设置"对话框
删除重复对象	OV	删除对象上的重复对象
平移	P	平移对象
选择性粘贴	PA	打开"选择性粘贴"对话框
打开"画图"面板	PB	打开"画图"面板
打开"点云"文件	PC	打开"点云"文件
打开"参照"文件	PD	打开"参照"文件
转换为多段线	PE	将选定对象转换为多段线
为面设置颜色	PF	为面设置颜色
多段线	PL	创建二维连续的多段线
创建光栅文件	PN	打开"创建光栅文件"对话框
多点	PO	创建多个点对象
打开"特性"面板	PR	打开"特性"面板
点样式	PT	打开"点样式"面板
清理	PU	打开"清理"对话框
多边形	POL	创建等边闭合多段线
按住并拖动	PRES	按住并拖动
多段体	POLYS	创建三维墙状多段体
棱锥体	PYR	创建三维实体棱锥体

工具名称及图标	快捷键	功　　能
保存图形	Q	保存图形
计算器 ▦	QC	打开"计算器"面板
快速标注 ▨	QD	从选定对象中快速创建一组标注
引线标注 ✎	QL	创建引线标注
选择样板	QN	打开"选择样板"对话框
关闭 AutoCAD 2022 程序	QQ	关闭 AutoCAD 2022 程序
打开"预览图像"面板	QV	打开"预览图像"面板
渲染 ▨	RC	打开"渲染"面板
重生成模型	RE	清理绘图区并重生成模型
渲染预设管理器	RF	打开"渲染预设管理器"面板
材质浏览器 ▨	RM	打开"材质浏览器"面板
旋转 ↻	RO	绕基点旋转对象
设置网格顶点位置	RU	设置网格顶点位置
矩形 ▭	REC	创建矩形多段线
三维旋转 ▨	REV	将三维对象绕基点旋转
拉伸 ▨	S	通过窗选或多边形框选的方式拉伸对象
缩放 ▢	SC	放大或缩小选定对象，缩放后保持对象的比例不变
操作系统命令	SH	操作系统命令
签名验证	SI	打开"签名验证"提示框
绘制草图	SK	指定并绘制草图
剖切 ▨	SL	通过剖切或分割现有对象创建新的三维实体和曲面
三维对象转换为网格对象	SM	将三维对象转换为网格对象
指定捕捉间距	SN	指定捕捉间距
创建实体填充	SO	创建实体填充
拼写检查	SP	打开"拼写检查"对话框
图纸集管理器	SS	打开"图纸集管理器"面板
文字样式	ST	打开"文字样式"对话框
差集 ▨	SU	从选定的重叠实体或面域创建三维实体模型
三维扫掠 ▨	SW	通过沿路径扫掠二维或三维曲线来创建三维实体或曲面
打开"最近使用"面板	SY	打开"最近命令图块"面板
球体 ◯▨	SPH	创建三维实心球体
修剪曲面或面域	SUR	修剪曲面或面域
多行文字 A	T	创建多行文字

工具名称及图标	快捷键	功　　能
对齐文字	TA	对齐文字
表格▦	TB	打开"插入表格"面板
自定义用户界面	TO	打开"自定义用户界面"面板
打开光源工具选项板	TP	打开"高压气体放电灯"面板
修剪✂	TR	修剪对象以适合其他对象的边
表格样式	TS	打开"表格样式"对话框
合并文字对象	TX	合并文字对象
列出文件	TY	输入要列出的文件
公差标注▦1	TOL	创建包含在特征控制框中的形位公差
圆环体◎圆环体	TOR	创建圆环形三维实体
加厚✏	THI	将曲面转换为具有指定厚度的三维实体
放弃⤺	U	放弃上一步操作
打开"UCS"对话框	UC	打开"UCS"对话框
"参考底层图层"对话框	UL	打开"参考底层图层"对话框
图形单位	UN	打开"图形单位"对话框
更新选定对象中的字段	UP	更新选定对象中的字段
并集▦	UNI	用并集合并选定的三维实体或二维面域
视图管理器▦	V	打开"视图管理器"对话框
恢复命名视图	VG	输入要移至的视图名称
实体或面域文本窗口信息	VO	创建实体或面域的文本窗口信息
视点预设	VP	打开"视点预设"对话框
设置视觉样式	VS	设置视觉样式
视图转场	VT	打开"视图转场"对话框
写块▦写块	W	从选定对象创建块定义
楔体◣楔体	WE	创建三维实心楔体
创建 WMF 文件	WM	打开"创建 WMF 文件"对话框
切换工作空间⚙草图与注释▾	WO	切换工作空间
分解▦	X	分解所选对象
外部参照面板	XF	打开"外部参照"面板
构造线▨	XL	创建无限长的线
选择外部参照	XO	选择外部参照
提取边▦	XED	提取三维实体对象的边
缩放±▦	Z	缩小或放大当前文件中的对象显示效果

工具名称及图标	快捷键	功　　能
三维移动	3DM	自由移动对象和子对象的选择集
三维阵列	3DA	创建三维矩形或环形阵列
三维对齐	3DAL	通过移动、旋转或倾斜对象使该对象与另一个对象对齐
三维旋转	3DR	将三维对象和子对象的旋转约束到轴上
三维镜像	3DMI	创建镜像平面上选定三维对象的镜像副本

附录B¨ AutoCAD 2022 常用工具/命令快捷键

✏ 读书笔记